Image, Reproduction, Texte /
Bild, Abbild, Text

GENÈSES DE TEXTES
TEXTGENESEN

DIRECTION/ LEITUNG: Françoise Lartillot

RÉDACTION ET ADMINISTRATION/ REDAKTION UND VERWALTUNG:
Cédric Chappuis & Rebekka Bachmann (assistés de / unter Mitarbeit von Frédérique Colombat)

COMITÉ RÉDACTIONNEL/ REDAKTIONELLER BEIRAT:
- Axel Gellhaus
- Michel Grunewald
- Raymond Heitz
- Françoise Lartillot
- Reiner Marcowitz
- Alfred Pfabigan

COMITÉ SCIENTIFIQUE/ WISSENSCHAFTLICHER BEIRAT:
- Pierre Béhar (Université de la Sarre)
- Anke Bosse (Facultés Universitaires Notre-Dame de la Paix, Namur)
- † Rémy Colombat (Université Paris-Sorbonne – Paris 4)
- Achim Geisenhanslüke (Universität Regensburg)
- Gerhard Lauer (Georg-August-Universität Göttingen)
- Ton Naaijkens (Universiteit Utrecht)
- Jean-Marie Pierrel (Université Henri Poincaré, Nancy 1)
- Uwe Puschner (Freie Universität Berlin)
- Gérard Raulet (Université Paris-Sorbonne – Paris 4)
- Jean-Marie Valentin (Université Paris-Sorbonne – Paris 4)

Image, Reproduction, Texte /
Bild, Abbild, Text

Françoise Lartillot & Alfred Pfabigan (éds/Hrsg.)

PETER LANG
Bern · Berlin · Bruxelles · Frankfurt am Main · New York · Oxford · Wien

Bibliografische Information der Deutschen Nationalbibliothek
Die Deutsche Nationalbibliothek verzeichnet diese Publikation in der Deutschen Nationalbibliografie; detaillierte bibliografische Daten sind im Internet über ‹http://dnb.d-nb.de› abrufbar.

Aide à la publication : ANR (Agence Nationale de la Recherche), CEGIL (Centre d'Etudes Germaniques Interculturelles de Lorraine), MSH (Maison des Sciences de l'Homme).

ISBN 978-3-0343-0694-2
ISSN 1662-7539

© Peter Lang AG, Internationaler Verlag der Wissenschaften, Bern 2012
Hochfeldstrasse 32, CH-3012 Bern, Schweiz
info@peterlang.com, www.peterlang.com

Alle Rechte vorbehalten.
Das Werk einschließlich aller seiner Teile ist urheberrechtlich geschützt. Jede Verwertung außerhalb der engen Grenzen des Urheberrechtsgesetzes ist ohne Zustimmung des Verlages unzulässig und strafbar. Das gilt insbesondere für Vervielfältigungen, Übersetzungen, Mikroverfilmungen und die Einspeicherung und Verarbeitung in elektronischen Systemen.

Printed in Switzerland

Table des matières / Table of Contents

Introduction

Françoise LARTILLOT & Alfred PFABIGAN 3

Texte, Image, Photographie
Text, Bild, Fotographie

Anne FEUCHTER-FELER
Grass' Zeichnungen (Beim Häuten der Zwiebel,
Dummer August, Die Box) als poetologische
Etappen der literarischen Ich-Realisierung 13

Mandana COVINDASSAMY
Présence brute de l'instantané :
W.G. Sebald lecteur d'Alexander Kluge et Klaus Theweleit 45

Eliane BEAUFILS
Bild- und Schriftspiele im Gegenwartstheater 65

Fiction et faits chez Joseph Roth : Réception critique de la Nouvelle Objectivité / Fakten und Fiktion bei Joseph Roth: Kritische Rezeption der Neuen Sachlichkeit

Alfred PFABIGAN
Der «Antichrist» als Herr der «Kalten Ordnung»?
Joseph Roths Ambivalenz gegenüber der ‹Neuen Sachlichkeit› 89

Stéphane PESNEL
La sédimentation symbolique du texte narratif:
le motif du cabinet des figures de cire dans l'œuvre de Joseph Roth 107

Günter OESTERLE
Wechselseitige Infiltration von Grenzregion
und Interieur in Joseph Roths *Das falsche Gewicht* 121

Herta-Luise OTT
Joseph Roth, approches de l'objet métropole   135

Véronique UBERALL
La représentation de la réalité dans la nouvelle de Joseph Roth
Le Marchand de corail (Der Leviathan)   169

Heinz LUNZER
Es ist mir eine höchst unerwünschte Pflicht, […]   187

Heinz LUNZER
Die Recherchen von Senta Zeidler
zu Joseph Roth in den 1950er Jahren   205

Helmut PESCHINA
Kommentar zu meinen Hörspiel-
und Theateradaptionen nach Texten von Joseph Roth   247

Textprozesse bei Erich Arendt

Martin PESCHKEN
Die «Permanenz des Unerträglichen».
Revision des eigenen Engagements in Erich Arendts Arbeit
an dem Gedicht *Nach den Prozessen*   257

Carnet autrichien / Österreichisches Beiheft

Christine AQUATIAS
En souvenir de Grand-Père, Ilse Tielsch   287

Christine AQUATIAS
histoire(s) de s'endormir, friedrich achleitner   299

Liste des contributeurs – Liste der Beiträger/innen   311

INTRODUCTION

Einleitung/Introduction

Françoise LARTILLOT & Alfred PFABIGAN

In einer breit angelegten Reflexion zum Thema Textwerdung/Textgenese werden in diesem Band zwei Fragestellungen behandelt, die eigentlich kongruieren:
- Zum einen wird gezeigt, ausgehend von einem ANR Projekt, das der speziellen Frage der Textwerdung im Verhältnis des Textes zum Bild und zur Photographie am Ende des 20. und Anfang des 21. Jahrhunderts gewidmet ist, wie diese Frage von den ausklingenden poststrukturalistischen Theorien her im Bereich des Romans und des Theaters im deutschsprachigen Raum neu durchdacht wurde.[1]
- Zum anderen wird, ausgehend von einem MSH Projekt[2] und literarhistorisch rückblickend, gezeigt, wie die spezielle Frage der Textwerdung im Wechselverhältnis von Fiktion und einer gleichzeitig bestehenden Faszination für Fakten und Zahlen in den zwanziger Jahren des zwanzigsten Jahrhunderts neu durchdacht werden kann. Die Frage stellt sich ja im Rahmen des Mimesis – Ansatzes; hier sollen als Untersuchungsbeispiel Texte von Joseph Roth herangezogen werden.

Ausgehend von diesen beiden Fragestellungen wird in dieser Publikation ein breites Spektrum von Themen angegangen.

Bild und Text: Das Verhältnis von Bild und Text wird nicht nur an sich, sondern im Rahmen einer gesteigerten Reflexion durch verschiedene Medien besprochen. So werden zum Beispiel die zusätzlichen Ausdrucksmöglichkeiten hinterfragt, die die Plurimedialität in sich birgt – etwa wenn der Dichter mit dem Problem des existentiell oder historisch Unsagbaren konfrontiert wird.

---

1 Das Projekt nennt sich «PROMETHE» und ist im Wesentlichen den Textprozessen und Gedächtnisprozessen in hermetischen Texten gewidmet.
2 Das Projekt nannte sich «Fakten und Fiktion». An dieser Stelle möchten wir uns ausdrücklich bei Jean-Marie Pierrel als Leiter der Axe 2 der MSH Lorraine bedanken, der das Projekt «Roth» großzügig unterstützte.

Neue Sachlichkeit und Text: Das Verhältniss von Neuer Sachlichkeit und Text wird im Kontext der ersten Frage behandelt. In den zwanziger Jahre des 20. Jahrhunderts, einer Phase der gesteigerten Krise der Moderne, ging die Nachahmung einer kalten «Ordnung» zunächst von der Malerei aus und gelangte so an ein Publikum, das zwangsweise mit der Plurimedialität näher konfrontiert wurde.

Es gehörte zu den deklarierten Zielen der Autoren der «Neuen Sachlichkeit» eine gewisse Kälte, sprich Objektivität, zu erreichen, jedoch ohne den Mehrwert der literarischen Sinnerzeugung ganz preiszugeben. Die berühmte elliptische Bahn, die den Reporter paradoxerweise mit den Fakten vereint und ihn von ihnen trennt – so E. E. Kisch,[3] zeigt, dass

---

3 E. E. KISCH: «Natürlich ist die Tatsache bloß die Bussole seiner Fahrt, er bedarf aber auch eines Fernrohres: ‹der logischen Phantasie›. Denn niemals bietet sich aus der Autopsie eines Tatortes oder Schauplatzes, aus den aufgeschnappten Äußerungen der Beteiligten und Zeugen und aus den ihm dargelegten Vermutungen ein *lückenloses* Bild der Sachlage. Er muss die Pragmatik des Vorfalles, die Übergänge zu den Ergebnissen der Erhebungen selbst schaffen und nur darauf achten, dass die Linie seiner Darstellung haarscharf durch die ihm bekannten Tatsachen (die gegebenen Punkte der Strecke) führt. Das Ideal ist nun, dass diese vom Reporter gezogene Wahrscheinlichkeitskurve mit der wirklichen Verbindungslinie aller Phasen des Ereignisses zusammenfällt; erreichbar und anzustreben ist ihr harmonischer Verlauf und die Bestimmung der größtmöglichen Zahl der Durchlaufpunkte. Hier differenziert sich der Reporter von jedem andern seiner Gattung, hier zeigt sich der Grad seiner Begabung, genau so wie sich an dem Linienzug durch die gegebenen Punkte der Tatsachen und der Tendenz die Kunst des politischen Redakteurs, des Kritikers usw. zeigt» (Egon Erwin KISCH: «Wesen des Reporters». In: *Das literarische Echo* 20 (1918), Nr. 18 (15. Januar), Sp. 437-443, zitiert nach Sabina BECKER: *Neue Sachlichkeit*. Band 2: Quellen und Dokumente. Köln, Weimar, Wien: Böhlau 2000, S. 162). Allgemein folgen wir Beckers These, nach der die Literatur der Neuen Sachlichkeit keine zweitrangige Erscheinung sei, die womöglich eine Komplizin der modernen Nüchternheit bis hin zu ihren abscheulichsten Ergebnissen wäre (Helmut LETHEN: «Der Habitus der Sachlichkeit in der Weimarer Republik». In: Bernhard WEYERGRAF: *Literatur der Weimarer Republik 1918-1933* (=Hansers Sozialgeschichte der deutschen Literatur, achter Band). München Wien: Carl Hanser 1995, S. 371-445, hier insbesondere, S. 398-399 und Helmut LETHEN: *Verhaltenslehren der Kälte. Lebensversuche zwischen den Kriegen*. Frankfurt am Main: Suhrkamp 1994), sondern eine Bewegung die die Sachlichkeit als Verpflichtung ansieht, die eben auch eine politische und moralische Seite hat. (Sabina Becker spricht von einer «der Realität verpflichteten Ästhetik») (Sabina BECKER: *Neue*

Einleitung/Introduction 5

man versuchte, diesen Mehrwert möglichst gering zu halten. Damit folgte die Verarbeitung von Fakten durch fiktive Texte im Prinzip gewissen Schemata, die dennoch gerade diesen «Mehrwert» pflegen.[4] Oft werden tradierte Fabeln oder – so auch von Erich Auerbach – religiöse Muster übernommen, insbesondere die Figur des Leidenswegs Christi, die die antike Tradition an Paradoxie und Dichte übertrifft.[5] Zwischen beiden Klippen scheint auch Joseph Roths Boot umherzuschiffen. Einerseits galt er nämlich als Vertreter der neuen Sachlichkeit, andererseits aber wurde er öfters des Willens bezichtigt, diese Tendenz zurechtzurücken, bzw. vor allem in seinem Spätwerk, tendenziös teleologisch-metaphysische Fabeln zu bevorzugen.[6] Die Autoren dieses Bandes wollen diese Fragen neu stellen.

Sachlichkeit. Band 1: Die Ästhetik der neusachlichen Literatur (1920-1933). Köln, Weimar, Wien: Böhlau 2000, hier S. 38).
4   Obwohl sie sich aus der Tugend der humilitas Ihnen gegenüber ergeben (so die frühe These von Erich Auerbach, die sich jedoch einer gewissen Aktualität erfreuen kann: vgl. Martin TREML/Karlhein BARCK (Hrsg.): *Erich Auerbach. Geschichte und Aktualität eines europäischen Philologen*. Berlin: Kulturverlag Kadmos 2007).
5   Zum Beispiel teleologisch ausgerichtete oder auch ontologisch geprägte Fabeln (etwa bedeutende Wiederholung, oder auch Ausrichtung auf ein einmaliges Ereignis). Vgl. dazu u. a: Karlheinz BARCK/Martin TREML: «Einleitung: Auerbachs Philologie als Kulturwissenschaft». In: KB/MT: (wie Fußnote 4), S. 9-29, insbesondere S. 25 folgende Aussage, die eigentlich Helmut Kuhn entlehnt ist: «Auerbachs ‹keineswegs christlich gedachte Stilanalyse ist doch so christozentrisch entworfen, dass sie im Begriffe zu sein scheint, sich in eine christologische Literaturgeschichte zu verwandeln».
6   Sabina Becker etwa behauptet folgendes: «Roth vollzieht mit seiner Absage an die Neue Sachlichkeit zugleich eine Wandlung vom demokratisch gesinnten Republikaner zu einem nostalgischen Anhänger der Monarchie und von einem der aktuellen Zeitgeschichte verpflichteten Schriftsteller zu einem historische oder zeitlose Themen bevorzugenden Dichter» (Sabina Becker, (wie Fußnote 3), S. 57); auch Jürgen Heizmann hatte bereits behauptet, dass Roth «sich von der schattenhaften banalen Gegenwart ab- und der Welt der Erinnerung des Mythos und Legende zu[wendet]» (J.H.: *Joseph Roth und die Ästhetik der Neuen Sachlichkeit*. Heidelberg Mattes 1990, S. 152). Almuth Hammer spricht differenzierter von einer «Adaption der Säkularisierung». Dazu behauptet sie: «Roths Relektüre der jüdischen Tradition nimmt in vielschichtiger Weise das Verfahren der Säkularisierung auf und wendet es dialektisch um» (A.H.: *Erwählung erinnern. Literatur als Medium jüdischen Selbstverständnisses. Mit Fallstudien zu Else Lasker-Schüler und Joseph Roth*. Göttingen: Vandenhoeck & Ruprecht 2004, S. 145).

Im ersten Teil des Bandes zeigt *Anne Feuchter-Feler* wie die Interaktion zwischen Bild und Text beim späten Günter Grass einer erneuten Auseinandersetzung mit der eigenen geschichtlichen Verortung ebenso entspricht wie auch einem erneuten Pakt mit der «Wirklichkeit».

Mandana Convindassamy geht ebenso davon aus, dass das historische Bewusstsein die Interaktion von Bild und Text bei Alexander Kluge, Jürgen Theweleit und W. G. Sebald bestimmt, wobei das Bindeglied zwischen beiden «Reichen» bei Sebald eigentlich die Einbildungskraft ist. Wie sie es sehr schön ausdrückt, «die Photographie wird von W. G. (Sebald?) als in der Funktion einer Imagination des Wortes eingesetzt».

Eliane Beaufils, die von einem extensiven Verständnis des Textbegriffs als Kulturträger ausgeht, untersucht das Verhältnis von Text und Bild auf der Bühne in Inszenierungen, wobei sie vor allem die sinnlich-anthropologische Bedeutung des kontemporären deutschsprachigen Theaters betont. Alle drei Autorinnen erlauben uns, festzustellen, dass im deutschen kontemporären Kontext die strukturalistischen Fragestellungen produktiv überwunden wurden.

Im zweiten Teil des Bandes wird der «Fall» Joseph Roth diskutiert, wobei die hier abgedruckten Aufsätze die Vorträge eines gemeinsam mit Alfred Pfabigan von der Universität Wien in Metz zu Ehren von Joseph Roth anlässlich des 70. Todestages des Schriftstellers organisierten Kolloquiums protokollieren.

Wie kommt ein so schwer klassifizierbarer Autor wie Joseph Roth einerseits mit dieser Art von «kalter» Wirklichkeit in der österreichischen Variante aus, andererseits mit den an ihn herangetragenen Herausforderungen der Moderne zurecht? Ja, welches Bild dieses Autors wurde von der Literaturkritik geprägt? Neigt sie nicht dazu, dieses mit bestimmten vorgefertigten Modellen (etwa religiös geprägten Modellen, wie sie hier und da in Definitionen der Mimesis etwa bei Auerbach hervordringen) zu verfremden? Diese Fragen müssen sowohl produktionsästhetisch, kontextuell und historisch als auch rezeptionsgeschichtlich und textgeschichtlich beantwortet werden. Diese drei Aspekte werden von unseren Autoren behandelt.

Alfred Pfabigan wirft die These auf, Joseph Roths paradoxer Bezug zur Neuen Sachlichkeit sei von dem bisher unterbelichteten Aspekt der Assimilationsproblematik her zu verstehen, damit setzt er einen Markstein

Einleitung/Introduction 7

in der Rezeption von Joseph Roth, die ihm erlaubt, auch die jüngst erschienene Biographie Joseph Roths von Wilhelm von Sternburg kritisch zu reflektieren. Er zeigt auch, wie man von diesem Standpunkt aus die «lustvolle Integrierung von konträren Gesichtspunkten» in Roths Fiktionen verstehen kann.

Stéphane Pesnel veranschaulicht, wie sich eine den Anforderungen der Moderne entsprechende, d.h. offene Schreibweise, dennoch aus dem sich durch das ganze Werk hindurch und bis zur Geschichte von der 1002. Nacht durchziehende symbolische «Herausdestillation» von in den ersten Reportagen zusammengetragenen Fakten, d.h. prozessual, ergibt. Joseph Roths Werke, so eine ihrer Thesen, setzen insbesondere den Begriff des Panoptikums voraus und führen zugleich an seine Grenze.

Günter Oesterle zeigt auf exemplarische Art und Weise, und zwar anhand der modellhaften semiologisch orientierten Analyse der Erzählung «Das falsche Gewicht», wie diese sich immer wieder um Wendepunkte windet und verwindet, diese jedoch nicht mehr als Drehpunkte sondern vielmehr als atmosphärisch veranlagte Umschlagspunkte zu verstehen sind, wobei er sowohl Alfred Pfabigans Befund einer «lustvollen Integration von konträren Gesichtspunkten» als auch Stéphane Pesnels Beweisführung, den Begriff des Panoptikums würde Roth ad absurdum führen, produktionsästhetisch bekräftigt.

Herta-Luise Ott schildert, wie die Darstellung der Großstadt in Joseph Roths Reportagen und Romanen diese perspektivische Vielfalt und atmosphärische Wahrnehmung wiederspiegelt, während *Veronique Uberall* eine solche Vielfalt zwar berücksichtigt, diesen Aspekt jedoch zugunsten einer historischen Lektüre ausschaltet, eine Methode die sie an der Novelle «Der Leviathan» ausübt.

Heinz Lunzer gewährt uns einen sehr wichtigen Einblick in die Geschichte der Rezeption und der Textkonstitution von Joseph Roths Werk. Sein Beitrag zeigt, wie wenig bedacht man gewesen ist, Joseph Roths Werk gerecht zu werden, und wie sehr sein Werk vielleicht auch störte und man doch lieber seine schillernde, aber auch sehr wohl intentional gerichtete und ethisch fundierte Vielfalt am liebsten zum Schweigen gebracht hätte.

Dies dokumentiert er, indem er in unserem Band einerseits zum ersten Mal das wichtige Material (Korrespondenz und Entwürfe) von

Senta-Zeidler verwertet und publiziert und andererseits die Ausgabe der Werke Roths und die Briefausgabe von 1970 auf editorische Transkriptionsfehler hin untersucht. Schliesslich bietet er selbst in diesem Band die musterhafte Transkription eines noch unveröffentlichten Textes von Joseph Roth dar.

Helmut Peschina, der selbst mehrere Anthologien von Texten Roths ediert hat, vermittelt uns hier Überlegungen zu seinen Hörspielbearbeitungen von «Hotel Savoy», der «Legende vom heiligen Trinker», der «Geschichte von der 1002. Nacht», der «Flucht ohne Ende» sowie seiner Bühnenfassung des «Radetzkymarsches», und dokumentiert so seine Sorge um das Setzen von gedächtnispflichtigen Marksteinen.[7]

Diese Zeitschriftnummer enthält außerdem einen Bericht zum eigentlichen Promethe-Projekt, hier zu den Textprozessen in Arendts Gedichten, von Martin Peschken.

Schliesslich wird man hier ein österreichisches Beiheft vorfinden: zwei Texte aus der österreichischen Literatur, von *Christine Aquatias* vorgestellt, sollen den französischen Leser dazu einladen, die vorgestellten Autoren zu entdecken: Ilse Tielsch und Friedrich Achleitner. Es sind zwei kleine Juwelen, denen die kunstvolle Übersetzung von Christine Aquatias absolut gerecht wird.

Die Herausgeber möchten sich hier noch einmal ausdrücklich bei all denen bedanken, ohne die der Band nicht existieren würde:

Unterstützende Anwesenheit während des Colloquiums: Pr Dr Michel Grunewald, Pr Dr Fritz Hackert, Dr Rainer-Joachim Siegel.

Wissenschaftliche Institutionen: ANR, CEGIL (Université Paul Verlaine Metz), Leo Baeck Institute New York, Literaturhaus Wien, Universität Wien, MSH Lorraine.

Rechtsinhaber:
– Veröffentlichung von Texten von Joseph Roth oder über Joseph Roth mit freundlicher Genehmigung von: Leo Baeck Institute, Dr Jakub Forst Battaglia, Literaturhaus Wien (Dr Heinz Lunzer).

---

7   Vgl. komplementär dazu das Gespräch zwischen Helmut Peschina und Sophie Salin in Textgenese 2.

Einleitung/Introduction 9

- Veröffentlichung von Textauszügen von Erich Arendt mit freundlicher Genehmigung von: Akademie der Künste Berlin, Dr Bernhard Albers.
- Aufnahme in unseren Band von Übersetzungen von Texten von friedrich achleitner mit freundlicher Genehmigung des Paul Zsolnay Verlages, Wien.
 (Texte aus: friedrich Achleitner: einschlafgeschichten.© Paul Zsolnay Verlag Wien 1998)
- Aufnahme in diesen Band von der Übersetzung eines Textes von Ilse Tieltsch mit freundlicher Genehmigung von Dr Johannes Diethart, Verlag Österreichisches Literaturforum.
 (Text aus: Ilse Tietsch: Der August gibt dem Bauer Lust. Wetterregeln und Geschichten aus Südmähren und dem niederösterreichischen Weinviertel. Krems: Österreichisches Literaturforum, 2000)

Eine finanzielle Unterstützung erhielten wir von: ANR (projet PROMETHE), MSH Lorraine (Jean-Marie Pierrel, Jacques Walter), SRI – Université Paul Verlaine – Metz (Vincent Meyer, Marie-Christine Savourey), CEGIL – Université Paul Verlaine – Metz (Michel Grunewald, Reiner Marcowitz).

Für die technische Hilfe danken wir: Bernadette Debiasi (CEGIL – Université Paul Verlaine – Metz), Rebekka Bachmann (ANR – Université Paul Verlaine – Metz), Cédric Chappuis (ANR – Université Paul Verlaine – Metz).

TEXTE, IMAGE, PHOTOGRAPHIE
TEXT, BILD, FOTOGRAFIE

Grass' Zeichnungen (*Beim Häuten der Zwiebel, Dummer August, Die Box*) als poetologische Etappen der literarischen Ich-Realisierung

Anne FEUCHTER-FELER

> Ob heute oder vor Jahren, lockend bleibt die Versuchung, sich in dritter Person zu verkappen: Als er annähernd zwölf zählte, doch immer noch liebend gern auf Mutters Schoß saß, begann und endete etwas. Aber was läßt sich, was anfing, was auslief, so genau auf den Punkt bringen? Was mich betrifft, schon.[1]

So lautet die Einleitung zum autobiographischen Lebensentwurf, den sich Grass 2006 mit der Herausgabe von *Beim Häuten der Zwiebel* vornimmt. Dabei überschreitet der Autor das simple Anliegen, dem Leser die Summierung der persönlichen und schriftstellerischen Lebensverwirklichungen darzubieten, und fokussiert sogleich auf den Willen, sich zur Ich-Wahrheit zu bekennen. Dieser Absichtserklärung wird eine angepasste Werkkonzeption gerecht, die mit Vermengung von Text und Zeichnungen die Ich-Prägung ausdrücklich dokumentiert und deren neuen Stellenwert im Grassschen ästhetischen System vorwegnimmt. Freilich wirkt das Erscheinen der Autobiographie bundes- und weltweit[2] zunächst wie ein Donnerschlag in der literarischen und öffentlichen Landschaft, wobei es diesmal nicht bei einer literaturkritischen Polemik über den Wert des Geschriebenen belassen bleibt, wie sie von Marcel Reich-Reinickis Rezension des Buches *Ein weites Feld* ausgelöst worden

---

1 Günter GRASS: *Beim Häuten der Zwiebel*. Göttingen: Steidl Verlag 2006, S. 7. (Das Werk wird weiterhin als *Beim Häuten der Zwiebel* zitiert).
2 *Cf. Die Grass-Debatte. Berichte, Stellungnahmen, Kommentare, Interviews, Rezensionen, Leserbriefe. Bibliograhie und Pressespiegel*. Zusammengestellt von Willy GORZNY. Pullach im Isartal: Verlag Willy Gorzny 2006. Richard E. SCHADE: *American Media Coverage of Grass's Waffen-SS Revelation*. In: Hanjo KESTING (Hrsg.): *Die Medien und Günter Grass*. Köln: SH-Verlag 2008, S. 127-146.

war.³ Mit der Assoziation von Grass' Namen und Lebenserfahrung mit der berüchtigten Waffen-SS trifft die Öffentlichkeit auf den ihr als Musterbild des ethischen Engagements vertrauten Schriftsteller⁴ wie auf eine schmerzhafte Unbekannte. Solche brutale Erschütterung der öffentlichen Wahrnehmungsparadigmen⁵ und der Rezeptionsschemata der Leserschaft⁶ mündet in das Gefühl des literarischen Verrats sowie in die Interpretation der janusartigen Autorerscheinung ein,⁷ womit jedoch das literarische Ich-Bekenntnis des Werkes nicht identisch ist. Denn der scheinbar vorliegende Konflikt der Grass'schen Bilder wird wie gesagt anhand der Gesamtkomposition des Buches aufgelöst, insofern als das Ich des Autors aus dem Spannungs- und Spiegelverhältnis von Schrift und Zeichnungen als Grundlage und Sinnträger des Werkes erhellt. Folgender Artikel setzt sich zum Ziel, gattungsübergreifend⁸ in Grass' neuesten Werken den Stellenwert der integrierten autoreigenen

3   Zu dieser Frage, siehe: Timm BOßMANN: *Der Dichter im Schussfeld. Geschichte und Versagen der Literaturkritik am Beispiel Günter Grass*. Marburg: Tectum Verlag 1997, S. 93-152.
4   *Cf.* die Einschätzung von Grass als «undogmatisch[em] ‹Revisionist[en]›», «selbsternannt[em] ‹Ketzer›» oder auch «weltoffen[em] Bürger» in: Dieter STOLZ: *Günter Grass. Zur Einführung*. Hamburg: Junius 1999, S. 11.
5   Siehe die bisherige Perzeption von Grass als «perfekte[r] Identität von Individualität und Image» in: Horst KRÜGER: *Das Wappentier der Republik. Augenblicke mit Günter Grass*. In: *Der Spiegel*, 25. April 1969, zitiert nach: Franz Josef GÖRTZ: *Günter Grass. Zur Pathogenese eines Markenbilds*. Meisenheim am Glan: Hain 1978, S. 51.
6   *Cf.* die Sammlung der Leserbriefe als Reaktion auf Grass' Geständnis in: Martin KÖLBEL: *Ein Buch, ein Bekenntnis. Die Debatte um Günter Grass' Beim Häuten der Zwiebel*. Göttingen: Steidl Verlag 2007, S. 203-221.
7   Manuel Maldonado ALEMÁN: *Erinnerung im Zeichen der Vergangenheitsbewältigung. Die Debatte um Günter Grass' Beim Häuten der Zwiebel in Deutschland und in Spanien*. In: Hanjo KESTING (Hrsg.): *Op. cit.* Anm. 2, S. 105-125. *Cf.* beispielsweise S. 109-110.
8   Gerechtfertigt wird im Rahmen dieser Studie die vorgenommene Behandlung von Poesie und Prosa durch die «unterirdische Kommunikation zwischen den verschiedenen Werken Grassens – unabhängig von den Gattungsgrenzen», in: Werner FRIZEN: *Die Blechtrommel – ein schwarzer Roman. Grass und die Literatur des Absurden*. In: *Arcadia. Internationale Zeitschrift für Literaturwissenschaft*. 21. Heft 2. Berlin: De Gruyter 1986, S. 175.

Illustrationen[9] poetologisch zu bewerten, sprich das an der Mehrfunktionalität des Zeichnungsildes diversifiziert aufgerollte Bild-Text-Konstrukt im Zusammenhang sowohl mit den Gattungskonventionen der Autobiographie als auch mit den ästhetisch-theoretischen Fragen zu eruieren.

Text und Bild als Ausweg aus der autobiographischen Fixierung und Stilisierung: *Beim Häuten der Zwiebel* als freies Bekenntnis zum literarischen Ich

Für die drei zuletzt publizierten Werke ist zunächst die von Grass geschätzte Einheit von Text und Zeichnung charakteristisch,[10] wobei beides zum Kontinuum der autobiographischen Aussage beiträgt und sie gattungsspezifisch erneuert.

Die Struktur von *Beim Häuten der Zwiebel* demonstriert aufs Deutlichste den engen Zusammenhang von Text und Bild, die erst zusammen erlauben, die Selbstaussage des Autors zu entschlüsseln.[11] So konstituiert

---

9 Zum Überblick über das Bildwerk von Grass sowie über dessen Deutung, *cf.* Anselm DREHER (Hrsg.): *Zeichnungen und Schreiben. Das bildnerische Werk des Schriftstellers Günter Grass.* Band 1: *Zeichnungen und Texte 1954-1977.* Darmstadt, Neuwied: Hermann Luchterhand 1982. Anselm DREHER (Hrsg.): *Zeichnungen und Schreiben. Das bildnerische Werk des Schriftstellers Günter Grass.* Band 2: *Radierungen und Texte 1972-1982.* Darmstadt, Neuwied: Hermann Luchterhand 1984. *Günter Grass. Ohne die Feder zu wechseln. Zeichnungen, Druckgraphiken, Aquarelle, Skulpturen.* 27. Juni bis 7. September 1997. Ludwig Forum für Internationale Kunst Aachen. Göttingen: Steidl Verlag 1997. A. Leslie WILLSON: *Die doppelspitzige Feder von Günter Grass. Mit 43 Abbildungen.* In: *Akademie der Wissenschaften und der Literatur. Abhandlungen der Klasse der Literatur.* Jahrgang 1983. Nr. 1. Wiesbaden: Franz Steiner Verlag GmbH 1983, S. 3-40.
10 Zur Wechselbeziehung von Zeichnen und Schreiben im Schaffen von Grass, siehe: Carl PASCHEK: *Günter Grass. Begleitheft zur Ausstellung der Stadt- und Universitätsbibliothek Frankfurt am Main.* 13. Februar bis 30. März 1990. Frankfurt am Main: Hrsg. von der Stadt- und Universitätsbibliothek Frankfurt am Main 1990, S. 75-76.
11 *Cf.* Peter JOCH: *Ohne die Feder zu wechseln. Deutungen zum bildnerischen Werk von Günter Grass.* In: *Günter Grass. Ohne die Feder zu wechseln. Op. cit.* Anm. 9, S. 15-41. Hier, S. 15: «Die Literatur des Günter Grass kann somit ein Bezugssystem bilden, indem gerade auch die spezifischen Eigenschaften des bildnerischen

den Buchanfang der literarischen Tradition zum Trotz eine erste Zwiebelzeichnung,[12] womit die Zeichnung zum ersten Schritt im autobiographischen Unterfangen wird und zunächst als die Entschleierung des schriftstellerischen Ichs preisgegeben wird. Dazu ist an der Gestaltung dieses ersten Bilds dessen besonderes Verhältnis zum Text abzulesen. Die Funktion des Bilds ist nämlich keine ausschließlich plastische Veranschaulichung des Kapitelinhalts und – sinngehalts, so wie die Echoeffekte zwischen der als Kapiteleinleitung vorangestellten Zwiebelzeichnung und dem auf die Zeichnung verweisenden beschreibenden Kapiteltitel «Die Häute unter der Haut» es anklingen ließen. Dass beides, Text und Illustration, auf das Konkretisierungsanliegen des Autors hinausläuft, zeigt die Integration skizzierter Buchstaben ins Bild, die die Zwiebel umhüllen, womit Text und Bild einen gleichrangigen Stellenwert erhalten. Auch impliziert deren Kombination eine weitere Sinnverschränkung von Text und Zeichnung,[13] in dem das Gezeichnete zum Sinnelement gemacht wird,[14] das der Textkomposition angehört und dessen Deutungsvorlage ausmacht. Mit anderen Worten wird die Zeichnung durch das Werk hindurch als gezeichnete Texthermeneutik realisiert, die als Bildmanifestation den texteigenen Prozess der Sinnproduktion als Wechselwirkung von Preisgabe und Verschlüsselung erscheinen lässt und potenziert.[15] Somit entwickelt sich der Status der Zeichnung vom Stützpunkt zum wahren Bestandteil der kreativen Produktion. In der Tat

---

Oeuvres deutlich werden, die die literarische Logik oftmals durchbrechen und völlig neue Problemstellungen und völlig neue Problemlösungen erzeugen.» Siehe auch: Peter JOCH: *Zaubern auf weißem Papier. Das graphische Werk von Günter Grass. Deutungen und Kommentare.* Göttingen: Steidl Verlag 2000. Hier, S. 49, 87-90.

12 *Beim Häuten der Zwiebel.* Op. cit. Anm. 1, S. 6.
13 Diese Verschränkung wird auch durch den Farbenwechsel zwischen Romantext und – titel geoffenbart, der Titel und Zeichnungen aneinander nähert. *Cf.* Ebd., S. 4.
14 Dieses Verhältnis zwischen Text und Bild wird von Willson in der Beziehung der Zeichnungen zu einzelnen Gedichtversen im Frühwerk erkannt. In *Beim Häuten der Zwiebel* wird dies zum fundamentalen Kompositionsprinzip des Romans gemacht. A. Leslie WILLSON: *Op. cit.* Anm. 9, S. 4.
15 *Beim Häuten der Zwiebel. Op. cit.* Anm. 1, S. 9: «Wenn ihr mit Fragen zugesetzt wird, gleicht die Erinnerung einer Zwiebel, die gehäutet sein möchte, damit freigelegt werden kann, was Buchstab nach Buchstab ablesbar steht: selten eindeutig, oft im Spiegelschrift oder sonstwie verrätselt».

Grass' Zeichnungen als poetologische Etappen der Ich-Realisierung 17

partizipiert das Bild des 1. Kapitels zur allmählichen Offenbarung der Ich-Wahrheit des Autors:[16] die literarische Zwiebelmetapher,[17] die das mehrschichtige Subjekt referiert, entwickelt sich zum Konkretum des Gezeichneten, das die Ichbefreiung dokumentiert: Die Zeichnung, die zum Text wird, verhilft dem Schriftsteller zum «letzt[en] Wort» über sich selbst[18] sowie zur Überwindung der vergangenen Stummheit,[19] das als schuldbeladenes Mitläufertum profiliert wird[20] und semantisch konkret als räumliche Verengung[21] thematisiert wird.[22] Mit der Zeichnung als Sinnvorlage des Textes liefert der Autor die Grundlage für eine erneuerte Rezeption des Gesamtwerkes. Beides gilt als Aufbau auf «überdeckelte[n] Löcher[n]»[23] und als Ersatzleistung für das damals nach elterlicher Bestimmung Totgeschwiegene.[24] Durch die Verschränkung von Text und Sinn-Bild, die stets in gegenseitiger Beleuchtung gedeutet werden, beschreibt der Autor nämlich der inneren Wahrheit gemäß die sein Werk ausmachende Wortschöpfung als für die faktuell defekte Aussage kompensatorisch stellvertretend, so dass er zum Produzenten von «Lügengeschichten»[25] wurde, «in denen es tatsächlicher als im Leben zugeht».[26]

16 Ebd., S. 10: «Erst beim Häuten spricht sie [*i. e.* die Zwiebel] wahr.»
17 Ebd., S. 9.
18 Ebd., S. 8.
19 Ebd., S. 75: Die Parallele zwischen Bild und Ichaussage durchzieht die Autobiographie, deren Entwicklung weist auf die Unerlässlichkeit der Zeichnung als Voretappe zum aufgedeckten Selbstausdruck.
20 Ebd., S. 16.
21 *Cf.* dazu: Norbert HONSZA: *Ausbrüche aus der klaustrophobischen Welt. Zum Schaffen von Günter Grass.* Wroclaw: Wyclawnictwo uniwersytetu wroclawskiego 1989.
22 *Beim Häuten der Zwiebel. Op. cit.* Anm. 1, S. 17. Dieser Thematik entspricht das biographische Moment der bürgerlichen Existenzfestigung (S. 15), so dass Biographie und Werk als vielseitig ineinander eingesponnen entlarvt werden.
23 Ebd., S. 8. *Cf.* S. 16: «Später habe ich den Kampf um die Polnische Post mit verwandeltem Personal einer erzählenden Schreibweise angepaßt und dabei ein Kartenhaus wortreich einstürzen lassen».
24 Ebd., S. 16: «meiner Familie jedoch fehlten die Worte, [...] Sein Name blieb ausgespart, als hätte es ihn nie gegeben, als sei alles, was ihn und seine Familie betraf, unaussprechlich».
25 Ebd., S. 10.

Und zwar wird der Anfangskapitel derart aufgebaut, dass der autobiographische Bericht parallel zum erklärenden Bezug auf das Zeichnungsbild erfolgt, wobei diese Progression auch durch das Bild der enthäuteten Zwiebel symbolisiert wird und wiederum auf sie als Entschlüsselungsmöglichkeit des Geschriebenen verweist. Also fungiert die Zeichnung in doppelter Hinsicht als Symbol für den Schreibakt: sie besagt die schriftstellerische Abdeckung des schuldhaften Schweigens ebenso wie die dezidierte Aufdeckung des Unausgesprochenen.[27] Dieser ambivalente Gebrauch des Zwiebelbilds, der Wahrheit und Nicht-Wahrheit in gleichrangiger Relevanz bezeichnet, wird durch die semantische Annäherung zwischen Zwiebel- und Kunstblatt[28] im 1. Kapitel illustriert. Auch die Verflechtung von Lebensmomenten der Kindheit mit späteren Daseinsphasen spricht für die widersprüchliche Existenz des Autor-Ichs als eines sich verdeckenden und entblößenden. Der Rückblick auf das kindheitliche Schuldeneintreiben und das Leben in der Bilderwelt[29] ermöglicht es beispielsweise, das Schweigen als Normalverhalten abzuwandeln, und der Text der Kindheitserinnerungen fokussiert nicht zufällig auf die Präsenz bildhafter Elemente, denn diese fundieren als objektive Verankerung[30] des Nichtich dessen paradoxen Wahrheitsgehalt. Die Autobiographie der Kindheitszeit wird also gezielt geschrieben, um auf die Sinnbeziehungen von Text und Bild hinzuweisen. Indem die Lebensausschnitte als Pendant zueinander konzipiert werden, wird übrigens im biographischen

---

26   Ebd., S. 11. In diesen Zusammenhang gehört der Gebrauch der literarischen Bilder der Sandburg oder des Kartenhauses im Gedicht- und Prosawerk von Grass, die die lügenhafte Basis der bisherigen Produktion implizit umreißen, *cf.* S. 15-16.
27   Damit korrespondiert auf der persönlichen Ebene die Zwiebelzeichnung als der Wille, «sich [nicht] in dritter Person zu verkappen». Sie zeugt mithin für die konkret gewordene wahrheitsfundierte Ichaussage: «Aber läßt sich, was anfing, was auslief, so genau auf den Punkt bringen? Was mich betrifft, schon.» *Cf.* Ebd., S. 7.
28   Ebd., S. 10 («Die Zwiebel hat viele Häute») und S. 12 («Während ich Blatt nach Blatt wende»).
29   Ebd., S. 12.
30   Jeder Gegenstand aus der Vergangenheit, den der Autor evoziert, gibt dem andichtenden Gedächtnis den Ausschlag, so dass die bisher ichverdeckende Schreibweise als ein wahrheitsfundiertes Nichtwahres erscheint. *Cf.* Ebd., S. 10: «Zumeist sind des Gegenstände, an denen sich meine Erinnerung reibt».

Grass' Zeichnungen als poetologische Etappen der Ich-Realisierung 19

Zwiebel-Text die Verbannung dogmatisch falscher Misstöne[31] und eine polyphone Wahrheitsaussage als spätere Artikulation des Nichtgesagten ermöglicht.[32] Letztendlich kann die Zwiebelzeichnung als die Weiterführung literarischer Metaphern des Gesamtwerkes, sprich als die explizite Aussage prosaischer Bilder analysiert werden. Denn in Affinität zum Text wird die Zeichnung zum expliziten Moment der von Grass als Schweigen neu bezeichneten Schriften. Indem die Biographie das die Kindheit belastende Verstummen sowie dessen literarische Übertragung ins bisherige literarische Schaffen aufdeckt, entwickeln sich die Zeichnungen und der literarische Bilderfundus zusammenhängend: Die düstere Schmetterlingmetapher in den Anfangsseiten der *Blechtrommel*[33] erfährt hier im dementsprechenden Autobiographieauftakt eine konkrete Auflösung in der Zwiebelzeichnung, wobei die Zeichnung als performativer Ausdrucksakt erscheint, da sie die mutative (schmetterlingshafte) Überwindung der literarischen schulbeladenen Ich-Vorlage konkretisiert. Der Zeichnung werden also diskursbezogene Charakteristika zugesprochen, womit sie zum poetologischen Neuausdruck der Ich-Befreiung[34] jenseits des Schweigens wird. Auch ist vor diesem Hintergrund die Wahl der ersten beschrifteten Zwiebelzeichnung als Vorlage für den Buchumschlag für einen Rezeptionsprozess der Schrift relevant, der sich auf das angedeutete Spannungsverhältnis von Text und Bild stützt und in dem

---

31   Ebd., S. 22 («als müßte der Sohn sich als nachträglich Selbsternannter abwerten») und S. 25 («So erging es vielen, die man eine falsche Biografie nachsagte; die mit der richtigen wußten schon immer, was falsch zu sein hatte»).
32   Ebd., S. 26: «Aber ich habe nicht, bin nicht.» Grass' Akt des Aussprechens kann auch als Überwindung des «kommunikativen Beschweigens» verstanden werden, das nach Hermann Lübbe die kollektive Vergangenheitsbewältigung geprägt hat, siehe: Hermann LÜBBE: *Der Nationalsozialismus im deutschen Nachkriegsbewußtsein*. In: *Historische Zeitschrift*. 236. München: Oldenbourg 1983, S. 579-599.
33   Günter Grass: *Die Blechtrommel*. Darmstadt 1969, S. 41-42. Interessant ist die Andeutung der Geräusche als Totschweigen des Eigenen im Zusammenhang mit der symbolischen Funktion des Nachtfalters.
34   *Cf.* die Analyse von *Beim Häuten der Zwiebel* als Buch über den ideologischen Verblendungsmechanismus in: Hans ARNOLD: *Günter Grass und die ‹gehäutete Zwiebel›*. In: *Von der Arbeit an der Erinnerung. Zu Günter Grass* Beim Häuten der Zwiebel. Hrsg. von Günter Grass Haus. Lübeck: Schmidt-Römhild 2007, S. 24-30. Hier, S. 27-29.

der zeichnerisch zum Ausdruck gebrachte Text und die mit Gezeichnetem ausgefüllten «Blindstellen»[35] das Schweigen aufheben.[36] Dem Willen zum Sich Aussprechen entspricht also die Form einer extensiven Biographie als Doppelbiographie von Text und Bild, die den Lebensweg explizit verbalisiert und gleichzeitig anhand von Bildern anschaulich rekonstruiert. Ein Verweilen bei diesem neuartigen Einsatz autobiographischen Schreibens, das *Beim Häuten der Zwiebel* einleitet, erhellt weitere Funktionen der Korrelationen von Zeichnung und Text bei Günter Grass. Die Zeichnung erscheint einem psychischen Prozess ähnlich.[37] Ihr kann strukturell und in ihrer Beziehung zur autobiographischen Textvorlage funktionell der Rang eines Traums zuerkannt werden. Der non-verbale Ich-Diskurs, den die Rötelvignetten bilden, wird dem Ausdruck unterbewusster Regungen gerecht, wobei das Vorzeigen der Zwiebel als die plastische Aktualisierung der mehrschichtigen Persönlichkeitskomposition und des niveauartigen Bewusstwerdungsvorgangs wahrzunehmen ist.[38] Mit gleichzeitiger Verschlüsselung und Preisgabe des Sinngehalts bringt das Gezeichnete – der Traumbotschaft ähnlich – das literarische Ich als Gesamtentfaltung synthetisch auf den Punkt. Mit anderen Worten lässt das Arrangement von Text und Bild die Zeichnung zum psychischen Bild werden, das die Sprache des Unterbewussten zeichnerisch mimt. Das Bild manifestiert somit eine zusätzliche Sinnartikulation, die sich über die Textsprache hinaus entwickelt. Dementsprechend lässt sich auch die Varianz der gesamten Zwiebelskizzen psychoanalytisch interpretieren, die die unterbewusste Persönlichkeitsbildung andeutet.[39] Dies kann paradigmatisch an der Konzeption der

---

35 *Beim Häuten der Zwiebel. Op. cit.* Anm. 1, S. 75.
36 Diese Entwicklung im Grassschen Sprachausdruck vollzieht sich übrigens vor dem literarischsozialen Hintergrund der «Wende des Erinnerns». *Cf.* Barbara BEßLICH, Katharina GRÄTZ, Olaf HILDEBRAND (Hrsg.): *Wende des Erinnerns? Geschichtskonstruktionen in der deutschen Literatur nach 1989*. Berlin: Erich Schmidt 2006.
37 Peter JOCH: *Op. cit.* Anm. 11, S. 19, 21.
38 Vor diesem Hintergrund siehe die Gedanken zu psychoanalytischer Funktion und Entwicklung des biographischen Schreibens bei Grass in: Hanjo KESTING: *Gerichtstag halten. Gemeinplätze zur ‹Grass-Debatte›*. In: *Von der Arbeit an der Erinnerung. Op. cit.* Anm. 34, S. 12-23. *Cf.* insbesondere S. 16 und 20.
39 In dieser Hinsicht kann auch die Bilderfolge in *Beim Häuten der Zwiebel* als den zu entschlüsselnden Sinntext der Autobiographie analysiert werden, was dieser Artikel

zweiten Zwiebelskizze bewiesen werden, die Interaktionen von Schrift und Zeichnung ebenfalls betont. Die Abweichungen, die zwischen der ersten und zweiten Zwiebelvorlage[40] konstatiert werden können, beruhen auf einer strichtechnisch gesehen diskreten Verwischung der Innenkonturen und der Querschnittperspektive, womit sie zunächst den Blick auf den inneren Prozess der Selbsversiegelung lenken, der im nachstehenden Kapitel wortgewaltig verbalisiert wird. Anders gesagt lässt die zweite Variation der Zwiebelzeichnung auf die unterbewusst und unter Druck der äußerlichen Umstände erfolgende Verdichtung der Ich-Teile schließen, wobei das Bild eine «abgemilderte» Version des textuellen Ichbekenntnisses liefert, die an der Technik der Abstufung tatsächlich zu erkennen ist und semantisch an den an den Schuldbegriff geknüpften Wortvariationen[41] abzulesen ist. Dabei wird der autobiographische Text zum Metadiskurs, der die Plastizität des Bilds referiert,[42] und liefert ein Pendant zum Bild als Sprache des Unterbewusstseins.[43] Parallel dazu wird auch das Bild, das auf alles Gegenständliche unmittelbar hinweist, zum Träger einer neudefinierten Objektivität. Diese wird beispielsweise an der progressiven Wandlung der Perspektive, unter der die verschiedenen Zwiebelbilder skizziert werden und die sie von einer Links- in eine Rechtsstellung rücken lässt, als somit konkretisiertem Lebensrückblick

---

aus Platzgründen sich ersparen muss. Aufmerksam gemacht werde nur auf die blumenartige Zwiebel (*Beim Häuten der Zwiebel. Op. cit.* Anm. 1, S. 387, 413, 444), auf deren allmähliche Zermalmung sowie auf das Verschwinden des Zwiebelkerns, die beispielsweise das Hinscheiden der Mutter und die schriftstellerische Laufbahn als Prozess der Entfernung ichfremder Teile und der Ichkonstruktion plastisch übertragen.

40 *Beim Häuten der Zwiebel. Op. cit.* Anm. 1, S. 35.
41 Ebd., S. 35: «Ein Wort ruft das andere. Schulden und Schuld. Zwei Wörter, so nah beieinander, so fest im Nährboden der deutschen Sprache verwurzelt, doch ist dem erstgenannten mit Abzahlung [...] abmildernd beizukommen; die nachweisbare wie die verdeckte oder nur zu vermutende Schuld jedoch bleibt».
42 Ebd., S. 34-35: Siehe beispielsweise die Korrespondanzen zwischen gezeichnetem und semantischem Wurzelbild («verwurzelt», S. 35), die die Plastizität des Textes und die poetologische Ortung des Bildes entwickeln.
43 In diesen Zusammenhang gehört die Möglichkeit, die in die Skizzierung von entfallenen Zwiebelschalen, unversehrtem Zwiebelkern und separatem Zwiebelteil eingeteilte Zeichnung (Ebd., S. 74) psychoanalytisch als Erklärungsraster des defensiven Verdrängungsvorgangs zu deuten.

gezeigt. Als Plastik und Symbolik wird also die Zeichnung in den literarästhetischen Komplex eingeflochten. Mit solcher anhand von Schrift und Zeichnung kontrapunktisch verfassten Autobiographie gibt Grass Einblick in die innere Version der Lebensgeschichte als gezeichnete (und nicht mehr weiße) Seite, die somit der mehrschichtigen und wandelbaren Ich-Gestalt des Autors gerecht wird. Zugleich verweist der Schriftsteller auf einen künstlerischen Ansatz zum Prozess der Lebensaufzeichnung, der Ichwahrheit und Sinnoffenheit miteinander kombiniert. Mit anderen Worten fundiert die Zeichnung die Neugattung der kreativen Autobiographie, die vielmehr als eine institutionelle Lebensbilanz die Variationen des literarischen Ich als wahren Ich-Abdruck konstituiert.[44] Dazu funktionalisieren lässt sich ebenfalls die lyrisch zeichnerische Behandlung des Lebensstoffes im Band *Dummer August*, der mit der Integration intertextueller Bezüge (Goethe)[45] sowie der Einbeziehung der Schrift ins literarische Wirkungsfeld mittels der Widmung an Christa Wolf die Biographie als Aktualisierungsform der schriftstellerischen Produktion herauskehrt und die Relevanz des Ich als Kunst-Ich stärker betont. Also trägt die Bild-Text-Dynamik über die gattungskategorische Neudefinierung hinaus auch zur Entgrenzung des biographischen Schreibens bei. Denn das linear-kausale Nachvollziehen des Lebenswegs wird anhand der von Schrift und Zeichnung hergestellten sowie vom Leser zu rekonstruierenden Sinnkorrespondenzen zur Entschlüsselung existentieller Daseinsgestaltung erweitert und von der Permutation und Wechselwirkungen der jeweiligen Gattungspezifika von Bild und Text um den unausgesprochen artikulierten Sinntext angereichert. Somit vollzieht sich die fiktive Verdichtung des Ich, die die für das bisherige Werk von Grass gültige Herausstellung des Autor-Ich als

---

44 Zu einem ähnlichen Interpretationsansatz zur Autobiographie. *Cf.* Christa WOLF: *Autobiographisch schreiben. Zu Günter Grass: Beim Häuten der Zwiebel.* In: *Von der Arbeit an der Erinnerung. Op. cit.* Anm. 34, S. 31-35. Hier, S. 32: «Vielmehr auf die unscheinbaren Texte in diesem Buch zu achten, auf die Zwischenstücke, die Scharniere zwischen den Erzählpartien. [...] Ausfälle noch und noch, die Grass nicht überbrückt, sondern deutlich macht, Varianten anbietet, fern von Gewißheiten».
45 Günter GRASS: *Dummer August.* Göttingen: Steidl Verlag 2007, S. 78-79. (Künftig als *Dummer August* zitiert).

Grass' Zeichnungen als poetologische Etappen der Ich-Realisierung 23

ein zeitgenössisches[46] erneuert: Sie wird der biographischen Historizität des Autor-Ichs gerecht und aktualisiert sie sogar neu. Denn allen Konventionen biographischen Schreibens[47] zum Trotz berücksichtigt auch die Autobiographie als vorrangige Materialvorlage der Existenzmanifestation die Geschichte der unterbewussten Lebensprozesse, die sie in der Gestalt der Bilder integriert und womit das ausgelebte Dasein als aktive Ich-Präsenz gezeigt wird.[48] Die Zeichnungen sind nämlich permanent zu deuten und konstituieren somit dynamische Ich-Monumente, die an der lebenspsychologischen schuldhaften Ich-Verdeckung des Autors die werkschöpferischen Vorgänge der literarischen Komposition veranschaulichen können.[49] Das Aktivierungspotential der Bilder erscheint folglich als das in künstlerischer Hinsicht fruchtbar gemachte Pendant der hingenommenen Fremdbestimmung und die ästhetische Erscheinungsform der Absage an jede Ich-Dogmatik. Dank der Bild-Text-Korrelationen kann also das neuartige biographische Schreiben Lebenskomposition und Ich-Wahrheit aneinandergleichen, was auch den vielseitigen künstlerischen Leistungswert des Autors als ein kontinuiierliches und kohärentes Schaffen sichert. Somit zeigt Grass wiederum auf den möglichen unorthodoxen und mit der Ich-Wahrheit korrespondierenden Ichdiskurs, der dem Festlegen auf ein erstarrtes Dichterbild vorbeugt und

---

46 Heinrich VORMWEG: *Günter Grass*. Reinbek bei Hamburg: Rowohlt Taschenbuch Verlag 1986 (Neuausgabe 2002), S. 20-21.
47 Zur damit verbundenen Berücksichtigung der Variabilität der Kunstform bei der Autobiographiegestaltung siehe u. a.: Ingrid AICHINGER: *Probleme der Autobiographie als Sprachkunstwerk*. In: Günter NIGGL (Hrsg.): *Die Autobiographie. Zur Form und Geschichte einer literarischen Gattung*. Darmstadt: Wissenschaftliche Buchgesellschaft 1989, S. 170-199. Roy PASCAL: *Die Autobiographie als Kunstform*. In: Ebd., S. 148-157. Jean STAROBINSKI: *Der Stil der Autobiographie*. In: Ebd., S. 200-213. Philippe LEJEUNE: *Der autobiographische Pakt*. In: Ebd., S. 214-257.
48 Siehe Jochs Hinweis auf die Zeitlosigkeit des bildnerischen Werkes von Grass: Peter JOCH: *Op. cit.* Anm. 11, S. 16.
49 Zur Feststellung einer ähnlichen Funktionalisierung des verdinglichenden und Bewegung konstruierenden Erzählbilds in Grass' werktheoretischem Essay *Die Ballerina*, *cf.* Manfred JURGENSEN: *Über Günter Grass. Untersuchungen zur sprachbildlichen Rollenfunktion*. Bern und München: Francke Verlag 1974, S. 19. Siehe auch: Manfred JURGENSEN: *Die gegenständliche Muse*: *Der Inhalt als Widerstand*. In: Manfred JURGENSEN (Hrsg.): *Grass. Kritik, Thesen, Analysen*. Bern und München: Francke Verlag 1973, S. 199-210.

frühere Einschätzungen des Schriftstellers Lügen straft.[50] Zu diesem Zweck wird die Abrechnung des Autors mit der Kritik als lyrischoffener Ausdruck entwickelt. Dafür plädiert beispielsweise das für den Band *Dummer August* gewählte Titelblatt, das von der traditionellen typographischen Bekanntmachung von Autor und Werk bewusst abweicht, dafür aber zur zeichnerisch textintegrativen Offenbarung des literarischen Ichs greift und letzteres somit als kreatives Wahl-Ich bestätigt. Dass diese freie Ich-Äußerung als eine objektivierte reklamiert wird, zeigt die Verquickung von Semantik und Natur- und Objektzeichnungen in *Dummem August*. Die Kombination von Ich- und Weltpräsenz wird in *Der Box* gleichfalls im Bild-Text-Komplex, d. h. mit der Titelsymbolik und der gezeichneten Überallpräsenz der Frauenfigur realisiert, wobei beides für die im Austausch mit der Welt erfolgende Kreativität des literarischen Ichs stellvertretend sind. Als Resultat der Biographie des Schweigens und des Unterbewusstseins ist also diese Neuobjektivität zu sehen, die in der Abkehr von der fremdbestimmten Verdrängung ihre Wurzel schlägt und die Rückkoppelung zum Ich und zur Welt ist.

Text und Bild als Manifestation einer im plastisch sprachlichen Zwitterkonstrukt verankerten «Ästhetik der Unmittelbarkeit»

Betrachtet als mögliche Grundlage eines neuen Autobiographietypus, veranlasst wie gesagt der Gesamtkomplex Geschriebenes/Gezeichnetes den Autor dazu, die eigene Kreativität zu potenzieren und dabei das ästhetische Perzeptionsvermögen zur Vollendung zu bringen. Und tatsächlich kann man die als Realisierung des autobiographischen Einzelich-Bekenntnisses veranschaulichte Kombination von Text und Bild auch als Komponente der Grassschen Schreibweise betrachten. Das Ineinanderfließen von Zeichnungs- und Sprachbild, die Sinnverschränkung beider

---

50 Christa WOLF: *Op. cit.* Anm. 44, S. 34: «Auch das kann man aus diesem Buch [...] lesen: Wie lange man brauchte, bestimmte ungeheuerliche Tatsachen zur Kenntnis zu bringen, und dann noch einmal lange, über manche eigenen Erlebnisse zu reden».

Grass' Zeichnungen als poetologische Etappen der Ich-Realisierung 25

Medien sowie deren Stellenwert im ästhetischen Programm des Autors treten im Gedichtzyklus *Dummer August* evident hervor. Der Band weist einen freien Umgang mit Text und Bild auf, bei dem sich Gezeichnetes und Geschriebenes eigenwertig[51] und auch wechselseitig an der Sinnkonstruktion beteiligen. Und zwar plädieren die mit Gedichttext und Zeichnung spiegelhaft konzipierte Seitengestaltung sowie die Integration von Gedichtversen als Zeichnungselement für die Zusammengehörigkeit von Text und Bild,[52] die die parallele Konversion von Text in Plastik und von Lyrik in Zeichnung einleitet. Mit dem Werk *Dummer August* wird eine neu abgerundete Ästhetik kreiert, probiert und postuliert, die zugleich als Antwortmodell auf die ab 1945 wiederaufgelebte Sprachkrise und als Lösungsschema für die literarisch gestellte Aufgabe der Wirklichkeitskonfrontation verstanden werden kann. In der Tat konstituiert der Gedichtzyklus eine Antwort auf die Polemik, die von Grass' Beitritt zur Waffen-SS ausgelöst wurde. Er stellt also den Leser der Konfrontation mit der eigenen Vergangenheit als sozialpolitischem Nachvollzug direkt entgegen und versetzt ihn anhand der Ich-Aussage implizit in die Sprachdebatte zurück, die insbesondere Philosophen und Literaten gleich nach Kriegsende beschäftigt hat. Mit Bezug auf Goethes Gedichtsammlung *West-östlicher Diwan*[53] deutet Grass nämlich an, dass das Sprachexperiment in *Dummem August* in den ästhetischen Gedankenkomplex eingebettet werden kann, der von Adornos Fragestellung nach der Form des Gedichtschreibens nach Auschwitz eingeleitet wurde. Die Integration von Goethes Lyrik dient Grass dazu, seinen Vorschlag eines erneuten ästhetischen Weges des Sagens statt des Reimens[54] zu bestätigen. Mit dem Goethe-Zitat, die auch die eigene Rezeptionserfahrung mit der bewegten Aufnahme des *Diwans* parallelisiert, wird auch die kreative Überwindung des persönlichen Kriegstraumas manifestiert. In *Dummem*

---

51 Die Eigenständigkeit der bildnerischen und literarischen Kunstformen als verschiedenartiger Ansätze von Grass' künstlerischem Programm wurde schon in der Kritik erörtert. Neu realisiert in den letzten besprochenen Werken scheint die durch die Wechselwirkungen von Bild und Text ausgearbeitete Sinnproduktion zu sein. Siehe: Peter JOCH: *Op. cit.* Anm. 11, S. 41.
52 *Dummer August. Op. cit.* Anm. 45, S. 7.
53 Ebd., S. 79.
54 Ebd., S. 80: «Deshalb sage ich jetzt schon, [...]/verzichte sonst aber – bei aller Not – /auf überlieferte Reime».

August erhellt also das literarische Ich des Autors, das erst Jahrzehnte nach Ausgang des 2. Weltkriegs seine Wahrheit ausspricht, als Ausbildung eines Sprachmediums, das der Bewältigung von Eigen- und Zusammenerleben der Kriegsperiode und des NS-Wahns angepasst wird. Es ist also nicht verwunderlich, dass die Bild-Text-Gestaltung des Werkes sich zunächst als Versuch anbietet, anhand der Anschaulichkeit der Zeichnung und der Bemühung um höchste Plastizität der Sprache ein neues Ausdrucksmedium zu erproben, das die Kluft zwischen Subjekt und Außenwelt sowie die sich daraus ergebenden möglichen Verzerrungen der Weltwahrnehmung überbrücken würde. Dabei wird eher als eine realistische Wirklichkeitsdarstellung vielmehr die Unmittelbarkeit der Wahrnehmung intendiert. Die «Prävalenz der Dinge»,[55] wie sie für den Grasschen Stil anhand von Sprachbildern typisch realisiert wird, verwirklicht sich hier über das Zeichnungsbild. Das Spannungsverhältnis von Text und Bild demonstriert *ad oculos* den neuen Ausdruck als Adäquation zwischen Bezeichnung und Bezeichnetem. Mit anderen Worten experimentiert *Dummer August* plastischgestützt mit der Realnähe des Sprachausdrucks. In dieser Hinsicht flicht der Band die dem graphischen Werk von Grass zugeschriebene Funktion des «Sehens» in das literarästhetische System des Autors ein.[56] Schon das erste Gedicht[57] schließt in sich alle Komponenten der vom Autor verfochtenen Ästhetik der Unmittelbarkeit ein. Die Zeichnung als Teil der dichteri-

---

55   Renate GERSTENBERG: *Zur Erzähltechnik von Günter Grass*. Heidelberg: Carl Winter Universitätsverlag 1980, S. 182. Siehe auch den Begriff «Objektzwang» (Ebd., S. 181), womit Klaus Wagenbach Grass' Erzähltechnik charakterisiert: Klaus WAGENBACH: *Günter Grass*. In: Klaus NONNENMANN (Hrsg.): *Schriftsteller der Gegenwart. 53 Porträts*. Olten, Freiburg: Walter 1963, S. 118-126. *Cf.* auch die dementsprechende Untersuchung der Funktion von Bildern in Grass' Lyrik in: Manfred JURGENSEN: *Über Günter Grass. Op. cit.* Anm. 49, S. 12: «Wo das Bild nicht länger zur bloßen Illustration verunmündigt wird, wo es nicht nur willkürlicher Gefühlsausdruck einer subjektiven Sensibilität bleibt, gewinnt seine sprachliche und gedankliche Eigenständigkeit den Wert einer objektiven Mitteilung».
56   *Cf.* Peter JOCH: *Zaubern auf weißem Papier. Op. cit.* Anm 11, S. 93: «Sie [*i. e.* die Zeichnungen] sind ein Versuch, Inhalte jenseits der Dinge aufzuspüren. Diese Inhalte dominieren die Gegenstände der Darstellung nicht, tasten die Modelle nicht an. Dadurch sind die Bilder von Grass auch ein Lehrstück zum Thema Sehen überhaupt».
57   *Dummer August. Op. cit.* Anm. 45, S. 6-7.

schen Aussage verweist auf die Direktheit der Wahrnehmung und macht die auf die Abstrahierung hinauslaufende Sinnverschiebung des Sprachlichen möglich, die der Gedichttitel «Hart und leicht» als Variation der plastischen Gegensätzlichkeit von schwer und leicht manifestiert. Dank der Zeichnung wird die Sprache als Ausdrucksmittel, sprich als Konversionsinstanz zwischen Objekt und Idee rehabilitiert und deren hier als Produktion von Gegensatzpaaren gezeigte Kreativität wird freigesetzt. Die Assoziation von Text und Bild läuft folglich darauf hinaus, die Kongruenz zwischen Sprache und Sprachobjekt wiederherzustellen, die übrigens die textuelle Verschränkung des Konträren in der ersten Strophe und die plastische Angleichung beider Medien aneinander demonstrieren. Der Linienparallelismus zwischen Objektkonturen und Zeilen[58] suggeriert nämlich den qualitativen Austausch von Abstraktem und Konkretem und die konsequente Auffassung der Wörter als Realia. Diese Sprache der Objektivation wird in der ersten Strophe realisiert, in der die Sammlung von Vorgefundenen und Herbeigewehten durch den Wanderer metaphorisch auf das Hin und Her zwischen Kontingenz und Empfindung verweist. Andere Gedichte entwickeln auf gleich konsequente Weise diese Rückführung der Sprache zu deren Funktion als objektbezogener Referierung. Dabei werden die Wechselwirkungen zwischen Text und Zeichnung als eine Spirale der Kreativität enthüllt. Die Poesie *Dummer August*[59] demonstriert mit der Doppelbedeutung des Titels als eines für die Zeiteinteilung gebrauchten Substantivs und als Eigenname, dass die Versprachlichung auch als Ergänzung und Expansion des Auszudrückenden zu sehen ist, kommt es doch mit der Zirkusthematik und dem Wortgebrauch «komisch» zur sprachlichen Variation der zeichnerisch angedeuteten Komik. Ebenfalls figuriert das Gedicht *Was im Laub raschelt*,[60] wie durch die lyrische und bildhafte Darstellung des im Schatten gedeihenden Pilzes, durch dessen Metaphorisierung (der Pilz stellt den im Dunklen eingenisteten Verdacht dar) die Verwandlung von Mentalem in Konkretes zugleich auch die Sinnbereicherung des Konkreten

---

58 Ebd., S. 7.
59 Ebd., S. 14-15.
60 Ebd., S. 8-9.

erfolgen.[61] Die plastische Konkretisierung objektiviert dabei die einzigartige Ichidentität als Aufkommen eines unverkennbaren Steinpilzes,[62] wodurch die Befreiung von versprachlichten Gefühlsprojizierungen auf Mensch und Welt geschieht und die Sprache an der Zeichnung als Artikulation des unmittelbaren Verhältnisses zum Objekt erprobt wird.

Kein Wunder also, dass der Autor somit zugleich die gereinigte Handhabung des Sprachmaterials, das als purer Weltausdruck zur Realwirklichkeit zurückfindet,[63] – wenn auch zeitgemäß atypisch aber der Entstehungsgeschichte des Gedichtbandes entsprechend – als die endgültige Distanznahme der Sprache von der propagandistischen Fremdbestimmung profiliert. Denn mit Rekurs auf Dichten und Zeichnen als Antwort auf das polemisierte Werk *Beim Häuten der Zwiebel* entlarvt Grass die in Kritik und Öffenlichkeit von neuem artikulierte Einstellung zur Landesvergangenheit als eine aus dem Kontext herausgerissene kategorisierende Reaktion, die eben deswegen weitaus dem propagandistisch totalitären, auf die Instrumentalisierung des Wirklichen ausgerichteten Verkürzungsmechanismus verpflichtet bleibt.[64] Seine Konfession werfe, wie Martin Walser erkannt, «‹ein vernichtendes Licht auf [das] Bewältigungsklima mit seinem normierten Denk- und Sprachgebrauch.› Grass habe ‹durch die souveräne Platzierung seiner Mitteilung diesem aufpasserischen Moral-Klima eine Lektion erteilt›».[65] Dafür paradigmatisch ist beispielsweise die zweite Strophe des Gedichts *Hart und*

---

61 Siehe auch das Gedicht *Rote Beete* in ebd., S. 16-17. Die Verarbeitung der eigenen Vergangenheit geschieht durch das Medium des Rezepts, wobei die Angleichung der «Gedanken an Suppen» an die «rote Beete» die Rückintegration des Verdrängten ins Reale ermöglicht.
62 *Ebd.*, S. 8, 2. Strophe.
63 In diesem Sinne weist die frühere Werkkritik auf den Zusammenhang zwischen Schuldkomplex und Verdinglichung des Erzählens bei Grass. *Cf.* Renate GERSTENBERG: *Op. cit.* Anm. 55, S. 172.
64 *Dummer August. Op. cit.* Anm. 45. Die Zuordnung der Polemik zum vergangenen schuldbeladenen NS-Diskriminierungssytem wird in zahlreichen Gedichten thematisiert, so in *Dummem August*, S. 14-15, mit der Achronisierung der Presse («allzeit gültig», S. 14) und dem suggerierten Gefangenenkleid im Selbstbildnis des Dichters (S. 15).
65 Zitiert nach: Martin KÖLBEL: *Op. cit.* Anm. 6, S. 12.

Grass' Zeichnungen als poetologische Etappen der Ich-Realisierung 29

Leicht,[66] die das kriegerische und totalitäre Gerede als eine der Vergangenheit angehörende Verbalisierung verurteilt und die Stille als ideologisch distanzierte Neusprache lexikalisch und zeichnerisch als ruhende Buchstabenentwürfe in den Vordergrund schiebt. Zu diesem letzten Zweck wird die Strophe in optischer und grammatikalischer Hinsicht als Inszenierung der falschen Sprache konzipiert. Der absatzweise gestaltete Versaufbau sowie der Übergang vom alliterierenden unbestimmten Relativsatz («wer was über wen gesagt hat»)[67] zum herausgestellten substantivierten Adjektiv («Endgültiges»)[68] suggerieren beide die weltferne und manipulierte Bewertung des Erlebten und das propagandistische Deformierungs- und Veruteilungsmoment. Vor diesem Hintergrund wird auch andeutungsweise der polemische Wortschwall über *Beim Häuten der Zwiebel* als passé abgetan und um dessen Relevanz gebracht. Die zweite Strophe verläuft also einem Läuterungsvorgang gleich, in dem die «Stille» die Sprache den verbalen Verzerrungsstrategien entreißt und deren Eigenart, Weltabdruck zu sein, rehabilitiert. Diese Ästhetik der Stille wird lyrisch demonstriert und auf ihre Implikationen hin befragt: In der dritten Strophe wird die neue Wortkreativität des lyrischen Ich vorgeführt, die als Pendant zum unmittelbaren Sprachausdruck sich aus dem direkten Bezug des Ich zu sich selbst[69] ergibt. «Hart und leicht» ist das plastisch kondensierte poetologische Demonstrieren der auf der direkten Aussprache basierenden schriftstellerischen Fantasie. In dieser Hinsicht dient das Bündnis Text-Bild zur gereinigten Neuorientierung der Sprache an der Realität und knüpft an Günter Eichs Bewertung der Lyrik als Zugang zur Wirklichkeit.[70] Und zwar wird diese Ambivalenz von direkt-subjektivem Schaffen, die als Spannung «von objektiver Realität und subjektiver Perspektive»[71] in Grass' Erzählkunst bereits präsent ist, noch radikalisiert und durch die Wechselwirkungen von Text und Bild im Gedicht *Was im*

---

66 *Dummer August. Op. cit.* Anm. 45, S. 6.
67 Ebd., S. 6.
68 Ebd., S. 6.
69 Ebd., S. 6: «werde ich nur noch mit mir plaudern».
70 Herbert A. FRENZEL; E. FRENZEL: *Daten deutscher Dichtung. Chronologischer Abriss der deutschen Literaturgeschichte. Band 2: Vom Realismus bis zur Gegenwart*. München: Deutscher Taschenbuch-Verlag 1962, S. 648.
71 *Cf.* Renate GERSTENBERG: *Op. cit.* Anm. 55, S. 172.

Laub raschelt[72] veranschaulicht, die mit dem doppelartigen Ausdruck von Pilz als Einzelstück und Mehrzahl figuriert werden. Die zeichnerisch wiederhergestellte Objektdirektheit des Ausdrucks impulsiert also die Kreativität des Autors neu. Diese Freisetzung des Schaffens wird beispielsweise am distanziert spielerischen Umgang des Autors mit seiner Werkkritik und -rezeption demonstriert, die der Adjektivgebrauch «dumm» im Band- und Gedichttitel *Dummer August* dazu noch bagatellisiert. So werden vom Dichter Klang- und Dispositionseffekte verwendet, die das Apodiktische der Polemik ins Lächerliche ziehen. Die zahlreichen Alliterationen «Schon komme ich mir komisch vor» führen beispielsweise zur absurden Sinnkollision, die der Vers übrigens auch explizit ausdrückt. Die Ähnlichkeiten im Klang werden sogar gelegentlich mit paralleler Wortzeichnung («[Schnell]gericht» und «Gerechten») zur gesteigerten Diskreditierung der dem Dichter aufgetischten Moraldogmatik graphisch wiederholt. Eine ebenso scharfe Verurteilung gilt übrigens dem autoritären Anspruch der Literaturkritik, die von Grass als erstarrende Beschlagnahme des Werksinns, also pervertierende Fixierung der schriftstellerischen Identität gebrandmarkt wird. Dies ist in der Anspielung auf die besetzten großmütterlichen Röcke im Gedicht *Wohin fliehen*[73] anzutreffen, die die zahlenmäßig saturierten Deutungsschemata der Sekundärliteratur über Grass' Roman *Die Blechtrommel*[74] ironisiert und sie als Einschränkung der schriftstellerischen Sinnproduktion und als Kreativitätssperre zu sprengen bemüht ist.[75] Somit werden die kritischen Schriften mit der persönlichen ideologischen Einengung und Fremdbestimmung äquivalent gemacht und dementsprechend präsentiert. In diesem Sinne parodiert das Gedicht *Nach fünf Jahrzehnten oder elf Runden*[76] die Deformierung des schriftstellerischen Wortes durch die mittelbare Werkrezeption, welche die graphisch veranschaulichte Weiterleitung indirekter Äußerungen und das allmählich erfolgende und bis zur unpersönlichen substantivischen Verallgemeinerung getriebene Zurückdrängen des Pronomens «er» simulieren. Diese Parallele zwischen

---

72 *Dummer August. Op. cit.* Anm. 45, S. 8-9.
73 Ebd., S. 10.
74 Günter GRASS: *Die Blechtrommel. Op. cit.* Anm. 33, S. 11-18.
75 *Dummer August. Op. cit.* Anm. 45, S. 10: «denn noch / ist nicht alles gesagt».
76 Ebd., S. 28-29.

Grass' Zeichnungen als poetologische Etappen der Ich-Realisierung 31

literaturkritischem Kanons und politisch ideologischen Dogmen wird sogar systematisch entwickelt und zum Aufzeigen der propagandistischen Vorgangsweise instrumentalisiert.[77] In *Stille von kurzer Dauer*[78] wird die wunderliche Geschichte eines siebenbeinigen Hundes zum einen zum Gedichtinhalt gemacht, zum anderen werden Gedichttext und -objekt auf dem gegenüberliegenden Blatt gezeichnet. Die Reduplikation, die über die handgeschriebene Textaneignung erfolgt, demonstriert die mögliche Sinnentstellung des Schriftwortes, wobei nur der direkte Bezug schriftstellerischen Ausdrucks auf die äußere Dingwelt ein integres wirklichkeitsgerechtes Weltbild restaurieren kann.[79] Die Gedichtstruktur stellt also mit progressivem Schrumpfen des Strophenumfangs als graphischem Abbild der über die plastische Ästhetik zu erreichenden Realitätsdirektheit die Dichterrolle als Korrektiv heraus, das in die Einversstrophe über den vierbeinigen Hund als pure Wirklichkeitsaussage einmündet. Mit Text und Bild wird somit die Polemik um *Beim Häuten der Zwiebel* auf deren untergründig totalitarisch geprägten Ton hin in *Dummem August* rekurrent denunziert und zum Ansatzpunkt der Ausarbeitung der unmittelbarkeitsorientierten Neusprache und -ästhetik gemacht.[80] Exemplarisch ist in dieser Hinsicht die Dichtung *Am Pranger*,[81] die sich direkt auf die Aufnahme des Romans bezieht, diese kritisch beleuchtet und anhand der Messerzeichnung symbolisch verwirft. Das Messerbild dient somit im Verhältnis zum Text zur Konkretisierung des polemisierten «Nichts» und tritt als Instrument zur Stilllegung der Auseinandersetzungen, also als wirklichkeitsgerechtes Schreibzeug hervor, wobei die vertikale Stellung des Objekts auf die unmittelbare Konfrontation mit Welt und Realität verweist. In Korrelation zum Schreiben erscheint das Zeichnen letztendlich nicht nur als das Medium der Wirklichkeit, sondern auch

---

77 Eine interessante Analyse des Pressewesens als Skandalverbreitungskanal und Moralinstanz mit «phraseologischer Fassade» findet sich in Martin KÖLBEL: *Op. cit.* Anm. 6, S. 335-355. *Cf.* vor allem S. 339, 343, 347.
78 *Dummer August. Op. cit.* Anm. 45, S. 40-41.
79 Ebd., S. 40.
80 Dies korrespondiert mit dem an Grass' Stil festgestellten Willen zur «De-Automatisierung des Lesens». *Cf.* Thomas ANGENENDT: *«Wenn Wörter Schatten werfen». Untersuchungen zum Prosastil von Günter Grass.* Frankfurt am Main: Peter Lang 1995, S. 227.
81 *Dummer August. Op. cit.* Anm. 45, S. 13.

als Möglichkeit, sie ohne Gefahr der realitätsfernen Sinnverdrehung zu chiffrieren. In diesem Sinne wird das Gedicht *An jenem Montag*[82] strukturiert, das zweierlei Verschiedenes, einen Metaphorisierungsprozess und einen mit entsprechender Zeichnung versehenen Bildkommentar, miteinander paart. Die Integration von Bildrealisierung und – kommentar ins Gedicht wird zur Demonstration der neu ermöglichten Unmittelbarkeit von Ausdruck und Metapherentwicklung gehandhabt. Mit anderen Worten erhellt aus der Bild-Text-Kombination der Rekurs auf Zeichnung als poetologisches Mittel, wodurch der Prozess der metaphorischen Verdichtung lyrisch, vom Zeichnungsbild unabhängig realisiert und theorisiert werden kann. Die dritte Strophe kann deshalb auch als implizites Dichterfazit aufgefasst werden, das übrigens die Kongruenz des Sprachmediums als Ausdrucks- und Andeutungsvermögen demonstriert: «Ja, sagte ich, es geht, wenn auch langsam.»[83] Mit *Dummem August* wird folglich die Übertragung der Wortmetapher ins Zeichnungsbild, wie sie von Grass bisher zur handwerklichen Probestellung des Sprachlichen eingesetzt wird,[84] als kreatives Sprachmittel gehandhabt, was die «immanente Gegenständlichkeit»[85] des Sprachbilds vollführt, die mit *Dummem August* auf die Sprache schlechthin erweitert wird. Das Zeichnen ist also als Verarbeitungsmöglichkeit des Realen[86] die Voretappe zur Konstituierung des gereinigten und metaphorisch kreativen Schreibprozesses,

---

82   Ebd., S. 34-35.
83   Ebd., S. 35. *Cf.* auch die Symbolik des Telefons als Kontaktherstellung zwischen Dichter und Welt.
84   Günter GRASS: *Zeichnen und Schreiben*. Zitiert nach Carl PASCHEK: *Op. cit.* Anm. 10, S. 75. *Cf.* auch: Angelika HILLE-SANDVOSS: *Überlegungen zur Bildlichkeit im Werk von Günter Grass*. Stuttgart: Hans-Dieter Heinz Akademischer Verlag 1987, S. 33.
85   Diese wird als Intention der Grasschen Bilder erkannt. *Cf.* Manfred JURGENSEN: *Über Günter Grass. Op. cit.* Anm. 49, S. 14. Manfred JURGENSEN: *Die gegenständliche Muse: Der Inhalt als Widerstand. Op. cit.* Anm. 49, S. 199-200: «Die Grass'sche Einbildungskraft widersetzt sich einer in herkömmlicher Metaphorik vorgetäuschten Entsprechung von Gegenstand und Sprache. Diese Scheinkonsequenz soll durch das gegenständliche Bild, das die Sprache beinhaltet, ersetzt werden. Grass nennt das gegen einen vorgefaßten Inhalt schreiben. An die Stelle eines metaphorischen Inhalts tritt das gegenständliche Sprachbild».
86   *Dummer August. Op. cit.* Anm. 45, S. 35: *cf.* die das Trauern konkretisierende Metapher des Eimers.

Grass' Zeichnungen als poetologische Etappen der Ich-Realisierung 33

der den als «Auflösung der sprachlichen Bindung an den Gegenstand»[87] bisher definierten Grassschen Stil zu überwinden ermöglicht. Darauf wird im Gedicht *Ich, deutscher Zunge*[88] explizit verwiesen, in dem das Wort zum Zeichen, das Werk paradoxerweise zum Weißblatt und der Schreibakt zum Löschen werden, das die der Objektvermittlung zugrunde liegende Instrumentalisierung ausklammert. Die Zeichnung erschließt folglich die Möglichkeit der direkten Weltaussage, deren sprachliche Konversion an der plastischen Objekt- und Naturthematik erfolgt. Nicht zufällig werden im Gedichtband wiederholt Tiere (der Hund,[89] Fische,[90] Kühe[91]) als Kunstrichter und als das Schweigen brechende Mitschreibende[92] reklamiert, wobei deren Zeichnung und textuelle Ansprache die Bild-Text-Konstellation als Basis und Medium des Neuschreibens veranschaulichen.

Somit konstituieren sich letztendlich die Neubegrifflichkeit der Sprache und die damit einhergehende Neubestimmung der Dichterarbeit. Diese beiden Aspekte werden in *Schuhwechsel*[93] realisiert: Das Konkretum des Schuhwerks, das die Metapher für die Dichterrolle ist, veranschaulicht das Einssein von Gesagtem und Gemeintem sowie die konsequente Neusubjektivität dichterischer Aussage, die mit Hinweis auf das den Dichter überlebende Schuhleder das Kunststich[94] als ein dinglich kreatives referiert. Daraus entspringt das Dichterengagement, das der Gedichtband *Dummer August* in Hinsicht auf dessen Funktionalisierung in der ab 2006 einsetzenden polemischen Debatte um Grass mehrmals dokumentiert. Dafür exemplarisch ist die Dichtung *Mein Makel*,[95] die das dichterische Ich legitimiert. Im Gedicht werden die Zeilensprünge jeder

---

87 Renate GERSTENBERG: *Op. cit.* Anm. 55, S. 173.
88 *Dummer August. Op. cit.* Anm. 45, S. 26.
89 Ebd., S. 30-31.
90 Ebd., S. 38-39.
91 Ebd., S. 36-37.
92 Ebd., S. 39.
93 Ebd., S. 50-51.
94 Ebd., S. 5: Die «brüchig[e] Sohle» als Pendant zur enthäuteten Zwiebel lässt das Gedicht zur lyrischen Weiterführung der schriftstellerischen Biographie werden. Somit wird der Novitätscharakter der Schuhe zur Allegorie der produktionsträchtigen neuen ästhetischen Wendung.
95 Ebd., S. 59.

Strophe je absatzweise auf dem Blatt verteilt, damit als Echo zum Gedichttext sowohl die polemischen Fluktuationen im Dialog zwischen Autor und Öffentlichkeit wiedergegeben werden als auch die Entwicklung zum Legitimationsgestus vom Autor kausal dargestellt werden kann. Dabei zeigt das typographische Zurechtrücken jedes Strophenanfangs die willentliche Unterbrechung der die Deformation des Sagens veranschaulichenden Wortkette. Diese demonstrierte Dichterrolle kulminiert am Ende in der Formel «Makel verpflichtet»[96] als unumgängliches Engagement der Neuästhetik, was übrigens Grass' Schriftstellerbild als ein kontinuierliches bestätigt. Intensiviert wird dies in *Letzter Runde*[97] anhand der Summierung konkreter Bestandteile, die auf die Unmittelbarkeit der Gedichtelemente und die poetologische Funktionalisierung der Zeichnung als «Ausbeute [der] Not» hinweist. Das Ich-Auftreten, das *Dummer August* vornimmt, wird ferner von einer Serie von Baumzeichnungen[98] begleitet, die parallel zu deren lyrischen Verdichtungen[99] die neue Verankerung vom literarischen Ich und dessen Schreiben in der Wirklichkeit zur Schau stellt. *Waldgängers Klage*,[100] die die Bild-Text-Ästhetik als ein Subjekt und Welt konfrontierendes Schreiben[101] nachzeichnet, geht noch weiter und manifestiert mittels der Skizze von in die Baumwelt eingreifenden Händen[102] das schriftstellerische Engagement als Element der neuen Schreibweise.[103] Die Zeichnung wird dabei zum Mittel, Lehren zu formulieren,[104] ohne dass diese dogmatisch und lebensfern pervertiert

---

96 Ebd., S. 59.
97 Ebd., S. 73.
98 Ebd., S. 60-61, 62-63,, 65, 67, 69, 71, 74-75, 77.
99 Siehe die Gedichte, die das Dichten in direktem Bezug zur Welt refererien in: ebd., S. 68, 70, 72.
100 Ebd., S. 54-56.
101 Zusammengefasst wird sie beispielsweise mit dem Vers «Keine Fischsuppe ohne Vorgeschichte» im Gedicht *Dorsch frisch vom Kutter* in Günter Grass: ebd., S. 22-23.
102 Die Permutation der medieneigenen Gattungsmerkmale wird an dem konkretisierenden Gedichttext, der das konkrete Suchen des Wanderers nachzeichnet, und an der textumhüllten allegorischen Handzeichnung, gezeigt.
103 Der bei Grass bestehende Zusammenhang zwischen Baumzeichnungen und schriftstellerischem Engagement wird von Peter Joch kommentiert. *Cf.* Peter JOCH: *Op. cit.* Anm. 11, S. 25-26.
104 Siehe das Gedicht *Vorfreude* in *Dummer August*. *Op. cit.* Anm. 45, S. 25.

werden können. Auch werden Bezüge auf die moderne globalisierte Welt in manche Gedichte *(Global gesehen)* integriert,[105] die das Engagement des Schriftstellers ähnlich demonstrieren.

Als Pendant zu einem Schreiben, das sich – wie im Gedichtband bewiesen – ohne ideologisch irrationale Deformierung unmittelbar auf die Wirklichkeit ausrichtet, wird übrigens der Schriftstellerberuf durch die Annäherung an den Klempner[106] oder den Photographen[107] konkretisiert und somit als Ausdruck eines weltoffenen Ich-Stils festgelegt. Diese Rollendefinition wird in der Bilderfolge *Der Box*[108] zur Schau gestellt und poetologisch kondensiert. In der Tat erzählt die Aufeinanderfolge der Zeichnungen eine Eigengeschichte, die fotographischtechnisch gesehen zeitgleich die Sinnbeleuchtung des autobiographischen Materials bildet und somit dessen ästhetische Relevanz präsentiert. Diese bedeutungsschwere Verschränkung von Bild und Text, deren Erklärungsraster auf den Entwicklungsvorgang von Aufnahmen hinweist und den Buchtitel als poetologischen Verständnisschlüssel verrät, deutet auf einen Neuausdruck der Realität, der subjektiv, bzw. icheigen die Objektivität der Wirklichkeit aufdeckt, also einen weltoffenen und die Welt offenbarenden Ichstil darbietet.[109] Schon in der Anfangsphase des Romans verrät die märchenhafte Gestaltung der Geschichte den freien Gestus des Schriftstellers im Umgang mit dem biographischen Stoff. Die Einberufung der Kinder wird als eine auf die Phantasie des Schreibenden angewiesene angesprochen. Dass dabei die persönlichen als Kindervision mehrperspektivisch rekonstruierten Erinnerungen mit Bezügen auf die Schreibaktivität im Buch konsequent vermengt werden, deutet auf den

---

105 Ebd., S. 49.
106 Ebd., S. 57.
107 Günter GRASS: *Die Box. Dunkelkammergeschichten.* Göttingen: Steidl Verlag 2008. (Künftig als *Die Box* zitiert).
108 Des Umfangs wegen wird die Analyse des Werks dem Anliegen des Artikels entsprechend darauf begrenzt, die Relevanz des Bild-Text-Verhältnis zu untersuchen.
109 Dies wird von der Funktion der Zeichnungen als mehrdeutiger Hinweis auf die sichtbare Welt vorweggenommen. *Cf.* Peter JOCH: *Zaubern auf weißem Papier. Op. cit.* Anm 11, S. 93: «Bilder wie die von Grass sind so auch eine Aufforderung, die selbst wahrgenommene Welt zum Anlaß zu nehmen, eigene Mythem, Fabeln und Historien zu erfinden und die Voraussetzungen und Regeln des eigenen Blicks zu erkunden».

Schaffensprozess des Autors, der dessen Immersion im direkt Erlebten einfallsreich abwandelt:

> Es war einmal ein Vater, der rief, weil alt geworden, seine Töchter und Söhne zusammen – vier, fünf, sechs an der Zahl –, bis sie sich nach längerem Zögern seinem Wunsch fügten. Um einen Tisch sitzen sie nun und beginnen sogleich zu plaudern: jeder für sich, alle durcheinander, zwar ausgedacht vom Vater und nach seinen Worten, doch eigensinnig und ohne ihn, bei aller Liebe, schonen zu wollen. Noch spielen sie mit der Frage: Wer fängt an?[110]

Die Abfolge der Buchbilder und das Fortschreiten der Erzählung sollen tatsächlich zur Auflösung dieser noch unentschiedenen Spannung zwischen Fantasie und Fantasieobjekt führen. Dass der Roman literarheoretisch als Suche nach einem Ausgleichsmodell zu verstehen ist, lässt sich vielfach belegen: Dafür relevant ist die Objektivation des Schriftstellers im gezeichneten Frauenbild, was die Distanz zur Autorrolle dokumentiert. Auch spricht dafür die Beschreibung des Schreibvorgangs als Veräußerlichungsprozess des Fiktiven, die den Untertitel *Dunkelkammergeschichten* impliziert. Ein Blick auf die Zeichnungen macht deshalb die Erfassung der Relation vom Schriftsteller zum Schreibstoff möglich. In der Korrelation zwischen erster Frauenskizze und Romananfang[111] sind in diesem Sinne mehrere Elemente besonders aufschlussreich: Die Verteilung dunkler Striche und Schraffierungen zur Hervorhebung oder aber Suggestion der Objekt- und Gestaltkonturen, das Spannungsverhältnis zwischen gezeichneter Kamera und dem auf dem sonst dominanten weißen Blatt in der Schwebe liegenden Anvisierten weisen auf die Betrachterinstanz als kongruente Erfindung der Realität, welche ansonsten ungesehen – wie im Kapiteltitel angegeben[112] – bloß übrigbleibt. Der Einschub von Tropfenzeichnungen macht dazu noch Schreiben und Fotografieren zu Äquivalenten. *Die Box* erweist sich folglich als eine Kombination von thematisierter Fotografie, Text und Bild, die eigentlich die Dynamik der kreativen Stoffaneignung zu vermitteln tendiert: Die zugleich als Zeichnungsbild und Metapher entwickelte Fotografie sowie die Zeichnung als Artikulation des Unsagbaren demonstrieren die medienextensive Nähe des Dichters zur schriftstelleri-

---

110 *Die Box. Op. cit.* Anm. 107, S. 7.
111 Ebd., S. 6.
112 Ebd., S. 7.

Grass' Zeichnungen als poetologische Etappen der Ich-Realisierung 37

schen Realität sowie deren Status als frei zu wählendes und umzugestaltendes Kunstobjekt: «Uns jedenfalls wurde, wenn überhaupt, langsam klar, daß er die Fotos brauchte, um sich, was früher war, genau vorstellen zu können.»[113]

Dabei wird der künstlerische Eingriff durch die diversen Figurenstellungen, die die Zeichnungen variieren, sowie durch die Wechselwirkungen zwischen den Radierungen und deren jeweiliger Kapitelbetitelung suggeriert. So wird an der Frontstellung der Frauenfigur[114] die unmittelbare Konfrontation vom Produzenten und Produktionsmaterial demonstriert. Paradoxerweise wird zugleich auch der Verzicht auf Eigenperspektivierung des Behandelten durch den im Kapiteltitel integrierten metaphorischen Verweis auf das ausfallende Blitzlicht beim Fotographieren angedeutet. Die in den Zeichnungen erprobten mannigfaltigen Positionswechsel der Gestalt geben also den kreativen Prozess, sowohl die Stoffaufnahme als auch deren Auswirkung auf die Produktionsinstanz, wieder. Die Verwandlungen von krummen Haltungen in Umkippbewegungen[115] beschreiben die über das Bild erfolgende[116] spannungsreiche Hinwendung des Produzenten zum Werkmaterial, die textuell als «wundermäßige[s]»[117] Eindringen in die Konkretheit referiert wird. Somit wird die Dominanz des Subjekts beim künstlerischen Vorgang modifiziert.[118] Dies erklärt die Erhebung der Box zum heiligen Glaubensobjekt, die in den Verlauf der Geschichte einbezogen wird.[119] Und zwar wird der fortschreitende Ausgleich zwischen Behandeltem und Erfundenem weiter im Text markiert:

[...] so daß man später, wenn man das las, nie genau wußte, was ist nun wahr davon [...] Womöglich sind auch wir, wie wir hier sitzen und reden, bloß ausgedacht – oder

---

113 Ebd., S. 41.
114 Ebd., S. 29.
115 Ebd., S. 50, 72.
116 Ebd., S. 50: Typisch dafür ist die Voranstellung der Kamera in der Zeichnung.
117 Ebd., S. 51.
118 Ebd., S. 73: *cf.* das auf diese Umkehrung des Verhältnisses zwischen Künstler und Produktion hinweisende Wort «Kuddelmuddel».
119 Ebd., S. 55.

was? Das darf er, das kann er: sich ausdenken, einbilden, bis es da ist und Schatten wirft.[120]

Dass Vorhandenes und Kreiertes in Wechselwirkung zueinander stehen, wird durch die bildhafte und textuelle antithetische Doppelreferierung des kreativen Ichs suggeriert: Es ist eine festumrissene Zeichnungsgestalt, die den neuen Stellenwert der Objekte dokumentiert.[121] Zugleich besteht es als bloße Reproduktionsinstanz, die auf Wunsch aktiviert werden kann.[122] Die Integration beider gegensätzlichen Tendenzen der Stoffaneignung und – veränderung vollzieht sich schliesslich durch die Abwendung der Betrachterinstanz vom Betrachteten, was die Gleichstellung von schriftstellerischer Eigensubjektivität und Kunstmaterial besagt. Und dies kann zu einer der photographischen Reproduktion des Äußeren ähnlichen literarischen Kreation führen,[123] die die sonst von den Dingen ausgehende Erzähltechnik Grass' ablöst und weiterführt.[124] Diese Loslösung vom menschengerechten Blickwinkel wird tatsächlich durch die Aufnahmepositionen der letzten Zeichnungen (rückwärtsorientiert oder kopfunter) gezeigt: Das gezeichnete Umkippen der Frau, deren körperliche Sichtverhinderung und das Entgleiten der Kamera im vorletzten Dessin betonen die Selbstaufgabe als Entbehren alles subjektiven Arbiträren.[125] Im Roman wird dies durch den als Foto[126] thematisierten Wolkentanz des Ehepaars, der das Bild der schwebenden Scheidung ist, vehikuliert:[127] Somit wird die «Box», Romanobjekt und Romanganzes, zur Veranschaulichung der Dissoziation von Produktion und Produ-

---

120 Ebd., S. 118-119: «[...] so daß man später, wenn man das las, nie genau wußte, was ist nun wahr davon [...] Womöglich sind auch wir, wie wir hier sitzen und reden, bloß ausgedacht – oder was? Das darf er, das kann er: sich ausdenken, einbilden, bis es da ist und Schatten wirft».
121 Ebd., S. 96.
122 Ebd., S. 97: siehe den Titel «Wünschdirwas».
123 Ebd., S. 120.
124 Renate GERSTENBERG: *Op. cit.* Anm. 55, S. 177.
125 *Die Box. Op. cit.* Anm. 107, S. 146, 169.
126 Zur erzähltechnischen Rolle des Fotos als Veranschaulichung des Erzählstoffes, *cf.:* Renate GERSTENBERG: *Op. cit.* Anm. 55, S. 173.
127 *Die Box. Op. cit.* Anm. 107, S. 114-115.

zent.[128] Zuletzt wird die beanspruchte Unmittelbarkeit der ästhetischen Stoffverarbeitung, die thematisch durch die Box als eigenwillige Bilderproduktion vorwegnommen wird,[129] durch die Endzeichnung veranschaulicht.[130] Die Himmelfahrt der Frauengestalt und das Zurücklassen von Schuhen und Kamera deuten auf das Aufgehen der Produktionsinstanz in dem Prozess der künstlerischen Stofftransformation, was die extreme Himmelwendung des Kopfes erahnen lässt. Dies wird auch textuell in einem zum Medium von anderen Perspektiven gewordenen Dichterstatus übertragen und erweitert, womit die Dichterrolle substantiell als Schwinden und souveränes Mitwirken preisgegeben wird:

> Das sind nur Märchen, Märchen [...] ‹–› Stimmt ‹, hält er leise dagegen,› Doch sind es eure, die ich euch erzählen ließ. [...] Schon soll nicht gelten, was auf Schnappschüssen gelebt wurde. Schon heißen die Kinder, wie sie richtig heißen. Schon schrumpft der Vater, will sich verflüchtigen. Schon regt sich flüsternd der Verdacht, er, nur er habe Mariechen beerbt und die Box – wie anderes auch – bei sich versteckt: für später, [...][131]

In der Tat überschreitet die Grass'sche Neuästhetik eine von der Fotothematik angedeutete bloße wirklichkeitsgerechte Ausrichtung auf die subjektexterne Sphäre, indem sie als ein durch die kontingente Transformationsinstanz des Schriftstellers vorgenommenes kreatives Arrangement von Real- und Erzählvorlagen zu verstehen ist, das die späte Antwort des Autors auf die Nachkriegsästhetik der Obsoletheit beraubt und der Weiterentwicklung der Literatur gerecht wird.[132] Bemerkenswert ist schliesslich, dass die dialektische Entwicklung von Bild und Text in *Der Box* im Zusammenhang mit der Funktionsbestimmung beider Medien in *Beim Häuten der Zwiebel* und *Dummem August* steht. Die Analo-

---

128 Die intendierte Entsubjektivierung der Fantasie wird im bisherigen Werk von vereinzelten Sprachbildern exemplifiziert. *Cf.* Manfred JURGENSEN: *Über Günter Grass. Op. cit.* Anm. 49, S. 27. Siehe auch: Manfred JURGENSEN: *Die gegenständliche Muse: Der Inhalt als Widerstand. Op. cit.* Anm. 49, S. 210: «Seine [*i. e.* Grass'] bildliche Funktion gelangt zu einer widerständlichen Beinhaltung, die sich aus der Negation subjektiver Einbildungskraft und herkömmlicher Metaphorik ergibt.»
129 *Die Box. Op. cit.* Anm. 107, S. 19: «Meine Box macht Bilder, die gibts nicht.»
130 Ebd., S. 213.
131 Ebd., S. 211.
132 Zum Problem von Abstraktion und Gegenstand, siehe: Peter JOCH: *Zaubern auf weißem Papier. Op. cit.* Anm 11, S. 40.

gien zwischen den Gedicht- und Romanzeichnungen tragen nämlich zur Kontinuität der schriftstellerischen Aussage zwischen dem Gedichtband und *Der Box*[133] bei, und die Neuperspektive auf Sprache wird bereits im Roman *Beim Häuten der Zwiebel* reflektiert.[134] Letztendlich ist also «die Box» als ästhetisches Werkzeug schlechthin zu sehen: Sie ist der Fokus, der sich auf die Schrifstellerwelt richtet und der sie konstituiert, indem der Roman die abgewandelte Stimmigkeit zwischen Erzählgegenstand und Schreibantrieb exemplifiziert. «Die Box» ist auch die Vorlage für die ästhetische Identität, d. h. die Ich-Kamera zur Produktion des weltdurchwirkten Kunstich, die dessen kreative Varianz sichert.[135] Also stellt auch die autobiographische Aussage *Der Box* die Vollführung der in *Beim Häuten der Zwiebel* intendierten Neubiographie dar, indem sie am Romanausgang das Autobiographische zur erzählten Geschichte schliesslich instituiert.

Schlussfolgerung

Abschließend lässt das polyvalente Bild-Text-Verhältnis in den untersuchten Werken von Grass auf folgende Sinnkonstellationen von Schrift und Zeichnung schließen, die sich von den bisherigen Deutungsmustern der Grasschen Bilder als «sinnlicher» Expansion des Textes abheben:[136]

---

133 *Cf.* die Rolle der Schuhbilder in *Dummem August* (*op. cit.* Anm. 45, S. 50-51) und *Der Box* (*op. cit.* Anm. 107, S. 213).
134 *Beim Häuten der Zwiebel. Op. cit.* Anm. 1, S. 9, siehe «niedergeschrieben klingt sie [i.e. die Erinnerung] glaubhaft und prahlt mit Einzelheiten, die als fotogenau zu gelten haben [...]».
135 *Cf.* die Funktion der Bilder in Grass' Roman *Ein weites Feld* als Ansatzpunkt des schriftstellerischen Engagements: Françoise LARTILLOT: *La fonction des images dans* Ein weites Feld. In: *Günter Grass. Ein weites Feld. Aspects politiques, historiques et littéraires.* Sous la direction de Françoise LARTILLOT. Actes du colloque de Nancy, novembre 2001. Nancy: Bialec 2002, S. 133-155. Hier, S. 152.
136 *Cf.* Angelika HILLE-SANDVOSS: *Op. cit.* Anm. 84, S. 330: «Durch die Parallelen im graphischen und literarischen Werk, die durch die spezielle Grass'sche Bildlichkeit hergestellt werden, wachsen aus den Zeichnungen vielschichtige Bedeutungen zu, die im sprachlichen Oeuvre leichter erkennbar sind».

Grass' Zeichnungen als poetologische Etappen der Ich-Realisierung 41

Eine innere Sinnverschränkung beider Medien[137] wird evident, die das Gezeichnete zur Aussprache des Verschwiegenen[138] und zum korrelativen Korrektiv der vom erlittenen Makel des Kriegsengagements alterierten Welt- und Sprachperzeption macht, wobei die Zeichnung Grass' epischen Stil der Versachlichung – als Vergegenständlichung oder abstrakter Bildvorstellung – als einen gereinigt unmittelbaren, die sprachimmanente Adäquation zwischen Form und Inhalt[139] realisierenden erneuert.[140] So kann sich eine Autobiographie des Unterbewussten ausarbeiten, die den direkten Bezug des Schriftstellers zum (Ich)-Stoff dokumentiert[141] und das Ich-Schreiben als ein gegenwärtiges und änderbares ermöglicht, das die Grundlage der literarischen Identität weiterhin konstituiert. Daraus ergibt sich die Erschließung einer erneuerten Perspektive auf Sprache und Produktionsmaterial, die durch den Rückblick in das totalitaristische Erlebnis der Kriegszeit vor dem Hintergrund der Ästhetik- und Erkenntniskrise des Kriegsausgangs erfasst werden kann. Die Wechselwirkungen zwischen Text und Bild tragen zur ideologischen Entstaubung des Sprachmediums bei, deren Notwendigkeit Grass anlässlich der vom

137 Der innere Zusammenhalt der beiden Ausdrucksformen sowie die Affinität von Lyrik und Zeichnung wurden übrigens schon lange von Grass selbst eingestanden: *Cf. Bin ich nun Schreiber oder Zeichner.* In: *Art: Das Kunstmagazin.* Nr. 11. Hamburg: Gruner + Jahr, November 1979, S. 154: «Lange bevor ich 700 Seiten lang das Märchen vom Butt als Roman schrieb, habe ich den großen Plattfisch mit dem Pinsel, mit der Rohrfeder, mit spröder Kohle und mit weichem Blei gezeichnet. Und als dann der Butt als sprechender Fisch zu Wort kam und die chronologische Zeitfolge aufgehoben und in erzählte Zeit umgesetzt wurde, entstanden Radierungen in verschiedener Technik (Ätzung, Kaltnadel), die jeweils ohne Illustration zu sein, der Thematik des epischen Stoffes zugehörten oder sie bis in jene Bereiche erweiterten, die der erzählenden Prosa unzugänglich und nur der Lyrik offen sind.»
138 *Beim Häuten der Zwiebel. Op. cit.* Anm. 1, S. 8: «weil ich das letzte Wort haben will».
139 *Cf.* Manfred JURGENSEN: *Die gegenständliche Muse: Der Inhalt als Widerstand. Op. cit.* Anm. 49, S. 203.
140 Grass' Sprachstil als Bemühen um Schaffung eines «ikonischen Verhältnisses» wird beispielsweise von Thomas Angenendt erkannt: *Cf.* Thomas ANGENENDT: *Op. cit.* Anm. 80.
141 Dies wurde in den bisherigen Romanen unter anderem durch den Rückgriff auf Erzählgestalten kompensiert, die als «Anschauungsmittel [dienten], um auf eine besondere Problematik der realen Welt hinzudeuten.» (Renate GERSTENBERG: *Op. cit.* Anm. 55, S. 172).

Roman *Beim Häuten der Zwiebel* entfachten Polemik erhellt.[142] Die implizite Zeitdiagnose, die der Autor aufstellt,[143] offenbart die immer noch latenten Verdrängungsreflexe, die die Verurteilungsmomente der Kritik als moralischen Freikauf von Schuld verraten.[144] Demgegenüber kann sich aus der Legitimation als Mensch und Künstler der Grasssche Läuterungsprozess anhand der Kombination von Geschriebenem und Gezeichnetem zur metaphorischen Neukreativität entwickeln. In der Tat wird die schriftstellerische Arbeit als solche durch die neuartige Verflechtung von Zeichnung und Text regeneriert. Text und Bild stellen die Unmittelbarkeit des Schreibakts wieder her, fundieren dessen Multiperspektivität sowie das freigesetzte Walten mit der Stoffauswahl. Die literarische Gestaltung der inneren Vergangenheitsbewältigung mündet in die Entgrenzung der ästhetischen Identität ein, die über die Aussöhnung

---

142 *Cf. Warum ich nach sechzig Jahren mein Schweigen breche. Eine deutsche Jugend: Günter Grass spricht zum ersten Mal über sein Erinnerungsbuch und seine Mitgliedschaft in der Waffen-SS.* In: *Frankfurter Allgemeine Zeitung*, 12. 08. 2006: «Das meinte ich, als ich einmal sagte, dieses Thema war mir ohnehin gestellt. Es fing mit der Blechtrommel an. So etwas kann man nicht wollen, das war keine freie Entscheidung, das war unumgänglich. Ich habe anfangs mit meinen verschiedenen Begabungen und Möglichkeiten zwar immer versucht, drum herumzutanzen, aber die Stoffmasse des Themas war immer da, wartete sozusagen auf mich, und ich mußte mich dem stellen».

143 *Cf.* Hans WIßKIRCHEN: *Ein Buch, eine Debatte und ein Haus – Mehr als eine Einleitung.* In: *Von der Arbeit an der Erinnerung. Op. cit.* Anm. 34, S. 10: «Er [i. e. Günter Grass] ist jetzt noch intensiver mit der Geschichte des ‹Dritten Reiches› und seiner immer noch andauernden Bewältigung und damit der zentralen Frage der deutschen Geschichte und Identität im 20. Jahrhundert verbunden».

144 *Cf.* Martin KÖLBEL: *Op. cit.* Anm. 6, S. 348: «Der Skandal wertet nun dieses personenbezogene Verfahren normativ um. Er huldigt keiner Person, sondern prangert sie an, wobei ihm weniger an einer guten Moral als an schlechten Personen gelegen ist. Für Medien attraktiv ist dieses quasi inquisitorische Verfahren vor allem aus einem massenpsychologischen Grund: Indem sie ein für kollektiv erklärtes Moralempfinden als verletzt simulieren, fordern sie ihre Leser als kompetitive Gruppe und in Werten heraus, an die sie sich gebunden fühlen sollen. [...] Der Skandal macht also dafür empfindlich, ein Gemeinschaft bedürftiges Wesen zu sein».

des Künstlers mit der Wirklichkeit als nicht suspektem ästhetischem Materialfundus[145] hinaus auf die kreative Weiterentwicklung hinweist: «weil immer noch was in ihm tickt, das abgearbeitet werden muß, solang er noch da ist...»[146]

---

145 Zur bisherigen misstrauischen Einstellung des Schriftstellers Grass zur Wirklichkeit und zum Begriff der Überwirklichkeit im Werk Grass', *cf.*: Angelika HILLE-SANDVOSS: *Op. cit.* Anm. 83, S. 30.
146 *Die Box. Op. cit.* Anm. 107, S. 211.

Présence brute de l'instantané : W.G. Sebald lecteur d'Alexander Kluge et Klaus Theweleit

Mandana COVINDASSAMY

I.

«Les albums de famille sont des trésors d'information. Une seule photo de famille remplace bien des pages de texte».[1] L'auteur de ces phrases n'a pourtant pas renoncé à écrire. Bien au contraire, il compte au nombre des écrivains qui ont ouvert un nouvel espace d'écriture. W.G. Sebald[2] a su concevoir une prose dans laquelle la trame textuelle s'entrecroise à la chaîne des images. Sa puissance ne s'en tient pas là, certes. Elle repose tout autant sur un entrelacs de voix, allemandes ou non, sur le cheminement par lequel elle rend visite à notre actualité, tressée d'hier et d'aujourd'hui. Mais tous ces procédés ne vont pas sans l'autre – ils se font écho et répondent à un même projet poétique. La présence des images pose l'articulation entre parole et figure. L'hétérogénéité des deux se traduit par l'absence entêtée des légendes, écrins tissés de mots

1 Sigrid LÖFFLER: «Wildes Denken» (entretien avec W.G. Sebald). In: Franz LOQUAI (dir.): *W.G. Sebald*. Eggingen: Ed. Isele, 1995, pp. 135-137, citation p. 136: «Familien-Fotoalben sind ein Schatz an Information. Ein einziges Familienfoto ersetzt viele Seiten Text» (traduit par nous).
2 W.G. SEBALD, 1944-2001, professeur de littérature à l'université d'East Anglia, est notamment l'auteur des récits *Schwindel.Gefühle* ([1990], Frankfurt a.M.: Fischer Taschenbuch, 1994, trad. de P. Charbonneau: *Vertiges*, Arles, Actes Sud, 2001), *Die Ausgewanderten* ([1992], Frankfurt a.M.: Fischer Taschenbuch, 1994, trad. de P. Charbonneau: *Les Emigrants. Quatre récits illustrés*, Arles, Actes Sud, 1999), *Die Ringe des Saturn* ([1995], Frankfurt a.M.: Fischer Taschenbuch, 1994, trad. de B. Kreiss: *Les Anneaux de Saturne*, Arles, Actes Sud, 1999) et *Austerlitz* (München/Wien: Carl Hanser, 2001, trad. de P. Charbonneau: *Austerlitz*, Arles, Actes Sud, 2002). Sauf indication contraire, l'article reprend les traductions publiées.

qui réduisent l'écart entre le vu et le lu en attribuant à l'image une place qu'elle est priée de ne pas quitter. Nulle trace non plus de crédits photographiques qui nous livreraient les sources des figures. Sebald manipule les images sans les mettre en condition. Photographies de paysage ou de famille, fac-similés de journaux, détails de tableaux, cartes et schémas font irruption dans le texte sans crier gare. C'est à ce prix que le texte et l'image peuvent former processus. *Exit* donc la relation ancillaire qui subordonnait l'illustration au texte, le beau miroir à sa reine. La nouveauté des livres de Sebald ne réside naturellement pas dans la présence des images – comment oublier les enluminures médiévales ou les gravures reproduits dès les premiers âges de l'imprimerie. Elle ne réside pas non plus dans l'introduction de la photographie (songeons ici à l'œuvre d'André Breton, où des instantanés déjà fixaient le hasard objectif). Pourtant, indéniablement, Sebald renoue si bien les liens entre texte et image qu'il fait école.[3] Qui avant lui avait su les mêler à tel point au flux de la lecture? Aussi étonnant qu'il y paraisse, la capacité des deux media à se lier naît précisément de l'indétermination des images, sans titre, sans origine, présence brute venue d'ailleurs au beau milieu des mots.

Dans le cours du récit, l'impact des images, toujours en noir et blanc, est multiple.[4] Puisqu'aucune légende ne vient en assigner le sens ou l'origine et que les crédits photographiques ne sont jamais indiqués à la fin des ouvrages narratifs, à nous d'établir la relation avec le texte. Dans le cas le plus ardu, l'image n'entretient aucun lien manifeste avec lui. Le fait est rare, mais il existe bel et bien. Prenons un exemple épineux. Le narrateur de *Schwindel.Gefühle* rend visite à un poète, Ernst Herbeck, qui vit depuis des années dans une clinique psychiatrique en Autriche. Les deux amis se promènent. «A Altenberg, nous redescendîmes un peu la route et, tournant à droite, montâmes ensuite par un chemin ombragé jusqu'au Burg Greifenstein, une forteresse du Moyen Age qui joue encore aujourd'hui un rôle considérable non seulement dans mon imagination, mais aussi dans celle des habitants de Greifenstein vivant au pied

---

3   *Cf.* par exemple Daniel MENDELSOHN: *Les Disparus*. Paris: Flammarion, 2007 ou Orhan PAMUK: *Istanbul, souvenirs d'une ville*. Paris: Gallimard, 2007.
4   Pour une étude détaillée et une interprétation des variations des modalités d'insertion, *cf.* Mandana COVINDASSAMY: «Plurilinguisme et multimédialité». In: *Etudes Germaniques 1* (2007), pp. 251-263.

du rocher».[5] Immédiatement après l'expression «mon imagination», trois cactus surgis de ce qui semble être une propriété méridionale font irruption dans le texte. La photographie est authentique, mais quel est son référent? Le texte ne lèvera pas le voile. Le cliché vient figurer une vision fantasmatique de la réalité. Toute l'étrangeté réside dans le fait qu'un instantané, qui représente une scène qui «a été», pour reprendre la célèbre expression de Roland Barthes,[6] vient appuyer la fuite imaginative du sens. Ce qui a été, c'est bien ce que nous ne saurons pas. A moins que «ce qui a été», en l'occurrence, ce soit justement la vision de ce cliché qu'un objectif a saisi. Là où le lecteur aurait attendu un château, le livre nous propose des cactus. La reproduction d'une telle photographie est en fait le passage à l'acte de l'imagination, au sens strict. L'insertion d'images qui entretiennent un rapport davantage connotatif que dénotatif avec le texte peut s'entendre en effet comme une *imagination* de ce dernier.

Le surgissement de l'objet visuel dans l'élément textuel est affaire d'espace, donc de temps. Selon que l'image précède, suive ou interrompe le passage du texte qui en traite, le récit se déploie différemment. Il vient attribuer rétrospectivement un sens à un objet peu courant, comme le tombeau de Saint Sebald à Nuremberg dans *Die Ringe des Saturn*.[7] Ou bien il scelle un développement en apportant la preuve par l'exemple: les considérations sur le sort abominable réservé aux ossements exhumés se soldent par la reproduction d'une photographie où trône le (véritable) crâne de Sir Thomas Browne sur ses propres livres.[8] Ce même cliché sert d'ailleurs de portrait liminaire à une biographie du médecin anglais du 16e siècle. Autrement dit, l'image, photographique ou non, est mise en scène. Par effet retour, le texte lui donne la réplique. Se noue ainsi la trame du texte à la chaîne des images qui elles-mêmes se répondent de part en part des livres.

A quoi renvoient les images reproduites dans les ouvrages de Sebald? A dire vrai, aucune d'elles n'a pour fonction d'attester la réalité du monde.

---

5   SEBALD (*cf.* note 2), p. 47 (trad. pp. 41-42).
6   Roland BARTHES: *La Chambre claire*. Paris: Cahiers du cinéma, Gallimard, Seuil, 1980, pp. 119-122.
7   SEBALD (*cf.* note 2), p. 108 (trad. p. 108).
8   *Ibid.*, p. 21 (trad. p. 22).

Elles surgissent des archives mémorielles de l'écrivain et entrent de ce fait en résonance avec l'expérience intime de chaque lecteur. Un détail de tableau fera l'objet d'une étude et permettra au lecteur de confronter ses impressions à celles que lui soumet le texte. Naturellement, le point est plus délicat dès lors que des photographies entrent en jeu. Tandis que la peinture figurative entretient un lien d'analogie avec son modèle, la ressemblance de la photographie avec son sujet se fonde sur un lien d'*identité*:[9] la trace laissée par l'empreinte lumineuse du sujet en est la signature. Or cette identité essentielle entre une réalité et sa représentation photographique, pour autant que le cliché n'est pas retouché, ne dit rien du lien que ce dernier entretient avec le texte dans lequel il fait son apparition. Si l'on considère les portraits que Sebald produit dans ses récits narratifs, rien ne nous indique qu'ils correspondent bel et bien aux personnages évoqués. D'autant que leur existence «réelle» est loin d'être assurée.

Prenons le cas de Max Aurach,[10] le peintre de Manchester auquel est consacré le dernier récit de *die Ausgewanderten*. Un portrait de l'artiste enfant est reproduit. Dans plusieurs entretiens, Sebald précise qu'il s'est inspiré de deux hommes pour relater ce récit, son propriétaire à l'époque où il vivait à Manchester ainsi qu'un peintre célèbre. Lequel des deux a donc posé pour la photographie de l'enfant? «Ni l'un ni l'autre», répond Sebald.[11] Rien ne prouve jamais, en effet, que le titre attribué à un cliché lui correspond dans les faits. Rien, si ce n'est la confiance, le rapport d'autorité qui s'est instauré à l'égard de l'instance d'énonciation. Certes, dans les récits de Sebald, de nombreux documents sont authentiques, mais d'autres ne le sont pas. Pourtant, ils remplissent exactement la même fonction. Par essence, les photographies sont lues comme des

---

9 *Cf.* Charles PEIRCE: *Ecrits sur le signe*. Paris: Seuil, 1978, p. 151: «Les photographies, et en particulier les photographies instantanées, sont très instructives parce que nous savons qu'à certains égards elles ressemblent exactement aux objets qu'elles représentent. Mais cette ressemblance est due aux photographies qui ont été produites dans des circonstances telles qu'elles étaient physiquement forcées de correspondre point par point à la nature».

10 SEBALD (*cf.* note 2), p. 255.

11 Carole ANGIER: «Qui est W.G. Sebald?». In: Lynne Sharon SCHWARTZ (dir.): *L'archéologue de la mémoire. Conversations avec W.G. Sebald* (trad. de D. Chartier et P. Charbonneau). Arles: Actes Sud, 2009, p. 76.

Présence brute de l'instantané 49

émanations du monde et produisent un «effet de réel».[12] En d'autres termes, elles renvoient à des référents situés à l'intérieur d'un univers fictif. La référence à la réalité est immanente au récit. On perçoit alors dans quelle mesure l'indépendance formelle stricte de la photographie à l'égard du texte (ni légende ni crédit photographique) est précisément la condition par laquelle les deux media peuvent véritablement entrer en combinaison. Renvoyé au cours du récit, et non à une explication adossée à l'image, s'il veut assigner une origine au cliché, le lecteur est intégralement plongé dans une œuvre homogène quoique formée de matériaux composites. La place du texte tient compte de la représentation visuelle. Elles font bon ménage.

II.

Si la cohabitation sebaldienne du texte et de l'image a fait couler, à juste titre, beaucoup d'encre,[13] ce n'est pas en raison de sa nouveauté. Sebald lui-même reconnaît sa dette: «En ce qui concerne l'interaction et l'interférence de l'image et du texte, lire Klaus Theweleit et Alexander Kluge fut une expérience qui m'ouvrit les yeux».[14] La question est davantage

---

12 *Ibid.*, p. 75: «C'est au niveau du détail, du détail mineur la plupart du temps, que l'imagination intervient pour créer *l'effet de réel*» (p. 75, les italiques correspondent à une citation en français dans le texte original). On notera que la citation, comme l'essai de Roland Barthes auquel se réfère implicitement Sebald ne font pas référence à la photographie. Dans le travail poétique sebaldien, la photographie s'intègre à un ensemble de stratégies qui produisent cet effet. Pour une étude de la cohérence poétique de l'écriture sebaldienne, *cf.* Mandana COVINDASSAMY: *A l'épreuve du dépaysement. W.G. Sebald. Cartographie d'une écriture en déplacement.* Paris: Presses Universitaires de Paris Sorbonne (à paraître).
13 *Cf.* notamment J.J. LONG: «History, Narrative and Photography in W.G. Sebald's *Die Ausgewanderten*». In: *Modern Language Review* 1 (2003), pp. 117-137, Lilian R. FURST: «Realism, Photography, and Degrees of Uncertainty». In: Scott DENHAM/ Mark MCCULLOH (dir.): *W.G. Sebald History – Memory – Trauma.* Berlin: de Gruyter, 2006, pp. 219-229.
14 LÖFFLER (*cf.* note 1), p. 136: «In der Interaktion und Interferenz von Bild und Text waren Klaus Theweleit und Alexander Kluge für mich augenöffnende Leseerfahrungen» (traduction personnelle).

de mesurer comment il combine des pratiques préexistantes afin de créer une œuvre véritablement novatrice. La filiation qu'esquisse Sebald est nette et cohérente. Mais en quoi l'écrivain et théoricien Klaus Theweleit ainsi que l'auteur et réalisateur de cinéma et de télévision Alexander Kluge ont-ils posé les prémisses de la poétique sebaldienne de l'image? Pourquoi les nomme-t-il plutôt que, par exemple, Rolf Dieter Brinkmann qui, à la même époque, dans les années soixante et soixante-dix, se distinguait par ses combinaisons de texte et d'image?[15] Il est évident que Kluge, Theweleit et Sebald ont en commun un souci exacerbé du passé, de sa compréhension et de sa mémoire. Il s'agit dès lors de comprendre un double apparentement, formel autant qu'éthico-politique.

Né en 1932 à Halberstadt, Kluge est témoin de la destruction de sa ville natale par les Alliés le 9 avril 1945. Il a alors 13 ans. Avocat, docteur en droit, il a également suivi l'enseignement de Theodor Adorno à Francfort-sur-le-Main. Rapidement toutefois, il se tourne vers le cinéma et l'écriture. Il réalise en 1960 son premier court métrage, suivi de longs métrages. En 1964, il publie son premier «roman», *Schlachtbeschreibung*,[16] qui sera suivi de nombreux récits où se combinent texte et image. A partir de 1985, il devient producteur et réalisateur d'émissions télévisuelles.[17] Le trajet de Kluge montre combien son intérêt pour l'image est loin d'être secondaire par rapport au travail d'écriture, à la différence d'un écrivain comme Sebald, germaniste de formation, titulaire d'une chaire de littérature à l'université d'East Anglia. Non seulement Kluge utilise des images, mais il les produit également, notamment sous leur forme animée, au petit comme au grand écran, au contact direct des média de masse de son temps.

Dans son essai remarqué *Luftkrieg und Literatur*, Sebald considère que pratiquement aucun écrivain allemand de l'après-guerre n'a su

---

15   *Cf.* par exemple l'ouvrage de Thomas von STEINAECKER: *Literarische Foto-Texte Zur Funktion der Fotografien in den Texten Rolf Dieter Brinkmanns, Alexander Kluges und W.G. Sebalds*. Bielefeld: transcript 2007. Les trois écrivains choisis sont considérés par l'auteur comme les représentants majeurs du «photo-texte» au XXe siècle, étudiés séparément dans l'ordre chronologique.

16   Alexander KLUGE: *Schlachtbeschreibung*. Olten/Freiburg i.B.: Walter Verlag, 1964.

17   Ces indications biographiques sont tirées du site de l'auteur: <http://www.kluge-alexander.de/zur-person/biografie.html> (consulté pour la dernière fois le 8 janvier 2010).

Présence brute de l'instantané 51

rendre compte des bombardements alliés sur l'Allemagne et se faire entendre du public par un travail d'écriture authentique, qui ne se réfugie pas derrière des formules toutes faites. L'un des auteurs qu'il admire dans ce domaine n'est autre que Kluge, auteur notamment de *Der Luftangriff auf Halberstadt am 8. April 1945*,[18] qui paraît en 1977. L'ouvrage est donc bien postérieur à l'immédiat après-guerre (Sebald indique que la rédaction du texte a eu lieu vers 1970)[19] et n'entre pas directement dans le champ de l'étude de Sebald. Pourtant, il s'y réfère à plusieurs reprises.[20] Dans *Der Luftangriff auf Halberstadt*, auquel nous limitons ici notre analyse, Kluge ne fait part d'aucune manière de son expérience personnelle.[21] Le texte est constitué d'unités autonomes, distinctes, elles-mêmes réunies en deux parties signalées par des chiffres romains et suivies d'une ultime séquence. Chaque unité commence par un titre en gras et entre crochets qui ouvre le premier paragraphe. La première partie (16 p.) est composée de huit unités. Chacune d'elles suit les actions d'une personne ou d'un groupe de personnes au moment du bombardement. La seconde partie (36 p.) comporte 18 séquences. Elle débute par l'unité «stratégie d'en bas», à laquelle répond la «stratégie d'en haut», celle des pilotes d'avion. Puis viennent deux entretiens, avec le brigadier Anderson et avec un officier de haut rang. S'ensuivent des séquences plus brèves, qui évoquent notamment le comportement des personnes en charge de la protection de la ville, mais également des destins particuliers. Le texte se clôt par le récit d'un visiteur d'une autre étoile («Besucher vom anderen Stern», 3 p.), le psychologue américain auquel Sebald fait référence dans *Luftkrieg und Literatur*. Les unités sont de longueur très variable. On l'aura compris, aucun narrateur aisément identifiable ne vient conférer une unité au texte. Des dialogues (les entretiens) s'intercalent entre les récits. Des zones de texte grisées se glissent

18   Alexander KLUGE: «Der Luftangriff auf Halberstadt am 8. April 1945». In: *Neue Geschichten. Hefte 1-18 Unheimlichkeit der Zeit.* Frankfurt a.M.: Suhrkamp, 1977. Cité d'après *Chronik der Gefühle* t. 2. Frankfurt a.M.: Suhrkamp, 2000, pp. 27-82.
19   W.G. SEBALD: *Luftkrieg und Literatur* [1999]. Frankfurt a.M.: Fischer, Taschenbuch, 2001, p. 31 (trad. de P. Charbonneau: *De la Destruction comme élément de l'histoire naturelle*, Arles, Actes Sud, 2004, p. 34).
20   *Ibid.*, pp. 31 et 47-49.
21   Kluge ne mentionne sa présence lors de l'événement que dans l'introduction de l'ouvrage (*cf.* note 18, p. 11).

çà et là. Un point unit les pans de l'ouvrage: l'attaque aérienne sur Halberstadt.

Rien ne semble donc s'opposer davantage aux récits de Sebald que cette écriture fragmentée, fracturée, qui montre ses arêtes.[22] La narration sebaldienne se reconnaît en quelques lignes et ses caractéristiques s'opposent point par point à la description du récit klugien. Le narrateur sebaldien écrit à la première personne. Il partage bien des traits avec l'auteur, notamment sa date de naissance ou son apparence physique. La narration ne cède jamais le pas au dialogue. Au contraire, l'empathie du narrateur envers les personnes qu'il rencontre est telle que sa voix s'efface subrepticement à leur profit, sans qu'il soit toujours aisé de distinguer le passage de l'une à l'autre. Bien que Sebald ne verse certes pas dans le sentimentalisme, le détachement et la précision chirurgicale des récits klugiens ne sont pas de mise dans ses textes, ne serait-ce qu'en raison d'un choix narratif décisif: la présence manifeste du narrateur.

Pourtant, la présence des images crée un certain air de famille entre les ouvrages de Kluge et de Sebald. Dans *Luftangriff auf Halberstadt*, on trouve bien des images en noir et blanc, que ce soient des schémas, un dessin, une affiche de film ou des photographies. Comme chez Sebald, le professionnel trouverait à redire à propos de la qualité des photographies. Leur patine est le signe du temps écoulé. Nous sommes face à des images d'archive, que Sebald n'hésite d'ailleurs pas à reproduire dans *Luftkrieg und Literatur*.[23] Le dispositif général d'insertion est en revanche bien plus varié. Sebald parvient à une inclusion des images grâce à l'absence de légende ainsi qu'à la continuité du texte autour de l'image. En effet, même lorsqu'un terme ou une expression est centrée avant ou après l'image, le récit se poursuit sans rupture aucune. Dans le récit de Kluge en revanche, la plupart des images sont suivies d'une légende. Elle n'indique pas la

---

22 Pour une étude comparative de Kluge et Sebald fondée sur la question de la «postmémoire», *cf.* Mark M. ANDERSON: «Documents, Photography, Postmemory: Alexander Kluge, W.G. Sebald, and the German Family». In: *Poetics Today* 1 2008, pp. 129-153.

23 SEBALD (*cf.* note 19), p. 68 (trad. p. 69) pour la reproduction de l'affiche du film «Heimkehr» et p. 72 (trad. p. 74) pour la vue en plongée de la ville détruite, citant KLUGE (*cf.* note 18), pp. 27 et 79. On notera que Sebald reprend la première et la dernière image du récit.

Présence brute de l'instantané 53

provenance de l'image, mais son sujet, tout au plus sa date. L'effet visuel est net: de même que les unités textuelles sont clairement séparées par un saut de ligne et par le titre indiqué en gras et entre crochets, ces images légendées se détachent d'autant plus du texte qu'une sorte de titre les borde. Elles sont ainsi mises à distance du récit. La mention du sujet est d'ailleurs précédée de l'abréviation «Abb.» («Ill.» en français), qui désigne l'hétérogénéité du matériau en soulignant qu'il s'agit là d'une illustration, autrement dit d'un corps étranger, issu d'un fonds préexistant au projet poétique. L'auteur le fait resurgir en un lieu donné du texte. La légende fonctionne ainsi comme une *suture*, elle marque le point de montage entre les éléments. Dans la tradition d'un Brecht, voire d'un Tucholsky, Kluge combine le texte et l'image.

L'effet de rupture que provoque la légende est renforcé par la disposition même de ces images dans le récit. En effet, à deux reprises, plusieurs images s'enchaînent sans pause. Dans le premier cas, il s'agit de six photographies prises lors du bombardement de la ville.[24] Les mouvements des personnes sont fixés sur le vif. Par la violence des clichés, la succession d'instantanés troue le texte comme autant d'impacts, à l'instar d'une rafale de bombes lâchées sur la ville. Ce sentiment est renforcé par la numérotation des photographies, de un à six, fait unique dans le récit. La justification du procédé est à lire dans le récit. Toutes ces images de la destruction ont été prises par un «photographe inconnu», dont le nom, si l'on peut dire, sert de titre à l'unité. Arrêté par des militaires l'appareil photographique à la main, il est soupçonné d'espionnage. L'explication qu'il donne de son geste est la suivante: propriétaire d'un magasin de photo, il aurait pris en hâte son appareil photo et du film afin de fixer sur la pellicule «la ville en flammes, sa ville natale dans son malheur».[25] Menacé d'être exécuté, il parvient à s'enfuir sans que le récit soit en mesure de nous dire par quels moyens. Les clichés reproduits sont donc ce qui reste de l'histoire du photographe inconnu. Insérés au beau milieu du texte, ils montrent les bombardements et attestent le récit. Dans l'édition de 2000, la série surgit immédiatement après l'énumération des lieux traversés par le photographe et suit rigoureusement le trajet indiqué.

---

24 KLUGE (*cf.* note 18), pp. 30-33.
25 *Ibid.*, p. 30.

La numérotation des photographies prend un sens chronologique. Les vignettes qui se succèdent sont en quelque sorte la planche-contact de l'événement. Elles préservent la succession d'origine, d'où leur intégration dans la phrase qui décrit le trajet du photographe et se termine quatre pages après son commencement, étirée par la rafale de clichés.

A ceci près: l'histoire du photographe inconnu est une fiction.[26] Certains indices sont limpides: pourquoi ne pas donner le nom du photographe s'il a pu transmettre les clichés? Comment se fait-il qu'on ne sache pas par quels moyens il a pu échapper à une exécution sommaire? Si les photographies ont transité de main en main jusqu'à l'auteur du récit et que le nom du photographe s'est perdu, comment comprendre que le détail de son arrestation nous soit parvenu? Alors que les images semblaient venir appuyer un récit véridique, le rapport est inversé. En réalité, les photographies sont premières. Nul doute, elles sont autant de traces d'une situation réelle. Mais hors des légendes, elles demeurent muettes: comment reconnaître la ville au milieu des décombres? Quant au récit, il leur fournit une origine et ancre leur production dans l'événement. Le photographe est lui-même l'un des personnages de l'instantané. Par le récit, il s'intègre au champ photographique.

L'observateur de l'événement n'est plus supposé lui être extérieur au nom d'une objectivité qui, pour Kluge comme pour Sebald, a trouvé ses limites. Kluge, citant Brecht, déclare:

> Die Lage wird dadurch so kompliziert, daß weniger denn je eine einfache ‹Wiedergabe der Realität› etwas über die Realität aussagt. Eine Photographie der Kruppwerke oder der AEG ergibt beinahe nichts über diese Institute. [...] Es ist tatsächlich ‹etwas aufzubauen›, etwas ‹Künstliches› [...].[27]

---

26   Sur ce point, comme sur tant d'autres, notamment sur la question du montage et du «Schnitt», je tiens à remercier vivement Monsieur Herbert Holl d'avoir pris le temps de répondre à mes questionnements.

27   Alexander KLUGE: «Die realistische Methode und das sog. ‹Filmische›». In: A. KLUGE: *Gelegenheitsarbeit einer Sklavin. Zur realistischen Methode.* Frankfurt a.M.: Suhrkamp, 1975, p. 203. «La situation se complique du fait qu'une simple ‹restitution de la réalité› n'a jamais aussi peu dit de la réalité. Une photographie des usines Krupp ou AEG ne dit pratiquement rien de ces institutions. [...] Il s'agit effectivement de ‹construire quelque chose›, quelque chose d'‹artificiel› [...]» (traduction personnelle).

Présence brute de l'instantané 55

Pour rendre compte de la réalité, il faut la construire. Le rôle de la conception klugienne est patent dans les propos de Sebald sur la restitution de la réalité:

> Die Reproduktion des Grauens oder besser: die Rekreation des Grauens, ob mit Bildern oder mit Buchstaben, ist etwas, das im Prinzip problematisch ist. Ein Massengrab läßt sich nicht beschreiben. Das heißt, man muß andere Wege finden, die tangentieller sind, die den Weg über die Erinnerung gehen, über das Archäologisieren, über das Archivieren, über das Befragen von Personen [...] Die große Ausnahme war für mich immer die Arbeit Alexander Kluges, der das Archäologisieren, das Graben, das Ausgraben dieser Geschichte [...] untersucht hat [...]
> *Wobei man bei Kluge nie weiß, was Fiktion, was Zitat, was fingiertes Zitat ist.*
> Das halte ich aber für sehr produktiv. Ich werde auch oft gefragt, ob die Lebensläufe, die ich erzähle, authentisch sind oder nicht. Das ist ja gerade das Geheimnis der Fiktion, daß man nie genau weiß, wo die Trennungslinie verläuft.[28]

La présence des images témoigne du travail d'archéologue, d'archiviste de Kluge comme de Sebald. Mais c'est dans l'agencement de ces images, dans leur combinaison avec le texte que réside la part constructive du travail, la combinaison de la fiction au document. Les effets de série klugiens sont à ce titre magistraux, notamment si l'on confronte la seconde série à la première.

Alors que les photographies des bombardements ne permettent pas de reconnaître les visages (l'anonymat reste de mise), le récit du photographe anonyme donne paradoxalement une individualité à l'événement. La partie consacrée à la «stratégie d'en haut», aux pilotes et aux chefs du commandement allié, montre pour sa part une série de portraits. Comme

---

28 Volker HAGE, «Im Gespräch mit W.G. Sebald». In: *Akzente* 1, 2003, pp. 35-50. «La reproduction de l'horreur ou plus exactement la recréation de l'horreur, que ce soit avec des images ou des lettres, est quelque chose qui est par essence problématique. Une fosse commune ne se décrit pas. C'est-à-dire qu'il faut trouver d'autres voies plus tangentielles qui suivent le détour du souvenir, du travail archéologique, du travail d'archive, du questionnement des personnes [...]. La grande exception à mes yeux fut toujours le travail d'Alexander Kluge, qui a exploré la démarche archéologique de cette histoire [...], l'a creusée, l'a exhumée [...]. *Pourtant, on ne sait jamais chez Kluge où est la fiction, la citation, la citation inventée.* C'est justement ce que je considère très productif. On me demande aussi souvent si les vies que je raconte sont authentiques ou non. Le secret de la fiction est là: ne pas savoir exactement où passe la ligne de séparation» (p. 38, traduction personnelle).

l'a noté Steinaecker,[29] les images consacrées à la stratégie d'en haut sont bien plus nombreuses que celles qui témoignent de la perspective du bas. La raison en est évidente: la destruction a affecté la ville et non les avions. La série d'images qui répond formellement à la rafale de clichés du photographe inconnu est constituée par plusieurs ensembles, des portraits, des schémas et des dessins.[30] Les trois premiers portraits nous montrent des jeunes hommes en uniforme, parfaitement reconnaissables. Mais les noms ne sont pas indiqués. Ce sont «die Jungs» et «der Planer». Les deux légendes suivantes nous livrent les noms des sujets. Ce qui ne lève guère leur anonymat, dans la mesure où nous n'en apprenons pas davantage sur eux. Puis suivent des représentations schématiques des bombes, un encart grisé qui en indique l'usage différencié, un dessin du trajet effectué par les avions ainsi qu'un dessin d'un escadron. La dernière image n'est pas légendée. La suite de ces onze images montre combien les hommes, les bombes et les avions doivent entrer en interaction pour que s'effectue la destruction de la ville. L'ordre de présentation des images produit un récit qui répnd point par point à la première série: dans un cas, les images sont adossées à une histoire, dans l'autre, non, car elles attestent l'Histoire dont le récit existe déjà. A l'usage exclusif de la photographie s'oppose la combinaison de l'instantané, du schéma et du dessin. Le flou, l'indétermination des images de la destruction contraste avec la sérénité et la précision des portraits militaires mais aussi des schémas de bombes et des trajectoires aériennes. Les deux séries iconiques de *Luftangriff auf Halberstadt* mettent en œuvre deux dynamiques distinctes qui représentent des logiques intrinsèquement en opposition.

Pourtant, formellement, les deux séries sont analogues. Les images sont intercalées dans le texte, une marge de chaque côté de la page, comme c'est le cas pour l'ensemble des insertions légendées. En un sens, image et texte se substituent l'un à l'autre. Cette pratique s'oppose strictement à un autre cas de figure, celui des quatre images hors série qui n'ont pas de légende. Aucune d'elles ne suit la mise en page conventionnelle. Elles sont hors cadre.

---

29   STEINAECKER (*cf.* note 15), p. 205.
30   KLUGE (*cf.* note 18), pp. 55-59.

Présence brute de l'instantané   57

La première d'entre elles ouvre le récit. Elle occupe largement l'angle supérieur droit du texte, de sorte que le premier paragraphe forme un L, colonne étroite en haut qui s'élargit sous la reproduction de l'affiche du film *Heimkehr*. Le choix de l'image n'est pas fortuit. D'après les indications fournies par le récit, ce film était joué le jour du bombardement au cinéma «Capitol», mentionné dans le titre de la séquence. Voir l'affiche permet au lecteur de se plonger davantage dans les circonstances décrites en se représentant le film du jour mais aussi en recevant la charge politique de ce titre, *Retour au pays*, dans le contexte historique du nazisme. En outre, on ne saurait passer sous silence la dimension ironique de la mise en scène, dans la mesure où la destruction radicale de la ville interdit aux personnages (comme à l'auteur) le retour à la maison, au pays tel qu'il existait. Un usage analogue des images, à la fois témoignage d'époque et ironie du sort, se retrouve dans l'œuvre de Sebald, par exemple lorsqu'il reproduit dans *Schwindel. Gefühle* la note d'un restaurant de Vérone où figure le nom du tenancier, Cadavero, alors que le narrateur se croit poursuivi par deux meurtriers potentiels.[31]

La deuxième image sans légende est la photographie d'un visage de femme cadré de très près, si bien que seule son expression est lisible. Elle semble perdue. Bien plus petite que l'image précédente, elle est placée en tête de la seconde partie de *Luftangriff auf Halberstadt*, en haut à droite du paragraphe comme l'affiche de film. L'identité de situation provoque un effet d'itération de la structure grâce auquel la différence du propos se manifeste d'autant plus vivement. L'émotion pure et singulière succède à la promotion du film. Nous sommes bien dans la stratégie d'en bas, titre de la séquence qui ouvre la seconde partie. Contrairement à l'affiche, la photographie déborde même le texte sur la marge droite de la page. Elle est en excès, s'étend au-delà du dicible. Le récit évoque ce que vit Gerda Baethe et ses trois enfants au moment de l'attaque, si bien que le lecteur assimile le portrait à la protagoniste, en dépit d'indication formelle en ce sens. On retrouve ici la forme d'assimilation entre un cliché et un personnage éventuellement fictif que pratique Sebald, par exemple avec la photographie de Max Ferber enfant.

---

31 SEBALD (*cf.* note 2), p. 90 (trad. p. 75).

Dans le troisième cas, l'image occupe une double page en largeur et les trois quarts de la hauteur. La représentation schématique des escadrons chargés de l'attaque respecte les marges du texte mais surmonte le pli qui sépare les pages. Au lieu d'une légende placée sous l'image, une description surmonte l'ensemble. Une telle répartition sur deux pages avec maintien du texte n'est pas rare dans les livres de Sebald. L'agenda du grand-oncle Adelwarth est reproduit de cette manière dans *Die Ausgewanderten*.[32]

La dernière image de *Luftangriff auf Halberstadt* est, comme la première, dépourvue de légende. Ce sont précisément ces deux images qui sont reproduites par Sebald dans *Luftkrieg und Literatur*. Deux images qui surgissent, brutes, dans le texte, à son commencement et à son terme. La photographie représente une vue en plongée de la ville détruite. Elle occupe toute la largeur de la page, sans laisser la moindre marge, si bien que la vue semble coupée et que le spectacle de la destruction paraît excéder les dimensions de l'ouvrage. Ce dispositif est repris par Sebald dans *Schwindel.Gefühle*, *Die Ausgewanderten* et *Die Ringe des Saturn*. Comme dans le récit de Kluge, ce mode d'insertion reste marginal et fait d'autant mieux ressortir l'expansion illimitée de l'image, hors cadre.

Au terme de cette comparaison, en quoi réside la parenté entre les utilisations klugienne et sebaldienne des images? Formellement, Sebald renonce à multiplier les modes d'insertion. Il n'emploie jamais de légende, pas plus qu'il n'insère de vignette dans un angle de paragraphe. En revanche, il joue également avec la largeur de l'image et avec le centrage du texte. Le type d'images et leur qualité sont aussi assez largement comparables: portraits, reproduction de documents, schémas, tous en noir et blanc, au grain empesé par le temps. Les archivistes sont au travail et construisent. L'un, Kluge, procède à un montage (Schnitt) qui exacerbe les césures et les coutures, tandis que l'autre les efface et parvient à fondre des matériaux hétérogènes. Dans les deux cas, la fiction est paradoxalement mise au service d'un même programme poétique: la restitution de la réalité.

---

32 SEBALD (*cf.* note 2), pp. 200-201 (trad. pp. 156-157).

Présence brute de l'instantané 59

III.

L'autre écrivain à avoir dessillé les yeux de Sebald n'est pas du côté de la fiction. Klaus Theweleit écrit des essais. Contrairement à Alexander Kluge, de dix ans son aîné, il fait partie de la génération de Sebald. Né en 1942, il n'a guère connu l'époque du nazisme. Pourtant, il a fait l'expérience directe du fascisme:

> Als der unlegalisierte Sohn eines ostpreußischen Hofbesitzers von einer Tante aufgezogen, war mein Vater als Vater immer sehr für eine *richtige* Familie. Aber allererst war er Eisenbahner, mit Leib und Seele, wie er sagte, und dann erst Mensch. Er war auch ein guter Mensch und ein ziemlich guter Faschist. Die Schläge, die er reichlich und brutal verteilte im Rahmen des Üblichen und in der guten Absicht des Affekts, waren die ersten Belehrungen, die mir eines Tages als Belehrungen über den Fascismus bewußt aufgegangen sind. Die Zwiespältigkeit meiner Mutter, die fand, daß so etwas sein mußte, es aber milderte, die zweiten.[33]

Theweleit a donc connu, selon ses propres dires, l'univers fasciste par l'éducation qu'il a reçue. Après des études de littérature allemande et anglaise, il rédige une thèse consacrée précisément à la mentalité fasciste, *Männerphantasien*. Cet ouvrage fort singulier propose une étude du fascisme marquée par les concepts psychanalytiques ainsi que par la théorisation de Deleuze et Guattari en se fondant notamment sur l'étude des écrits biographiques rédigés par des membres des corps francs. Ce travail a connu un très grand retentissement dès sa sortie en Allemagne. De nombreuses images accompagnent le texte.

33 Klaus THEWELEIT: *Männerfantasien I* [1977]. Hamburg: Rowohlt Taschenbuch, 1980, p. 7 (non numérotée). «Fils non reconnu d'un propriétaire terrien de la Prusse orientale, élevé par une tante, mon père, en tant que père, a toujours été pour une *vraie* famille. Mais il était avant tout cheminot, corps et âme, comme il disait, et seulement après homme. C'était aussi un homme bon et un assez bon fasciste. Les coups qu'il assénait copieusement et brutalement dans le cadre ordinaire avec la bonne intention de l'affect furent les premières leçons qui m'apparurent un jour consciemment comme des leçons sur le fascisme. L'ambivalence de ma mère, qui considérait qu'il fallait bien en passer par là tout en adoucissant les choses, furent les secondes» (traduction personnelle). Sebald possédait l'édition de poche de 1981, dont le premier volume est fortement souligné. Nous avons pu consulter ces ouvrages dans les archives littéraires allemandes de Marbach-sur-le-Neckar. Que Messieurs Ulrich von Bülow et Nicolai Riedel soient ici vivement remerciés.

Les différences avec les ouvrages de Kluge et Sebald déjà mentionnés sont frappantes. En premier lieu, les sources des images sont toujours indiquées, soit en légende, soit dans un registre qui figure en fin de volume. Aucune ambiguïté donc. Le lien entre l'origine des images et leur nouvel emploi est clair et univoque. Les images elles-mêmes sont de nature diverse. Les photographies sont nombreuses, qu'il s'agisse de portraits, d'extraits de film ou d'images de cérémonies officielles. Mais les dessins ne sont pas moins présents, sous la forme d'illustrations de livre, de vignettes de bandes-dessinées. Toutes sont en noir et blanc. La plupart de ces images se laissent aisément assimiler à une période historique donnée, tant par leur qualité que par leur construction. Toutes ne datent pas de la période fasciste: les vignettes de bandes-dessinées sont bien sûr postérieures, tout comme l'affiche de *Niagara* où trône Marilyn Monroe. D'autres sont bien antérieures, comme ces dessins qui commentent la Révolution Française.[34] Elles ont une forte valeur archétypale et font directement appel à l'imaginaire collectif de la société allemande, mais aussi américaine, les deux entrant en résonance. En d'autres termes, audelà de leur contenu manifeste, elles évoquent chez le lecteur des univers d'ordre affectif et politique, liés intimement à cette part sociale de la biographie individuelle. Ce point s'explique par la fonction qu'elles occupent dans le projet général de Theweleit. *Männerphantasien* ne réduit pas le fascisme à un courant politique: il étudie les hommes qui l'ont porté et, nécessairement, met au jour des points qui valent au-delà des individus considérés. Comme l'indique la quatrième de couverture de l'édition Rowohlt, «les fondements fascistes que [Theweleit] met au jour et interprète dans les témoignages des personnes directement impliquées, dans les lettres, les biographies et les romans surprendront aussi les lecteurs masculins qui ont cru jusqu'à présent ne pas être fascistes».[35]

Ce que le texte de Theweleit étudie, ce sont bien les écrits fascistes, dont il tire des conclusions théoriques fondées sur une lecture psychanalytique. Il ne se livre pas à une étude des images, au sens où il détaillerait

---

34 *Ibid*, pp. 236,143, 86 et 88.
35 *Ibid.*, quatrième de couverture: «Was [Theweleit] in den Zeugnissen der Beteiligten selbst, was er in Briefen, Biografien und Romanen an faschistischen Ansätzen aufdeckt und interpretiert, muß auch jenen männlichen Leser verblüffen, der sich bislang für einen Nicht-Faschisten gehalten hat» (traduction personnelle).

Présence brute de l'instantané 61

les dessins et les photographies pour en donner une interprétation. L'ouvrage propose en fait une analyse discursive continue, dans laquelle des images font irruption. Elles ne constituent donc pas un support du discours, contrairement aux abondantes citations tirées du corpus fasciste. Elles ne sont pas davantage une illustration au sens courant du texte, dans la mesure où les scènes représentées sont certes en lien avec le texte, mais ne le figurent pas. Une analyse de la disposition des images dans les livres permet de mieux circonscrire le rôle joué par les images dans *Männerphantasien*. Contrairement aux cas étudiés précédemment, elles ne sont jamais dans le texte, ni insérées dans l'angle d'un paragraphe, ni même intercalées au milieu de la page. Toutes les images sont placées en haut ou en bas des pages. Le texte se poursuit imperturbablement, avec ou sans image. Mises à la marge supérieure ou inférieure, les séquences visuelles n'entravent guère la lecture. Il s'ensuit deux conséquences. D'un côté, l'image mène une existence parallèle au texte, formellement et sémantiquement, puisque le lien entre le discours et l'image n'est pas d'ordre directement illustratif. On pourrait alors considérer que les images ne sont pas nécessaires, qu'elles sont même superflues. Il n'en est rien. D'un autre côté en effet, c'est précisément parce que la relation de l'image au texte n'est ici ni ancillaire, ni entièrement arbitraire, qu'elle est ici nécessaire. L'effet produit par ces images, c'est une ouverture du discours analytique (dans les deux sens du terme) et théorique à un mode d'expression qui lui est irréductible et qui hante l'univers de tout individu. Les insertions visuelles *imaginent* l'analyse de Theweleit. Elles la déploient dans un ordre non discursif et permettent dans un mouvement conjoint l'élargissement de l'analyse à des pans antérieurs de l'histoire et son extension à l'époque contemporaine.

Or l'*imagination* à laquelle procèdent les images de Theweleit a manifestement un sens politique. Au lieu de produire un discours qui prétendrait une fois de plus dire le tout du fascisme, Theweleit élabore une analyse certes théorique, mais dont le dispositif inscrit l'incapacité à exprimer la totalité grâce à la présence d'images qui ne sont ni redite, ni prétexte. En ce sens, l'ouvrage est véritablement non fasciste, non homogène à la logique qu'il décrit. C'est également à ce titre que la présence des photographies est remarquable. Instantanés bruts de l'événement, elles rappellent au saisissement de l'instant le déploiement des mots. Le dispositif inventé par Theweleit revient donc à remettre en question le primat supposé de la théorie, qui, close sur elle-même, tend à perdre de vue la perspective d'en-bas, celle de l'événement. Kluge et Sebald ont dit la difficulté à le rendre par une œuvre d'art. L'*imagination* du texte est l'une des voies tangentielles qu'évoque Sebald. Il l'utilise à sa façon. Dans ses récits, il n'en reprend pas la forme, mais insère néanmoins des images dont le lien avec le texte n'est pas évident, sans reprendre toutefois la même disposition de l'image, comme dans l'exemple de Greifenstein évoqué plus haut. Dans l'essai *Luftkrieg und Literatur*, qui, comme *Männerphantasien*, se livre à une analyse, Sebald reprend point par point la technique de Theweleit. Les images y sont aussi toujours reproduites à la marge de la page.

Ce qui unit profondément les travaux de Kluge, Theweleit et Sebald, c'est une échappée hors de la totalité, pour des raisons qui tiennent à la situation politique de l'Allemagne d'après le nazisme. Tous trois ont scruté les arcanes du fascisme et du nazisme. Dès le début des années soixante pour Alexander Kluge, avant même que la nouvelle génération interroge en 1968 ses parents sur leur activité sous le nazisme. Dans le sillage de ce mouvement pour Klaus Theweleit, né plus tard. L'œuvre littéraire de Sebald, elle, naît, vingt ans après. Il aura au préalable ausculté l'histoire, ses représentations, ses limites, mais aussi les tentatives esthétiques de restituer le passé. Trois réponses à une même interrogation: comment dire? Kluge présente des fragments, des récits, des photographies d'archive, des images où la césure se montre et articule la fiction dans la réalité. Un tel montage est une coupe (*Schnitt*) où le tout n'a pas sa place. Theweleit *imagine* le discours analytique et évide ainsi la tentation de la complétude. Quant à Sebald, il retient des deux auteurs qu'il cite le travail archéologique, l'archive qui se combine à une élaboration textuelle. *Facts & fakes*, pour ce qui vient de Kluge. Position unifiée du discours ouverte par les images, pour ce qui est de Theweleit. Le récit sebaldien relève pour sa part du bricolage lévi-straussien[36]. Le bricoleur accumule ce qu'il trouve sans en connaître la finalité. Il fouille, récupère, s'empare de ces résidus dont personne ne veut plus. En cela, sa position

---

36 *Cf.* Claude LEVI-STRAUSS: *La pensée sauvage* [1962]. Paris: Pocket, 1990, pp. 30-36. Sebald dit explicitement travailler selon la méthode du bricolage au sens lévi-straussien du terme dans son entretien avec LÖFFLER (*cf.* note 1, p. 136).

Présence brute de l'instantané 63

rejoint celle de l'archéologue. Puis à partir de ce bric-à-brac, il fabrique un objet, détournant ainsi la finalité première des matériaux au profit d'une nouvelle réalisation fonctionnelle. Les résidus sont là, articulés dans un tout. C'est sur ce point que Sebald se distingue de la césure radicale de Kluge, ainsi que de la perspective analytique de Theweleit, puisque ses récits sont portés par un narrateur à la première personne, touché par des rencontres.

Ce qui fonde la parenté entre Sebald, Kluge et Theweleit, dans leur rapport aux images, réside dans l'intégration du processus visuel, dont on a vu les enjeux photographiques, et du processus d'écriture. D'autres ont rassemblé des documents d'archive – songeons à Walter Kempowski et sa publication monumentale, *Echolot*.[37] Sebald résume la question de manière lapidaire: «C'est un très bon matériau – et c'est une bonne chose que cela existe. Mais il ne s'agit en aucune manière de littérature».[38]

---

37 Walter KEMPOWSKI: *Das Echolot. Ein kollektives Tagebuch Januar und Februar 1943*. München: Albrecht Knaus Verlag, 1993, *Das Echolot. Fuga furiosa. Ein kollektives Tagebuch Winter 1945*. München: Albrecht Knaus Verlag, 1999, *Das Echolot. Barbarossa '41. Ein kollektives Tagebuch*. München: Albrecht Knaus Verlag, 2002, *Das Echolot. Abgesang '45. Ein kollektives Tagebuch*. München: Albrecht Knaus Verlag, 2005.
38 HAGE (*cf.* note 27), p. 39: «Das ist sehr gutes Material – und gut, daß es das gibt. Aber es handelt sich nicht um Literatur in irgendeiner Form» (notre traduction). Pour Kluge, l'erreur consiste à «accumuler seulement du matériau: fondamentalement, on a besoin d'un contre-mouvement, d'une condensation... Les auteurs ne sont pas là pour redoubler la réalité, cette idée est importante pour moi – l'imagination doit condenser la réalité, la rendre plus complexe» (traduction personnelle). Volker HAGE: *Zeugen der Zerstörung*, pp. 207-208: «nur Material häuft: Grundsätzlich braucht man eine Gegenbewegung, eine Verdichtung. [...] Wichtig ist mir der Gedanke: Autoren sind nicht dazu da, die Wirklichkeit zu verdoppeln – Phantasie hat die Wirklichkeit zu verdichten, komplexer zu zeigen».

Bild- und Schriftspiele im Gegenwartstheater

Eliane BEAUFILS

Ob auf der Schaubühne in Berlin oder im nächsten Kinder- und Jugendtheater: Jedem Zuschauer ist heute bewusst, dass das Theater ein multimedialer Ort ist, in dem ständig mit den verschiedensten Medien gespielt wird. Second Life und Tanztheater, Dokusoaps und Twitter, schrille Livemusik oder stille Lichtspiele: Was unser Alltagsleben prägt, bewegt auch das Theater. Dabei wird man gewahr, dass diese Medien nicht einfach einer Umgebung angehören, sondern auch unsere Vorstellung prägen und unser Imaginäres ansprechen. Demzufolge wird es aber immer schwieriger, von einer rein instrumentalen Benutzung des Medialen auszugehen. Es wird auf der Bühne nicht nur aus- und dargestellt. Es werden Wahrnehmungen hervorgerufen, die sich mit unseren Alltagserfahrungen verschränken, und dieses Zusammenspiel ist ein äußerst komplexer Prozess, der eine mehrdimensionale Erfahrung erzeugt. Es bestehen intermediale und transmediale Bezüge vorab, die eine Abkopplung der verschiedenen Medien im Leben wie auf der Bühne meist als reiner Schulfall erscheinen lassen.[1]

Unter anderem kommen auch Fotos und Schriftzüge auf der Bühne vor. Sie gehören zu den ersten nicht-mimetischen Zeichen, anhand derer sich das Theater von herkömmlichen Darstellungsweisen distanziert hat. Somit weist die Triade Bühnengeschehen/Foto/Schrift auf ein eigenartiges Wahrnehmungsgefüge hin. Zum einen können Foto und Schrift nicht «für sich allein» genommen werden. Sie kommen meist unter zahlreichen anderen ikonischen Zeichen vor, werden von etlichen sprachlich-musikalischen Zeichen begleitet, unter denen sie vielleicht einen besonderen Platz einnehmen. Überdies führen sie uns nicht nur auf

---

[1] Zur Einleitung in dieses Themenfeld verweisen wir auf den sehr (umfang)reichen Sammelband von Henri SCHOENMAKERS/Stefan BLÄSE/Kay KIRCHMANN/Jens RUCHATZ (Hrsg.): *Theater und Medien/Theatre and the Media.* Grundlagen – Analysen – Perspektiven. Bielefeld: transcript, 2008.

unsere Alltagserfahrungen zurück sondern lassen auch Klischees, Bilder herauf kommen, die keine Abbilder der Gegenwart sind und auf vergangene Zeiten verweisen – im und außerhalb des Theaters. Weil Bildern einen stärkeren Konstruktionscharakter innewohnt als sich schnell verflüchtigenden Videos zum Beispiel, entsteht zudem eine größere intermediale Spannung mit der theatralischen Aufführungskonstruktion. Und Bilder deuten auf einen Ort hin, den temporalen Ort ihrer Entstehung und den geographischen, während Theater sich eben durch seine «Ortlosigkeit»[2] kennzeichnet. Als Regietheater vor allem begreift es sich stets im Entstehen und Weiterentwickeln, und lässt sich nicht leicht definitorisch fixieren. «Definirbar ist nur Das, was keine Geschichte hat», lautet Nietzsches berühmte Definition.[3] Da das Theater nun in stets neuem (medialem) Gewand auftritt, und es ihm widerstrebt, irgendein Medium an bestimmte Funktionen zu binden, ist es tatsächlich schwer zu verorten. Demzufolge möchten wir hier zunächst eine medienästhetische Haltung einnehmen und das Theater als ästhetisches Dispositiv betrachten, welches zwar auf vorhandene Fotos mit dieser oder jener Konnotation zurückgreift, aber keine bestimmte Sinnvermittlung anvisiert und vielmehr mit dem Sinn und den Sinnen spielt. Selbst wenn man beim Einsatz von Foto und Schrift die «Wahrnehmungsgewohnheiten und – wünsche»[4] berücksichtigt, die ihrer kulturellen Entwicklungsgeschichte zu verdanken sind, so kann man sich unmöglich auf ontologischem Terrain bewegen und medienontologische Erkenntnisse anstreben.

Außerdem erfährt unsere Untersuchung von vornherein eine eigentümliche Begrenzung. Obwohl sich das Theater doch so bereitwillig der Medien bedient, kommen Fotos nur selten auf der Bühne vor. Noch seltener werden sie in Verbindung mit Schriftzügen verwendet. Hat diese Seltenheit nicht etwas zu bedeuten? Ist sie etwa auf ein zu großes Spannungsverhältnis zwischen dem Theater und den Bildern zurückzuführen?

---

2 Den Begriff prägte Ulrike HASS: *Vom Körper zum Bild. Ein Streifzug durch die Theatergeschichte als Mediengeschichte in sieben kurzen Kapiteln.* In: Henri SCHOENMAKERS (Hrsg.): *Theater und Medien*, Ebd., S. 43-57.
3 Friedrich NIETZSCHE: *Genealogie der Moral II*, 13, KSA Bd. 5, 317, hrsg. von Giorgio COLLI/Mazzino MONTINARI. München, 1980, S. 10.
4 In Gunnar SCHMIDT: *Visualisierungen des Ereignisses. Medienästhetische Betrachtungen zu Bewegung und Stillstand.* Bielefeld: transcript, 2009, S. 8.

Bild- und Schriftspiele im Gegenwartstheater 67

Hierfür können natürlich nur hypothetische Erklärungsansätze abgegeben werden. Es scheint aber nötig, in einem ersten Schritt die potentiellen Gründe für das Desinteresse am Medium Foto im Theaterraum zu erfassen, um sie nachher anhand der eigentlichen Verwendungen und Wirkungen auf ihre Stichhaltigkeit hin zu überprüfen. Da Fotos nur selten in Verbindung mit Schrift gebraucht werden, möchten wir auch das Verhältnis von Foto und Bühnengeschehen bzw. -Sprache untersuchen, bevor wir auf das Dreiecksverhältnis von Bühnengeschehen, Foto und Schrift eingehen.

Der Mangel an theatralischem Interesse fürs Foto mag vielleicht daran liegen, dass Fotos gar nicht mehr problematisch erscheinen. Selbst Kunstfotos als Ergebnis subtiler Montagen kommen allerorts vor, gelten somit als leicht zugänglich, obwohl sie längst kein einfaches Abbild der Wirklichkeit mehr liefern. Gleiches lässt sich aber ebenso gut vom Video behaupten, und doch können die meisten Regisseure kaum mehr darauf verzichten. Im Unterschied zum Video kommt Fotos dennoch sehr oft eine traditionelle Veranschaulichungsfunktion zu, sei es auch nur, weil sie mehr in Printmedien benutzt werden, die ihrerseits vornehmlich mit Informations- und Bildungszwecken assoziiert werden. Abbildungen nehmen einen bedeutenden Platz in Nachrichten-, Mode- oder jedweder Art von Zeitschriften ein, sind unentbehrlich in Lehrbüchern und in zahlreichen wissenschaftlichen Abhandlungen.[5] Außerdem werden sie in Verbindung mit bekannten, sprich «älteren», Motiven gebracht. Wie das Reisemotiv, das etwa zur gleichen Zeit wie eine demokratischere Reisekultur und die Fotografie selbst entstand. Ähnlich steht es mit Familienaufnahmen oder urbanen Bildern. Jedoch sind Fotos imstande, auf immer neue und überraschende Weise unsere Realität abzubilden. Sie erfassen sie zwar nicht so umfassend wie Filme, öffnen dafür aber größere Räume der Fantasie, sind Anlass zu Meditation, erfordern Konzentration. Sie können eher als Videos mit Symbolen jonglieren und Sinnbilder sein.

---

5   Matthias Bruhn meint sogar, dass «ein Großteil der heutigen Bilddaten nicht in den Massenmedien oder im privaten Gebrauch auf[läut], sondern in Naturwissenschaft und Technik sowie im militärischen und sicherheitspolitischen Sektor». Es wäre natürlich von Interesse zu wissen, welcher Platz hier insbesondere der Fotografie zukommt. Vgl. Matthias BRUHN: *Das Bild. Theorie-Geschichte-Praxis*. Berlin: Akademie Verlag, 2009, S. 209.

Und Sinnbilder vermögen durchaus interessante Effekte auf der Bühne zu erzielen. Hier wäre das berühmte Beispiel von der Wolfsmaske anzuführen: Nicht der unechte Wolf – das unrealistische Zeichen – sorgt für Angst, sondern die internalisierte Vorstellung des Wolfes reicht aus, um Angst zu erzeugen. Warum sich also nicht der weniger realistisch erscheinenden Fotos bedienen?

Vielleicht liegt das einfach daran, dass Theater heute in erster Linie ein Experimentiertheater sein will, Erlebnis- und Erfahrungsfeld in einem, wo es mithin darum geht, sich selbst zu experimentieren. Wofür der Begriff des Performativen steht.[6] Fotos stehen natürlich nicht *per se* für weniger Erfahrung. Jedoch erscheint die filmische Erfahrung aufgrund des Bewegungssogs oft intensiver. Dem wäre allerdings wiederum zu entgegnen, dass Filme vom Zuschauer meist in Form von Bilderreihen festgehalten werden,[7] Fotoserien also durchaus imstande wären, eine ähnliche Erfahrung zu vermitteln wie Filme. Gleichwohl lassen sie sich nicht so leicht in den Wahrnehmungsfluss des – zurzeit eher schnellen – Bühnengeschehens einbetten. Ein Bild mag aufflackern, aufleuchten, doch das Auge strebt danach im ruhenden Bild zu verweilen. Mehr als Videoaufnahmen stellen Fotos ein Appell an die Konzentration oder gar an die Selbstbesinnung dar. Hiermit bleiben sie jedoch stets mit Performativität vereinbar. Nein, widerstrebt das Foto dem Theater, so geht es nicht nur um Statik, sondern vielmehr um das, was das Gegenwartstheater oft verhindern möchte und was unmittelbar mit der Fotografie einhergeht, nämlich den Standpunkt. Ein Foto ist notgedrungen situiert, es verweist auf den Fotografen und auf den Betrachter, auf frontale Positionen. Unabhängig von seinem Gegenstand und seiner Vieldeutigkeit verkörpert das Foto Stillstand und Perspektive. Darüber hinaus verweist es ungewollt auf die ehemalige Tradition des postbrechtischen Theaters

---

6   Unter Performativität soll eine Art Interaktivität verstanden werden, die über die interaktive Präsenz hinausgeht und gleichsam zur Vollendung des Werks unerlässlich ist, so dass der Sinn der Aufführung für beide Partien (Zuschauer und Bühne) nur mit dem Akt des Aufführens bzw. Rezipierens einhergehen kann. Zur Einführung ist das Werk der «grande dame» der Theaterwissenschaft zu empfehlen, Erika FISCHER-LICHTE: *Ästhetik des Performative*. Frankfurt: Suhrkamp, 2004.

7   Isa WORTELKAMP: *Tanz der Figuren- Zur Darstellung von Bewegung in den Bildern des Hans von Marées*. In: Henri SCHOENMAKERS (Hrsg.): *Theater und Medien*, a. a. O., S. 99-109, hier S. 100-101.

Bild- und Schriftspiele im Gegenwartstheater 69

und der instrumentellen Benutzung von Bildern im Sinne von V-Effekten. Fotos wurden in den 60er und 70er Jahren vielfach in den Dienst der Kritik gestellt, veranschaulichten Blick und Macht, stillstehende Landschaften und reaktionäre Familien, oder auch aufrührerische Massen, agierende springende Helden. Sie waren denunziatorisch oder verklärend, kündigten Kampf an oder verhießen Glück. Selbst ohne Abbildung oder Projektion wurde noch auf sie verwiesen. Im Bühnenbild des Stückes *Winterreise* ließ Klaus Michael Grüber[8] zum Beispiel dicke weiße Brocken anfertigen, die Kaspar David Friedrichs Bild «Das Eismeer» (1824) nachbilden sollten. Er beließ es nicht bei diesem Zitat, sondern forderte den Held auf, den «Berg von Eisschollen» zu erklimmen, und dann siegreich seinen Eispickel auf der Bergspitze aufzupflanzen. Hierdurch wurde unmittelbar auf die heldenhaften Alpinisten der zweiten Jahrhunderthälfte hingewiesen, die ihre Leistung mit dieser typischen Geste abschlossen und sich dabei abblitzen ließen.[9]

Darüber hinaus stehen Fotos für Vergangenheit schlechthin. Sie sind an die Sternstunden der Menschheit im XIX. und XX. Jahrhundert, an eine andere Zeitlichkeit und damit auch an einen anderen Realitäts- und Fortschrittsglauben gebunden. Eher modern als postmodern. Da hilft es wenig, wenn man dagegen einwendet, numerische Fotos seien von vornherein frei gestaltbare, offensichtliche Konstruktionen, die weder gegen den Verdacht der Manipulation noch gegen den der Naivität anzukämpfen brauchen.

Übrigens treffen diese Argumente auch auf die Benutzung der Schrift im Theater zu. Immerhin gehört sie einer noch viel älteren Tradition an, scheint ebenfalls an Ruhe und Konzentration zu appellieren und wurde ungefähr zeitgleich zum Foto vom politischen Theater der 20er-30er Jahre entdeckt. Die mit Schriftzügen erzielten Verfremdungseffekte sind in der Tat besonders interessant. Im Rahmen dieses Artikels können wir selbstverständlich nicht auf alle zurückkommen, es sei bloß an die gängigsten Variationen erinnert: Orte, die mit bedruckten Plakaten angedeutet

---

8   Friedrich HÖLDERLIN: *Winterreise*. Regie Klaus Michael GRÜBER: *Uraufführung* Berlin, 1977.
9   Vgl. dazu Michael OTT: *Mallorys Kamera. Zur Theatralität eines Gipfelfotos*. In: Jörg DÜNNE (Hrsg.): *Theatralität und Räumlichkeit*. Würzburg: Königshausen und Neumann, 2009, S. 137-153.

werden, aufgeschriebene Textausschnitte, die ähnlich wie im Stummfilm, Kommentare oder Bruchstücke des Dialogs darstellen, schwarze Leere auf der Bühne, in die ein sakrales Wort fällt. Auf die klassischen Gegensätze zwischen Körper und Geist, Präsenz und Absenz kann hiermit auch hingewiesen werden. Im Stück *Am Ende der Unendlichkeit*[10] macht eine Schriftwelt gar das ganze Bühnenbild aus. Überall an den Wänden erscheint eine konkretisierte Logorrhö, die die Willkür und/oder Unvollendetheit des Geschriebenen zum Ausdruck bringt. Schriftzüge können natürlich ebenso gut den Wahrheitsanspruch oder die Poesie der Worte hervorheben. Man mag sich allerdings fragen, ob die Kontrasteffekte zwischen Bühne und Schrift nicht auch zwischen Bild und Schrift erzielt werden können. Wahrscheinlich eben nicht.

Daher möchten wir uns im Folgenden mit dem alleinigen Aufkommen von Fotos auf der Bühne befassen, die immerhin öfter als kommentierte Fotos inszeniert werden. Zumal man in diesem Zusammenhang ja auch Text, nämlich den Gesprochenen berücksichtigen muss.

Fotos auf der Bühne werden oft als Hintergrundbilder verwendet, die man einfach – und kostengünstig – projizieren kann. Sie scheinen in erster Linie auf eine greifbare, unwiderlegbare und selbstverständliche Wirklichkeit hinzuweisen. Da der intrafiktionale Raum des Theaters jedoch oft metatheatralisch gebrochen wird, wird die Wirklichkeit dabei zu einer hinterfragbaren Referenz. Die Schatten der Schauspieler huschen z. B. über das Bild, verwischen in theatralisch sehr banaler doch effektvoller Manier die Grenzen von Sein und Schein, und das standhafte Sein der aufleuchtenden Wirklichkeit erscheint nun bald als oberflächliches Dekorum, bangloser Bestandteil einer in Kategorien und Materialität befangenen Welt. Die zu Tage tretende Standhaftigkeit wird nicht so sehr in Frage gestellt, als sie sich brüchig erweist. Im Bühnenbild des Stückes «Der einsame Weg»[11] bildet ein Krankenhausbild die Kulisse des Bühnengeschehens. Es handelt sich um eine äußerst statische Reali-

---

10 Martin OELBERMANN: *Am Ende der Unendlichkeit, Regie auch M. Oelbermann*, Schauspielhaus Hamburg, 2007.
11 Arthur SCHNITZLER: *«Der einsame Weg», Deutsches Theater, Inszenierung von Christian Petzold*, März 2009.

Bild- und Schriftspiele im Gegenwartstheater 71

tät,[12] die auf eine seelische Unbewegtheit verweist: das gleichgültige Fortbestehen des Ortes, welchen man aufgrund seiner Passivität eben nur bedingt «Ort des Geschehens» nennen möchte. Die Handlung geschieht «im Ort», gleichsam durch den Ort. Der morbide Charakter des Krankenhauses soll sich zwar auf den dekadenten Figuren niederschlagen, das ist aber nicht so überzeugend: Die «Gedächtniswelt», die mit Bildern verknüpft ist, ist nicht so stark, dass sie das theatralische Geschehen einfach beleben kann.[13] Das menschliche Tun und Denken prägt den Raum – ohne dass man einem militanten Geistestheater beiwohnen würde oder das romantische Motiv der menschlichen Einsamkeit wieder aufleben ließe. Vielmehr wird das Nebeneinander von selbstverantworteten und -gestalteten Räumen mit «äußeren» sachlichen Räumen wahrnehmbar. Dadurch tritt der fragmentarische Charakter unserer Existenz in den Vordergrund.

In seiner Inszenierung von *Atropa* bringt der leidenschaftliche Videobenutzer Guy Cassiers auch die Bilder zum Stehen. Den Hintergrund bildet diesmal kein anderer Ort als der Körper der Schauspielerin. In unverkennbarer atemberaubender Größe und Nähe wird ein Teil ihres Gesichts mit dem Bildwerfer auf die riesige Leinwand vorgeführt, während eine Frau – eben die Schauspielerin – auf einem gewaltigen Hügel von hinten zu sehen ist. Durch die Höhe des Hügels und die majestätische Position erscheint der Leib der Frau doppelt fern und statisch, obwohl er sich im Unterschied zur Aufnahme bewegt. Diese Ferne bei gleichzeitiger «haptischer» Nähe[14] kommt also nicht durch die tragischen Umstände und die Verortung in einer mythologischen Vergangenheit zustande. Die Bühnengestaltung bildet fast einen Unort, zugleich nah und fern, den erst die Worte erschließen. Mit den Sätzen offenbart sich der eigentliche Raum, in dem sich Gedanken jenseits allen Sehens

---

12 Diese Unbewegtheit wird noch dadurch vergrößert, dass es sich eigentlich um einen Film handelt. Da man dies aber nicht erkennen kann, mag das Bild hier als Beispiel eines statischen Bildes gelten. Vgl. zum Beispiel: «Wie ein Gemälde wirkt die Videoprojektion tatsächlich». In: Matthias HEINE: «Nina Hoss schreitet auf dem ‹Einsamen Weg›». In: *Die Welt*, 15.03.2009.
13 Der Erinnerungscharakter zählt gemeinhin zu den wichtigsten Dimensionen des Bildes – und der gegenwärtigen Untersuchungen. Vgl. Matthias Bruhn, a.a.O.
14 Jörg VON BRINCKEN: *Bilder, die das Auge berührt*. In: Henri SCHOENMAKERS (Hrsg.): *Theater und Medien*, a. a. O., S. 171-179, hier S. 174-176.

entfalten können. Daran kann der Zuschauer in beinahe magischer Weise eben an dem Unort unmittelbar teilnehmen. Der Einbildung wird hier nicht ganz banal ein (Zwischen)Raum geschaffen, sondern es wird ein Raum geschaffen, der sich als bewegter erfüllter Gedankenraum offenbart. Vielleicht ist dies tatsächlich eine Art, über die Fotographie die Aura zurück ins Theater zu holen...[15]

Beide Fotoinszenierungen konfrontieren uns mit einer menschlichen Wirklichkeit des Geistes, die Zeit braucht, um sich zu entfalten, und unser Zeitbewusstsein nährt. Sie wird von den Fotos gleichsam getragen. Im Gegenzug erscheinen auf Typisierung angelegte Fotos weitaus langweiliger. Oft wird ein Gesicht im entscheidenden Augenblick festgehalten, man erfreut sich zunächst der Reduktion auf einen typischen Ausdruck oder staunt vor seiner drohenden Erstarrung. Den geübten Medienzuschauer kann ein solches Bild nach dem ersten Staunen aber kaum beunruhigen, falls es ihn überhaupt überrascht. Allein der Kontrast zu den übrigen Elementen der Inszenierungen und zu den Erwartungen erscheint interessant. Ähnliches gilt für die besonders ausgefeilte Technik des *Bluescreens*.[16] Unlängst benutzte der junge Regisseur R. Jakubatschk projizierte Ansichtskarten der Schweiz als stereotypischen Hintergrund, vor dem die Schauspieler in grotesk folkloristischem Kostüm nicht minder stereotyp ein Loblied auf die Rückkehr zum natürlich abgeschiedenen Leben sangen.[17] Die klischeehafte Dimension wurde durch die Verdreifachung des «ursprünglichen» und bereits statischen

---

15   Die Gleichzeitigkeit von Nähe und Ferne ist das Hauptmerkmal der Aura vergangener Kunstwerke für Walter Benjamin. Im Zeitalter der Reproduzierbarkeit beklagt der Autor ihren Verlust. Wir wollen hier nicht näher auf diese kritischen benjaminschen Betrachtungen eingehen, verweisen jedoch auf den berühmten Text «Das Kunstwerk im Zeitalter seiner technischen Reproduzierbarkeit». In: *Illuminationen*. Frankfurt, Suhrkamp, 1977, S. 136-169.

16   Beim Bluescreenverfahren werden die Schauspieler auf einem neutralen (eben blauen) Hintergrund gefilmt, und alles was blau ist, wird bei der Vorführung sozusagen ausgelassen. Diese Bilder der Schauspieler können dann auf einen beliebigen, anderweitig gefilmten und numerisch eingescannten Hintergrund projiziert werden (eine Landschaft z. B.), so dass es den Anschein erweckt, sie stünden vor dieser Landschaft.

17   Marcel LUXINGER: *Tell the truth, Urinszenierung von Ronny Jakubatschk*, Schauspielhaus Basel, Oktober 2009.

Bild- und Schriftspiele im Gegenwartstheater 73

Kartenmotivs, die zur Bedeckung der gesamten Leinwand nötig war, noch verstärkt. Die Künstlichkeit des eigentlich auf Illusion abzielenden Verfahrens war für jeden einsehbar. Die Denunziation des Authentischen war allein dadurch witzig, dass die raffinierte Technik durch den primitiven Inhalt beinahe in ihr Gegenteil verkehrt wurde. In jedem Fall muss die Belanglosigkeit des Textes bei solchen Verfahren betont werden, der die Stereotypie des Ganzen lediglich untermauert – wenn auch auf lustige Weise.

Es nimmt folglich nicht wunder, wenn man versucht, Fotos vom Klischee abzugrenzen und dabei von den Texten abzukoppeln. Im Stück *Pornographie*[18] ragte der Hintergrund in Form eines riesigen unvollendeten Puzzles hoch, der den babylonischen Turm darstellte. Die unzähligen Stücke der zerfetzten Aufnahme (vom Pisaturm?) wollten sich nicht zusammenfügen, jedoch strengten sich die Schauspieler an, vor und nach ihren Auftritten das Puzzle zu vervollständigen. Währenddessen spielten andere Schauspieler Geschichten vor, die sich ebenfalls nicht zusammenfügen mochten. Eine drei- wenn nicht vierfache Semantik tat sich hier kund: Die Bruchstückhaftigkeit und Brüchigkeit der menschlichen Existenzen gingen einher mit dem prometheischen Streben nach der «Einen Welt», welches indessen einer Sisyphus-Aufgabe gleichkam. Hier wird allerdings eher die Ohnmacht des Menschen als die Kraft seines Geistes hervorgehoben.

Noch beunruhigender sind die Fotos, die Schlingensief in seiner autobiographischen Inszenierung *Die Kirche der Angst vor dem Fremden in mir*[19] gebrauchte. Statt sich zu einem immerhin einheitlichen Leben zu fügen unterstrichen die Aufnahmen das Chaos, die lügnerische Harmonie der Kindesgesichter und die Angst, die den unter Krebs leidenden Regisseur befiel: Eine Identität drückte sich aus, die im Begriff war zu zerbersten. Fotos waren also eine Kampfansage an das Nichts.

Weniger aufgewühlt, doch eindeutig dem Kampf gewidmet waren auch die pornographischen Bilder, die im Jahre 1995 in der Slowakei auf

---

18   Simon STEPHENS: *Pornographie, deutsche Urinszenierung von Sebastian Nübling*, Schauspielhaus Hamburg, 2007.
19   Cristoph SCHLINGENSIEF: *Die Kirche der Angst vor dem Fremden in mir*, Uraufführung Ruhrtriennale, 2008.

ein Hochzeitskleid projiziert wurden.[20] Das entweihte Kleid war ein offensichtliches Sinnbild der Entweihung Europas und zwei aufeinander prallender Wirklichkeiten. Die Anprangerung der europäischen (Selbst)bilder, der europäischen Doppeldiskurse der Freiheit und Reinheit war so stark, dass die Fotos auf gar keinen Text bezogen zu werden brauchten. Stattdessen begrüßte die Darstellerin die Zuschauer mit belanglosen Worten, und verkörperte die meisten Europäer, die ungerührt friedlich weiter lebten.

Diese drei Beispiele zeigen, dass Fotos immer noch Bestandteil militanter Aufführungen sind. Der Verweis auf die Wirklichkeit fällt hier jedoch meist polysemischer aus als in früheren Inszenierungen der 60er Jahre. Fotos werden als Sinnbilder verwendet, die zeigen, dass sie eng mit den konkreten Verhältnissen verbunden sind. Dadurch aber, dass sie sich nicht mit der Wirklichkeit decken, drücken sie die Komplexität der Welt aus und die notwendige Suche nach einem Standpunkt, der sie erfasst.

Ein weiterer interessanter Fall von Polittheater stellt diesbezüglich das Forum Theater dar, welches Kunst und Handeln unmittelbar miteinander verknüpfen möchte. Im Stück der Straßburger «Compagnie du Potimarron»[21] wechseln sich vorgeführte Fotos mit Sketchen ab. Die Bilder sollen die hungernde oder geschundene Bevölkerung in den Entwicklungsländern zeigen. Im Mittelpunkt jedes Bildes wurde das Foto eines Schauspielers eingefügt, der an dem Geschehen teilzunehmen scheint oder als Beobachter bzw. Zeuge auftritt. Während die Position der westlichen Figur/Person auf eine Intention der Änderung hinweist, erscheint die Lage der Einheimischen trostlos und schicksalhaft. Die gespielten Szenen ergänzen diesen Einblick ins Emigrantendasein, indem sie sich mit der Ohnmacht und den administrativen Schwierigkeiten der Flüchtlinge in den Gastländern befassen. Der Fortgang des Theaters verleiht den Bildern aber eine andere Bedeutung. Nach dem Spiel werden die Zuschauer nämlich dazu aufgerufen, in die nochmals aufgeführten Szenen einzugreifen und den Verlauf der Ereignisse umzulenken. Die Bildercollage entpuppt sich nachträglich weniger als Zeugnis einer

---

20 «Mariée de Sarajevo», Uraufführung Festival Mimos (Perrigueux), und Aufführungen in der Slowakei, 1995.
21 Cie du Potimarron, Effet de miroir, Uraufführung TAPS Strasbourg, 2009.

Bild- und Schriftspiele im Gegenwartstheater 75

Intention denn als Aufruf, als wahrhaftiger Beleg für die Veränderbarkeit der Welt (um mit Brecht zu sprechen). Zugleich stehen die Bilder für die unerbittliche Härte der existierenden Wirklichkeit, sind also Bilder, die nach ihrer eigenen Vernichtung und einem neuen Bildersturm trachten. Das Verhältnis zur Wirklichkeit ist hier viel zwingender, es besteht aber weiterhin keine Deckung.

Eine derartige Kunst- und Bildutopie ist in den großen Theaterhäusern nicht denkbar, dennoch werden auch weiterhin Bilder in einem ideologischen bzw. dystopischen Sinne eingesetzt. Matthias Langhoff lässt in seinem *Hamlet-Kabarett*[22] mittels Orchester, Gesang und Pferdeauftritt sehr unterschiedliche Welten aufeinanderprallen. Die Projektion zahlreicher Bilder der Gegenwart und der Vergangenheit gehört dazu. Weil jene Bilder einen Kontrast zu den Reden und zum Text bilden, dienen sie wie die übrigen überraschenden Zeichen dazu, die Verlogenheit der Höfe, das Wesen der Macht, die Verstrickung in Selbstzweifel oder in aggressive Gedanken auszustellen. Jedoch stellen sie Kommentare des Geschehens dar, die weitaus sinn- und wirkungsvoller sind als viele andere Zeichen, allen voran die zusätzlichen Texte und Gesänge, die Gefahr laufen, sich nicht vom «Urtext» abzuheben und in der Textmasse unterzugehen. Bilder sind von vornherein dem Text enthoben und vermögen kraft ihrer eindringlichen Präsenz, freie Gedankenbewegungen trotz oder gegen den Text auszulösen. So bleibt der Zuschauer nicht in seiner vorangehenden Vorstellung des Stückes verfangen. Diese wird nicht nur aufgefrischt sondern die Inszenierung wird dank der Bilder und anderer Zeichen zu einer persönlichen Erfahrung. Die Gedankenbewegungen sind vielleicht sogar umso freier, als immer mehrere Bilder gleichzeitig projiziert werden. Überdies ist der Effekt wie im vorigen Beispiel ein doppelter. Denn gerade die Fülle an veranschaulichten Simulakra ermöglicht es uns, uns von der Bilderwelt zu lösen und in ein eigenes Erlebnis jenseits von Bildern, von klischeeartigen Vorstellungen der Macht, der Tragödie, des postmodernen Chaos zu tauchen – vielleicht führt das nur zum banalen Bewusstsein des Weltkarussells und der eigenen ungenügenden Beobachterposition... Aber die Bilder tragen hier

---

22 Hamlett-Kabarett, Inszenierung von Matthias Langhoff nach Shakespeare und Heiner Müller, Théâtre de Dijon, 2008.

wie in den anderen Beispielen entgegen aller Vorbehalte sehr wohl zur Performativität einer Aufführung bei, obwohl sie andererseits wie in politischen Werken zum Kommentar der Sprache bzw. der Diskurse werden, und ein durchaus kritisches wenn auch widersprüchlich postmodernes offenes Potential besitzen.

Werden Bilder und Schriftzüge gleichzeitig eingesetzt, werden sie in der Regel vollkommen voneinander abgekoppelt, so dass gar nicht mehr von einem – herkömmlichen – kommentierenden Verhältnis von Bild und Schrift gesprochen werden kann.[23] Entweder stellen beide, wie es gelegentlich in der Hamlet-Kabarett-Aufführung vorkam, ein Kommentar des Bühnengeschehens dar, oder sie verweisen je auf unterschiedliche Sinn- und Wahrnehmungsebenen. Fragt sich nur, ob überhaupt noch die Rede von einem Wechselspiel sein kann. Im Stück *The Making Of: B-Movie*,[24] in dem ein Autor und sein Freund sich nicht für das ausgeben, was sie sind, soll der Betrug fortwährend gefilmt werden, als wäre er selbst Gegenstand eines schlechten Films (B-Movie). Einige Kameras waren in der Uraufführung dauernd am Laufen und andere hielten Gesichtsausdrücke wie Fotos fest. Zusätzlich wurden die poetischen Beschreibungen einiger Passagen als laufende Schriftbänder vorgeführt. Während der geschriebene Text ein subjektives Empfinden der Szenen aussprach, wiesen die Momentaufnahmen der Gesichter auf die Komplexität der Persönlichkeiten hin, die sich in ihrem eigenen Spiel verloren. Schrift und Bild waren also nur insofern aufeinander bezogen, als sie Schein und Sein, oder Gefühle und poetische Beobachtung gegeneinander ausspielten.

Der Zusammenhang von Bild und Schrift war auch im oben bereits erwähnten Stück *Pornographie* kein selbstverständlicher. Der Hintergrund des riesigen Turms von Babel blieb als Puzzle unvollendet, bekam

---

23 Einer der Gründerväter der Bildwissenschaften ermahnte uns bereits, nicht zu sehr auf die reziproke Reduzierung von Bild und Schrift zu fokussieren. Vgl. William John Thomas MITCHELL: «Le fait de reconnaître que les images picturales sont conventionnelles et nécessairement contaminées par le langage ne doit pas pour autant nous pousser dans la régression infinie d'un abîme de signifiants». In: *Iconologie*. Les Prairies ordinaires: Paris, 2009 (Univ. of Chicago, 1986) [Das Buch war leider in der Originalfassung nicht zugänglich].

24 Albert OSTERMAIER: *The Making Of. B-Movie*, Uraufführung Bayerisches Schauspiel, 1998, Regie W. Minks.

Bild- und Schriftspiele im Gegenwartstheater 77

jedoch einen unerwarteten Schluss. Als die Schauspieler allerlei Geschichten nachgespielt hatten, fiel ein schwarzer Vorhang, eine abgrundtiefe Schwärze, die beinahe sämtliche Turmstücke bedeckte: Auf ihm leuchteten die Namen der Opfer auf, die während der Londoner Attentate zwei Jahre zuvor ums Leben kamen. Die Zuschauer indes hatten dem Leben von etwa 10 Opfern unmittelbar vor dem Anschlag beigewohnt, ohne um ihr Schicksal zu wissen. So traf sie eine unerwartete wahre Trauer, über die Trauer um die Figuren hinweg, da jene jeweils für Dutzende von Opfern standen. Das Theater verdeutlichte überdies die Grausamkeit des Schicksals, gleich einem Spiel, das das eine und andere Leben willkürlich auswählt und verabschiedet.

Der Einschnitt der Schrift bedeutete eine tiefe Wunde im Körpertheater. Hier stieß es auf seine Grenzen, musste von der Schrift als einzig mögliche ehrwürdige Semantik des Realen abgelöst werden. Die Schrift erzielte dabei eine unverhältnismäßig größere Wirkung als das Bild, das sie quasi mitsamt dem Theater ablöste. Und dennoch verhieß sie dem Bild des Babel-Turms eine unwillkommene Vollendung, denn sie versammelte alle Attentatsopfer der verschiedensten Nationen und sie sprach *eine* eindeutige Sprache. Über diesen utopischen Fluchtpunkt hinaus ergänzten sich Bild und Schrift auch in ihrer Wirkung. Außerdem wiesen sie auf ihre Unverhältnismäßigkeit ebenso wie auf ihre notwendige, nicht allein utopische Zusammengehörigkeit hin. Denn durch ihr Zusammenspiel konnten sie das Theater zu dem machen, was es war: ein Zugang zur Wunde des Realen, zu einer Trauer der menschlichen Gemeinschaft, jenseits von einer rationalen Position und einem anekdotischen Mitempfinden im Zuschauerraum.

Die Ungleichzeitigkeit und Unverhältnismäßigkeit von Bild und Schrift verleiht ihnen vielleicht im Theater ihre besondere Aussagekraft. Dadurch wird das Eindimensionale überspielt, das jedes Medium so schnell einholt, wenn es instrumentalisiert wird. Gemeinsam ebnen Bild und Schrift einen umfassenderen Weg zur Wirklichkeit, ohne sie erneut in einen Rahmen zu stecken. Denn Bild und Schrift bleiben für sich allein genommen erst einmal polysemisch im theatralischen Zusammenhang. Jedes Medium eröffnet dem Zuschauer einen eigenen Spielraum der Assoziationen und der Einfühlung, und der Effekt mag umso größer sein, als Unerwartetes umfassend zusammengeführt wird.

Bei gleichzeitiger Benutzung von Bild und Schrift verhält es sich oft genau umgekehrt. Eindeutig aufeinander bezogene Fotos und Texte scheinen in der Tat immer auf beschränkte Standpunkte zu verweisen, in denen sich beide Elemente gegenseitig auf einen gemeinsamen Nenner reduzieren. Typisch dafür ist zum Beispiel das Herumwirbeln mit Bildern im Stück *Supermarket*.[25] Während sich auf der Bühne ein perfektes Melodrama abspielt, wird die Handlung ständig auf Werbeplakate und Ausschnitte diverser Soap-Operas bezogen. Dass jene tonangebend sind, verdeutlicht die Größe der Leinwand und ihre Stellung rechts oberhalb des übrigen Bühnenbildes. Diese Einblicke in karikierte Welten offenbaren den ideellen Hintergrund der Handlung: Kitsch-Figuren und Konsumideale nehmen die Bühnenfiguren zum Maßstab ihrer eigenen Handlung. Dabei fungieren die Medien natürlich stets als ironische Zitate unserer Welt und stellen ein lustvolles Einverständnis mit dem sowohl kritischen als mit betroffenen Publikum her. Der Zuschauer fühlt sich dieser Konsumideologie selbstverständlich mit verpflichtet, kann aber seine Gesinnung unbeschwert reflektieren. Er erkennt sich überdies im zeitlos melodramatisch Menschlichen. Außerdem fällt die Ausstellung der Konsum- und Kitschbilder hier umso ironischer aus, als ihre unbewussten Verfechter Immigranten oder (anscheinend) selbstlose Lehrer sind. Es entsteht somit eine Art Unterhaltungskritik, die zugleich unterhaltende Kritik ist, wobei der Schwerpunkt allerdings kaum in der Kritik ruhen mag.

Zwischen diesem Rückbezug auf lustvoll eingeschränkte Wechselspiele einerseits und der Erfindung eines vollständig neuen und nicht wiederholbaren Bezugs von Schrift und Bild andererseits gibt es ein paar wenige Inszenierungen, die sich gleichzeitig auf übliche Wechselwirkungen von Bild und Schrift beziehen und sie in Frage stellen. Was im Theater leichter ist, insofern alles von vornherein als Zeichen ausgestellt wird.

Eine davon ist die Aufführung *Der moderne Tod. Vom Ende der Humanität*,[26] die von Singers angeblich wissenschaftlichem Essay *Praktische*

---

25 Biljana SRBLJANOVIC: *Supermarket*, Uraufführung Schaubühne Berlin 2001, Regie Th. Ostermeier.
26 Carl Henning WIJKMARK: *Der moderne Tod. Vom Ende der Humanität*, Uraufführung Januar 2006 am Hamburger Schauspielhaus, Regie Crescentia Dünßer.

*Ethik*²⁷ ausgeht. Das theatralische Kollektiv setzte sich gezielt mit «dem bühnenuntauglichen»²⁸ Buch auseinander. Dabei nahmen die Bilder und Grafiken, die dem Werk entnommen und mit Erläuterungen versehen waren, einen ganz besonderen Platz ein.²⁹ Dieser Platz gebührte ihnen zunächst aufgrund der Funktionen, die Bildern und Bildunterschriften in sachlichen Texten zukommen. Wie G. Schmidt anmerkt, sollte diese Beziehung zwischen Bild und Schrift in solchen Werken naturgemäß besonders stringent sein. Doch sie ist von Anfang an stets von Neuem problematisch gewesen. Obwohl die Suche nach Sachlichkeit eigentlich jedwede Zweifel und Zweideutigkeiten ausräumen und der Fantasie möglichst wenig Raum lassen sollte, spannte sich selbst bei sehr ernsthaften Wissenschaftlern «ein Gegensatz auf, der Kunst und Wissen(schaft) als Spielpaar einführt[e]».³⁰ Man kann sich zwar bemühen, Bilder und Sprache zur Deckung zu bringen, doch die Bilder haben einfach «keinen sicheren Stand». Blick und Sprache werden eher «ganz von der Oberflächlichkeit gefangen», oder das Bild wird in «seiner Bedeutung marginalisiert». Dass Fotos und selbst Grafiken von sich aus keinen wissenschaftlichen Wert haben, zeigt auch die Werbung. Denn sie macht von zahlreichen Bildern gebrauch, vor allem dann, wenn sie «wissenschaftlich auratisiert» wurden.³¹ Vielmehr wird dadurch einsehbar, dass Fotos mit ihrem Subtext leicht Ideologeme werden.³²

Gerade dieses zwiespältige Verhältnis möchte das Theaterstück an den Tag legen und somit eine gewisse Art von Rationalität in Frage stellen. Während der Aufführung werden zahlreiche Buchseiten eingeblendet, die Text, Grafiken, Skizzen und Fotos beinhalten. Somit tritt das

---

27 Peter SINGER: Praktische *Ethik*, Übers. Jean-Claude Wolf, 1984 (Erstveröffentlichung 1978).
28 S. GRUND: «Ewiger Ruhestand». In: *Die Welt*, 14.1.2006.
29 «Ein faszinierendes, bebildertes Hör-Sachbuch». In: *S. Grund*, ebd.
30 Gunnar SCHMIDT: *Visualisierungen des Ereignisses*. Medienästhetische Betrachtungen zu Bewegung und Stillstand. Bielefeld: transcript, 2009, vor allem S. 16-38, hier S. 22.
31 Gunnar SCHMIDT, a.a.O., S. 18-24. Edgertons Fontänbilder sind zum Beispiel in Werbungen verwendet wurden...
32 Wir verweisen hier nochmal auf das Standardwerk von Mitchell, der die ideologische Kraft bzw. Funktion der Bilder hervorhob. Vgl. William John Thomas MITCHELL: *Iconologie*, a.a.O.

Buch zunächst als Inszenierung auf. Weil der Text nicht immer lesbar ist, und der Zuschauer sich obendrein auf die Worte der Schauspieler konzentrieren möchte, erscheint er als Masse, wenn nicht als Suppe. So kommt den Bildern eine größere Veranschaulichungs- bzw. Bezugsfunktion zu. Das Buch jedoch ist ein Plädoyer für die Euthanasie, daher sind weder die Worte noch diese Konfrontation mit dem Text und seinen grafischen Beweisstücken belanglos. Wie jede intellektuelle Auseinandersetzung ist diese auch grundsätzlich von Statik geprägt: Man konzentriert sich auf Pro und Contra, oder zumindest auf Positionen. Trotz ihrer Statik werden die gesprochenen Sätze gleichwohl von einer eigentümlichen Dynamik getragen, der Frage von Leben und Tod. Die theatralischen Wörter drängen gleichsam in die Spalten des wissenschaftlichen Gebildes ein, hinterfragen die Bildunterschriften, brechen die Logik der Konstruktion auf, beleuchten die Bilder und Bildtexte von einem anderen Standpunkt aus. Selbst dann – weswegen die Rezensionen diese Aufführung als «Wunder»[33] darstellen – wenn die Schauspieler die Thesen vertreten… Jene wechseln in der Tat ständig den Standpunkt: Mal sind es Redner am Pult, mal Techniker oder Forscher am Computer, oder sie treten als Moderatoren auf, als Richter auch, die beschwingt mit dem Mikrofon übers Parkett gleiten, wenn nicht als Chirurgen im weißen Kittel am OP-Tisch… Es kommt natürlich nicht so sehr auf den jeweiligen Standpunkt an, zumal fast alle Figuren ökonomischen Grundsätzen der Lebensbewertung folgen. Wichtig ist, dass das Leben bzw. der Tod richtig «auf dem Spiel» steht, tatsächlich zur gesellschaftlichen Debatte gestellt wurde. Diese lebhafte Auseinandersetzung mit den Bild- und Schriftkomplexen lässt sie nicht so sehr als amorphe (harmlose) Materie auftreten als unheimliche Gebilde, denen etwas grundsätzlich Morbides und Gefährliches anhaftet. Diese Komplexe erscheinen beinahe als Gegenstände, die eine Dynamik in Gang setzen, Dinge von selbst zersetzen mögen. Sie tragen ihre Beliebigkeit und Zusammenhaltlosigkeit zur Schau und sind trotzdem gefährlich. Das theatralische Sprechen ist absichtlich nicht monologisch, zerfällt in Bruchreden, verbindet sich mit «Aktionen» (Operation, TV-Show). Es füllt den Raum und gibt sich als offener Diskurs zu erkennen, der seine Legitimität auch seiner Pluralität

---

33 In: *S. Grund*, a.a.O.

Bild- und Schriftspiele im Gegenwartstheater 81

und Lebendigkeit verdankt. Das Buch soll den Anschein erwecken, es ließe sich in den Dienst des demokratischen Denkens stellen. Vor allem zeigt die provokative Aufführung, dass alle wissenschaftlichen und wirtschaftlichen Abhandlungen Gegenstand von Auseinandersetzungen sein können und sollen, aber scharf und nicht oberflächlich demagogisch. Weil das Schauspiel kein leichtfertiges Spiel sein soll, welches sich zu leicht als unrealistisch verharmlosen ließe, ist der Sprachtext nicht sehr lebhaft. Trotzdem: Dadurch dass das Theater die Fragen tatsächlich «in den Raum stellt», gibt es Anlass zu einer regen Debatte bei den Zuschauern. Es ist ein demokratisches Forum und verschließt sich gegen jede Form von Dogmatismus, eben weil es sich *nicht* wohlmeinend gegen die Thesen stellt. Dadurch stellt es erst ihre äußerste Konsequenz aus – die die dogmatische Starrheit der Bilder und Bildunterschriften untermauert – und kämpft gegen sie an.

Das Theater bäumt sich nicht nur gegen Tötungsmanöver im wissenschaftlichen Gewand auf, es richtet sich auch gegen jede Art von Denktod und Einseitigkeit, die Bilder verkörpern können. Im bereits erwähnten Stück *Tell the truth*[34] hält der vielsagende, wohlgemerkt englische Titel sein Versprechen dadurch, dass sich mehrere Bilderwelten überlappen und sich vielleicht gerade in diesem Wirrwarr leicht entzifferbarer und reduktiver Bilder eine Wahrheit versteckt. Bei aller Bilderfülle lässt sich das Stück leicht zusammenfassen: Nach einer desaströsen Wahlkampagne für einen gewissen JR Müller, Kandidat der «Partei der flexiblen Mitte», befindet sich eine PR-Agentur am Rande des Bankrotts. Doch sie entdeckt zufällig das Mädchen Stella, das eine wundersam verführerische Sprache der Ehrlichkeit spricht. Das Mädchen wird von einem Tag auf den anderen zur Web-Ikone, bevor sie sich als erfolgreiche Kandidatin der oben genannten Partei behauptet! Stella regiert zwar nicht in der ganzen Schweiz, aber immerhin in der GRR: Gebirgsrebellenrepublik. Nach einigen Monaten wird sie als Ausländerin enttarnt und muss abdanken. Allein die Namen (PDFM, GRR, JR, Stella) und die Handlung lassen auf eine Reihe von Karikaturen schließen, die witzig und kitschig mit dem Tellmythos umgehen.

---

34 S.o. Anm. 15.

Jede Etappe der Handlung wird von einer neuen Bilderwelt getragen. Zunächst nimmt der Zuschauer überaus positive Wahlplakate des JR Müller wahr, die so schlagkräftige Parolen aufweisen wie «Ein Mann für die Schweiz», «Toleranz», «Ehrlichkeit» und mit ebenso eindrucksvollen Fotos bestückt sind, in denen der Kandidat durch alle Bevölkerungsschichten strahlend posierend wandert. Die sonnigen Werbeplakate werden alsbald durch Unwetter verwüstet. Es folgen Bilder der neuen Web-Ikone, die wiederum mit riesigen Schriftzügen versehen sind, etwa «Best Web Neuroner» oder «Blogger of the World»... Diese Aufnahmen sind Ikonen, Sinnbilder, denen man aber nicht religiös anhängen kann. Sie verdeutlichen, wie Klischees immer «Ideen der Schönheit, Symmetrie und Klarheit kommunizieren [sollen]».[35] Eigentlich sollen Werbungen ja «zur Zelebrierung existierender symbolischer (Grund)Ordnungen [tendieren]»,[36] doch hier werden diese Grundordnungen eher als demagogische Grundkompromisse ausgestellt. Sie legen einen Fetischismus des späten Kapitalismus an den Tag, ein Fetischismus, der unbeständig ist und sich zum Teil selbst verneint. Jeder wird in der Tat der Künstlichkeit der Fotos gewahr, die einer offensichtlichen Ironie gleichkommt und viele Werbungen heutzutage kennzeichnet. Werbungen haben sich nämlich zu Produkten entwickelt, die auf Distanz zu den eigenen hyperbolischen Formen (Best Web, of the World) gehen, zum mechanisch gewordenen, also übertriebenen Gebrauch des Englischen und der «Brand-Sprache». Sie stellen den eigenen Produktcharakter und die übersteigerte Typisierung aus, die damit einhergeht. Das heißt hier aber nichts anderes, als dass es von vornherein nur um Produktion und nicht um politische Macht oder Wahrheit geht.

Ein anderer Höhepunkt bilden die *Bluescreen*-Aufnahmen, allerdings ohne Schriftzüge, sondern nur mit leichten klischeehaften Authentizitätsdiskursen versehen. Zwischendurch werden auch Videoaufnahmen

---

35 Gunnar Schmidt, a.a.O., S. 17. Tatsächlich werden außerdem keinerlei «hässliche» Bilder eines Traumas, einer Krankheit oder eines Armenviertels während der Aufführung gezeigt...

36 York KAUTT: *Image. Zur Genealogie eines Kommunikationscodes von Massenmedien*. Bielefeld: transcript, 2009, S. 162. Es sei hier auf die nuancenreiche Darstellung der Werbung in ihrer Entwicklung und Ausrichtung auf die Imagekonstruktion im 3. Teil des Buches hingewiesen.

Bild- und Schriftspiele im Gegenwartstheater

mit ähnlich karikierenden Zügen vorgeführt, Kalauersendungen zum Beispiel oder ein Kuss mit JR Müller, der absichtlich inszeniert und mediatisiert wurde. Das Bühnengeschehen wird auf Schritt und Tritt dokumentiert und ironisiert. Ein Bild verdrängt das nächste, was das schwindelerregende Tempo von Stellas Aufstieg veranschaulicht, und das noch höhere Tempo der Medien, die alles vorwegnehmen. Die Kurzlebigkeit der Bilder geht mit der Überproduktion und der Unzulänglichkeit eines jeden Bildes – auch im weiteren Sinne des Wortes als Sinnbild – zusammen.

Im Unterschied zum Stück *Supermarket* verweisen die Aufnahmen aber nicht nur auf eine Konsumideologie. Zum einen entpuppt sich ein Bilderhandel. Zum anderen wird die Handlung regelmäßig auf den Urmythos der Schweiz, auf die Telllegende, bezogen. Dadurch werden die Unterschiede zur Legende hervorgehoben, allen voran die Oberflächlichkeit von Stellas Diskurs, die Beliebigkeit ihrer Auswahl, der opportunistische Charakter der Beweggründe und die Verlogenheit der «neuen Spiritualität». Der Schweizer Staat ist nur ein fernes schwammiges Gebilde und die GRR eine vollendete Posse. Des Weiteren bleibt dem Autor nichts anderes übrig, als sich zu einer klaren Absage an jegliche Authentizität und volkstümliche Autonomie zu bekennen. Es gibt kein Zurück mehr in eine Urschweiz, keine eigentliche Selbstbesinnung mehr, und dieser (Kurz)Schluss nach einem Entweder-Oder-Prinzip veranschaulicht die Grenzen des Spiels mit dem Kitsch. Das Stück mag noch so geistreich mit dem Kitsch umgehen, es verfällt ihm doch am Ende.

Der ausgeklügelte Gebrauch von kommentierten Fotos ermöglicht aber eine andere Art von Erkenntnis. Die Schnelligkeit, mit der die Bilder kommen und gehen, lässt nicht nur auf einen Bilderkrieg im Zeitalter des späten Kapitalismus schließen. Sie zeugt auch von der Verführungskraft der Aufnahmen und trägt gleichzeitig dazu bei. Der zeitgenössische Artgenosse erliegt einem Sog der Bilder, der nichts mit ihrer Schönheit zu tun hat. Er weiß auch um die angebliche Publikumsorientiertheit der Massenmedien, die ihm das vermitteln wollen, «was als moralische Überzeugung und als typische Präferenzen des Publikums unterstellt wird».³⁷ Er weiß also um die Ironie des theatralischen Bildgebrauchs. Auf diesem Weg erzeugt die theatralische Welt des Bildes eine Art entweihte Aura.³⁸ Handelt das Stück von einer Web-Ikone mit Hang zur religiösen Wahrheit, verspürt der Zuschauer zwar keinerlei Aura: Er kann sich aber trotzdem nur schwer dem Sog der Bilder entziehen. Die Aufführung vermag nicht der Anziehungskraft der Bilder auf den Grund zu gehen, doch sie verdeutlicht einfach, wie gern wir uns mit betitelten, gleichsam «fertigen» Sinnbildern beschäftigen. Vielleicht ist dies lediglich das Ergebnis der Gewohnheit, weil wir in einer Bilderwelt oder Ikonosphäre leben und halb süchtig danach sind. Vielleicht sprechen die Bilder uns als «Gedächtniswelten» einfach unmittelbarer an. Dennoch lehrt uns die theatralische Erfahrung darüberhinaus zweierlei. Die leichte fertige Kost droht autokannibalisch zu werden, ein «Message» jagt das andere.³⁹ Weil die Bilder nicht im Zeichen einer ernstzunehmenden Macht stehen und als Spiel erfahren werden, liefern wir uns ihnen nichtsdestotrotz gern aus. Diese Lust nimmt uns den Willen, ihren Sinn und ihre Anwesenheit zu hinterfragen. Wir sehen keine Gefahr, selbst autokannibalisch zu denken/ zu sehen. Wir stimmen letztendlich den Bildern zu, wenn sie sich zu ihrem eigenen Zweck erklären. Das heißt: Wir müssen nicht nur auf die eine Wahrheit und den einen Standpunkt verzichten, die ein Bild ehemals verkörperte, sondern die Unterhaltung durch Bilder ernst nehmen. Denn sie nimmt uns auch dann gefangen, wenn wir dem Sinn der Aussagen, der politischen Utopie oder Rückkehr zur subjektiven Wahrheit nicht beipflichten. In einer Welt, in der bereits alles distanziert und ironisiert dargelegt wird, kann man außerdem versucht sein, wie der Autor des Stückes auf die Komplexität mit einer scheinbar pragmatischen Antwort nach dem Entweder-Oder-Prinzip zu reagieren, zum Beispiel nach einfachen Wahrheiten suchen, die weder sakralisiert noch medial aufgeladen werden können.

---

37 Niklas LUHMANN: *Die Gesellschaft der Gesellschaft*. Frankfurt: Suhrkamp, 1997, S. 52.
38 Man möchte jedoch daran erinnern, dass keinerlei «negative» oder hässliche Bilder im Stück vorkommen...
39 Um M. McLuhans Formulierungen in: *Understanding Media: the Extensions of Man* (1964) aufzugreifen («the media is the message»).

Bild- und Schriftspiele im Gegenwartstheater 85

Hier leistet die Bühne wie in den anderen erwähnten Beispielen einen Beitrag zur Erfahrung der Welt. Das Theater ist der Ort des Kollabierens, des Chaos um der Erfahrung wegen, einer Erfahrung, die alle vorhandenen (Sinn)Bilder aufsprengen lässt und auch nicht gedanklich artikuliert zu werden braucht. Vielleicht kommen die Gedanken manchmal dabei zu kurz. Doch entgegen aller Vorbehalte gegenüber der Statik und der einengenden Standpunktverweise sind die Bilder meist polysemisch besetzt oder sie sorgen, wie in den letzten Beispielen, für unerwartete Effekte. Zwar werden sie zum Teil noch auf traditionelle Weise eingesetzt, als Hintergrund, der einen unmittelbaren Bezug zu einem sozialrealen Kontext herstellt, als leichtentzifferbare Symbole, oder indem sie die Vergangenheit einer Figur einbringen. Doch meistens tragen Foto und Schrift zusammen und scheinbar paradox maßgebend zur «Äußerlichkeit» und Ortlosigkeit der theatralischen Welt bei. Gerade weil die gängigen Beziehungen zwischen Bildern und Schrift aufgesprengt werden, sie voneinander abgekoppelt oder sie neu gekoppelt werden, leisten sie einen entscheidenden Beitrag zu einem aktiven Chaos. Anders gesagt: Die durch Bild und Schrift erzeugte Distanz zum Bühnengeschehen und gleichzeitig zur Realität setzt nicht unbedingt eine intellektuelle Distanz voraus, setzt aber Gedankengänge und Empfindungen freier in Gang. Eben darin besteht die Chance einer kritisch-lustvoll-kreativen Bewusstwerdung der Bezüge zwischen den Zeichen, mit und ohne ihren Produzenten. Indem die Gedächtniswelten zugleich heraufbeschwört und auf Distanz gehalten werden, wird man sich der prägenden Kraft der Bildkonstruktionen gewahr und entgegnet mit einem visuell anders formierten Denken – umso leichter, als man noch die Stütze der Schrift und des Bühnentextes (in welcher Richtung auch immer) haben mag. Insofern wäre das Theater geradezu zukunftsweisend, leitete es doch ein, was bald ein wesentlicher Teil der bildwissenschaftlichen Forschung ausmachen soll,[40] nämlich die Gewahrwerdung und Studie anthropologischer Aspekte des Bildgebrauchs und der Bildwirkung.

---

40 So H. BELTING: *Bild-Anthropologie. Entwürfe für eine Bildwissenschaft*. München, 2006.

Fiction et faits chez Joseph Roth : Réception critique de la Nouvelle Objectivité / Fakten und Fiktion bei Joseph Roth: Kritische Rezeption der Neuen Sachlichkeit

Der «Antichrist» als Herr der «Kalten Ordnung»? Joseph Roths Ambivalenz gegenüber der ‹Neuen Sachlichkeit›

Alfred PFABIGAN

Es ist der Blick auf die schriftstellerische Gesamtpersönlichkeit des Joseph Roth, der der Frage nach seinem Verhältnis zur ‹Neuen Sachlichkeit› ihr besonderes Gewicht gibt. Dass Roth – übrigens vom gleichen Interpreten[1] – zu einem der wichtigsten Referenzautoren des ‹Habsburgermythos› und gleichzeitig zu einem der Begründer einer durch die Vertreibung in die USA, den Nobelpreis an Isaac Bashevis Singer und Saul Bellow, sowie den Erfolg von Autoren wie Schalom Asch, Bernard Malamud u. A. sozusagen globalisierten ostjüdischen Literaturtradition ernannt wurde, ist nachvollziehbar: Roth selbst hat mit seiner Insistenz auf der der Donaumonarchie und dem Jüdischen gemeinsamen Supranationalität, der Qualität des Ostens als Träger des Imperiums und der Literarisierung der Lebensform des ‹Shtetls› und der Diaspora dazu die Grundlage gelegt. Doch wie auch immer man die ‹Neue Sachlichkeit› versteht, so artikuliert sich doch in den beiden von Magris herausgestellten literarischen Richtungen ein grundsätzliches Wirklichkeitsverhältnis, das keineswegs ‹sachlich› ist. Selbst wenn man davon ausgeht, dass die Zuordnung Roths zur ‹Neuen Sachlichkeit› vieldeutig war und ist, steht man doch vor einem ‹Doppelrätsel› – jeder von den recht zahlreichen Auflösungen liegt zwingend ein Kommentar zu Roth und einer zur ‹Neuen Sachlichkeit› zugrunde.

---

1 Claudio MAGRIS: *Der habsburgische Mythos in der österreichischen Literatur.* Salzburg: Otto Müller Verlag, 1966; DERS.: *Weit von wo. Verlorene Welt des Ostjudentums.* Wien: Europa Verlag, 1971.

Die ‹Neue Sachlichkeit› als vorübergehendes Lebensgefühl

Beginnen wir beim Begriff ‹Neue Sachlichkeit›. Das ist keine Bezeichnung, die sich eine Gruppe selbst erarbeitet hat, auch keine, die auf einer theoretischen Arbeit basiert, und sich schließlich zu einer ‹Kunstideologie› verdichtet hat. Trotz des starken Adjektivs und des mit vielfachen Assoziationen belegbaren Substantivs handelt es sich dabei um einen sozusagen intentional negativen, der Abgrenzung dienenden Kampfbegriff. Wenn wir von einer gelegentlichen Verwendung durch Hermann Muthesius um 1900 zur Kennzeichnung funktionalistischer Tendenzen in der Architektur absehen, so hat den Begriff der Direktor der Mannheimer Kunsthalle Gustav Friedrich Hartlaub 1923 brieflich verwendet, und 1925 eine bilanzierende Ausstellung in der Kunsthalle Weimar organisiert, die sich jenen Tendenzen in der deutschen Nachkriegsmalerei widmete, die sich vom Wirklichkeitsverhältnis des Expressionismus, der Realität durch gewollte Übersteigerung im Ausdruck vermittelbar gemacht hat, ebenso abgrenzte, wie vom Konstrukt des Symbolismus mit seiner Idee von einer zu entschlüsselnden zweiten Welt hinter der abgebildeten.[2]

Doch ‹sachlich› ist ein positiv besetztes Wort, das ein gewisses bis ins Private reichende Lebensgefühl eines Teils der Kriegsgeneration im kreativen und ökonomischen Milieu der Weimarer Republik ansprach. Trotz *und* wegen seiner Unbestimmtheit traf der Begriff den Zeitgeist und machte schnell Karriere, und zwar weniger unter den ‹Außenseitern›, sondern eher unter den ‹Integrierten›. Von der Malerei ausgehend bot er sich als Ordnungsbegriff in verschiedenen Sphären an: neben der Literatur auch in der Architektur, der Innenausstattung, der Fotografie, dem Film, dem Design, der Mode, ja sogar den zwischenmenschlichen Umgangsformen.

Dass allerdings die ‹Neue Sachlichkeit› weder ‹neu› noch ‹sachlich› war, hat schon Hans Mayer festgestellt.[3] Wer sich durch Literatur-,

---

2 Wieland SCHMIED: «Die Neue Sachlichkeit in Deutschland. Notizen zum Realismus der zwanziger Jahre». In: *Neue Sachlichkeit und Realismus. Kunst zwischen den Kriegen. Katalog zur Ausstellung im Museum des 20. Jahrhunderts in Wien 1977*, S. 162.
3 Hans MAYER: *Zur deutschen Literatur der Zeit*. Reinbek: Rowohlt Verlag, 1967, S. 51.

Der «Antichrist» als Herr der «Kalten Ordnung»?

Kunst- und Mentalitätsgeschichten der Weimarer Republik durcharbeitet, wird tatsächlich finden, dass der Begriff eine idealtypische Dimension hatte, dass er ‹rein› und biographisch konsequent kaum vorkam, sondern häufig episodalen Charakter hatte und dass er vor allem extrem überdehnt wurde – als abgrenzender Begriff hat er kreative Konstellationen verbunden, die nur wenig miteinander gemeinsam hatten. Präzise, eindeutige, neutrale und verallgemeinerbare Bestimmungen von Sachlichkeit sind rar. Wieland Schmied hat einige genannt, die Jürgen Heizmann[4] im Zusammenhang mit Roth aufgegriffen hat – etwa Gegenstandstreue, nüchterner Blick, Zurücktreten des Künstlers und vor allem die neue geistige Auseinandersetzung mit Dingen und der Verdinglichung des Menschen. Doch das sind Qualitäten, die nicht unbedingt als ‹neu› gelten können. Dass sie als ‹neu› verstanden wurden, beinhaltet wohl eher eine generationenspezifische Absage an als überholt geltende Richtungen wie den Naturalismus und den ‹bürgerlichem Realismus›. Ein wenig genanntes, aber wichtiges Merkmal hingegen ist eine Art ‹Entauratisierung› des kreativen Akts, verbunden mit einer Abkehr vom Ornament als Garant einer manchmal dysfunktionalen ‹Schönheit› in Kunst und Lebensform.[5] Das gilt auch für die Publizistik: Das Ornament einer ostentativen Bildung verschwindet, Leitartikel beginnen nicht mehr mit dem notorischen Hinweis auf die Nase der Kleopatra und die Schachtelsätze eines Maximilian Harden haben ebenso ausgedient, wie dessen legendärer Zettelkasten.

Doch insgesamt verfügte dieses ‹Neue› weder über das Pathos der ‹art nouveau› noch über die provokatorische Kraft von Vorkriegsideen und Werken wie Marinettis *Futuristischen Manifest*, Marcel Duchamps Arbeiten oder Picassos *Demoiselles d'Avignon*; stellen wir es neben die zeitgleich wirkende Avantgarde, dann ist es ein Begriff der künstlerischen (und wohl auch politischen) ‹Mitte›, die sich mit Adjektiven wie nüchtern, beobachtend, unpathetisch, tatsachenorientiert, technikorientiert und urban als auf der Höhe der Zeit stehend feierte und grosso modo politisch in einen linksbürgerlichen und einen sozialdemokratischen Flügel gespalten war.

---

4   Jürgen HEIZMANN: *Joseph Roth und die Ästhetik der neuen Sachlichkeit*. Heidelberg: von Mattes Verlag, 1990, S. 21, sowie 34.
5   Vgl. dazu: Alfred PFABIGAN: *Ornament und Askese im Zeitgeist des Wiens der Jahrhundertwende*. Wien: Brandstätter-Verlag, 1986.

Das angesprochene Lebensgefühl hat also stärker für Kohärenz gesorgt, als präzise künstlerische Prinzipien. Max Webers Konstatierungen einer «Entzauberung der Welt» und eines kollektiven Lebens im «eisernen Käfig der Rationalität» wurden hier ernst genommen; das implizierte auch die negative Einstellung zu ‹Idealen› und eine starke Abwehr der tragischen Komponente der *conditio humana*. Systemkritik war kurzzeitig abgelöst durch das punktuelle, stark faktenorientierte, Aufdecken von Missständen. Der spätere Vorwurf – von links bis rechts –[6] richtete sich genau gegen diesen Verzicht auf eine prinzipielle Systemkritik, die ‹sachliche› Anerkennung der normativen Kraft des Faktischen. Prinzipiell erlebt man sich ja – der Niederlage und dem Territorialverlust zum Trotz – während der «‹relativen Stabilisierung der Wirtschaft»[7] in einer Periode des Aufschwungs. Die von Lenin, der ja den Sozialismus nach dem Vorbild der preußischen Post organisieren wollte, bewunderte, von Rathenau geleitete dirigistische Kriegswirtschaft und der Hilferdingsche ‹Organisierte Kapitalismus›, schienen nach der Stabilisierung 1923 gleichzeitig die Anarchie der beiden unberechenbaren Kräfte, des Marktes und des Wilhelminismus, ausgeschaltet zu haben. Rationalisierung und eine ‹amerikanische› Synthese aus Taylorismus und Fordismus brachten das besiegte Deutschland nach den USA auf Platz 2 der Weltexporteure – Henry Ford war kurzzeitig ein deutscher Held und wurde als der größte Preuße Amerikas gefeiert. Die Imitation des früher verachteten Amerikanismus kreierte gelegentlich einen äußerst banalen Begriff von ‹Sachlichkeit›, der sich pragmatisch gab, und in der simplen Absenz von Pathos, Engagement und Sentiment artikulierte. Viele optimistische Intellektuelle erlebten sich in einer nüchtern geplanten Industrie- und Leistungsgesellschaft, demokratisch, offen für die Massenkultur und mit materiell steigendem Lebensstandard. Dennoch war die mentale Verankerung dieser Variante von ‹Sachlichkeit› weniger stark als es kurzzeitig schien.

Der 14.10.1929, der schwarze Freitag an der Wallstreet, dessen Folgen die deutsche Wirtschaft blitzschnell und mit einer unvorstellbaren Wucht

---

6 Vgl. vor allem: Helmut LETHEN: *Neue Sachlichkeit 1924-1932. Studien zur Literatur des ‹Weißen Sozialismus›*. Stuttgart: Metzler Verlag, 1975.
7 Zum Folgenden vgl. Jost HERMAND / Frank TROMMLER: *Die Kultur der Weimarer Republik*. München: Nymphenburger Verlag, 1978, v. A.: S. 23, 42, 51, 54.

trafen, beendete die Periode des Aufschwungs und warf Deutschland auf den Stand vor 1923 zurück. Scheinbar gelöste Probleme tauchten binnen kurzer Zeit wieder auf – die NSDAP etwa steigerte sich bei der Wahl im September 1930 von 12 Mandaten auf 107, auch die sich ‹stalinisierende› KPD wuchs und der Einfluss der ‹Mitte› als Trägergruppe der ‹Sachlichkeit› schrumpfte. Das sachliche Lebensgefühl hatte mit seiner ökonomischen und politischen Grundlage seine scheinbare Evidenz verloren und geriet in die Kritik, und zwar häufig im Namen traditioneller Gemeinschaftsideale mit neuen ideologischen Verkleidungen auf der linken oder auf der völkischen Seite und einer Renaissance früher abgelehnter Gefühle.

Das heißt, Roth, dessen polemischer Essay *Schluss mit der neuen Sachlichkeit!* im Jänner 1930 erschien, ist kein Einzelfall.[8] Sein Aufruf zieht die Konsequenz aus einer ihm bewusst gewordenen Veränderung seiner schriftstellerischen Persona, die er in einem von David Bronsen entdecken Brief an die Redaktion des *Jüdischen Lexikons* mit einem Selbstkommentar aus Anlass des Erscheinens des *Hiob* so beschreibt: In diesem Roman sei «zum ersten Mal […] meine Melodie eine andere […], als die der Neuen Sachlichkeit, die mich bekannt gemacht hat».[9]

Von Brody nach Wien und nach Berlin

Diese persönliche Distanzierung ist vieldeutig. In seinem persönlichen Notizbuch hatte der junge Roth über die eigene Fähigkeit zur Anpassung und zum Wechsel des Urteils reflektiert.[10] Doch bei aller Lust an der Gefälligkeit zielte Roth auf Brillanz. Hier gibt es eine Gemeinsamkeit zwischen seinem Selbstbild und seiner bewundernden Wahrnehmung Heinrich Heines: der Anspruch auf Perfektion war höher als der auf

---

8 Vgl. auch Frank TROMMLER: «Joseph Roth und die neue Sachlichkeit». In: David BRONSEN (Hrsg.): *Joseph Roth und die Tradition*. Darmstadt: Agora Verlag, 1974, S. 276-304.
9 David BRONSEN: *Joseph Roth. Eine Biographie*. Köln: Kiepenheuer & Witsch-Verlag, 1974, S. 381.
10 Vgl. BRONSEN, (wie Anm. 9), S. 100.

Authentizität, zumal sich diese ständig neu imaginiert. Den sachlichen Reporter «gab» Roth seinem lesenden Publikum genauso perfekt, wie den Besuchern des Cafe Foyot den katholisch-monarchistischen Ex-Leutnant der Armee des Kaisers. Aber die Reduktion auf einen noch dazu übersteigert agierenden Meister der Mimikry wird dem Künstler Roth genau sowenig gerecht, wie das populäre Entwicklungsmodell dem politischen Menschen: es zeigt uns einen Autor, der als ‹roter Joseph› brav auf der Höhe seiner Zeit war, seit der Wahl Hindenburgs zum Präsidenten politisch resignierte und schließlich – so Heinz Westermann[11] – die politische Realität nicht mehr zu bewältigen vermochte und sich wirr und wirklichkeitsfremd in Illusionen verstieg. Hier wird zweierlei ignoriert: zum einen, dass Roth bis an sein Lebensende einer der wichtigsten antifaschistischen Publizisten war[12] und dass vor allem die politische Linke ebenso vieles nicht «zu bewältigen vermocht» hat und sich in Illusionen verstiegen hatte – von der ‹Sozialfaschismustheorie› über die Bejahung des Anschlusses «im historischen Sinn» (so Otto Bauer) bis zum Hitler-Stalin-Pakt. Roth hat die beiden letztgenannten Positionen übrigens vorhergesehen und kritisiert; das Wort Illusionen ist nur dann gerechtfertigt, wenn man davon ausgeht, dass es in dieser heillosen Zeit tatsächlich massenfähige, von Illusionen freie Positionen gab.

Fruchtbarer ist es, zu versuchen, die Entwicklung von Roths Kultur- und Schreibverhältnis andeutungsweise zu rekonstruieren. Der junge Mann aus dem galizischen Provinzstädtchen Brody scheint die Ordnungsmuster «Bildung und Kultur»[13] mit ihrer Personifikation in Goethe und Schiller derartig verinnerlicht zu haben, dass er in seinen Wiener Jahren vor dem Militär nichts vermerkenswertes von der kulturellen Dynamik dieses Experimentierfeldes der Moderne wahrnahm. Gerade jene ‹ismen›, von denen sich die ‹Sachlichkeit› abgrenzte, blieben zumindest unkommentiert und übten etwa auf das lyrische Werk, dessen Ausmaß

---

11 Vorwort des Herausgebers Klaus Westermann. In: Joseph Roth: *Berliner Saisonbericht. Unbekannte Reportagen und journalistische Arbeiten 1920-1939.* Köln: Kiepenheuer & Witsch-Verlag, 1984, S. 16-18.
12 Vgl. Helmut PESCHINA (Hrsg.): Joseph ROTH: *Die Filiale der Hölle auf Erden. Schriften aus der Emigration.* Köln: Kiepenheuer & Witsch-Verlag, 2003.
13 Vgl. dazu Georg BOLLENBECK: *Bildung und Kultur. Glanz und Elend eines deutschen Deutungsmusters.* Frankfurt: Suhrkamp-Verlag, 1994.

Der «Antichrist» als Herr der «Kalten Ordnung»?

noch umstritten ist, kaum einen Einfluss aus. Doch partizipierte Roth an den Innovationen des Wiener Pressewesens nach 1918, vor allem am öffentlichen Interesse an der bisher überwiegend in den Parteizeitungen der Sozialdemokratie beheimateten Sozialreportage. Der Reporter, ehedem eher der Zuträger des bildungsorientierten Journalisten, wurde zu einem neuen Soziotypus: wendig, unsentimental, Tabus nicht respektierend, erfolgsorientiert. Billy Wilder, Reporter der «Stunde» und als solcher eigenhändig von Sigmund Freud aus dessen Sprechzimmer hinausgeworfen, ist wohl der bekannteste Vertreter dieses Typus mit seinen starken Sympathien für den ‹Amerikanismus›.[14]

Ein kommunistisches Gegenbild zu Wilder ist wohl der «Rasende Reporter» Egon Erwin Kisch, der den Reiz der Reportage im berühmten Vorwort zum gleichnamigen Buch so beschrieben hat:

> Nichts ist verblüffender als die einfache Wahrheit, nichts ist exotischer als unsere Umwelt, nichts ist fantasievoller als die Sachlichkeit. Und nichts Sensationelleres in der Welt gibt es, als die Zeit, in der man lebt!

Doch sein Konzept einer tendenzlosen ‹Sachlichkeit› krankte von Anfang an einer Fiktion, welche die Prämissen des eigenen Engagements als objektive Widerspiegelungen der Wirklichkeit erlebte: «Der Reporter hat keine Tendenz, hat nichts zu rechtfertigen und hat keinen Standpunkt.»[15] Dennoch: solange die ‹Sachlichkeit› als Ordnungsmuster anerkannt war, lieferte sie ein Dach, unter dem der ‹Amerikaner› Billy Wilder und der ‹Kommunist› Egon Erwin Kisch koexistieren konnten.

Reportage und Feuilleton

Die Reportage, so Thomas Düllo, sei nun einmal das Kernstück der ‹Neuen Sachlichkeit›:

---

14 Vgl. dazu Helmuth KARASEK: *Billy Wilder – Eine Nahaufnahme.* Hamburg: Hoffmann und Campe-Verlag, 2006.
15 Egon Erwin KISCH: *Gesammelte Werke in Einzelausgaben.* Hrsg. von Bodo UHSE/ Gisela KISCH, Bd. V. Berlin/Weimar: Aufbau-Verlag, 1978, S. 659 f.

> Ob Marktnähe, Einverständnis mit der Moderne, Verhältnisakzeptanz, Orientierung an der Alltagskultur der fortschreitenden Industrie- und Massengesellschaft oder ob eine unpathetische Kulturkritik jeweils überwiegen mögen, in der Reportage bündelt sich jedenfalls der programmatisch erhobene Anspruch, die Alltagswirklichkeit der fortgeschrittenen Entwicklungstendenzen (Großstadt, Industrie, Technik und Verkehr, Amerika, Film, Radio, Jazz und Augenblickskultur) möglichst sachlich, exakt und tatsachenorientiert wiederzugeben.[16]

Seine beeindruckenden und erfolgreichen Reportagen haben Roth in den Kontext der ‹Neuen Sachlichkeit› gebracht. Doch wie Kisch hat er deren Postulate keineswegs konsequent eingelöst, allerdings nicht aus politischen Gründen. Roth – lassen wir seine magere lyrische Produktion und seine frühen Erzählungen einmal beiseite – führte eine für die Wiener Publizistik nicht untypische Doppelexistenz, er war nicht nur Reporter sondern schrieb auch im hierarchisch höher positionierten Feuilleton, einer populären, aber vielkritisierten Textgattung.[17] Im Feuilleton wird das Faktum – die ‹einfache Wahrheit› des Egon Erwin Kisch, die auch in seinem Fall so einfach nicht war – durch die Stimmung des Schreibenden je nach Standpunkt ergänzt oder kontaminiert, es gibt eine Lizenz zur Phantasie und am Ende muss eine Pointe stehen – auch wenn die Realität sie verweigert hat. Karl Kraus, in gewisser Weise ein ‹sachlicher› Kritiker schon des Vorkriegspressewesens mit seiner Vermischung von ‹Nachricht› und kommentierender ‹Meinung›, hat den vieldeutigen Aphorismus verfasst, dass ein Feuilleton schreiben bedeute, auf einer Glatze Locken zu drehen.[18] Roth hat diese Kritik gekannt und ein nicht geringer Teil seiner Selbstkommentare versucht eine Synthese zwischen dem Typus des Journalisten und dem des Schriftstellers, in der die Grenze zwischen Feuilleton und Reportage vernebelt wird: «*Ich zeichne das Gesicht der Zeit. Das ist die Aufgabe einer großen Zeitung. Ich bin ein Journalist, kein Berichterstatter, ich bin ein Schriftsteller, kein Leitartikelschreiber.*»[19]

---

16 Thomas DÜLLO: *Zufall und Melancholie. Untersuchungen zur Kontingenzsemantik in Texten von Joseph Roth.* Münster/Hamburg: Lit Verlag, 1994, S. 126.
17 Vgl. dazu Kai KAUFFMANN/Erhard SCHÜTZ (Hrsg.): *Die lange Geschichte der kleinen Form. Beiträge zur Feuilletonforschung.* Berlin: Weidler Verlag, 2000.
18 Karl KRAUS: «Heine und die Folgen». In: *Die Fackel*, 329/330. Wien: Verlag Die Fackel, 1911, S. 10.
19 Hermann KESTEN (Hrsg.): Joseph ROTH: *Briefe 1911-1939.* Köln/Berlin: Kiepenheuer & Witsch-Verlag, 1970, S. 88.

Der «Antichrist» als Herr der «Kalten Ordnung»?

Roth beschreibt also das Feuilleton als den Ort einer Synthese zwischen zwei ursprünglich verschiedenen Wahrnehmungs- und Darstellungsformen. In einem Text aus 1921 verteidigte er es gegen die Erwerbsmentalität der «Vollbartmänner» ebenso, wie gegen die «Kesselpauker», die es als «bürgerliche Kunstgattung», entstanden aus dem Wunsch nach Unterhaltung, denunzieren.

> Auf der Moralkesselpauke wird das Feuilleton totgetrommelt. Ein Wahlredner darf ungestraft drei Stunden Unsinn und Zusammenhangloses in schlechter Sprache reden. Ein Feuilletonist, der über zehn Zeilen Seifenblasen sitzt, ist ein Luder.

Mit deutlicher Wendung gegen Kraus (dem er vorwirft, er hätte die Gattung für schlechte Leistungen einzelner Feuilletonisten verantwortlich gemacht) zitiert er die Auffassung, Heine hätte das ‹Feuilletonunheil› in die Welt gebracht.

> Heines Reisebriefe sind aber nicht nur amüsant, sondern eine künstlerische Leistung und somit eine ethische. Der entartete Homo sapiens hätte zehn Jahre die Pariser verschiedenen Statistiken studiert und dann ein langweiliges, also unmoralisches, Buch geschrieben. Heine hat vielleicht kleine Tatsachen umgelogen, aber er sah eben die Tatsachen so, wie sie sein sollten. Denn sein Auge bestand nicht nur aus optischem Instrument und Sehsträngen.

Hier wird also «künstlerisch» und «ethisch», «langweilig» und «unmoralisch» gleichgesetzt und schließlich die Erlaubnis erteilt, die Wirklichkeit im Namen einer Norm umzudeuten, was wohl auch Kisch getan hat. Doch was auch immer wir unter ‹Sachlichkeit› verstehen – hier liegt wohl eine frühe, deutliche Abgrenzung vor. Die Abgrenzung zum ‹schlechten› Feuilleton liegt bei Roth im Vorwurf der Verwendung industrialisierter Klischees, doch selbst denen wird die sprachmagische Möglichkeit zugeschrieben, dass im «lieblichen Geklingel einer Narrenschelle» doch zuweilen mehr schwingt, «als im Kirchenglockenklang». Der Text endet mit einer rätselhaften Überlegung:

> Seht ihr: Das war schon ein ‹Witz›. ‹Paradox›. Ein ‹Feuilleton›.
> Wenn du eine Wahrheit kurz pointiert und neu beleuchtet zeigst, ist sie nur ein Paradox. Das Klischee für Wahrheiten ist: ‹schlechtes Gewand›.
> Ist ein Satzungeheuer, ein sprachlicher Megalobatrachus maximus. Mit Hilfszeitwörtern, baumelnden Hilfszeitwörtertroddeln, behangen mit losen Nebensatzzipfeln, mit Prädikaten, die sich

irgendwo verbergen wie Münzen im Unterfutter einer zerrissenen
Westentasche. Was so gesagt wird, ist eine ‹Wahrheit›.[20]

In diesem ästhetisch argumentierenden Zweifrontenkrieg wird uns keine
Definition des Feuilletons gegeben, sie wird gleichzeitig vorausgesetzt,
aber auch ein wenig ‹verrätselt›. Nur eines lesen wir: unser Autor hat den
Text in «etwas über einer Stunde» geschrieben. Offensichtlich gehört eine
anarchische, von Stimmungen geleitete Spontaneität zum Feuilleton –
das ist eine deutliche Abgrenzung zur lange dauernden, akribischen und
unparteiischen Recherche. Eine bewusste Doppelexistenz als ein verschiedenen Ordnungssystemen verpflichteter Reporter *und* Feuilletonist
ist wohl denkbar. Doch ändert sich das Gesamtbild Roths, wenn wir alle
seine Kommentare zum Schreiben *und* seine Reportagen vor jener Wende,
die im «Hiob» offensichtlich wurde, auf der Basis dieser Überlegungen
lesen. Das gilt sowohl für das das berühmte Vorwort zur *Flucht ohne
Ende* das ihm ja auch das Etikett der ‹Neuen Sachlichkeit› eingetragen
hat: «Ich habe nichts erfunden, nichts komponiert. Es handelt sich nicht
mehr darum zu ‹dichten›. Das wichtigste ist das Beobachtete. –‹sic!›»[21]
Doch was geschieht, wenn der Beobachter die Dinge so sieht, wie er
meint, dass sie sein sollten?

Das gilt aber auch und vor allem für Roths Rezension von Efraim
Frisch's Roman *Zenobi*:

> Der Verfasser ist nicht der Schöpfer Zenobis, sondern dessen Beobachter. Er gestaltet,
> indem er berichtet. Es ist die Haltung eines modernen Autors, der keine Fabeln spinnt,
> sondern die Augen aufmacht. Es gibt keine spannenderen Fabeln als die Realität.[22]

Das wird oft als Beleg des Naheverhältnisses Roths zur ‹Neuen Sachlichkeit› zitiert, doch ob das Zitat von einer Lektüre des «Zenobi» mit
seinen zahlreichen fantastischen Elementen gedeckt ist, bleibt offen.
Frisch, der übrigens am Gymnasium von Brody maturiert hatte,[23] war
sehr wohl der ‹Schöpfer› seines sympathischen Scharlatans Zenobi; wie

---

20 Joseph ROTH: *Feuilleton*. In: ders. *Werke in vier Bänden*. Hg. und eingeleitet von
Hermann KESTEN, *Bd. 4*. Köln: Kiepenheuer & Witsch-Verlag, 1976, S. 803-806.
21 Joseph ROTH: *Werke Bd. 3*, (wie Anm. 20), S. 317.
22 Joseph ROTH: *Der idealistische Scharlatan*. In: ders. *Werke Bd.4.*, (wie Anm. 20)
S. 356.
23 Vgl. dazu das Nachwort von Rolf VOLLMANN. In: Efraim FRISCH: *Zenobi. Roman.*
Frankfurt am Main: Fischer Verlag, 1984, S. 137.

Thomas Mann der ‹Schöpfer› – und nicht der Beobachter – seines *Felix Krull* war: die sonstige zeitgenössische Kritik verglich den Roman ja mit dem 1911 erstmals erschienenen Fragment des Thomas Mann.

Im Titel sind die Erzählhaltungen Roths als «Ambivalenz» beschrieben worden, doch sei nicht vergessen, dass ihm das lustvolle Integrieren von öffentlich als widersprüchlich gehandelten Positionen essentiell war: In einem Brief an Benno Reifenberg aus 1926 nannte er sich Franzose aus dem Osten, Rationalist mit Religion oder gar Katholik mit jüdischen Gehirn.[24] Hermann Kesten hat Roth so verstanden, dass er mit am Markt befindlichen stilistischen Möglichkeiten ‹gespielt›, hätte,[25] im Spiel sind wir ja frei, aber diese Deutung ignoriert die tatsächliche durchaus ernsthafte Auseinandersetzung Roths mit Elementen der Sachlichkeit.

Der Sprung von einem untergehenden Kleinstaat nach Berlin, in eine rege, bewegte Welt, die weniger bürokratisiert und höher industrialisiert war, hat diese Auseinandersetzung intensiviert. Den Gegensatz zwischen Berlin, der Stadt in der es keine Individualitäten gab, und Wien, wo «jeder Trottel eine Individualität war», als einen solchen zwischen stagnierender Gemütlichkeit und dynamischen Funktionalismus hat schon Karl Kraus herausgearbeitet.[26] Der frühe Roth hat Berlin wohl tatsächlich als ‹neu› und ‹sachlich› erlebt, erst der späte Roth hat die gefühlte emotionelle Tiefe des österreichischen Stillstandes höher geschätzt, als die harte Beweglichkeit der deutschen Betriebsamkeit.

Subjektivität und Objektivität

Selbst für jene Zeit, als die Reportagen entstanden, mit denen Roth als ‹sachlicher› Autor unter dem Motto «Werde nur nicht langweilig. Alles ist aktuell».[27] berühmt wurde – etwa jenen über die Terrorprozesse oder seine Sozialreportagen über industrielle Regionen Deutschlands – hat der

---

24 Joseph ROTH: *Briefe*, (wie Anm. 19), S. 98.
25 Nachwort. In: Joseph ROTH: *Werke Bd. 4*, (wie Anm. 20), S. 900.
26 Vgl. dazu Alfred PFABIGAN: *Karl Kraus und der Sozialismus. Eine politische Biographie*. Wien: Europa-Verlag, 1976, S. 138.
27 Zit. In: BRONSEN (wie Anm. 9), S. 247.

Kollege Johannes Urzidil im Interview mit Bronsen Roth eine Kontaminierung des Realitätsverhältnisses durch Fantasie und Gemütsschwankungen vorgeworfen. Roth wusste über seine depressiven Durchbrüche und kommentierte: «Der ‹gute Beobachter› ist der traurigste Berichterstatter.»[28] In seine ‹Beobachtungen› sind melancholische Reflexionen eingestreut, sein Begriff von ‹Beobachten› ist nicht von der in den zwanziger Jahren auch bei Non-Marxisten populären Widerspiegelungstheorie abgeleitet, er hatte sozusagen einen ‹Über-Blick›, wo man eben *alles* zu sehen meint, es miteinander kombiniert und wo ‹Beobachtung› und moralische Reflexion untrennbar sind. Roth hat alle beobachteten Ereignisse ‹gehoben› und ihnen symbolische Bedeutung gegeben – der staatenlose Selbstmörder Imre Ziska wird ihm zum «Vertreter einer ganzen Menschheit, und deshalb gewann sein Tod philosophische Bedeutung».[29] Und an die rechtsradikalen Verschwörer mit ihren bürgerlichen Gesichtern und Berufen stellt er die überraschende und keineswegs sachliche, ‹unpolitische› Frage: «Wo ist die Romantik der Verschwörung geblieben?».[30] Sein ‹Beobachter› ist nicht von jenem vielgerügten ‹Zufall› dessen, was man sieht, abhängig, die niedergeschriebene Beobachtung ist ihm ein Eingriff in die Wirklichkeit und er gehorcht einem allerdings unbestimmten ethisch-ästhetischen Imperativ, der manchmal paradoxe Ergebnisse zeitigt und den er später mit dem Begriff ‹Kunst› verbinden wird.

In einem Brief aus Paris vom 16.5.1925 an Benno Reifenberg berichtet Roth von einem Streit mit O.A. Palitzsch, der seine Begeisterung für Paris damit ‹entschuldigt› habe, dass Roth ‹ein Dichter› sei:

> Die ‹Objektivität› des Norddeutschen ist eine Vertuschung seiner Instinktlosigkeit, seiner Nase, die kein Riechorgan ist, sondern ein Schnupforgan. Meine ‹Subjektivität› ist objektiv im höchsten Grad. Was ich rieche, wird er noch nach 10 Jahren nicht sehen.[31]

Das ‹Sachliche› hatte er schon 1925 als ‹Requisit› abgewertet:

---

28 *Die weißen Städte.* In: Joseph ROTH: *Werke Bd. 3*, (wie Anm. 20), S. 881.
29 *Die Heimkehr des Imre Ziska.* In: Joseph ROTH: *Werke Bd. 4*, (wie Anm. 20), S. 77.
30 «Prosa der Verschwörung. Eine unpolitische Betrachtung». In: Joseph ROTH: *Werke Bd. 4*, (wie Anm. 20), S. 81.
31 Joseph ROTH: *Briefe*, (wie Anm. 19), S. 45.

> Ich kann am besten ein ganz ‹subjektives› also im höchsten Grad objektives Buch schreiben. [...] Denken Sie, bitte, an die Bücher der Romantik. Abstrahieren sie davon die Utensilien und Requisiten der Romantiker, die sprachlichen und die der Weltanschauung. Setzen sie dafür die Requisiten der modernen Ironie und der Sachlichkeit ein. [...] *Bücher mit sachlichem Anlass in dichterische Sphäre gehoben.*[32]

‹Liebe› als Fundament der Erzählhaltung

Ohne Zweifel hat Roth in den großen Jahren der ‹Neuen Sachlichkeit› eine hohe Wirklichkeitsnähe erreicht – seine Reportagen über das Saargebiet hat Ernst Glaeser in *Fazit. Ein Querschnitt durch die deutsche Publizistik* veröffentlicht,[33] einem ‹linken› Projekt, das soziologische Erkenntnisse vermitteln wollte. Dennoch ist die Einschätzung von Bronsen schwer zu widerlegen,[34] er hätte sogar als Journalist keine wirklich sachlichen Reportagen zustande gebracht. Sie wird durch das Vorwort zu den *Juden auf Wanderschaft* bestätigt, wo es heißt, der Gegenstand sei mit «Liebe» behandelt, statt mit «wissenschaftlicher Sachlichkeit, die man auch Langeweile nennt».[35] Sachliche Abstinenz versus liebevoller Anteilnahme – damit ist ein Grundkonflikt der frühen ‹Wissensgesellschaft› angesprochen, der über das literarische Feld hinausgeht, weil die Zunahme an Wissen auch in anderen gesellschaftlichen Sektoren die Empathie fördert.

Das Wort ‹Liebe› begründet vielleicht, warum Roth von Félix Bertaux eigenartiger ‹Übersetzung› von ‹Neue Sachlichkeit› mit ‹l'ordre froid› so begeistert war:

> Ich habe lange nachgedacht über Ihre nahezu geniale Übersetzung der ‹Neuen Sachlichkeit› und finde das ‹l'ordre froid› viel zu gut ist für jenes hässliche Wort, das aus der deutschen Malerei in die deutsche Literatur gekommen zu sein scheint.[36]

---

32 Joseph ROTH: *Briefe*, (wie Anm. 19), S. 62.
33 Vgl. BRONSEN (wie Anm. 9), S. 311.
34 Vgl. BRONSEN (wie Anm. 9) S. 294.
35 Joseph ROTH: *Werke Bd. 3*, (wie Anm. 20), S. 293.
36 Joseph ROTH: *Briefe*, (wie Anm. 19), S. 118.

Was früher ‹Requisit› oder ‹Melodie› war, avanciert jetzt zur ‹Kälte-Maske› der Neuen Sachlichkeit. Den folgenden sachlich-kalten Satz aus dem Beginn der 20er Jahre hat Roth damit wohl zurückgezogen: «Der neue Stil wird aus der gewaltsamen Verdrängung der privaten Menschlichkeit aus dem Werk erstehen.»[37] Das ‹Sachliche› gleitet nun allmählich hinüber ins ‹Deutsche›, zu dem Roth eine wachsend kritische Haltung entwickelt[38] und findet seine Antithese in einem idyllisierten französisch – österreichisch – jüdischen Kulturverständnis. Auch jenem Amerika, in das der Held des *Hotel Savoy* einst reisen wollte, wird jetzt eine Absage erteilt – im *Hiob* wird es uns als Land einer hektischen Wurzellosigkeit und Entfremdung vorgeführt.

Was Roth Requisiten nannte, möchte ich für die Romane ‹Kulisse› nennen. Jene Idee der Sachlichkeit, die Perspektive desjenigen, der mit dem Material arbeitet einzunehmen, des Ingenieurs, des Arztes, des Arbeiters, des Benützers, war ihm fremd. Jene Romane, die als ‹sachlich› gelten, sind häufig in einem urbanen Umfeld positioniert und verarbeiten zeitgenössische Konstellationen. Doch in seinem *Selbstverriss* zu *Rechts und links* hält er fest, dass er das Bedürfnis des Publikums nach ‹Charakteren›, ‹Psychologie› und ‹Spannung› ignoriert habe. Der Roman hätte keinen eigentlichen Schluss, die «Spannung kommt höchstens aus der Sprache, nicht aus den Vorgängen». Der an der realistischen Epik geschulte Leser sei es gewohnt, «das literarisch gestaltete am Rohmaterial zu messen, das dem Autor als Vorlage gedient hat», so wolle etwa eine Inflation als eine solche beschrieben werden.

> In meinem Roman aber findet er eine andere oder gar keine. Das Rohmaterial sinkt also in meinen Büchern zur Bedeutungslosigkeit einer Illustration. Einzig bedeutend ist die Welt, die ich aus meinem sprachlichem Material gestalte (ebenso wie ein Maler mit Farben malt).[39]

Die literarische Realität sei eine andere als die alltägliche und deren Zerrspiegelbild in den Zeitungen. Das ist eine neuerlich starke Absage an das Wirklichkeitsverhältnis der Sachlichkeit, das ‹Beobachtete› wird erst

---

37 «Nachruf auf den lieben Leser». In: Joseph ROTH: *Berliner Saisonbericht*, (wie Anm. 11), S. 198.
38 Vgl. Wilhelm VON STERNBURG: *Joseph Roth. Eine Biographie*. Köln: Verlag Kiepenheuer & Witsch, 2009, S. 309.
39 «Selbstverriss». In: Joseph ROTH: *Werke Bd. 4*, (wie Anm. 20), S. 241.

im Medium der Sprache, im Text vital, und erst dort entwickelt es eine von Fantasie getragene Eigendynamik.

Das wichtigste Wort in seinem berühmten Text *Schluss mit der ‹Neuen Sachlichkeit›*[40] ist das Wort ‹niemals›. «Niemals taten die Jungen so weise und die Alten so jugendlich», «niemals waren die Plakate verlogener und suggestiver», niemals schrieb ‹man› so schlecht, niemals wurde soviel gelogen wie jetzt. Damit wird das ‹Heute› im Namen eines ‹Früher› verworfen, das dann in der Donaumonarchie und in der ostjüdischen Lebensform positioniert wird. Wie im Platonischen Höhlengleichnis wird jene furchtbarste Verwechslung thematisiert, die des ‹Schattens›, den die Gegenstände werfen, mit den Gegenständen selbst. Und vor allem: niemals sei der Respekt vor dem Stoff größer gewesen. Damit hat Roth einen zentralen Punkt der lebenslangen Medienkritik des Karl Kraus aufgegriffen: Der Bericht habe sich an die Stelle des Ereignisses gesetzt.

Der Antichrist und die Medien

‹Fortschritt, Tempo, Neue Sachlichkeit›, jene Werte, die Billy Wilder und Egon Erwin Kisch teilten, werden von nun an – prägnant in der Amsterdamer Rede über den *Aberglauben an den Fortschritt* – als heillose Verbündete angesehen und damit beginnt ein Fundamentalangriff gegen die Moderne, der im *Antichrist*[41] eine einsame Spitze erreicht. Dieses «fromme Buch», bei dem Roth die Mitarbeit von ‹Linken› verboten hat,[42] und dessen Hollywood-Kapitel eine konservative Vorwegnahme des Kulturindustriekapitels aus Horkheimer / Adornos *Dialektik der Aufklärung* darstellt, hat vom Ende gelesen die Form einer Beichte[43] und einer Rücknahme der sachlichen ‹Requisiten› des Frühwerkes. Medienkri-

---

40 In: Joseph ROTH: *Werke Bd. 4*, (wie Anm. 20), S. 246-258.
41 In: Joseph ROTH: *Werke Bd. 3*, (wie Anm. 20), S. 371-474.
42 Vgl. dazu Madeleine RIETRA (Hrsg.): *Geschäft ist Geschäft. Seien Sie mir privat nicht böse. Ich brauche Geld. Der Briefwechsel zwischen Joseph Roth und den Exilverlagen Allert de Lange und Querido 1933-1939*. Köln: Kiepenheuer & Witsch Verlag, S. 152.
43 Vgl. dazu Ingeborg SÜLTEMEYER-VON LIPS: «Joseph Roths *Der Antichrist*. Versuch einer Annäherung». In: *AUSTRIACA*, Juni 1990, Nr. 30, S. 91 ff.

tik und Gesellschaftskritik verschmelzen hier ineinander, der ‹Antichrist› ist der Schöpfer der untrennbar miteinander verbundenen ‹Neuen Sachlichkeit›, des Faschismus und des Kommunismus. Auch der reuige Erzähler hat dem ‹Antichrist› gedient – bei Karl Kraus ist der der Chefredakteur der *Neuen Freien Presse* Moriz Benedict, der ‹Herr der Hyänen›, hier gibt es Anklänge an die Person Benno Reifenbergs.

Medien als Vehikel der Integration ethnischer Minderheiten

Wir nehmen diese Beichte, die Konversionen und die Neuerfindung des Leutnants Roth zur Kenntnis, doch bleibt die Frage offen, warum – und seien es auch nur ‹Requisiten› oder eine ‹Melodie› gewesen, – die ‹Neue Sachlichkeit› für Roth eine zeitweilige Anziehung ausübte und er an dem – so Bronsen[44] – «halben Missverständnis» seiner Zuordnung mitschuldig war. Dafür gibt es viele überzeugende Antworten, die auf den Zeitgeist, auf Karrieremöglichkeiten und eine jugendliche kulturelle Unerfahrenheit rekurrieren. Ein Aspekt scheint mir unterbelichtet und zwar die lebenslange Auseinandersetzung Roths im Feld Judentum – Integration – Assimilation. Der mediale Sektor – etwa Publizistik, Musik, Film und Theater – wurde und wird in Einwanderungsgesellschaften traditionell als Instrument der sozialen Integration genützt. Der Journalismus etwa war für die ethnischen Minderheiten ein traditionelles Ventil der Kommunikation und des sozialen Aufstiegs, man denke nur an die Presse – Tycoons in Berlin und Wien.[45] Roth hat immer stolz auf die Verdienste jüdischer Autoren um die deutsche Kultur hingewiesen und viele Themen der ‹Neuen Sachlichkeit› waren ihm jüdisch konnotiert. Das gilt vor allem für die

> Entdeckung und literarischen Auswertung des Urbanismus. Die Juden haben die Stadtlandschaft und die Seelenlandschaft des Stadtbewohners entdeckt und geschildert. Sie haben die ganze Vielschichtigkeit der städtischen Zivilisation entschleiert. Sie haben das Kaffeehaus und die Fabrik entdeckt, die Bar und das Hotel, die Bank

---

44 Vgl. BRONSEN (wie Anm.9), S. 323.
45 Vgl. dazu Steven BELLER: *Wien und die Juden. 1867-1938*. Wien/Köln/Weimar: Böhlau Verlag, 1993, S. 46 ff.

und das Kleinbürgertum der Hauptstadt, die Treffpunkte der Reichen und die Elendsviertel, die Sünde und das Laster, den städtischen Tag und die städtische Nacht, den Charakter der Bewohner der großen Städte. Sie haben das Kaffehaus und die Fabrik entdeckt, die Bar und das Hotel, die Bank und das Kleinbürgertum der Hauptstadt, die Treffpunkte der Reichen und der Elendsviertel, die Sünde und das Laster, den städtischen Tag und die städtische Nacht, den Charakter des Bewohners der großen Städte.[46]

Doch dieser mediale Integrationsmechanismus schuf ein neues Konfliktfeld. Seit Gustav Freytags Lustspiel *Die Journalisten* gab es das weitverbreitete Zerrbild des jüdischen Journalisten, des ‹Schmocks›, der identitätslos die Bedürfnisse des lesenden Publikums des Honorars wegen befriedigte und so mit seinen ihm zugeschriebenen ‹rassischen› Eigenarten die publizistische Sphäre korrumpierte. Dass soziale Integration und Erfolg neue negative Stereotypen produzieren, gehört zur historischen Erfahrung der jüdischen Immigration. Ebenso dazu gehört das quasi regelmäßige Auftreten von sozialen Ordnungsbegriffen, die historisch gesehen jüdischen Menschen vom Anspruch her die Illusion schufen, als ob ihre «Rasse» nicht zählen würde – Aufklärung, Bildung, Kultur und Sozialismus zählen dazu. Die ‹Neue Sachlichkeit› bot vom Anspruch her jüdischen Parteigängern eine Mitgliedschaft, hinter der das zeitweilig scheinbar Jüdische zurücktrat. Pragmatismus, Nüchternheit, Realpolitik, Abstinenz von Phrasen – das bot wenig Platz für den Mythos vom Arier. Zur Illustration dieses Mechanismus sei hier ein signifikantes Beispiel aus einer anderen Zeit und einer anderen kreativen Sphäre genannt, das einige Analogien aufweist. Auch der amerikanische Jazz wurde zunächst von der schwarzen Minorität und ab dem Swing in zunehmendem Maß von jüdischen Musikern – Benny Goodman etwa – als Integrationsinstrument genützt. Doch ‹Hot› blieb rassisch konnotiert, und zudem änderte der kommerzielle Erfolg wenig an der alltäglichen Diskriminierung der Musiker. Der Musikwissenschaftler Jürgen Schaal hat in einer Studie über den Cool-Jazz Saxophonisten Stan Getz darauf hingewiesen, dass diese Musikrichtung nicht nur ‹weiß› dominiert war, sondern sich viele jüdische Musiker in der ersten Reihe finden: Stan Getz, Woody Herman, Lou Levy, Johnny Mandel, Al Cohn, Lee Konitz, Paul Desmond um nur

---

46 «Das Autodafé des Geistes». In: Joseph ROTH: *Berliner Saisonbericht*. (wie Anm. 11), S. 389.

einige zu nennen. Schaal schreibt über die generelle Stimmung von ‹Cool› und die damit verbundene «Rückzugsgeste ins Unpersönliche», die ich mit ‹sachlich› vergleichen möchte und bietet eine Deutung an, die mir auch das zeitweilige sachliche Lebensgefühl des Reporters Joseph Roth und seine Bemerkung von der Verdrängung der privaten Menschlichkeit als Stilgrundlage (sh. Anm. 37) erklärt: «Ein Cool-Jazz-Saxophonist bot kein Vorbild mehr für die antijüdische Karikatur. Er versteckte sich in westlicher Sublimierung, der Maske der Normalität, oder in kühler Moderne, der Maske des Zeitgemäßen.»[47] Auch Stan Getz, der Pionier der ‹Bossa Nova›, hat sich später von der ‹coolen› Melodie abgewandt.

‹Cool› und ‹Sachlich› besetzen ein ähnliches Bedeutungsfeld, das vom Anspruch her keine Rassen kennt. Die Nationalsozialisten haben diese ‹jüdische› Konnotation der ‹Neuen Sachlichkeit› ja durchaus gewittert und sie daher im Zuge der von ihnen betriebenen Remythisierung mit dem Etikett der ‹Entartung› belegt und verbrannt. Das heißt: das komplexe Nahverhältnis Roths zur ‹Neuen Sachlichkeit› kann auch als Unterkapitel in der umstrittenen deutsch-jüdischen Synthese vor 1933 gesehen werden,[48] als Bestandteil jener seit der Aufklärung laufenden, enttäuschenden Suche nach einem gesellschaftlichen Leitbegriff, der die Universalität der menschlichen Würde respektiert.

---

47 Jürgen SCHAAL: *Stan Getz. Sein Leben, seine Musik, seine Schallplatten.* Waakirchen: Verlag Oreos, 1994, S. 128.
48 Vgl. dazu Willi JASPER: *Deutsch-jüdischer Parnass. Literaturgeschichte eines Mythos.* München: Propyläen-Verlag, 2004, sowie Hans MAYER: *Der Widerruf. Über Deutsche und Juden.* Frankfurt: Suhrkamp-Verlag, 1994.

La sédimentation symbolique du texte narratif: le motif du cabinet des figures de cire dans l'œuvre de Joseph Roth

Stéphane PESNEL

Dès ses toutes premières chroniques viennoises, Joseph Roth témoigne pour les divertissements populaires un intérêt qui ne se démentira jamais, dans lequel se mêlent la curiosité du feuilletoniste épris de phénomènes singuliers et caractéristiques, et la sympathie évidente d'un écrivain affectivement proche des humbles, des petits, de tous ceux qui vivent aux marges de la société et de l'histoire.[1] Il suffit de penser aux feuilletons viennois intitulés *Praterkino* (in: *Der Neue Tag*, 4 avril 1920), *Ringelspiel* (in: *Der Neue Tag*, 25 mars 1920), *Riviera in Kagran* (in: *Wiener Sonn- und Montagszeitung*, 16 juillet 1923), ou à tous les textes consacrés à des acrobates, artistes de cabaret, de cirque et de foire comme *Der Zauberer* (in: *Münchner Neueste Nachrichten*, 25 janvier 1930) ou *Alte Kosaken* (in: *Pariser Tageszeitung*, 20 janvier 1939).[2] Mais s'il est un lieu, un univers qui traverse et même obsède l'ensemble de la création littéraire de Roth, c'est bien celui du cabinet des figures de cire, du «Panoptikum». La fascination pour cette attraction qui peut prendre différents aspects allant de la baraque foraine au véritable musée de cire s'explique à la fois par la prédilection de l'écrivain pour la représentation des loisirs et divertissements populaires, et par le potentiel éminemment symbolique et poétique

---

1 Les œuvres de Joseph Roth seront citées d'après l'édition suivante: Joseph ROTH: *Werke*. Köln: Kiepenheuer und Witsch, 1989-1991 (Bd. 1-3: *Das journalistische Werk*, hrsg. von Klaus WESTERMANN; Bd. 4-6: *Romane und Erzählungen*, hrsg. von Fritz HACKERT). Il sera fait référence à cette édition dans les notes au moyen de l'abréviation JRW suivie, en chiffres arabes, du numéro du volume concerné.
2 Voir sur ce point: Fritz HACKERT: «Fahrendes Volk. Unbürgerliche Symbolfiguren im Werk von Joseph Roth». In: Alexander STILLMARK (Hrsg.): *Der Sieg über die Zeit. Londoner Symposium*. Stuttgart: H.-D. Heinz Akademischer Verlag, 1996, pp. 126-140.

de cet univers curieux où l'artificiel voisine avec le surnaturel et le morbide. Dans les différents feuilletons qu'il lui consacre, on pourrait dire que Roth entreprend de circonscrire avec le plus de netteté possible l'essence et le pouvoir de fascination de ce lieu dont il fera un motif structurant de son dernier roman, *Die Geschichte von der 1002. Nacht*. Notre contribution se propose de revenir sur le processus d'enrichissement sémantique et symbolique qui s'effectue au fil des différents textes traitant du cabinet des figures de cire et qui transforme progressivement un lieu réel tout d'abord observé et décrit pour sa valeur de lieu caractéristique, cristallisant certaines problématiques de la modernité (la question du divertissement populaire), en un véritable motif littéraire. Il s'agit en fin de compte de revenir sur l'archéologie de ce motif et de mettre en évidence la stratification complexe des niveaux de sens qui le caractérisent lorsqu'il apparaît une dernière fois dans le roman *Die Geschichte von der 1002. Nacht*.

Au cabinet des figures de cire *stricto sensu*, Roth consacre six feuilletons dont les dates d'écriture ou de publication respectives s'étendent, à la manière d'un arc de cercle chronologique, des tout débuts de sa carrière de journaliste à sa dernière année de vie, de la période viennoise aux derniers mois de la période parisienne. Il s'agit des chroniques intitulées *Amüsement* (in: *Berliner Börsen-Courier*, 23 août 1921), *Abschied von Castans Panoptikum* (in: *Neue Berliner Zeitung – 12-Uhr-Blatt*, 8 février 1922), *Philosophie des Panoptikums* (in: *Berliner Börsen-Courier*, 25 février 1923), *Der Friedhof des Panoptikums* (in: *Frankfurter Zeitung*, 12 juin 1924), *Panoptikum am Sonntag* (in: *Frankfurter Zeitung*, 10 juin 1928) et enfin *Clemenceau im Panoptikum* (1939), qui est plus exactement une section d'un long ensemble de textes évoquant le destin de l'homme d'État français et non une chronique à part entière. A ces feuilletons, il conviendrait d'ajouter un certain nombre de textes qui ne traitent pas directement du «Panoptikum», mais de motifs qui lui sont nettement apparentés: *Marionetten auf der Wanderung* (in: *Neue Berliner Zeitung – 12-Uhr-Blatt*, 21 février 1922), qui évoque les pantins d'un cirque ambulant, *Berliner Filmberichte* (in: *Frankfurter Zeitung*, 12 décembre 1924), recension de trois films parmi lesquels *Das Wachsfigurenkabinett* (1924) de Paul Leni, *Die Puppen* (in: *Münchner Neueste Nachrichten*, 13 octobre 1929), description des mannequins de cire qu'on

La sédimentation symbolique du texte narratif 109

voyait alors dans les vitrines des salons de coiffure, *Die Weltgeschichte aus Zinn* (in: *Frankfurter Zeitung*, 7 novembre 1930), présentation d'une exposition de soldats de plomb à Leipzig, mais aussi *Laterna magica* (in: *Frankfurter Zeitung*, 25 décembre 1932) ou *Der Wiener Prater* (in: *Das Neue Tage-Buch*, 28 mai 1938), qui montre avec effroi que les divertissements innocents de ce grand parc viennois appartiennent irrémédiablement au passé: l'épouvante du cabinet des horreurs («Schreckenskammer») n'est plus de l'ordre du jeu, elle est devenue réalité dans la Vienne d'après l'Anschluss. Il faudrait encore enrichir cette énumération de toutes les occurrences marginales, au détour d'une chronique ou d'une page narrative, du terme «Panoptikum» pour bien prendre la mesure de la présence obsédante de ce motif dans l'imaginaire rothien.[3]

Avant de formuler quelques remarques concernant plus précisément la fonctionnalisation narrative de ce motif dans le roman *Die Geschichte von der 1002. Nacht*, il semble judicieux de s'arrêter sur trois des feuilletons que Roth consacre au «Panoptikum» afin de tenter de déterminer les raisons de la fascination qu'il éprouve pour ce lieu. Dans *Philosophie des Panoptikums*, publié dans le *Berliner Börsen-Courier* du 25 février 1923, le journaliste et chroniqueur insère l'évocation d'un cabinet des figures de cire autrefois situé dans un passage berlinois (le «Lindenpassage») dans le cadre plus ample d'une critique de la modernité. La vente aux enchères des mannequins de cire et des accessoires de cette attraction berlinoise est pour Roth le signe d'une mutation profonde de l'industrie du divertissement et notamment de la montée en puissance de l'industrie cinématographique:

> Das Panoptikum fiel der Zeit zum Opfer, ihrer erwachten Freude an der gesteigerten Bewegung, die im Film ihren Ausdruck findet. Im Zeitalter des Kinos hat das Panoptikum nichts mehr zu erfüllen. Im Zeitalter des intensiven Betriebs ist eine Starrheit unmöglich, die ihr Totsein durch peinliche Lebensähnlichkeit nicht verhüllen kann. Ein Schatten in Bewegung ist uns mehr als ein Körper in starrer Ruhe. Ein Antlitz, das immer lächelt, täuscht uns nicht mehr. Wir wissen: Ewig lächeln kann nur der Tod.[4]

---

3 Sur ce point, voir: Stéphane PESNEL: *Totalité et Fragmentarité dans l'œuvre romanesque de Joseph Roth*. Bern: Peter Lang, 2000, pp. 358-361.
4 JRW 1, p. 940.

Comme il en est coutumier, c'est à partir de l'observation de faits en apparence anodins (en l'occurrence la fermeture d'un lieu de divertissement populaire) que Roth dégage les grandes évolutions de la modernité, les changements de paradigme fondamentaux, dans le but de mieux dessiner le visage de sa propre époque – pour paraphraser une célèbre lettre adressée à Benno Reifenberg le 22 avril 1926 et dans laquelle l'écrivain défend la dignité du métier de chroniqueur et de feuilletoniste.[5] De ce point de vue, Roth se situe incontestablement dans le sillage de celui qu'on peut considérer comme le fondateur du feuilleton allemand, Heinrich Heine, et le terme de «Spurenleser» employé par ses biographes Jan-Christoph Hauschild et Michael Werner pour qualifier le correspondant de l'*Allgemeine Zeitung* d'Augsbourg, observateur des réalités parisiennes et françaises, pourrait tout aussi bien être appliqué au journaliste Joseph Roth.[6] Comme son grand ancêtre, Roth est un observateur sans cesse occupé à collecter, lire et interpréter des traces, des signes. La rénovation d'un café (*Vernichtung eines Kaffeehauses*, in: *Frankfurter Zeitung*, 21 octobre 1927) ou la destruction d'un hôtel (*Rast angesichts der Zerstörung*, in: *Das Neue Tage-Buch*, 25 juin 1938) seront pour lui d'autres signes révélateurs des mutations qui s'effectuent dans l'Europe des années 1920 et 1930. La vente aux enchères des personnages et des accessoires de ce cabinet des figures de cire met en évidence un trait fondamental de l'époque présente, sa soif de profit et la domination du capital qui, tout comme l'ascension fulgurante de l'industrie cinématographique, se situent aux antipodes de la poésie naïve et gauche du «Panoptikum»:

> Der Goldmacher der neuen Zeit, der moderne Alchemist, schlägt Kapital aus der Sensation der Vergangenheit. Er findet den Stein der Weisen in jedem Kochtopf des Mittelalters – nicht auf dem Wege des Experiments, sondern auf dem der Spekulation. Was er berührt, verteuert sich.

---

5 Joseph ROTH: *Briefe 1911-1939*. Hrsg. von Hermann KESTEN. Köln/Berlin: Kiepenheuer & Witsch, 1970, p. 88: «Ich mache keine ‹witzige Glossen›. *Ich zeichne das Gesicht der Zeit*. Das ist die Aufgabe einer großen Zeitung. Ich bin ein Journalist, kein Berichterstatter, ich bin ein Schriftsteller, kein Leitartikelschreiber.»

6 Jan-Christoph HAUSCHILD / Michael WERNER: *«Der Zweck des Lebens ist das Leben selbst». Heinrich Heine. Eine Biographie.* Köln: Kiepenheuer & Witsch, 1997, pp. 199-203 («Spurenlesen: Der Flaneur und die Stadt») et particulièrement p. 202: «Heines Flaneur ist ein wissender Spurenleser, der aus seinem Material die geschichtsphilosophische Quintessenz zu ziehen bemüht ist».

La sédimentation symbolique du texte narratif 111

> Also steht er da, Sieger über die vergehende Welt, Goldmacher, Meistbietender, Alleskäufer. In seinen geräumigen Leibesumfang wandert das ganze Panoptikum, Köpfe und Kessel, Lanzen und Affen, Mörder und Fürsten, Monströses und Winziges. Raum für alles hat er – er, des panoptikalen Daseins Endzweck und Sinn.[7]

Mais si le feuilleton *Philosophie des Panoptikums* propose une lecture de l'époque présente, il entreprend aussi de mettre en évidence les lois qui régissent l'esthétique particulière de cet univers. C'est tout d'abord un monde de l'hétéroclite, qui présente à la manière d'un bric-à-brac de l'histoire universelle des scènes closes sur elles-mêmes, juxtaposées avec des attractions visant indifféremment à provoquer l'hilarité ou l'épouvante.[8] La situation particulière évoquée ici par le feuilletoniste (la vente aux enchères du matériel du dernier «Panoptikum» berlinois) fait ressortir avec d'autant plus d'acuité le caractère fondamentalement hétéroclite du lieu, véritable débarras de l'histoire universelle. C'est ensuite un monde fondé sur l'imitation plate du réel. Le matériau utilisé, la cire, permet certes une recréation étonnamment fidèle de l'apparence (dont la précision excessive confine au grotesque et à la caricature), mais ne permet pas de saisir la vérité profonde des personnages représentés:

> Die paradoxale Philosophie des Panoptikums fügte es, daß irdische Größe und Schrecklichkeit just durch ein wächsernes Verewigtsein lächerlich wurden. Noch nie hatte eine Denkmalsindustrie ihre Objekte so aller Feierlichkeit entkleidet wie die panoptikale. Sie schuf Denkmale ohne das Pathos der Pietät. Ein Goethe aus Wachs besaß naturgemäß nicht die majestätische Gewichtigkeit eines marmornen. Die billige Materie konnte nur lebensechte Gesichtsfarbe vortäuschen, nicht der Bedeutung des Genius gerecht werden. Das einzige Verdienst des Panoptikums war die ungewollte Lächerlichkeit, durch die es das Pathos dieser Welt ausglich und sie in eine Art Lachkabinett verwandelte.
> Denn die Tendenz des Panoptikums: Lebensähnlichkeit bis zum Erschrecken, *muß* zur Lächerlichkeit führen. Es ist die kunstfeindliche Tendenz, äußere Wahrscheinlichkeit statt innerer Wahrheit darzustellen: die Tendenz der naturalistischen Photographie und der ‹Kopie›.[9]

---

7   JRW 1, p. 941.
8   JRW 1, p. 939: «Dank einer symbolischen Innenarchitektur trennte *ein* Schritt nur die Schreckenskammer vom Märchensaal und ein Vorhang die Fürsten Europas vom Lachkabinett».
9   JRW 1, p. 939.

On a dans cette réflexion sur la représentation de la réalité et dans cette opposition diamétrale entre l'imitation parfaite, mais insignifiante, de la physionomie de l'objet et la recherche de sa vérité profonde une analyse qui est largement transposable à la littérature, l'esquisse d'un programme esthétique qui permet de cerner la démarche de Roth dans ses feuilletons et romans, et qui explique par anticipation le caractère finalement assez relatif de son adhésion aux préceptes de la «Neue Sachlichkeit», dont il se détournera vigoureusement dans le texte intitulé *Schluß mit der «Neuen Sachlichkeit»!* (in: *Die literarische Welt*, 17 et 24 janvier 1930).[10]

Le deuxième feuilleton sur lequel on peut s'arrêter brièvement est le célèbre *Panoptikum am Sonntag*, publié le 10 juin 1928 dans la *Frankfurter Zeitung* et repris ensuite dans le recueil de proses mêlées significativement intitulé *Panoptikum. Gestalten und Kulissen*, paru en 1930 aux éditions Knorr & Hirth à Munich. Significativement, car la dénomination même de «Panoptikum» semble ici devenir un terme générique désignant un assemblage de feuilletons aux sujets les plus variés (la loi de l'assemblage hétéroclite, de la juxtaposition surprenante est, on l'a déjà évoqué, une loi structurelle fondamentale de l'univers du cabinet des figures de cire). Le titre de ce recueil fait en effet certes référence à un texte précis *(Panoptikum am Sonntag)*, de la même façon qu'une nouvelle peut donner son titre à tout un recueil narratif, mais en le réduisant au seul substantif «Panoptikum», ce qui lui ôte l'aspect anecdotique de la précision «am Sonntag», et en lui adjoignant la mention générique «Gestalten und Kulissen», Roth lui confère une valeur éminemment poétologique: les feuilletons rassemblés dans ce recueil nous sont présentés d'emblée comme constituant un cabinet de curiosités dans lequel le lecteur est invité à déambuler au gré de ses envies, une succession aléatoire de petites scènes et de fragments de réalité poétisés, de «personnages» et de «décors», dont l'assemblage n'a aucune prétention à réaliser un panorama exhaustif

---

10 JRW 3, pp. 153-164. Voir déjà la lettre à Félix Bertaux datée du 9 janvier 1928 dans laquelle Joseph Roth commente la traduction que propose le germaniste français de la dénomination «Neue Sachlichkeit» par l'expression «l'ordre froid» (Joseph ROTH: *Briefe 1911-1939*. Hrsg. von Hermann KESTEN. Köln/Berlin: Kiepenheuer & Witsch, 1970, p. 118). La question du rapport complexe de Roth à la «Neue Sachlichkeit» a été étudiée par Jürgen HEIZMANN dans *Joseph Roth und die Ästhetik der Neuen Sachlichkeit*. Heidelberg: Mattes, 1990.

La sédimentation symbolique du texte narratif 113

du monde contemporain. On pourrait même estimer que le titre de ce recueil renvoie, par métonymie, à l'ensemble de la production journalistique de Joseph Roth, et considérer les trois volumes édités par Klaus Westermann comme un gigantesque «cabinet des figures de cire» littéraire.[11]

Pour en revenir à *Panoptikum am Sonntag*, la différence d'écriture qui existe entre ce texte et les feuilletons précédemment consacrés par Roth au cabinet des figures de cire saute immédiatement aux yeux: il ne s'agit plus d'un texte de reportage incluant des considérations générales sur la modernité et sur la représentation du réel, mais d'un texte autofictionnel de nature fondamentalement narrative, d'une forme hybride entre feuilleton et récit dans laquelle Roth semble explorer le potentiel poétique de ce qui deviendra, dans son ultime roman *(Die Geschichte von der 1002. Nacht)*, un motif littéraire participant pleinement à l'économie narrative et thématique de l'œuvre. Comme souvent dans la production littéraire de Roth, les chroniques servent de terrain d'expérimentation et de matériau préparatoire à l'écriture narrative.[12]

Dans *Panoptikum am Sonntag*, qui relate à la manière d'un récit bref la visite d'un narrateur en première personne au musée Grévin, Roth met

---

11 JRW, volumes 1 à 3. L'aspect fondamentalement ouvert, dispersé, éclaté, fragmentaire et hétéroclite de l'œuvre journalistique de Joseph Roth s'inscrit parfaitement dans la logique qui sous-tend l'ensemble de son œuvre, celle d'une remise en cause de tout ce qui est de l'ordre d'une prétention à la totalité et à l'exhaustivité. Du réel, soumis à une loi d'atomisation, on ne peut saisir que des fragments, mais c'est en même temps le regard attentif porté sur ces éclats de réalité qui nous permet de saisir la poésie et la beauté du monde. La vraie richesse du monde réside dans le proche, le familier, l'individuel, le particulier, la réalité humble et apparemment anodine – ce qu'Esther Steinmann a appelé «das Unscheinbare» (Esther STEINMANN: *Von der Würde des Unscheinbaren. Sinnerfahrung bei Joseph Roth*. Tübingen: Niemeyer, 1984). Sur toute cette question, voir: Stéphane PESNEL: *Totalité et Fragmentarité dans l'œuvre romanesque de Joseph Roth*. Bern: Peter Lang, 2000.

12 Les exemples seraient légion et il n'aurait aucun sens de les accumuler ici. Qu'il nous soit juste permis de renvoyer à l'étonnant feuilleton consacré à l'établissement psychiatrique du Steinhof à Vienne (*Die Insel der Unglückseligen*, in: *Der Neue Tag*, 20 avril 1919), qui constitue incontestablement une cellule matricielle de la visite du préfet von Trotta au comte Chojnicki dans l'épilogue de *Radetzkymarsch* et peut-être plus encore de la scène qui lui fait écho au chapitre XXXII de *Die Kapuzinergruft*.

en valeur un certain nombre de données thématiques qu'il reprendra de manière plus ou moins explicite dans *Die Geschichte von der 1002. Nacht*: comme dans *Philosophie des Panoptikums*, il insiste sur le caractère hétéroclite du parcours, qui fait se succéder des tableaux historiques et des attractions visant à susciter des émotions immédiates et diverses telles que la surprise, l'émerveillement ou l'épouvante, mais il souligne aussi le caractère macabre et morbide du lieu, la muséification naïve de l'histoire et la momification tout aussi naïve du temps qui y ont cours, toutes choses qui n'empêchent pas et qui même favorisent l'intuition du surnaturel et de l'occulte – sans oublier l'exotisme de pacotille, de préférence oriental, censé combler la curiosité, le désir de sensation des visiteurs, exotisme dont l'évocation préfigure là encore la mascarade persane de l'ultime roman de Roth. Lieu par excellence du factice, de l'artificiel, gouverné par l'assemblage de matériaux inertes tels que la cire ou le carton-pâte, le cabinet des figures de cire ouvre paradoxalement sur des interrogations métaphysiques (même si, comme le souligne le narrateur, le commun des spectateurs s'empresse d'oublier cette invitation à la réflexion, vraisemblablement parce qu'elle fait entrevoir des abîmes d'une profondeur insoupçonnée et terrifiante).

Mais s'il est une idée, une valeur thématique que l'écrivain file du début à la fin de cette chronique, et qu'il sollicitera fortement dans les tout derniers chapitres de *Die Geschichte von der 1002. Nacht*, c'est celle de l'inversion. Dès les premières lignes du texte, alors qu'ils ne sont pas encore entrés au musée Grévin, mais évoluent dans la lumière jaunâtre d'un dimanche pluvieux, ce sont les spectateurs eux-mêmes qui semblent être des mannequins de cire et participer du règne de l'illusion, de l'artifice:

> [An der Stelle des Sonntags] befand sich eine Art verregneter und trüber Lücke, die den verflossenen Samstag vom künftigen Montag trennte und in der die verlorenen Spaziergänger umherschwankten, geisterhaft und körperlich zugleich und alle wie aus Wachs. Mit ihnen verglichen waren die wächsernen Puppen im Musée Grévin aufrichtigere Imitationen.[13]

La question de l'imitation de la réalité, posée dans le feuilleton *Philosophie des Panoptikums*, est ici reprise et articulée à la thématique de

---

13 JRW 2, pp. 931-932.

La sédimentation symbolique du texte narratif 115

l'inversion au point que la position précédemment exprimée s'en trouve significativement infléchie, voire outrée. La thématique de l'inversion, riche de potentialités littéraires et imaginatives, prend en quelque sorte le pas sur la rigueur du raisonnement esthétique:

> Es war, als stünde hier im Panoptikum der wahre Poincaré zum Beispiel und draußen führe irgendwo in einem Auto zu einem offiziellen Ereignis der nachgemachte. Denn alles Wesentliche und Kennzeichnende schien die wächserne Puppe dem lebendigen Vorbild abgelauscht und weggenommen zu haben, so daß dieses ohne seine stabilen Züge in der Welt herumlief. Und ebenso wie die Zeitgenossen der Erde, so schienen die toten Heroen dem Jenseits entwendet worden zu sein; und für die Dauer meines Aufenthalts im Panoptikum war es mir klar, daß sich in der Unterwelt nur die billigen Durchschnittsschatten aufhalten konnten, die für die Geschichte wie für das Musée Grévin überhaupt nicht von Bedeutung waren.[14]

L'imagination littéraire devient ici dominante et transfigure la relation d'une visite au musée Grévin en une sorte de petite nouvelle, traversée de bout en bout par la thématique de l'inversion et du reflet, qui s'impose avec une telle force qu'elle finit par transformer la perception du narrateur une fois celui-ci revenu dans le monde réel:

> Wie wenige von all den Besuchern wußten, daß sie vor sich selbst erschrocken waren und eigentlich noch in den Straßen hätten erschrecken müssen – vor ihrem eigenen Spiegelbild in einem Schaufenster! Da gingen sie wieder herum, aus Wachs und aus Gips, mit allen Schrecknissen des Panoptikums in der eigenen Brust, und eines jeden Seele war eine Folterkammer. Es regnete immer noch, schief und strichweise, die gelben Wolken galoppierten über den Dächern, und tausend Regenschirme schwankten unheimlich über den Köpfen der Unheimlichen...[15]

On reviendra un peu plus loin sur l'utilisation narrative de cette thématique de l'inversion dans *Die Geschichte von der 1002. Nacht*, où le motif du «Panoptikum» qui apparaît dans la section finale du livre (chapitres XXVI à XXXII) invite à relire l'ensemble de la narration comme la succession mécanique des agissements inconsidérés de pantins dépourvus de toute consistance éthique. Nul doute que *Panoptikum am Sonntag* constitue, particulièrement de ce point de vue, une cellule matricielle de l'écriture du roman «de la 1002e nuit».

---

14 JRW 2, pp. 932-933.
15 JRW 2, p. 934.

Le tout dernier texte que Roth consacre au motif du cabinet des figures de cire, *Clemenceau im Panoptikum*, se rattache dans son point de départ (une visite dominicale au musée Grévin) au feuilleton dont il vient d'être question, *Panoptikum am Sonntag*, mais il est pour ce qui concerne son écriture davantage apparenté à *Philosophie des Panoptikums*, puisqu'il s'y agit essentiellement d'une réflexion «feuilletonistique» sur l'histoire, sur la mémoire des grands hommes et sur la représentation plastique de la réalité. A nouveau le cabinet des figures de cire est présenté comme un divertissement du passé et opposé au cinéma, mais surtout l'écrivain va préciser, à travers une comparaison avec la photographie, la nature de la représentation mimétique du réel que met en œuvre le «Panoptikum»:

> Im Panoptikum steht also, wahrscheinlich und hoffentlich für lange Zeit, die wächserne Statue Clemenceaus. «So wie er leibt und lebt», muß man sagen. Denn die peinlich getreue, realistische Imitation vermittelt zwar nicht die ‹Kenntnis› des Menschen, den sie darstellt, aber sie erleichtert ohne Zweifel besser als die Photographie den Zugang zum äußerlichen Wesen des Objekts. Die Dreidimensionalität der Wachspuppe und die skrupulöse Exaktheit des Details kann die Photographie nicht geben. Sie hat, auch in ihren Anfängen schon, die latente Neigung, den Gegenstand zu *interpretieren*. Die Beschränkung auf Schwarz und Weiß, Licht und Schatten ist zu verführerisch. Die Wachspuppe aber hat keine illegitimen Ambitionen. Die Materie gesteht von selbst und von vornherein ihre Beschränkung. Der Ehrgeiz des Wachsbildners ist die getreueste Nachahmung der Physiognomie und der Gestalt. Die einzige intuitive Freiheit, die er sich gestattet, ist: die charakteristische körperliche Haltung seines Originals zu finden.[16]

Comme dans *Philosophie des Panoptikums*, l'imitation (hyper)réaliste et minutieuse de la physionomie extérieure de l'objet représenté est opposée à la «connaissance» de sa vérité profonde.[17] Cette opposition s'articule ici à ce qu'on pourrait considérer comme l'amorce d'une réflexion sur l'esthétique de la photographie, laquelle serait fondée sur une démarche interprétative et non sur une simple capture du réel visible. Il est intéressant de voir Roth, qui dans ses chroniques et essais a finalement davantage

---

16 JRW 3, p. 1005.
17 La méconnaissance de la vérité profonde du personnage historique consiste en grande partie dans le fait qu'au cabinet des figures de cire, la grande histoire est muséifiée, momifiée, vidée de sa substance et réduite à un niveau anecdotique, qui ramène ses acteurs à une dimension purement individuelle.

La sédimentation symbolique du texte narratif 117

parlé du cinéma que de la photographie, effleurer ici un nouveau questionnement esthétique en définissant au détour d'une ligne la photographie comme un art de l'interprétation. L'appréciation globale de cet autre grand art du XXe siècle qu'est la photographie demeure cependant assez ambivalente dans les lignes précédemment citées. Au feuilleton *Panoptikum am Sonntag*, le texte *Clemenceau im Panoptikum* se rattache par l'attention portée à la perception de ce lieu si particulier par les visiteurs, et notamment par l'évocation de l'effroi ou tout au moins du frisson qui se saisit immanquablement d'eux, traduction physique, corporelle de cette intuition métaphysique dont il a été question plus haut:

> Es war halbdunkel im Panoptikum; ein Halbdunkel, geboren aus dem sparsamen Lampenlicht in fensterarmen Räumen und aus dem Schatten, den die Figuren selbst werfen. Es ist der Dämmer einer künstlichen Unterwelt, ein schraffiertes Grau, das die Überdeutlichkeit der Nachbildungen und die aufgetragene echte Lebensfarbe der Gesichter mildert. Ein leichter Schauer ist unausweichlich. Aber er ist es eben, der diesem Museum einen legitimen Sinn gibt und die poetische Beziehung des Panoptikalen zum Legendarischen herstellt.[18]

L'exemple particulier du cabinet des figures de cire est tout à fait révélateur de l'évolution globale de la prose rothienne: si l'on peut estimer que l'évocation de cet univers est encore fortement contextualisée au sein d'une réalité topographique et sociologique donnée dans les premiers feuilletons de Roth, on constate qu'elle s'émancipe peu à peu de ces déterminations précises pour donner lieu à l'élaboration d'un véritable motif littéraire, notamment dans le feuilleton *Panoptikum am Sonntag*. On voit bien, à travers l'examen de ces trois feuilletons consacrés au cabinet des figures de cire, comment des sujets apparemment choisis pour leur valeur de fragments de réalité caractéristiques des grandes évolutions de la modernité le sont finalement avant tout pour leur potentiel poétique et suggestif. Loin de vouloir produire un panorama «réaliste» de l'Autriche de la Première République, de l'Allemagne de Weimar ou du Paris des années 1920-1930, les articles, chroniques et feuilletons de Roth s'inscrivent de manière croissante dans une entreprise de poétisation du réel où le regard de l'écrivain, seul apte à déceler la poésie et surtout la vérité intrinsèque des choses, compte finalement plus que l'apparence de représentation

---

18   JRW 3, p. 1006.

mimétique du réel. Plus l'écrivain se dégage des contraintes du journalisme alimentaire (autrement dit, plus il est reconnu et sollicité pour son talent de feuilletoniste), et plus il donne un tour original au choix comme au traitement de ses sujets.[19]

Les différents feuilletons consacrés au monde curieux du cabinet des figures de cire permettent ainsi à Joseph Roth d'élaborer un motif littéraire qu'il va, dans ce qu'on est fondé à considérer comme son tout dernier roman,[20] fonctionnaliser à l'intérieur d'une construction narrative et faire entrer en résonance avec les autres éléments d'un réseau motivique et thématique complexe. Le motif du «Panoptikum» tel qu'on le découvre dans *Die Geschichte von der 1002. Nacht* est la résultante de tout un processus de sédimentation sémantique qui s'est réalisé au fil des feuilletons de l'auteur, il reprend et concentre en soi toutes les potentialités signifiantes qui ont été dégagées et développées entre autres dans *Philosophie des Panoptikums* ou dans *Panoptikum am Sonntag* (les valeurs thématiques de l'artifice, de l'hétéroclite, du macabre, de l'effroi et de l'inversion) pour les enrichir encore grâce à l'intégration du motif au sein d'un nouveau réseau narratif. Il est donc fondamental, quand on lit le roman *Die Geschichte von der 1002. Nacht*, de tenir compte de cette sédimentation progressive du motif qui s'est réalisée au fil des textes journalistiques et de faire jouer la relation d'intertextualité qui existe entre les feuilletons et l'œuvre narrative.

Le motif du «Panoptikum» tel qu'il apparaît dans les derniers chapitres de *Die Geschichte von der 1002. Nacht* est d'une grande richesse sémantique non seulement parce qu'il englobe toutes les potentialités signifiantes qui ont été mises au jour par les feuilletons de l'auteur, mais aussi parce qu'il condense et récapitule toute la substance thématique du

---

19   On trouvera quelques compléments à ces considérations sur les feuilletons de Roth dans: Joseph ROTH: *Cabinet des figures de cire précédé d'Images viennoises. Esquisses et portraits.* Traduit de l'allemand et présenté par Stéphane PESNEL. Paris: Seuil, 2009, pp. 7-14.

20   Concernant la complexe genèse de cette œuvre, et pour une mise en perspective des deux versions qui en existent, celle de 1937 et celle de 1939, on se reportera à: Ying KE: *Joseph Roths «Geschichte von der 1002. Nacht». Entstehung, Fassungen, Thematik.* Diss. Univ. Wien 1990 et Irmgard WIRTZ: *Joseph Roths Fiktionen des Faktischen. Das Feuilleton der zwanziger Jahre und «Die Geschichte von der 1002. Nacht» im historischen Kontext.* Berlin: Erich Schmidt, 1997.

La sédimentation symbolique du texte narratif 119

roman lui-même. Tout d'abord, l'esthétique particulière de ce lieu, qui va dans le sens d'un hyperréalisme de la surface au détriment de la vérité profonde des choses et des êtres, renvoie de manière particulièrement parlante et imagée à l'absence de consistance psychologique, éthique et religieuse qui caractérise les acteurs de la «1002e nuit» (qui s'opposent en cela, dans l'œuvre romanesque de Roth, aux personnages qui incarnent la vitalité profonde du mode de vie juif ou de la sphère slave).

Lié à ce thème de la superficialité et de la vacuité, le thème de l'inversion, dégagé par le feuilleton *Panoptikum am Sonntag*, est lui aussi présent dans le roman: alors que le vieux facteur napolitain de figures de cire, Tino Percoli, s'exclame à la fin de l'œuvre qu'il pourrait peut-être créer des «figures ayant un cœur, une conscience, des passions, des sentiments, de la moralité»,[21] les êtres prétendument vivants dont les agissements pitoyables nous sont retracés au fil de la narration nous apparaissent à l'inverse comme des pantins, des «marionnettes sans foi ni toit», ainsi que l'a écrit très justement Geneviève Roussel.[22] La thématique de l'inversion atteint son paroxysme ironique lorsque le «Panoptikum» racheté par Mizzi Schinagl au Prater est transformée en un «Großes Welt-Bioscop-Theater», c'est-à-dire en une attraction foraine où des êtres de chair et de sang s'immobilisent, au sein d'un décor factice, dans des postures théâtrales pour composer des «tableaux vivants» qui n'ont de vivant que le nom, sont donc transformés en des mannequins inertes.

Le motif du «Panoptikum» renvoie de manière condensée et imagée à un troisième thème important qui parcourt l'ensemble du roman *Die Geschichte von der 1002. Nacht*, celui de l'inlassable réitération de la malédiction initiale. De la même façon que le baron Taittinger est en permanence confronté aux conséquences de la désastreuse mascarade dont il a été complice au début du roman, l'attraction foraine présente toujours les mêmes tableaux selon un rituel immuable. Au Prater, tout recommence

---

21 JRW 6, p. 514: «Ich könnte vielleicht Puppen herstellen, die Herz, Gewissen, Leidenschaft, Gefühl, Sittlichkeit haben. Aber nach dergleichen fragt in der ganzen Welt niemand. Sie wollen nur Kuriositäten in der Welt; sie wollen Ungeheuer. Ungeheuer wollen sie!» (Joseph ROTH: *Conte de la 1002e nuit*. Traduit de l'allemand par Françoise BRESSON. Paris: Gallimard, 1973, p. 232).
22 Geneviève ROUSSEL: «Marionnettes sans foi ni toit. Joseph Roth: *Conte de la 1002e nuit*». In: *Austriaca*, n° 30 (1990), pp. 77-90.

et se rejoue toujours de la même façon, et on aurait peine à concevoir une image plus parlante de l'engluement des personnages dans le cercle maudit des rappels de la «fâcheuse histoire» («fatale Geschichte») que celle du rideau se levant, encore et toujours, sur le clou du spectacle, le tableau représentant «la concubine de Vienne, une enfant du peuple de Sievering, conduite auprès du Shah par les plus hautes personnalités et, depuis, souveraine du harem en Perse».[23]

A toute cette stratification de valeurs thématiques vient se surajouter une valeur clairement poétologique du motif. Les chapitres XXVI à XXXII de *Die Geschichte von der 1002. Nacht*, placés sous le signe du «Panoptikum» (en l'occurrence du «Großes Welt-Bioscop-Theater»), jettent sur l'ensemble du roman «de la 1002e nuit» et finalement sur l'ensemble de l'œuvre romanesque de Roth un éclairage rétrospectif d'un immense pessimisme. La clôture de l'œuvre romanesque de Roth par cette ultime reprise du motif du cabinet des figures de cire, dans une variante singulièrement cynique et morbide, nous invite à relire les romans de l'auteur, et tout particulièrement ceux qui sont consacrés au monde austro-hongrois, comme des romans mettant en scène une réalité momifiée et que le souvenir de l'écrivain ne parvient pas à ranimer.[24] Au terme de sa carrière de romancier, Joseph Roth nous donne à comprendre, si l'on avait encore pu en douter, que la tentative de recréation organique d'un monde disparu est désespérément vouée à l'échec.

---

23 JRW 6, p. 508: «Die Kebsfrau von Wien, ein Kind aus dem Volke von Sievering, dem Schah zugeführt von höchsten Persönlichkeiten und seitdem Beherrscherin des Harems in Persien» (Joseph ROTH: *Conte de la 1002e nuit*. Traduit de l'allemand par Françoise BRESSON. Paris: Gallimard, 1973, p. 223).

24 Il est notable que les trois romans que Joseph Roth a consacrés au monde de l'Autriche-Hongrie s'achèvent sur des motifs de la totalité hétéroclite, inerte et absurde, qui s'opposent diamétralement à la prétention à faire revivre la totalité organique d'une réalité disparue: *Radetzkymarsch* se clôt sur l'évocation d'un asile d'aliénés, *Die Kapuzinergruft* sur celle de la crypte mortuaire des empereurs, et *Die Geschichte von der 1002. Nacht* sur la reprise grinçante du motif du cabinet des figures de cire. Voir sur ce point: Stéphane PESNEL: *Totalité et Fragmentarité dans l'œuvre romanesque de Joseph Roth*. Bern: Peter Lang, 2000, pp. 347-352.

Wechselseitige Infiltration von Grenzregion und Interieur in Joseph Roths *Das falsche Gewicht**

Günter OESTERLE

Einleitung

Es existieren viele Leitworte in der Erzählung *Das falsche Gewicht*. Dominant und führend ist das Wort «Zuhause». Vielleicht ist es nicht unwichtig zu wissen, dass jedes zweite Wort der deutschen Emigranten ‹Zuhause› war und sie entsprechend damit gehänselt wurden. Die Geschichte *Das falsche Gewicht* stellt einen Auszug von «Zuhause» dar, einen Weggang von «Zuhause» in Etappen und dem Versuch ein oder zwei oder drei «Ersatzzuhause» zu finden. Die erste Pointe der Geschichte ist freilich, dass bevor das Narrativ beginnt der Protagonist der Geschichte, der Unteroffizier und Feuerwerker Anselm Eibenschütz sein eigentliches «Zuhause» schon verloren hat. Es ist die «Kaserne» nämlich, die ihm Schutz, Ordnung, Gewähr, Regel und Sicherheit gab – ihn aber vor allem von einem befreite, Entscheidungen zu treffen. Die Geschichte beginnt also mit einem Paradox, mit der Gründung eines «Zuhauses», das zugleich eine Enthausung bedeutet. Das erklärt sich einfach. Der Protagonist, Anselm Eibenschütz war zwölf Jahre Soldat, kommt wie so viele seiner gleichaltrigen Unteroffiziere, er weiß selbst nicht wie, zu einer Ehefrau, die ihn zwingt den Soldatendienst zu quittieren, die Uniform auszuziehen, in den Zivildienst zu wechseln und zugleich ein familiäres «Zuhause» zu gründen. Gezwungenermaßen wird er also Beamter, «staatlicher Eichmeister», also einer, der die Maße und Gewichte der Kaufleute und Händler auf ihre Echtheit und Korrektheit zu überprüfen hat. Die Geschichte beginnt also mit einem Protagonisten, der ein

---

* Dieser Aufsatz verdankt seine Entstehung den guten Arbeitsbedingungen des kulturwissenschaftlichen Gutenberg Forschungskollegs in Mainz.

«Zuhause» gründen soll und dabei sich «aus der Bahn geworfen»[1] fühlt, also außer Hause geworfen ist; ein Typ also der die Echtheit der Gewichte prüfen soll und von Anfang an, sein Gleich-Gewicht, sein inneres Maß verloren hat. Und das auch noch unter extrem erschwerten Kontextbedingungen (II 772). Er soll nämlich sein neues Amt als Prüfmeister von Gewichten an der äußersten Peripherie des Reiches, «im fernen Osten der Monarchie» (II 771), in einer unwirtlichen, kalten Grenzregion antreten, die ganz im Sinne der Beschreibung von peripheren Grenzregionen durch Jurij Lotmann[2] lange Zeit überhaupt «kein Maß» kannte und auch noch zur Spielzeit der Erzählung nur äußerst widerwillig staatlich geprüfte Maße anzuerkennen bereit war.

Damit sind zwei zentrale Dispositive der Erzählung genannt, die beide auf zweifache, doppelte Weise funktionieren: als konkrete Figur und als Metapher. Da ist einmal das *Zuhause* als konkret gedachter, geschützter Ort – als Interieur – und zweitens als Metapher des körperlichen seelischen Zustandes, das Haus als schützendes Kleid. Gleich im ersten Kapitel wird die metaphorische Bedeutung von «Zuhause» eingeführt: «Er hatte Zivilkleider nicht gern, es war ihm zumute wie etwa einer Schnecke, die man zwingt, ihr Haus zu verlassen, das sie aus ihrem eigenen Speichel, also aus ihrem Fleisch und Blut, ein viertel Schnecken-Leben lang gebaut hat» (II 770). Oder um ein zweites Beispiel zu nennen: «Zuweilen war es ihm, als sei er kein Mensch mehr, sondern ein Haus, und er wäre imstande, seinen nahen Einsturz vorauszuahnen» (II 799). Diesem Doppel von «Zuhause» als konkretes Interieur und als in eine Metapher verdichtetes Lebensgefühl korrespondiert aufs Genaueste eine konkrete winterlange, ziemlich «ausgedehnte» mit weiten Wegen und entscheidungsträchtigen Weggabelungen durchzogene «Grenzregion» mit ihrer gesetzesfernen, anarchischen gesellschaftlichen Verfasstheit und ihrer dazu passenden symbolisch-psychischen Qualität. In dieser «Grenzregion» als Ort «der Anarchie» ereignete sich alljährlich, für den Neuling

---

[1] Joseph ROTH: *Das falsche Gewicht*, in: DERS.: *Werke*. Hrsg. von Hermann KESTEN. Bd. II, Frankfurt am Main: Büchergilde Gutenberg, 1997, S. 767-862, hier S. 774. Zitatbelege nach dieser Ausgabe künftig mit römischer Band- und arabischer Seitenzahl im Text.

[2] Vgl. Jurij LOTMAN: «Über die Semiosphäre» (1986). In: *Zeitschrift für Semiotik* 12,4 (1990), S. 287-305.

Eibenschütz aber völlig überraschend, ein plötzlicher Einbruch elementarer Naturgewalt, ein über Nacht einsetzendes plötzliches Krachen und Bersten des Eises des kleinen Flusses «Straminke». Es ist ein für Eibenschütz «plötzlich» einbrechendes Ereignis, sodass der bislang absolut stabile Unteroffizier «*zum ersten mal* [...] jenen Schauer» verspürte, «den Ahnung allein bereiten kann. Er fühlte, daß sich hier [...] sein Schicksal erfüllen sollte» (II 773; Herv. G.Oe.). Die Erzählung gibt mit dieser Vorahnung früh ein deutliches Signal, was ausgerechnet einem an Reglements gewöhnten, entscheidungsarmen ehemaligen Offizier und jetzigen für Maße und Korrektheiten zuständigen Protagonisten an der Peripherie eines Landes, das offensichtlich auch und zugleich geprägt ist von sozialen Grenzphänomenen der Gesellschaft, bevorsteht.

Damit zeichnet sich die Grundkonstellation der Erzählung ab: Sie ist ausgespannt zwischen einem scheinbaren Gegensatz der Weite einer Grenzregion und dem Interieur. Die Grenzregion wird einerseits von einem Ordnungssystem an Wegen und Straßen durchzogen, andererseits ist sie gekennzeichnet durch unkontrollierbare Orte und Milieus, «Grenzwald» und «Grenzkneipe», wo Deserteure, Schmuggler, Hehler, «Taugenichtse» und staatskritische anarchische Agenten bestimmend wirken (vgl. II 779). Der Kontrapost zu diesem Pol der Anarchie ist nicht, was erwartbar wäre, der Staat, seine Institutionen und das Gesetz (diese bleiben fern, abstrakt und tauchen nur als Folie des Gesamtgeschehens auf; vgl. II 791; 808), sondern das Interieur. Die Begriffgeschichte von Interieur legt offen, dass das Interieur seit seiner Entstehung um 1800 selbst nicht eindeutig ist,[3] sondern neben einer Hauptbedeutung das Innenleben betreffend als zweite Bedeutungsschicht einen Zwischenzustand andeutet. Der Begriff Interieur ist im Französischen als Komparativ von *inter – interior* und als solches substantiviert entstanden. Bezogen auf das Wort *inter* meint Interieur also zunächst und vornehmlich eine in forcierter Weise nach Innen gerichtete Lebensweise, die in einem geschützten Wohnumfeld identitätsstabilisierend zu wirken vermag; als Nebenbedeutung schwingt aber ein gesteigertes ‹Dazwischen› mit, das als prekäre

---

3 Vgl. Wolfgang PFEIFER: «Interieur». In: DERS.: *Etymologisches Wörterbuch des Deutschen.* Berlin: Akademie Verlag, 1989, S. 74 f.; Friedrich KLUGE: «Interieur». In: DERS.: *Etymologisches Wörterbuch der deutschen Sprache.* New York u.a.: de Gruyter, 2002, S. 443.

Übergangszone sich ausweiten kann. Die in der Erzählung *Das falsche Gewicht* subkutane Beziehung zwischen der Welt der anarchisch geprägten Grenzregion und der Nähe des Interieurs besteht nun darin, dass beide Pole «energetisch aufgeladene» Orte der «Spannung und Latenz»,[4] also Simmels atmosphärische Charakterisierung eines Grenzraums darstellen. Die Pointe der Geschichte ist nämlich, dass im Fortgang der Erzählung die dargestellten Interieure ihren schützenden und umhegenden Innenraum aufgeben und Zug um Zug eine Grenzregion im Sinne von Jurij Lotman werden, eine Zwischenzone und ein limotropher Übergang, in dem das Fremde und Heterogene sich gleichsam einschwärzt.[5] Die in *Das falsche Gewicht* dargestellten drei Interieurvarianten nehmen zunächst metaphorisch, dann zunehmend deutlicher und konkret sichtbar Charakteristika einer Grenzregion an: erstens ein kaltes, mit «giftgrünen» (II 776) Farben gekennzeichnetes, familiäres, durch Ehebruch schließlich zerstörtes Interieur, zweitens ein gefährdetes Interieur des «Amtes», das zunächst noch Züge von Traulichkeit und Sicherheit ausstrahlt, dann aber bald sich durch Droh- und Denunziationsbriefe (vgl. II 777) erschüttert sieht, schließlich drittens das eigentliche Zuhause im Außerhausesein, die «Grenzkneipe»: Freilich ist es nicht so, dass nur die Interieurvarianten mehr und mehr die Eigenschaften des Grenzraums absorbieren. Auch in der Weite findet sich, gleichsam als Gegenbewegung, ein interieurartiges Gebilde. Es konkretisiert sich in einem fast mythisch anmutenden «ärarischen, zweirädrigen Wägelchen», mit dem die beiden Beamten, der Gendarm mit seinem goldenglänzenden Helm mit «Pickel und kaiserlichem Doppeladler» geschmückt und der Eichmeister Eibenschütz mit seinem dazu gut passenden «blonde[n] und weiche[n], mit Sorgfalt emporgewichsten, golden schimmerndem Schnurrbart» (II 769) diensthabend (einmal heißt es sogar «in goldenen Wolken aus Staub und Sand»; II 817) herumkutschieren. Die Geschichte der Literatur kann viele Beispiele auflisten, in denen das Innere der Kutsche Stellvertreter eines Interieurs ist,[6] ein Ort enger körperlicher Kontakte, intensiver Ge-

---

4 Georg SIMMEL: «Soziologie des Raums». In: *Jahrbuch für Gesetzgebung, Verwaltung und Volkswirtschaft* 27 (1903), S. 27-71, hier S. 53.
5 Vgl. LOTMAN (wie Anm. 2).
6 Vgl. z.B. Samuel Richardsons *Pamela* oder Eduard Mörikes *Mozarts Reise nach Prag*.

Grenzregion und Interieur in Joseph Roths «Das falsche Gewicht»

spräche und anderer Intimitäten. Im Unterschied zum Wohninterieur ist die Kutsche oder dieses leichtere ‹zweirädrige› «Wägelchen» aber ein bewegliches Interieurs auf Rädern, von Pferden gezogen. Als transportablem mobilem Interieur kommt ihm also ein ganz besonderer Zwischenstatus zwischen Weite und Innerstem zu. Es wird nämlich gelenkt, das heißt es müssen Entscheidungen fallen. Das Interieur als gesteigerte Form vom Innenleben ist aber im Unterschied zum Schlaf- und Geschäftsraum dadurch ausgezeichnet, dass es die darin sich befindenden Personen vor endgültigen Entscheidungen verschont. Das Interieur ist ein Ort des Vorläufigen, das dem «Vielleicht» eine Chance gibt.[7] Das Interieur als dezisionsfreier Schonraum gesteht deshalb, und auch davon hat die Geschichte der Literatur nach 1800 viele Beispiele parat, den toten Dingen, die dort durch den menschlichen intensiven Umgang gleichsam inspiriert sind eine latente Eigendynamik zu.[8] In den wichtigsten und lebensentscheidenden Momenten überlässt der Protagonist der Erzählung *Das falsche Gewicht*, Anselm Eibenschütz, ehemaliger Soldat und jetziger Eichmeister die Entscheidung dem fahrbaren Interieur und dem Pferd (bgl. II 794). Just in diesen ausschlaggebenden Momenten der Eigenmächtigkeit der Dinge und Tiere überschreitet der Protagonist den Bereich des Dienstlichen zum Außerdienstlichen (vgl. II 792). Im Zentrum des Folgenden wird der wechselseitige Austausch von Grenzregion und Interieur, von Weite und Nähe, von Außen und Innen, dieses Changieren von Orten und psychischen Milieus in einem Grenzraum beschrieben und erörtert.

---

7 Vgl. Georg SIMMEL: «Psychologie der Koketterie». In: Ders.: *Aufsätze und Abhandlungen 1909-1918*. Bd. 1. Frankfurt am Main: Suhrkamp, 2001, S. 37-50.
8 Vgl. die Überlegungen des späten Husserls, dass der transzendentalphilosophische Grundsatz, dass «sich die Gegenstände nach der Erkenntnistheorie richten» durch das umgekehrte Prinzip ergänzt werden muss, demgemäß sich «unsere Erkenntnis nach den Gegenständen» richtet. Edmund HUSSERL: *Ding und Raum. Vorlesungen 1907*. Hg. von Karl-Heinz HAHNENGRESS und Smail RAPIC. Hamburg: Meiner, 1991.

Die «Grenzschenke» und ihr topologischer Vorgänger

Joseph Roths Erzählung *Das falsche Gewicht* ist eine Geschichte von Grenzerfahrung in Grenzräumen. Am äußersten Rande des Reiches ist ihr Hauptspielort eine «Grenzschenke», in der nicht nur Hehler und Deserteure verkehren, sondern zu der es auch einen beamteten Ordnungshüter wie magnetisch immer wieder hinzieht. In der «Grenzschenke» wird die wechselseitige Infiltration von Interieur und Grenzregion, von Anarchie und Gesetz,[9] von Dienstlichem und Außerdienstlichem, schließlich von Nacht und Tag erwartungsgemäß in ihre intensivste Phase treten. Die «Grenzschenke» hat einen topologischen Vorgänger im *Landhaus*, zum Beispiel in Holland im 17. Jahrhundert, gelegen an der Grenze zwischen Stadt, Feld und Meer oder anderwärts zwischen Stadt, Feld und Wildnis. Diesen Grenzhäusern war, wie Heide Demare am Beispiel Holland zeigen konnte, eine identitätsstiftende «moralische Topologie»[10] eingeschrieben. Im Sinne von «rites des passages» wurden sie als Ort des «Lebensabends», als Rückkehr zur Erde allegorisierend gedeutet und charakterisiert.[11] Die «Grenzschenke» als Ort eines Todeslaufs in der Erzählung *Das falsche Gewicht* ist wie ein Echo dieser alten moralischen und mentalen Topologie zu begreifen. Nur, dass im radikalen Unterschied zur frühen Neuzeit diese Passage und dieser Übergang nicht mehr in «geordneten Bahnen» verläuft, sondern ganz im Gegenteil in anarchische Zustände führt. Die «Grenzkneipe» ist ein Ort elementarer Leidenschaft, der Anarchie, Nostalgie und der Gewalt. Und doch ist auch hier der ins Räumliche übersetzte Übergang vom Gesetzlichen ins Anarchi-

---

9 Die unheilvolle Wechselbeziehung von Gesetz und Anarchie hat vorzüglich herausgearbeitet Thomas MAIER: «Auf der Suche nach dem verlorenen Maß. Beim Lesen von Joseph Roths Erzählung ‹Das falsche Gewicht›». In: *Literatur für Leser* (1999), S. 28–41, hier S. 35 und S. 38.

10 Heidi DEMARE: «Räumliche Markierungen als Ankerplätze holländischer Identität. Das grenzenlose Interesse von Simon Stevin (1548–1620) und Jacob Cats (1577–1660) an Grenzen und Grenzübergängen». In: Markus BAUER / Thomas RAHN (Hrsg.): *Die Grenze. Begriff und Inszenierung*. Berlin: Akademie-Verlag, 1997, S. 103–129.

11 Ebd., S. 116.

sche und vom Dienstlichen ins Außerdienstliche des großen Glücks und intensiven Schmerzes mit höchstem artistischem «Kalkül» erzählt.[12]

Zwischen Horror und Faszination. Joseph Roths ästhetische, soziologische und existentielle Gestaltung von Grenzsituationen

Die in der Forschung[13] aufgeworfene Frage nach Joseph Roths politischem und ästhetischem Modell von Grenzsituationen lässt sich aus dieser Perspektive präzisieren. Joseph Roths Darstellung und Sichtweise auf Grenzen ist zunächst gleichweit entfernt von politisch bürokratischen Kategorien und Etiketten wie von existenzphilosophischen ‹Verschwommenheiten›.[14] Roths Vorstellungen bleiben aber auch nicht bei einer «pragmatische[n] Philosophie der Grenzerfahrung»[15] stehen. Grenzen sind für Joseph Roth zuallererst mit intensiver Körperreaktion verbunden, die von «Schikanen», «Passionen» und «Visitationen» (III, 819) zeugen; sie sind zweitens «unheimlich[e]» Zwischen-Orte mit einer ganz bestimmten Atmosphäre, «die wie alle Grenzen außerhalb der Welt zu hängen scheinen» (III, 1068). In dieser Spannung und Latenz sind sie untrennbar verbunden mit Chance und Gefährdung zugleich. Erst hier kommt auch eine existentielle Note hinzu, die man etwas pathetisch mit Heidegger als eine Grenze bezeichnen könnte, «wobei [nicht] etwas aufhört, sondern [...] die Grenze ist jenes, von woher etwas sein Wesen bestimmt».[16] Roths Grenzsituationsschilderungen verbinden die sinnlich

---

12 Jens JESSEN: «Virtuoses Spiel mit Mimik und Masken. Joseph Roth aus Anlaß der neuen Ausgabe seiner Werke». In: *Frankfurter Allgemeine Zeitung* Nr. 85, Dienstag, 10. April 1990.
13 Vgl. Eduard TIMMS: «Joseph Roth, die Grenzländer und die Grenzmenschen». In: Ilona Slawinski / Joseph P. Strelka (Hrsg.): *Viribus Unitis. Österreichs Wissenschaft und Kultur im Ausland. Impulse und Wechselwirkungen.* Bern u.a.: Lang, 1996, S. 419-432, hier S. 419.
14 Vgl. ebd., S. 431.
15 Ebd., S. 419.
16 Martin HEIDEGGER: «Bauen Wohnen Denken». In: DERS.: *Vorträge und Aufsätze.* Stuttgart: Klostermann, 1954, S. 131-154, hier S. 149. Vgl. Bernhard JAHN: «Grenze und Gedächtnis in Franz Werfels Romanfragment Cella oder die Überwinder». In: Eva KOCZISZKY (Hrsg.): *Orte der Erinnerung. Kulturtopographische Studien*

körperlich spürbare Grenzerfahrung (man könnte dies die *aisthesis* der Grenze nennen) mit einem soziologischen Blick auf die limotrophen Unberechenbarkeiten. Eine solche durch sinnliche Erfahrung und Beobachtung präzisierte Grenzerfahrung erhält dann eine existenzielle Zuspitzung, wenn sich dabei eine Chance «neuer Möglichkeiten»[17] aufzutun scheint, die freilich – das wird illusionslos dargestellt – neben exzessivem Glück tödliche Gefährdung mit in Kauf nehmen muss. Die Poesie kann weiterführend als die soziologische Analyse die latente Spannung einer Grenzsituation nutzen, um sie einerseits zur *aisthesis*, andererseits zur existentiellen Erweiterung zu öffnen.

Intensitätssteigerung der Sinne
und subkutan sich einschleichende Wendepunkte

Man könnte die Erzählung *Das falsche Gewicht* als eine einfache Geschichte begreifen. Ein Soldat hat unbedacht sich verheiratet und auf Druck seiner Frau die ihm gemäße und ihn schützende «Kaserne» verlassen. Als Folge äußerer, lokaler und innerer familiärer Schwierigkeiten (u.a. Ehebruch seiner Frau) entfremdet er sich selbst, verliert sein «Zuhause» und gerät in den Suff. Fazit: «Ein verlorener Mann [...] in dieser verlorenen Gegend» (II 847). Diese einfache Geschichte eines Verlustes an Häuslichkeit und Identität wird aber konterkariert durch eine zweite Geschichte, die als Gegenbewegung erzählt wird. Der Zwang zum Berufswechsel, der Ehebruch seiner Frau, mehr aber noch das Gefühl «nackt» (II 810) und verletzbar zu sein macht den Protagonisten erstmals sensibel und empfindlich für erniedrigte Menschen, für Tiere, für Naturphänomene und Dinge (vgl. II 810), eine Voraussetzung für einen Selbstfindungsprozess. Es ist fast wie im Märchen.[18] Als Soldat kannte

---

zur Donaumonarchie. Budapest: Timp Kiadó, 2009, S. 98-116, hier S. 99.
17 TIMMS (wie Anm. 13), S. 420 (zitiert wird hier aus Karl Jaspers' *Die geistige Situation der Zeit*).
18 Man denke etwa an das von den Brüdern Grimm publizierte *Märchen von einem, der auszog, das Fürchten zu lernen*. Vgl. Günter OESTERLE: «Glück und Pech im Märchen. Der dreifache Eigensinn des märchenhaften Glücks: Befreiung vom Alp

der Protagonist nicht das Phänomen des Erschreckens (vgl. II 774). Jetzt erschüttert ihn das beiläufig bemerkte Welken seiner Ehefrau (vgl. II 774), das Fürchterliche und Zarte der Natur, das Eisbersten und das Vogelzwitschern, jetzt spürt er das «Windchen» (II 805), das ihn zu lenken beginnt und jetzt sieht er zum ersten Mal die Sterne als teilnehmende Verwandte (II 810) und jetzt ist er plötzlich auch empfindlich für die Leiden seiner jüdischen Herkunftsgenossen (vgl. II 802). Die geschilderte Lebensgeschichte des «aus der Bahn geratenen» Protagonisten ist also – und das erhöht ihre Komplexität – nicht nur eine Verlustgeschichte, ein Niedergang, eine Identitätszerstörung und Verwahrlosung, sie ist zugleich eine Selbstfindungsgeschichte, die sich auszeichnet durch die Fähigkeit «erschrecken» zu können und sich für elementare Sinneserfahrungen des Auges, des Ohrs, des Tastens und Riechens aufzuschließen. Eine mit Blick auf die Erzählung *Das falsche Gewicht* entworfene Poetik des Grenzraums muss also eine doppelte Erfahrung aufzeichnen: einen Leidensweg des Selbst- und Ortsverlustes und das Faszinosum von großen Passionserfahrungen und überraschenden Selbstfindungsmöglichkeiten. Im Unterschied zu üblichen Handlungsschemen erschüttert den Eichmeister weniger der Ehebruch seiner Frau – in diesem Bereich handelt er kalkuliert und planend – sondern zunächst das elementare Erlebnis einer Naturgewalt, das Eisbrechen des Flüsschens «Straminke» (II 773) mehr aber noch das elementar hereinbrechende erotische Gespür für eine Frau, die Zigeunerin «Euphemia», die seine ‹niederen Sinnesorgane›, Geruch und Gehör, revolutionierend überschwemmen.[19] Als Anselm Eibenschütz sich «nackt», «beschmutzt», «verletzt» (II 821) und vom Schicksal «ausgezogen» fühlt und frühmorgens unrasiert auf dem Boden der Grenzkneipenschankstube sitzt, hat er eine Geruchserfahrung, man

---

des Mythos – anarchische Lust – Glück des Naiven». In: Swantje EHLERS (Hrsg.): *Märchen-Glück. Glücksentwürfe im Märchen.* Hohengehren: Schneider, 2005, S. 21-33.

19 Es ist bezeichnend, dass der Begriff «Atmosphäre» im medizinischen Bereich schon im 18. Jahrhundert mit dem Körpergeruch in Zusammenhang gebracht wurde. Vgl. Thesphile DE BORDEU: *Recherches sur les maladies chroniques.* Bd. 1. Paris: Ruault, 1775, p. 379; vgl. Hermann SCHMITZ: *Der Gefühlsraum.* Bonn: Bouvier, 1969; Gernot BÖHME: *Atmosphäre. Essays zur neuen Ästhetik.* Frankfurt am Main: Suhrkamp, 1995.

möchte fast sagen, eine Geruchsvision, die Joseph Roth als sich weitendes Raumerlebnis gestaltet:

> Eibenschütz blieb allein mit Euphemia in der großen Schankstube, die sich plötzlich geweitet hatte. Es war als dehnte sich der Morgen immer weiter aus. Es roch nach dem Morgen und auch nach dem Gestern, nach den Kleidern und dem Schlaf der Männer und nach Branntwein und Met und auch nach Sommer und auch nach Euphemia. Alle Gerüche stürmten jetzt auf den armen Eibenschütz ein. Sie verwirrten ihn, und er unterschied sie doch genau. Gar vieles, sehr vieles ging in seinem Kopf durcheinander. Er begriff, daß er nichts mehr Vernünftiges sagen könnte [...]. Er umfing sie plötzlich und küßte sie herzhaft und heftig. [...] Er ließ einspannen. Er fuhr heim, seine Sachen holen. (II 822)

Verschiedene Studien über Joseph Roth haben an seiner Erzählstrategie die Kunst Nuancen und Details einzufangen,[20] seine Fähigkeit «Gesten des Alltags» zeitsignaturengemäß zu porträtieren[21] bewundert und beschrieben. Darüber hinaus besteht die besondere Leistung von Roths Erzählen darin im Fluidum des Atmosphärischen dramatische Wendepunkte aus der Langsamkeit des Erzählflusses unvermerkt herausspringen zu lassen.[22] Die «Drehpunkte» der Handlung erfolgen nicht mehr auf traditionelle Weise mittels «unerhörter Begebenheiten», die als dramatisch-novellistische Höhepunkte eines verdichteten Großgeschehens sich darbieten.[23] Die plötzlichen Umschlagspunkte werden gesteuert durch sub-

---

20 W. G. SEBALD: «Ein Kaddisch für Österreich. Über Joseph Roth. Zu seinem 50. Todestag». In: *Frankfurter Rundschau*, Samstag, 27. Mai 1989, S. 72. Vgl. Karl-Heinz BOHRER: «Die Helden des Umsonst. Das Profane wird heilig – Joseph Roth zum Gedenken». In: *Die Welt* Nr. 204, Mittwoch, 2. September 1964, S. 7.

21 JESSEN (wie Anm. 12). Vgl. Edward TIMMS: «Doppeladler und Backenbart: Zur Symbolik der österreichisch-jüdischen Symbiose bei Joseph Roth.». In: *Literatur und Kritik* XXV (1990), S. 319-324.

22 1937 hat R. J. HUMM in einer Rezension, die in der von Thomas Mann und Konrad Falke herausgegebenen *Zweimonatsschrift für Freie Deutsche Kultur Mass und Wert* (S. 158 f.) erschien, die narratologische Besonderheit der Erzählung *Das falsche Gewicht* zutreffend markiert: Der Protagonist der Erzählung sei «ein dumpfer Mann, und seine Geschichte will lange nicht recht vom Fleck, als teile der Autor dieselbe Unlust wie seine Personnage».

23 Vgl. Günter OESTERLE: «Unvorhergesehenes Ereignis – unberechenbares ‹Punctum› bei Walter Benjamin und Roland Barthes». In: Kay JUNGE / Daniel SUBER / Gerold GARBER (Hrsg.): *Erleben, Erleiden, Erfahren. Die Konstitution sozialen Sinns jenseits instrumenteller Vernunft*. Bielefeld: Transcript, 2008, S. 333-343, hier S. 338.

kutane, periphere Unscheinbarkeiten, die am sozialen Rand der Gesellschaft aus einer Gemengelage von fast kitschigen Stereotypen und kulturell bislang nicht beschriebenen Nuancen sich zusammensetzen. Alle diese vielen, die Erzählung durchziehenden, *plötzlich* sich ereignenden Wendepunkte im Leben des Eichmeisters Eibenschütz geschehen nicht mehr durch rationale Entscheidungen und werden auch nicht als psychologische Vorgänge freigelegt. Sie ereignen sich durch ein subkutan langsam entstehendes Atmosphärisches. Joseph Roth ist ein Meister in der Darstellung von Atmosphäre.[24] Da spielt die Jahreszeit, die Tageszeit, die Übergangzeiten, die Dämmerung, der Abendschein, das Dunkel der Nacht, die Lichtführung, der Wind eine wichtige Rolle. Das «giftgrüne Strickzeug» (II 778) und das «giftgrüne Plüschsofa» (II 785), die Farbe also, signalisieren die Atmosphäre der Kälte des familiären Zuhauses, wohingegen das sanfte Grün der «beschirmten Lampen» (II 785) in der Amtstube, das Rascheln der Aktenpapiere fast biedermeierlich anmutet. Die gefährliche Brisanz dieser idyllisch erscheinenden Amtsstube wird aber transparent als der Eichmeister seinen Kontrahenten in Liebessachen durch *dissimulatio* listig überführt. Er der Chef spielt gegenüber dem sich aufblasenden Brambasseur den «Schüler». «Leutselig» fragt er ihn:

> ‹Unter uns Männern [...] sagen Sie, wo treffen Sie denn in einem solch einem kleinen Städtchen die Dame? Das muß man doch sehen?› Erheitert und aufgefrischt durch so viel Freundlichkeit seines Vorgesetzten, erhob sich der Vertragsbeamte vom Stuhl. Vor ihm saß Eibenschütz nicht unähnlich einem Schüler. Es war Spätherbst und später Nachmittag. Zwei ärarische Petroleumlampen, gestellt von der Bezirkshauptmannschaft, brannten milde unter ihren grünen gütigen Schirmen. «Sehen sie, Herr Eichmeister», begann der Schreiber, «im Frühling und im Sommer ist es sehr leicht. Man trifft sich da im Grenzwald. [...]». (II 784)

Die so erzeugte Atmosphäre steigert sich durch eine Veränderungstatsache, die der vereinsamte innerlich gepanzerte ehemalige Unteroffizier mit steigendem Erstaunen ohne sein Zutun an sich selbst festzustellen beginnt. Er öffnet sich nicht nur mit allen seinen Sinnen den Gerüchen und Tönen der Natur, er sensibilisiert sich so weit, dass die Dinge für ihn sprechend werden. Kurz vor einer bedeutsamen Lebensentscheidung heißt es: Der Eichmeister aber blieb noch nach Amtsschluss

---

24 Vgl. Günter OESTERLE: «Masse, Macht und Individuum. Wunder und Groteske in Joseph Roths Roman *Tarabas*». In: KOCZISZKY (wie Anm. 16), S. 117-127.

länger sitzen, allein mit den zwei grün-beschirmten Lampen. Es schien ihm, als könnte er mit ihnen sprechen. Wie Menschen waren sie, eine Art lebendiger, milder, leuchtender Menschen. Er hielt eine stille Zwiesprache mit ihnen. «Halte deinen Plan ein», sagten sie ihm, grün und gütig, wie sie waren. «Glaubt ihr wirklich?» fragte er wieder. «Ja, wir glauben es!» sagten die Lampen. (II 785)

Mit großer epischer Präzision schildert Joseph Roth die Genese des entscheidenden Drehpunkts: der lange Gang des Eichmeisters vom Amt nach Hause wo er zunächst in seinem behaglichen Amtszimmer sich das unbehagliche triste Zuhause detailliert vorstellt, um dann doch nach Hause aufzubrechen – langsam im Dunkeln durch die Fensterläden spähend sich alternative glücklichere Interieure ansehend (II 793), bis er vor seinem Hause ankommt. Sein Schimmel wiehert freundlich.

Der Eichmeister kann sich nicht halten, er geht in den Stall [...] eigentlich nur um ihm «Gute Nacht» zu sagen, aber plötzlich kehrt er um, sagt wie zu einem Menschen «Einen Moment bitte!» und geht in den Schuppen und holt den Schlitten und führt das Pferd hinaus und schnallt mit zitternden und dennoch sicheren Fingern das Riemenzeug um [...]. Er setzt sich hin, er nimmt die Zügel in die Hand und sagt: «Jakob.» Noch einen hastigen gehässigen Blick wirft er auf die erleuchteten Fenster seiner Wohnung. [...] «Jakob!» sagt er, und der Schlitten gleitet [...] zum Tor hinaus. Der Schimmel weiß wohin. (II 794)

Dieses episch langsame Herantasten bis zu dem «plötzlich» subkutan aus der Zwiesprache mit Dingen und Tieren entstehenden Umschlag oder Drehpunkt erhält im erotischen und vom Spiel bestimmten Milieu der «Grenzschenke» eine weitere Verdichtung und Intensivierung. Virtuos wird das dort reduzierte Mobiliar, eine Treppe und ein Tisch, zur erotischen Spannungssteigerung genutzt (vgl. II 788 f.). Traditionelle stereotyp wirkende erotische Reizmittel, «das leise, süße Rascheln ihres [...] dunkelroten Rocks», «das goldene Klirren der Ohrringe», das nachtigallartige ihrer Stimme wird voll ausgespielt. Interessanter ist wie mitten in diesen Klischees bestimmte Körperteile sich verselbständigen (vgl. II 789),[25] mehr aber noch wie um die Treppe herum ein Gradationsspiel inszeniert wird, infolgedessen Anselm Eibenschütz bald die Empfindung hatte, ihre «Stimme sehen und beinahe greifen zu können» (II, 815). Er glaubte zu spüren: «sie wölbte sich über seinem Kopfe und er stünde hart unter ihr» (II 815). Zwar hatte Euphemia den lange «am Fuß der Treppe»

---

25 Vgl. TIMMS (wie Anm. 21).

Grenzregion und Interieur in Joseph Roths «Das falsche Gewicht»

fast «vergeblich» Wartenden entgegenkommend überrascht, aber dann doch nur um ihn umzuwenden, um ihn von einem prüfenden herrschaftlichen Eichmeister zu einem Lehrling einer Marketenderin zu verwandeln:

> Der Eichmeister Eibenschütz, der so oft hierhergekommen war, dienst- und pflichtgemäß, als Vollstrecker unerbittlicher Gesetze, um Waagen und Maße und Gewichte zu prüfen, befand sich *unversehens* hinter dem Ladentisch neben Euphemia. Und als wäre er ihr Lehrling, befahl sie ihm, dies und jenes zu holen, dies und jenes zu wägen, dies und jenes zu füllen, diesen und jenen zu bedienen. Der Eichmeister gehorchte. Was sollte er tun? Er wußte nicht einmal, daß er gehorchte. (II 819; Herv. G.Oe.)

Zu klären bleibt noch, warum die große Sensibilität den stattlichen, bislang soldatisch gepanzerten Eibenschütz derart übermannte, sodass er nicht nur die Dinge, die Tiere, die Naturvorgänge mit Empathie aufnahm, sondern sogar die rechtmäßige Verurteilung seines ihn tödlich hassenden Kontrahenten, des Kneipenbesitzers Jadlowker, an sich selbst vollzogen erfuhr (vgl. II 809). Zu erklären ist diese Empathie durch die Reaktionsverwandtschaft mit diesem kriminellen Kontrahenten. Denn dieser mit allen Wassern gewaschene Kriminelle handelt in einem entscheidenden Moment – unkalkuliert, gleichsam traumatisiert. Und auch hier wird der «plötzliche» unerwartete Umschlag und Drehpunkt durch einen Lichteffekt, ein *flash back* ausgelöst. Während der Kontrolle eines Jahrmarkts durch die beiden eingangs der Erzählung in ihrer «goldenen» Würde geschilderten Beamten geschah es, dass als der Gendarm mit seinem goldenen Helm und Bajonett im Abendschein aufleuchtete, er fast sakral erschien. Grund genug, dass der staatskritische anarchistische Besitzer der «Grenzschenke», der seinerseits kurz zuvor in der Erzählung auf Grund seines süffisanten, selbstherrlichen Lächelns als «kleine sehr häßliche Sonne», als «eine Sonne der Häßlichkeit» (803) bezeichnet wurde, angesichts dieses hypersymbolischen Staatszeichen ausrastete. Die subkutan erfolgte Herausforderung aller staatlichen und göttlichen Macht erfolgt unwillkürlich, niemand weiß wieso.

> Er stand da, der Wachtmeister [...] im Abendschein. Die Sonne schickte noch den letzten Rest ihrer Kraft über den Marktplatz. Sie vergoldete auch eine Wolke, die über dem Platz dahinschwebte, und erweckte zugleich ein gefährliches Funkeln in der Pickelhaube des Gendarmen. Auch sein Bajonett blitzte. Man weiß nicht, was damals in Leibusch Jadlowker [so hieß der Besitzer der ‹Grenzkneipe›] vorging. Er stürzte sich plötzlich auf den Gendarmeriewachtmeister, das Fischmesser in der

Hand. Er stieß wüste Verschwörungen gegen den Kaiser, gegen den Staat, gegen das Gesetz und sogar gegen Gott aus. (II 804)

Die parabelartige Vision, die der sterbende Anselm Eibenschütz ehemalige Unteroffizier und Feuerwerker, nachmalige Eichmeister tätig an der äußersten Peripherie der Monarchie hat, fasst das vorgängige Geschehen zusammen. Das Erstaunliche, dass er in dieser Vision kein Eichmeister mehr ist, sondern ein Händler mit falschen Gewichten verweist darauf wie umstandslos die Rollen auswechselbar sind. Die Tatsache, dass der eingetroffene prüfende «große Eichmeister» zum Erstaunen Eibenschützes zu dem paradox anmutenden Urteile kommt: «‹Alle deine Gewichte sind falsch, und alle sind dennoch richtig. Wir werden dich also nicht anzeigen! Wir glauben, daß alle deine Gewichte richtig sind›» (II 861) – lässt sich dahingegen deuten: In bestimmten Lebenssituationen gibt es kein richtiges pragmatisch zu erreichendes Maß. Es gibt nur einen Glauben an das richtige Maß. In einer Situation in der ein bislang gefühlsmäßig gepanzerter Mensch sich öffnet und von einem Übermaß an Sensibilität überschwemmt wird, ist sein Tun genauso maßlos und unmessbar wie sein vorab reguliertes Leben maßlos versteinert war.

Joseph Roth, approches de l'objet métropole

Herta-Luise OTT

La Galicie des confins de l'empire austro-hongrois est aujourd'hui encore un espace mythique, et Joseph Roth, avec une œuvre romanesque qui a exploré ce finistère continental de l'Europe, occupe une place importante parmi les auteurs ayant contribué à son rayonnement. Né en 1894 dans la petite ville de Brody, aujourd'hui partie de l'Ukraine, il y effectue sa scolarité et ne quitte sa ville natale que pour faire des études universitaires dans la capitale de la Galicie, à Lemberg, alors centre du nationalisme polonais et ukrainien, où les cours ont lieu en langue polonaise: première station d'une existence de nomade qui l'éloigne de son lieu de naissance pour l'entraîner vers les métropoles européennes où il finira par disparaître.

Dès le départ de Brody, son itinéraire suit une sorte d'orbite excentrique. Installé à Lemberg (aujourd'hui Lviv) pendant quelques mois, il est vite attiré par la capitale de l'empire austro-hongrois et décide d'y poursuivre les études de lettres commencées ailleurs. Inscrit à l'université de Vienne dès le semestre d'été 1914, il publie son premier poème en 1915 et sa première nouvelle en 1916. Le service militaire le ramène en Galicie au printemps 1917, mais après un éphémère aller-retour Vienne-Brody en 1918/1919 il se réinstalle à Vienne et y travaille dès avril 1919 comme journaliste pour le journal *Der Neue Tag*. Comme le journal cesse de paraître en avril 1920, il part à Berlin, pôle d'attraction septentrional pour un grand nombre d'intellectuels et d'artistes autrichiens de l'époque, qui espéraient, entre autres, y trouver de meilleures conditions de travail qu'à Vienne.

Roth prend pied dans la presse berlinoise, proliférante à l'époque, et en 1923 devient correspondant de la prestigieuse *Frankfurter Zeitung*, dont le siège se trouve dans une autre métropole, à l'autre bout de l'Allemagne, à l'ouest. Commence alors une navigation incessante entre les capitales: d'abord entre Berlin et Vienne, puis, dès 1925, principalement entre Berlin et Paris, du fait de sa brève nomination comme correspondant de la *Frankfurter Zeitung* à Paris.

Paris était une métropole dont il rêvait depuis des années, et ce rêve a résisté un certain temps à l'épreuve de la réalité: dès son arrivée, il envoie des lettres enthousiastes, et les quelques écrits journalistiques qu'il rédige à propos de la ville, ou lors de ses voyages en France, au cours de cette même année, témoignent eux aussi d'une exaltation considérable.

Destitué brutalement de ses fonctions de correspondant en 1926 (c'est Friedrich Sieburg qui occupe sa place), il entreprend de nombreux voyages, notamment en Union Soviétique en 1926, en Albanie, en Yougoslavie et en Sarre en 1927, en Pologne et en Italie en 1928: c'est l'époque de ses grands reportages internationaux, et d'un élargissement de son orbite. Avant de s'installer à Paris, il avait arpenté la Ruhr, la Baltique et le Rhin. Il tente ensuite de se réinstaller à Berlin, projet qu'il abandonne définitivement lors de l'arrivée d'Hitler au pouvoir. Après la mise en place du régime austro-fasciste, à l'issue d'une brève guerre civile en février 1934, il passe environ huit mois à Nice, mais revient à Paris en juin 1935. Depuis Paris, il entreprend encore plusieurs voyages en Autriche, à Amsterdam, à Ostende, à Bruxelles et en Pologne. En mai 1939, il meurt à Paris.

Toute cette cartographie est bien connue et se reflète dans l'écriture de Roth: il a rédigé en effet un nombre considérable de chroniques (appelés *Feuilletons* en allemand) pour les pages culturelles de la presse viennoise et allemande, en particulier sur Vienne et Berlin, avant de se consacrer plus précisément à des reportages et essais sur les lieux visités et sur les êtres qu'il a pu observer et rencontrer lors de ses voyages. Son œuvre fictionnelle reflète elle aussi ces pérégrinations: l'action du premier roman, *Das Spinnennetz (La Toile d'araignée)*,[1] publié à Vienne sous forme de roman-feuilleton dans la *Arbeiterzeitung* entre le 7 octobre et le 6 novembre 1923, se situe à Berlin. Les autres romans évoquent fréquemment des lieux où il a jeté l'ancre. Le héros de *Die Flucht ohne Ende (La Fuite sans fin)*, paru en 1927,[2] qui s'appelle Franz Tunda, par-

---

1 Traduction française parue en 1970 (trad. Marie-France Charasse) à Paris, aux éditions Gallimard.
2 Traduction française parue en 1929 (trad. Romana Altdorf et René Jouglet) à Paris, aux éditions Gallimard.

Joseph Roth, approches de l'objet métropole 137

court ainsi la même orbite que Roth, si l'on excepte les épisodes où Tunda vit en Russie, sous un autre nom. Roth connaissait la Russie, bien qu'il n'y ait pas vécu. Les itinéraires des personnages varient davantage dans les romans ultérieurs: Job, le héros du roman éponyme en langue allemande[3] paru en 1930, passe ainsi d'un *shtetl* imaginaire, situé en Russie, à New York, métropole du Nouveau Monde et ville imaginaire pour Roth, car il n'y a jamais séjourné. Quant au héros de sa dernière nouvelle, *Die Legende vom heiligen Trinker (La Légende du Saint Buveur)*,[4] il échoue à Paris, où il trouve, contrairement à Roth, une mort «heureuse».

Peut-on dès lors considérer l'œuvre journalistique de Roth comme un travail préliminaire structurant plus ou moins une écriture romanesque qui pour sa part tend plutôt à la mythification des espaces réels, y compris dans le cas des trois métropoles européennes où Roth a vécu et habité? – Stéphane Pesnel, dans son étude sur l'œuvre romanesque de Joseph Roth, a souligné la relation étroite qui existe entre les textes journalistiques et l'œuvre fictionnelle, tant en matière de contenus que sur le plan structurel,[5] et Irmgard Wirtz, dans son ouvrage en partie consacré à l'écriture journalistique de Roth, compare les personnages décrits dans les *Feuilletons* et les héros de ses romans.[6]

Les personnages évoluent dans des lieux précis ou sont en route pour des destinations qu'on ne trouve pas toujours sur les cartes géographiques. La critique s'est notamment intéressée à la Galicie et au *shtetl* des Juifs de l'Est mythifiés par Roth. Nous proposons dans un premier temps de mettre en relief la manière dont Roth a mythifié les trois métropoles européennes, excentrées par rapport à sa Galicie natale, où il a passé l'autre moitié de sa vie et qu'il a explorés en journaliste, et dans un second temps d'illustrer

---

3   Paru en français en 1931 (trad. Paule Hofer-Bury) sous le titre *Job. Roman d'un simple juif* et republié en 1965 à Paris chez Calmann-Lévy sous le titre *Le Poids de la grâce.*
4   Traduction française parue en 1986 (trad. Dominique Dubuy et Claude Riehl) à Paris, aux éditions du Seuil.
5   Stéphane PESNEL: *Totalité et fragmentarité dans l'œuvre romanesque de Joseph Roth.* Bern, Berlin, Bruxelles, Frankfurt/M., New York, Oxford, Wien: Peter Lang 2000, p. 316 *sq.*
6   Irmgard WIRTZ: *Joseph Roths Fiktionen des Faktischen. Das Feuilleton der zwanziger Jahre und «Die Geschichte von der 1002. Nacht» im historischen Kontext.* Berlin: Erich Schmidt Verlag 1997.

brièvement la singularité de son écriture journalistique (et essayiste), pour confronter enfin les images qu'il en distille à celles de quelques-uns de ses romans, notamment *Die Flucht ohne Ende* et *Die Kapuzinergruft (La Crypte des capucins)*.

La *Sachlichkeit* subjective du journaliste

Nous savons que Roth, qui fut considéré quelque temps comme un représentant éminent de la «Nouvelle objectivité», fut tout sauf un observateur objectif, ni dans ses reportages, ni dans ses romans et nouvelles, il n'a l'œil impersonnel d'un observateur impersonnel, en dépit du manifeste laconique que constitue la préface de *Die Flucht ohne Ende*. Irmgard Wirtz a forgé, à propos de son travail journalistique, le terme de «fictions factuelles»,[7] en montrant que Roth, dans son écriture journalistique, emploie des procédés relevant de la fiction pour saisir les faits historiques. Elle applique ce terme aussi à son roman *Die Geschichte von der 1002. Nacht (Le Conte de la 1002e nuit)*, qui dessine une double trajectoire entre Téhéran et Vienne, et pour lequel elle fait valoir l'arrière-plan documentaire, renvoyant aux investigations historiques évoquées par Roth dans ses lettres lors de l'écriture du roman et du remaniement important de la version de 1937, qui aboutit à une réimpression en 1939.

Vienne et Berlin

Roth a «lu» les trois capitales européennes de manière distincte, en fonction des «contenus» qu'il y voyait. Pour ce qui est de Vienne et de Berlin, ces approches différentes se reflètent notamment dans deux articles, publiés d'une part sous le pseudonyme Josephus dans la rubrique «Wiener Symptome» *(Symptômes viennois)* du journal *Der Neue Tag* en 1919/1920[8] et dans le «Berliner Bilderbuch» *(Livre d'images berlinoises)*,

---

7 Irmgard WIRTZ: (note 6): «Fiktionen des Faktischen».
8 Y contribuèrent également Richard A. Bermann («Arnold Höllriegel») et Rudolf Olden («Renatus Oltschi»).

Joseph Roth, approches de l'objet métropole 139

d'autre part dans l'hebdomadaire satirique de gauche *Der Drache*, installé à Leipzig, entre mars et juillet 1924.[9]

Les titres sont révélateurs: Roth constate, à Vienne, les nombreux dysfonctionnements rémanents dans la vie quotidienne, dus notamment au manque de nourriture, de produits de luxe, de matières premières et d'énergie. Tous ces symptômes signalent le passage d'une économie de guerre à une économie de paix dans une Autriche réduite à la portion congrue d'un petit territoire dont les habitants se désespèrent, et sont en quête d'une nouvelle identité.

Parmi ces articles on cite souvent celui qui est intitulé «Seifenblasen» *(Bulles de savon).*[10] Publié le 10 septembre 1919, le jour de la signature du Traité de St. Germain, il occupe, comme le souligne Irmgard Wirtz, une position centrale dans cette série, et illustre bien l'approche du travail journalistique de Roth: le texte commence par la description d'une petite scène, dans laquelle l'auteur a vu quelques enfants faire des bulles de savon bariolées, pour évoquer ensuite les promesses politiques (il nomme expressément le traité de Brest-Litowsk et les quatorze points de Wilson), éphémères et fragiles bulles de savon s'il en fut. Cette causerie débouche sur une revendication suivant laquelle que les hommes politiques, au lieu de transformer les «besoins culturels»[11] en jouets d'enfants, devraient plutôt contribuer à la production de matériaux (en l'occurrence de pailles, allusion à la métaphore «s'accrocher à la moindre planche de salut»), qui permettent aux *enfants* de produire de réelles bulles de savon.

Dans une deuxième partie de l'article, moins souvent citée,[12] «Es wird eingestiegen» *(On est prié de monter en voiture)*, Roth change en apparence radicalement de sujet: en effet il commente alors une métaphore

---

9   Irmgard Wirtz, dans son analyse de l'écriture journalistique de Roth, montre comment il s'inscrit dans une tradition inaugurée par Heine, qu'il adapte aux besoins de son temps. *Cf.* Irmgard WIRTZ (note 6), p. 33 *sq.*
10 *Cf.* «Seifenblasen». In: Joseph ROTH: *Werke.* (6 vol.) [vol. 1-3: *Das journalistische Werk.* Hrsg. von Klaus Westermann. vol. 4-6: *Romane und Erzählungen*, hrsg. von Fritz Hackert. Köln: Kiepenheuer & Witsch 1989-1991]. Abrégé par la suite en RW, suivi de l'indication du volume et de la page. Ici: RW 1, pp. 44-46. Traduction française in: Joseph ROTH: *Symptômes viennois*, textes de Joseph Roth traduits et annotés par Nicole CASANOVA. Paris: Liana Levi 2004, pp. 37-38.
11 Joseph ROTH: RW 1, p. 45, trad. Casanova (note 10), p. 38: «Kulturbedürfnisse».
12 Elle ne figure pas non plus dans le volume de Nicole Casanova.

empruntée au monde ferroviaire vue et lue par lui quelque part dans le *Südbahnhof* de Vienne: «On est prié de regagner les trains 31 et 35 en traversant les salles d'attente».[13] Devant ce panneau, il lui vient la réflexion suivante:

> Wie prächtig sich doch die deutsche Grammatik auf Wiener Verhältnisse anwenden lässt! Wo erscheint die leidende Form mehr angebracht als in der Südbahnhalle? In Wien streikt man nicht. Es wird gestreikt. In Wien verkehrt man nicht. Es wird verkehrt. In Wien fährt man nicht. Es wird gefahren. Hier steigt man nicht ein. Das ist eine physische Unmöglichkeit.[14]

Il pousse cette absurdité linguistique à son paroxysme en proposant, en guise de conclusion, une modification du texte de ce panneau: «avant d'opérer la montée dans les trains 31, 35 on est prié de subir le passage à trépas en traversant les salles d'attente de la Gare du Sud».[15] La forme passive employée ici de manière insolite correspondait effectivement à ce qu'avait subi la délégation autrichienne lors des négociations de paix,[16] et

---

13 Joseph ROTH: RW 1, p. 45: «In die Züge 31 und 35 wird durch die Wartesäle eingestiegen».

14 Joseph ROTH: RW 1, p. 45: «Comme on peut magnifiquement appliquer la grammaire allemande à la réalité viennoise! Où la forme passive qui exprime le fait que l'action se déroule sans la participation du sujet est-elle plus adaptée que sous les vastes verrières de la Gare du Sud? A Vienne, on ne fait pas grève. Il y a grève. A Vienne, on ne circule pas, il y a de la circulation. A Vienne, on n'emprunte pas les moyens de transports, on est transporté. A Vienne, on ne monte pas dans un train. C'est une impossibilité physique» [notre traduction].

15 Joseph ROTH: RW 1, p. 45: «Vor dem Eingestiegen-werden in die Züge 31, 35 wird durch die Wartesäle des Südbahnhofes gestorben».

16 La forme passive employée ici de manière insolite correspondait effectivement à ce qu'avait subi la délégation autrichienne lors des négociations de paix, et avec elle l'Autriche toute entière. Roth relève ainsi un symptôme (celui de la passivité forcée) sans avoir à nommer ce dysfonctionnement familier à ses lecteurs: la position impuissante de l'Autriche sur le plan international depuis la défaite de 1918. Au-delà des amputations territoriales radicales (y compris de territoires très majoritairement germanophones) et de l'interdiction d'un rattachement à l'Allemagne, ressentis comme contradictoires avec les quatorze points de Wilson, le Traité de St. Germain contenait une clause (appelée Generalpfandrecht) qui accordait aux Alliés un droit de gage sur la totalité de la propriété de l'Etat, y compris sur les joyaux de la couronne de la Crypte des Capucins (note de bas de page: *Cf.* Manfred SCHEUCH: *Österreich im 20. Jahrhundert. Von der Monarchie zur Zweiten Republik*. Wien, München: Christan Brandstätter 2000, pp. 58-60.

avec elle l'Autriche toute entière. Roth relève ainsi un symptôme (celui de la passivité forcée) sans avoir à nommer ce dysfonctionnement familier à ses lecteurs: l'impuissance de l'Autriche sur le plan international depuis la défaite de 1918. Au-delà des amputations territoriales radicales (y compris de territoires très majoritairement germanophones) et de l'interdiction d'un rattachement à l'Allemagne, qui, pour la population, entrait en contradiction avec les quatorze points de Wilson, le Traité de St. Germain contenait une clause qui accordait aux Alliés un droit de gage sur la totalité de la propriété de l'Etat, y compris sur les joyaux de la couronne de la Crypte des Capucins. Les Alliés ont vite compris que l'Autriche, au bord de la faillite et aux prises avec le risque de famine qui menaçait notamment Vienne depuis la fin de la guerre, était incapable de répondre aux exigences matérielles du Traité, qui avait fait éclater les bulles de Wilson. L'Autriche moribonde, après avoir longtemps végété dans la salle d'attente des négociations de paix, n'avait pas droit à l'autodétermination des peuples.

Les «symptômes viennois» que Roth extrait de ses observations et réflexions mènent à chaque fois au constat que la ville est malade: déjà dans l'un de ses premiers articles pour *Der Neue Tag* du 20 avril 1919, intitulé «Die Insel der Unseligen» *(L'île des infortunés. Visite au Steinhof)* il avait repris les réflexions d'un malade mental interné dans la clinique psychiatrique du *Steinhof*, qui refusait de revenir dans un monde autrichien devenu fou: «Je ne suis pas un insensé!».[17] Cette scène sera reprise

17 Joseph ROTH: RW 1, p. 26: «‹Glauben Sie an die Wiederkehr der Monarchie›? – Was ist das für eine Frage? Kommunismus oder Monarchie – beides ist deutschösterreichisch und beide sind nicht. Im übrigen habe ich mich lange genug aufgehalten. Berichten Sie dem Irrenhaus, das sich ‹Welt› nennt und für das Sie schreiben, dass ich, Dr. Theodosius Regelrecht, keineswegs gesinnt bin zurückzukehren. Ich bin nicht irrsinnig!». Joseph ROTH: *Cabinet des figures de cire. Précédé d'Images viennoises.* Trad. et prés. Stéphane PESNEL. Paris: Seuil 2009, p. 22. «‹Croyez-vous au retour de la monarchie?› Quelle question? Le communisme ou la monarchie – l'un et l'autre sont de nature germano-autrichienne et ni l'un ni l'autre ne le sont. Par ailleurs je me suis attardé assez longtemps. Racontez à cet asile d'aliénés qu'on appelle ‹le monde› et pour lequel vous écrivez, que moi, le docteur Theodosius Regelrecht, je n'ai aucunement l'intention d'y retourner. Je ne suis pas un insensé!»).
Un article berlinois de 1922 («Das Haus der 100 Vernünftigen» – *La Maison du bon sens*) pratique la même inversion: «Auf! flieh hinein ins Irrenhaus!» In: Joseph

dans deux romans ultérieurs, *Radetzkymarsch (La Marche de Radetzky)* et *Die Kapuzinergruft*[18] *(La crypte des Capucins)*. Ces observations rejoignent celles de ses collègues du *Neuer Tag*, pour la plupart d'éminents représentants du «feuilleton viennois» de l'époque, et combinent un style érudit, raffiné et amusant et un subjectivisme extrême: Roth se considérait comme un «élève» d'Alfred Polgar, qui dirigeait les pages littéraires de ce journal. En 1921, Roth a qualifié ce style, susceptible de plaire «aux femmes et à ceux qui sont restés enfants», du terme de *Seifenblasen*, l'opposant aux éternelles affaires qui accaparent les hommes: le commerce, les sciences et la politique.[19]

ROTH: RW 1, pp. 930-931; trad. Pesnel, (note 5), p. 193. «Allez, cours à l'asile d'aliénés!»).

18   Dans l'épilogue de *Radetzkymarsch*, le préfet Trotta rend visite au comte Chojnicki, rentré fou du champ de bataille et interné au *Steinhof*. Celui-ci lui raconte que l'empereur est en train de mourir. *Cf.* Joseph ROTH: RW 5, p. 450: «Verraten Sie es niemandem! Außer Ihnen und mir weiß es heute kein Mensch: Der Alte stirbt!» Traduction française Blanche Gidon, Paris: Plon 1934 et 1937, revue par Alain HURIOT, Paris: Seuil 1982, p. 348: «Ne le révélez à personne! Personne ne le sait aujourd'hui, hormis vous et moi: le Vieux est mourant!». Après sa sortie du *Steinhof*, Trotta apprend effectivement que l'empereur est en train de mourir. Dans *Die Kapuzinergruft* (Joseph ROTH: RW 6, p. 337), on peut lire: «‹Privat ist mein armer Bruder komplett verrückt›, sagte Chojnicki. Was die Politik betrifft, gibt es keinen zweiten, der so gescheit wäre wie er. Heute zum Beispiel hat er mir gesagt: ‹Österreich ist kein Staat, keine Heimat, keine Nation. Es ist eine Religion. Die Klerikalen und klerikalen Trottel, die jetzt regieren, machen eine sogenannte Nation aus uns; aus uns, die wir eine Übernation sind, die einzige Übernation die in der Welt existiert hat.› […]. ‹Und zu glauben›, berichtete Chojnickis Bruder weiter, ‹dass dieser Mann verrückt ist! Ich bin überzeugt: er ist es gar nicht. Ohne den Untergang der Monarchie wäre er gar nicht verrückt geworden!› So schloss er seinen Bericht.» Trad. fr. Blanche GIDON. Paris: Plon 1940 et Seuil, 1983, p. 172: «Sur le plan privé, mon frère est complètement fou, dit Chojnicki. Quant à la politique, il n'est pas homme aussi intelligent que lui. Aujourd'hui, par exemple il m'a dit: ‹L'Autriche n'est pas un Etat, ni un terroir, ni une nation. C'est une religion. Les cléricaux et les idiots du clergé qui gouvernent actuellement, nous transforment en une soi-disant nation; nous, qui sommes une sur-nation, la seule sur-nation qui ait existé au monde› […].‹Et croire›, continua le frère de Chojnicki, ‹que cet homme est fou! J'ai la ferme conviction qu'il ne l'est point. Sans le déclin de la monarchie, il ne serait point devenu fou!› C'est ainsi qu'il clôt son compte-rendu» [notre traduction].

19   *Cf.* «Feuilleton», Joseph ROTH: RW 1, p. 616: «Aber nur die Frauen und Kinder Gebliebenen werden sich dran freuen. Die Männer dagegen behaupten, sich ledig-

Joseph Roth, approches de l'objet métropole 143

Les modalités de l'écriture journalistique de Roth ne varient guère pendant toute sa carrière: il part d'un élément connu ou identifiable et lui donne peu à peu du relief, éventuellement en passant à un autre sujet en apparence, jusqu'au moment où une conclusion est présentée sous la forme de jugement.[20]

Ce qui change, ce sont les faits observés et sa position face à ce qu'il observe. Roth a connu Vienne avant et après la Première Guerre mondiale, et il a découvert Berlin en 1920. Dans ses articles sur Vienne il existe ainsi une dimension historique, une référence disparue. Cette démarche rémanente ne déforme pas le regard sur le présent: en juin 1923, pendant un séjour à Vienne, où il s'est réfugié en raison de l'inflation alarmante qui sévit à Berlin, il rédige un article intitulé «Berlin verfällt – Wien lebt» *(Berlin s'effondre – Vienne vit)*, où il constate que la situation à Vienne s'est beaucoup améliorée, bien que les journaux aient affirmé le contraire l'année précédente:

> Eine Reise nach Wien ist wie eine Rückkehr aus der Front in friedliche Etappe. Noch nicht Hinterland – nicht mehr Schützengraben. Reichliches Essen, Ruhe, gute Kleider, ganze Stiefelsohlen, elegante Frauen. [...] Die Straßenbahn ist pünktlich und schnell, die Straße neu und lächelnd. Die Armut ehrlich, der Hungrige ein stiller Dulder, der

---

lich mit ewigen Dingen zu beschäftigen. – Als da sind: Handel mit Strumpf- und Wirkwaren, Aufkaufen brüchiger Asbestplatten, Füllfederpatente, Pappendeckelherstellung; oder Politik, Friedensverträge zum Beispiel und internationale Handelsverträge; oder: Wissenschaft, Umlaute im König-Rother-Lied, Permutationen und Zusätze zu Einsteins Relativitätstheorie.» «Il n'y a que les femmes et ceux qui sont restés enfants qui s'en réjouiront. Les hommes, eux, disent s'occuper uniquement de choses éternelles. Lesquelles seraient: le commerce des bas et des articles tricotés, l'achat de panneaux d'amiante friables, de brevets pour des stylos encre, la production de cartons; ou encore: la politique, les traités de paix, par exemple, et les traités de commerce internationaux; ou alors: les sciences, les métaphonies dans le chant du roi Rother, les permutations et les ajouts à la théorie de la relativité d'Einstein» [notre traduction].

20 Sur son style «feuilletoniste» voir notamment Daniel BARIC: «Joseph Roth et l'art du reportage à l'époque de la Nouvelle Objectivité». In: *Communications*, 71, 2001. Le parti pris du document. pp. 13-49. Visité sur www.persee.fr/web/revues/home/prescript/issue/comm_0588-8018_2001_num_71_1, le 4 juin 2010.

Patriot kein Chauvinist. Die oppositionellen Zeitungen sind mutig und die Verwaltung der Stadt sichtlich im Aufbau begriffen.[21]

La crise autrichienne avait effectivement atteint un premier paroxysme en 1922. Grâce à un emprunt de la Société des Nations, la situation économique du pays venait de se stabiliser au prix d'un fort chômage. L'administration de «Vienne la rouge» était alors en pleine période de réformes sociales. Roth retourne néanmoins à Berlin, où il a commencé à se faire un nom, notamment auprès de la *Frankfurter Zeitung*, le quotidien le plus prestigieux de son époque, indépendant des partis politiques.

A Berlin, ce regard historique et historisant est remplacé par une approche moins linéaire. Roth découvre la ville en captant les signes des micro-événements de la vie. De plus en plus sollicité, il rédige nombre d'articles où il applique sa méthode d'investigation et d'écriture pour identifier les «symptômes» de la ville, d'abord dans des journaux berlinois, puis dans des périodiques paraissant ailleurs que dans la capitale. Il lui arrive d'intégrer dans ses articles des motifs anciens: «Menschen am Sonntag» *(Les gens le dimanche)*, publié au *Berliner Börsen-Courier* en juillet 1921[22] reprend ainsi le récit plus court de «Fenster» *(Fenêtres)*, diffusé dans le *Neuer Tag* en avril 1920[23] et, légèrement modifié, dans la *Freie Deutsche Bühne* en décembre 1920.[24] C'est un *Feuilleton* où Roth évoque des scènes de la vie quotidienne printanière dans un immeuble: un canari chante au premier étage, un gramophone habite le troisième, et un chat attend sa vieille fille de maîtresse au quatrième. En conclusion

---

21 *Neues 8 Uhr Blatt*, 23.6.1923. Cité d'après Eckart FRUEH: «Joseph Roths Deutschlandreise im Winter 1923». In: *Austriaca*. 30.6.1990, p. 47 *sq.*: «Un voyage à Vienne, c'est comme un retour du front vers une étape pacifique. Ce n'est pas encore l'arrière-pays mais ce n'est plus la tranchée. De la nourriture en abondance, du calme, de bons vêtements, des semelles intactes sous les bottes, des femmes élégantes. [...] Le tram arrive à l'heure et il est rapide, la rue est neuve et souriante. La pauvreté est honnête, l'affamé un martyr silencieux, et le patriote n'est pas chauvin. Les journaux d'oppositions sont courageux, l'administration de la ville est en voie de reconstruction».

22 Joseph ROTH: RW 1, pp. 598-600, avec une publication ultérieure dans *Vorwärts* le 4.2.1923, contenant des modifications légères selon Fritz Hackert et Klaus Westermann (*Cf.* Joseph ROTH: RW 1, p. 1099).

23 Joseph ROTH: RW 1, pp. 280-282; trad. Casanova (note 10), pp. 153-155.

24 Joseph ROTH: RW 1, pp. 415-416.

Joseph Roth, approches de l'objet métropole 145

l'auteur affirme qu'il aime beaucoup s'entretenir avec les fenêtres car elles lui dévoilent «les choses les plus secrètes[25]». C'est le dernier article publié par Roth dans *Der Neue Tag*. Son biographe Wilhelm von Sternburg considère que c'est un texte d'adieu.[26]

Les deux articles berlinois ont une tonalité moins gaie. Le canari chante toujours, il y a toujours un gramophone, le chat attend toujours sa maîtresse et il veut toujours la congédier car elle l'a laissé seul, mais ce sont ici des observations qui s'inscrivent dans un contexte terne: pour la *Freie Deutsche Bühne* l'auteur/narrateur est malade et une vieille tante peu élégante («Tante Minna») l'a installé devant sa fenêtre. Avant d'observer ses voisins d'en face, il entend des bruits désagréables: sous l'effet de brusques souffles de vent, les vitres claquent et se brisent en éclats, et là-dessus s'élève la voix stridente d'une femme. Au *Berliner Börsen-Courier* c'est le dimanche, jour d'exception par définition et par excellence, qui se termine inévitablement de manière peu agréable car «les dimanches soirs sont insipides et amers, comme si c'étaient déjà des lundis».[27]

Chaque scène décrite accentue à sa manière cette teinte différente, en introduisant la description de comportements figés.[28] Au premier étage, les choses se présentent de la manière suivante à Vienne:

---

25 Joseph ROTH: RW 1, p. 282: «Geheimstes wird mir offenbar», trad. Casanova: (note 10), p. 155.
26 Wilhelm von STERNBURG: *Joseph Roth. Eine Biographie*. Köln: Kiepenheuer und Witsch 2009, p. 204. Avant son départ pour Berlin il publie un article intitulé «En partant à la guerre» *(Fahrt in den Krieg)* dans la *Freie Deutsche Bühne* du 5 mai 1920, où il imagine un «retour à Berlin: culture de l'occident. Colonnes Morris. Des matchs de boxe ont toujours lieu au Lunapark. A Berlin vient juste de sortir le cinquième épisode des vampires» [notre traduction]. (*Cf.* Joseph ROTH: RW 1, p. 284: «Heimkehr. Berlin: Kultur des Westens. Litfaßsäulen. Im Lunapark stattfinden immer noch Boxmatches. Berlin ist gerade beim fünften Teil der Vampire angelangt»).
27 Joseph ROTH: RW 1, p. 600: «schal und bitter, als wären sie bereits Montage».
28 Irmgard Wirtz retient le terme de «Normalideal» (idéal-normal), face au «Normalmensch» (homme-normal) souligné par Roth dans plusieurs articles, et elle cerne ainsi bon nombre des personnages qu'il a décrits. Ils seraient soumis aux normes de la société et relèveraient de l'utopie en même temps. Irmgard Wirtz expose ce modèle en mettant en relation son héros Hiob et «Petro Fedorak» (1920), le portrait d'un pauvre Juif de l'Est, paru le 1er janvier 1920 dans *Der Neue Tag*. *Cf.* Irmgard

> Quer über dem Tisch prunkt ein weiß gestickter Tischläufer aus rotem Peluche. Er hat immer ein paar Falten, denn die Kinder haben die üble Gewohnheit, die Ellenbogen aufzustützen, während sie den Kanari Gedichte aufsagen hören. Die Mutter trägt einen geblumten Schlafrock und Pantoffeln und streicht den ganzen Tag besänftigend über den Tischläufer. Dann plättet er sich. Einmal schickte ich ihr zwei Reißnägel mit einer Gebrauchsanweisung für den Tischläufer. Aber sie glättet ihn immer noch.[29]

Le premier article berlinois conserve *grosso modo* ce scénario,[30] le deuxième fait état d'une violence physique qui n'existait pas dans les deux articles précédents:

> Auf dem roten Tischtuch aus Peluche ruht ein weißer Läufer, ein gesticktes Deckchen. Und die Kinder stützen immer ihre Ellbogen auf das Tuch und verursachen Falten. Nie sah ich die Mutter anders als im blauen Schlafrock. Sie ist sehr leise, sie trägt schon von Natur aus Pantoffeln, und sie hat gewiss eine verbitterte, schlurfende Seele. Sie züchtigt die Kinder, weil sie das Tischdeckchen verschieben. Wozu braucht sie Tischdeckchen? dachte ich und schickte ihr einmal zwei Reißnägel in einer Zündholzschachtel mit Gebrauchsanweisung. Aber sie prügelte die Kinder immer noch.[31]

Dans l'article viennois, la violence, très contenue, se déploie entre mari et femme:

WIRTZ (note 6) p. 85 *sq* et Joseph ROTH: RW 1, pp. 215-217 (trad. fr. «Pedro Fedorak» in: Joseph ROTH: *Le Deuxième Amour. Histoires et portraits*, trad. Jean RUFFET. Monaco: Rocher 2005, pp. 21-23).

29 Joseph ROTH: RW 1, p. 282; trad. Casanova (note 10), p. 154: «Bien disposé, un chemin de table en peluche, brodé de blanc, étale son faste. Il a toujours des plis quelque part car les enfants ont la fâcheuse habitude d'y mettre les coudes pendant qu'ils écoutent le canari réciter des poèmes. La mère porte une robe de chambre fleurie et des pantoufles, et toute la journée elle passe sa main sur ce chemin de table comme pour l'apaiser. Ça le dépasse. Un jour, je lui ai envoyé deux punaises avec un mode d'emploi pour le chemin de table. Mais elle continue à le défroisser».

30 Joseph ROTH: RW 1, pp. 415-416.

31 Joseph ROTH: RW 1, p. 599. «Sur la nappe rouge en peluche repose un chemin de table blanc, une petite nappe brodée. Et les enfants mettent toujours les coudes sur la nappe ce qui finit par faire des plis. Je n'ai jamais vu la mère autrement que dans une robe de chambre bleue. Elle est très silencieuse, elle semble née avec des pantoufles et a sûrement l'âme confite d'aigreur. Elle corrige les enfants parce qu'ils déplacent le napperon. Je pensai, pourquoi a-t-elle besoin de petites nappes? Et je lui envoyai un jour deux punaises dans une boîte d'allumettes avec un mode d'emploi. Mais elle a continué à battre les enfants» [notre traduction].

Joseph Roth, approches de l'objet métropole 147

Der Vater kommt abends nach Hause und spielt mit seiner Frau Domino in Hemdsärmeln. Wenn sie so am Tisch einander gegenübersitzen, jeder die Steine vor sich, ängstlich vor dem Blick des andern, haben sie sehr viel Hass und Feindschaft gegeneinander. Und die Bitterkeit einer zehnjährigen Ehe glotzt mit schwarzen Augen aus weißglatten ‹Doppelfünfern›.[32]

Elle est explicitement présentée comme sublimée dans la première version berlinoise: «Der Vater kommt abends heim und spielt mit der Frau Domino. Sie kämpfen im Spiel die Bitterkeit einer zehnjährigen Ehe gegeneinander aus. Sie führen ein friedliches Familienleben.»[33]

Dans la deuxième version berlinoise le père a disparu, et la violence familiale ne s'interrompt que le dimanche: «Heute, am Sonntag, brachte sie den Kindern Kuchen. Und die Kinder verursachten Falten auf der Tischdecke, aber die Mutter stand am Fenster und ergötzte sich an des Kanarienvogels Deklamationen. Und sie trug eine weiße Bluse. Und gewiss keine Pantoffeln.»[34]

Ces descriptions ne suggèrent pas nécessairement une société berlinoise nettement moins humaine que celle de Vienne, malgré la violence de la mère envers ses enfants, car celle-ci est malgré tout habitée de tendresse. – Dans une autre brève scène transposée de Vienne à Berlin, la présence d'un policier viennois lors d'une scène de dispute devant un café provoque un tollé qui ne se produit pas à Berlin du fait de l'absence de son homologue. Ce qui n'empêche pas l'auteur de déplorer l'absence systématique d'un représentant du pouvoir dans les deux villes, en

---

32 Joseph ROTH: RW 1, p. 282; trad. Casanova (note 10), p. 154: «Le soir, le père rentre à la maison et joue en bras de chemise aux dominos avec sa femme. Installés face à face, chacun avec ses palets devant lui sur la table, craignant le regard de l'autre, ils éprouvent beaucoup de haine et d'hostilité l'un envers l'autre. Et toute l'amertume d'un mariage de dix ans transpire par les yeux noirs de ‹doubles-cinqs› au cadre poli et blanc».
33 Joseph ROTH: RW 1, p. 416: «Le père rentre à la maison le soir et joue aux dominos avec sa femme. Ils renoncent dans le jeu à affronter l'amertume d'un mariage de dix ans. Ils mènent une paisible vie familiale» [notre traduction].
34 Joseph ROTH: RW 1, p. 599: «Aujourd'hui, dimanche, elle a apporté du gâteau aux enfants. Et les enfants ont fait des plis sur la nappe, mais la mère était à la fenêtre et écoutait avec ravissement les déclamations du canari. Et elle avait un chemisier blanc. Et certainement pas des pantoufles» [notre traduction].

d'autres occurrences, qu'il décrit en fonction des circonstances.³⁵ Dans l'ensemble, ce qui est déploré, c'est l'absence d'une instance régulatrice bienveillante incarnée par un pouvoir paternel. Quelques années plus tard, dans un feuilleton de décembre 1923, Roth formule explicitement ce diagnostic:

> Wer jemals am Bett eines Schwerkranken gesessen hat, weiß, dass die schmerzlichen Stunden nicht aus lauter pathetischen, erschütternden Augenblicken bestehen. Der Kranke redet irren Unsinn, lächerlichen, kleinen seiner selbst und seiner Leiden unwürdigen Schwatz. Es fehlt ihm das regulierende Bewusstsein. *Es fehlt in Deutschland an einem regulierenden Bewusstsein.*³⁶

Les premières années de Roth journaliste à Berlin sont marquées par une production à la fois prolifique et novatrice: «Roth choisit des sujets qui étaient jusque-là absents des colonnes des journaux et qu'il contribue ainsi à rendre dignes de l'attention et de la réflexion d'autres journalistes. Berlin lui offre une large palette de signes qu'il sélectionne et décrit patiemment».³⁷

Les périodiques où il publie s'adressent à des publics variés, et il en tient compte: du fait de sa critique politique pointue, le «Berliner Bilderbuch» *(livre d'images berlinoises)*, destiné à un public spécifique (*Der Drache* est, nous l'avons dit, un hebdomadaire satirique de gauche), tient ainsi une place à part dans ses articles sur le Berlin de cette époque. Ce cadre permet une approche plus tranchée: Roth ne se présente plus comme un flâneur qui ferait semblant d'évoquer ses souvenirs de promeneur, mais comme un chroniqueur «qui prend en compte son propre

---

35 *Cf.* «Die Folgen» *(Les conséquences)* et «Wo ist der Schutzmann?» *(Où est l'agent de police?).* In: Joseph ROTH: RW 1, pp. 48-49 et pp. 364-368. Trad. fr. de «Die Folgen» in: Casanova (note 10), pp. 41-44 et Pesnel (note 17) pp. 65-68.

36 «Reise durch Deutschlands Winter» *(Voyage à travers l'hiver allemand)*, *Frankfurter Zeitung.* 9.12.1923. In: Joseph ROTH: RW 1, 1077-1079; trad. fr. in: Joseph ROTH: *Croquis de voyage. récits.* Choisis, préfacés et traduits par Jean Ruffet. Paris: Seuil 1994, p. 22: «Quiconque a jamais veillé au chevet d'un grand malade, sait que les heures douloureuses ne consistent pas uniquement en autant d'instants pathétiques bouleversants. Le malade dit des inepties délirantes, il divague de manière ridicule, petite, indigne de lui et de ses souffrances. Il lui manque la conscience régulatrice. *Il manque en Allemagne une conscience régulatrice».*

37 Daniel BARIC (note 20), p. 19.

Joseph Roth, approches de l'objet métropole 149

point de vue et les conditions de son écriture».[38] Il introduit cette série d'articles en se désignant comme «chroniqueur s'efforçant de noter les symptômes du temps et du lieu, [qui] s'attarde [...] envahi d'un ressentiment impuissant»[39] devant une première scène de violence gratuite, suivie de beaucoup d'autres. Au bout de seize semaines, il en arrive à la conclusion suivante:

> Berliner Bilderbücher müssten mit dem Blut der Opfer und den Tränen ihrer Hinterbliebenen geschrieben werden. – Die Tinte genügt nicht und nicht einmal das Herzblut, das ‹eventuelle›, des Schriftstellers. Wenn ich mir vorgenommen hätte, edle, schöne und humane Ereignisse aus Berlin zu berichten, ich stünde jede Woche vor einer kleinen Katastrophe, denn mir mangelte das Material.[40]

Ses modes d'écriture, eux aussi, changent ici. Il lui arrive de passer de la première à la troisième personne, d'une perspective subjective à une perspective auctoriale et vice-versa. Les symptômes qu'il constate sont ceux du «déclin national»[41] qui se manifeste par une violence ordinaire de plus en plus virulente face à l'affrontement de systèmes de valeurs et d'intérêts politico-économiques radicalement différents, qui se déploient dans des univers de plus en plus disparates.

Roth n'aimait pas Berlin (c'est par cette phrase que Michael Bienert introduit un ouvrage qui réunit des textes journalistiques de Roth sur Berlin[42]), mais il a malgré tout exploré la ville tant qu'il a pu, à l'aide de l'écriture.

---

38 Irmgard WIRTZ (note 6), p. 66: «Der seinen eigenen Standort und die Bedingungen seines Schreibens mitreflektiert».
39 Joseph ROTH: RW 2, p. 92: «Der Chronist, bemüht, die Symptome der Zeit und des Ortes aufzuzeichnen, verweilt, von ohnmächtigem Groll erfüllt, bei der Geschichte jener Inderin, die vor einigen Tagen, in den Vormittagsstunden über den Prager Platz zu ihrem Musiklehrer eilte und von einem einheimischen Betrunkenen angefallen wurde» [notre traduction].
40 Joseph ROTH: RW 2, p. 126: «Les illustrés berlinois devraient être écrits avec le sang des victimes et les larmes des parents survivants. L'encre ne suffit pas, et même pas la passion de l'écrivain. Si j'avais décidé de rapporter de Berlin des événements beaux et humains, je me retrouverais toutes les semaines devant une petite catastrophe, car il me manquerait le matériau pour le faire» [notre traduction].
41 Joseph ROTH: RW 2, p. 126: «nationaler Verfall».
42 Michael BIENERT: *Joseph Roth in Berlin. Ein Lesebuch für Spaziergänger*. Köln: Kiepenheuer & Witsch 1996, p. 13.

Paris

Face au constat de la violence ambiante et croissante qui y sévit et reflète la violence du pays, Paris se présente à lui comme une sorte de paradis.[43] Dans la lettre souvent citée qu'il écrit à Benno Reifenberg, l'éditeur de la *Frankfurter Zeitung*, après son arrivée, le 16 mai 1925, il considère que Paris n'est pas seulement la «capitale du monde», mais aussi une «protestation contre Hindenburg»:

> Es ist hier ein Fest ‹gegen Hindenburg› faktisch, nicht nur bildlich, arrangiert, ‹Guignol contre Hindenburg› heißt es, aber die ganze Stadt ist ein Protest gegen Hindenburg, Preußen, Stiefel, Knopf. Aber die Deutschen hier, Norddeutsche meine ich, sind voller Hass gegen die Stadt, sehen nichts, fühlen nichts. [...] Die ‹Objektivität› des Norddeutschen ist eine Vertuschung seiner Instinktlosigkeit, seiner Nase, die kein Riechorgan ist, sondern ein Schnupfenorgan. Meine ‹Subjektivität› ist objektiv im höchsten Grade. Was ich rieche, wird er nach 10 Jahren nicht sehen.[44]

A son avis il n'y a pas de terrain d'entente possible entre la Prusse et la France:

> Ich bin sehr traurig. Denn zwischen gewissen Rassen gibt es keine Brücken, nie wird es zwischen Preußen und Frankreich eine Bindung geben. [...] Woher kommt es? Es ist doch die Stimme des Blutes und des Katholizismus. Paris ist katholisch im welt-

---

43 D'après son biographe David Bronsen, il avait déjà rêvé d'aller à Paris avant d'aller à Berlin, au moment où la fin de *Der Neue Tage* commençait à se dessiner à l'horizon. *Cf.* David BRONSEN: *Joseph Roth. Eine Biographie*. Köln: Kiepenheuer & Witsch 1974, p. 207.

44 Joseph ROTH: *Sehnsucht nach Paris, Heimweh nach Prag. Ein Leben in Selbstzeugnissen*. Hrsg. von Helmut Peschina. Köln: Kiepenheuer & Witsch 2006, p. 167 sq.; trad. fr. In: Joseph ROTH: *Lettres choisies (1911-1919)* (trad. Stéphane PESNEL). Paris: Seuil 2007, p. 43: «Ici on a arrangé une fête ‹contre Hindenburg›, dans les faits, pas seulement sur un mode imagé ou métaphorique. Ça s'appelle ‹Guignol contre Hindenburg›, mais la ville toute entière constitue une protestation contre Hindenburg, la Prusse, les bottes, les boutons d'uniforme. Mais les Allemands qui sont ici, je veux dire les Allemands du nord, sont emplis de haine contre la ville, ne voient rien, ne ressentent rien [...]. L'‹objectivité› de l'Allemand du nord est un camouflage de son absence d'instinct, de son nez, qui n'est pas un organe de l'odorat, mais un organe du rhume. Ma ‹subjectivité›, elle, est objective au plus haut degré. Ce que je flaire, il ne le verra même pas au bout de dix ans».

lichsten Sinn dieser Religion, zugleich europäischer Ausdruck des allseitigen Judentums.[45]

Même enthousiasme dans un article non publié, intitulé peut-être: «Wie man Revolution feiert» *(Comment on fête une révolution)*, et rédigé à l'occasion du 14 juillet.[46] Quelques mois plus tard, dans un article publié le 26 août 1925 dans la *Frankfurter Zeitung* et intitulé *Amerika über Paris (L'Amérique sur Paris)*, le regard de Roth se fonde sur des aspects moins jouissifs de la ville:

Willig fügen sich die Boulevards und Amüsements den Forderungen des Fremdenverkehrs. [...] Manchmal degradiert sich die ganze wunderbare Stadt zu einer Saison für Fremde; und ist immer noch eine wunderbare Stadt. Die langweilige Buntheit der Lichtreklame wird hier eine lebendige Buntheit. Dennoch kämpft die ewig formende Atmosphäre von Paris auf die Dauer vergebens gegen den brutalen Inhalt, der ihr unaufhörlich geliefert wird.[47]

Même Paris n'est pas à l'abri des transformations imposées par les avatars d'un capitalisme forcené. En outre, lors de ses voyages en France, Roth constate parfois aussi un certain nombre d'aspects déplaisants. C'est le cas dans l'antique cité de Vienne en Isère, par exemple, qu'il perçoit comme une ville morte.[48] Toutefois ce genre de remarques est rare.

45 Joseph ROTH: (note 44), p. 168; trad. Pesnel p. 43. «Je suis très triste. Car entre certaines races, il n'existe pas de ponts, jamais il n'existera de lien entre la Prusse et la France [...]. D'où cela vient-il? C'est bien la voix du sang et du catholicisme. Paris est catholique au sens le plus profane qui soit de cette religion, et en même temps Paris est une expression européenne de la judaïté généralisée».
46 Joseph ROTH: (note 44), pp. 169-170; trad. fr. In: Ruffet (note 36), pp. 105-108.
47 «Amerika über Paris». In: Joseph ROTH: (note 44), pp. 171-175. p. 171 *sq.*; trad. Ruffet, p. 105 *sq.*: «Les boulevards et les distractions se plient sans rechigner aux requêtes du tourisme [...]. Il arrive que cette grande ville magnifique se dégrade entièrement afin de devenir saison destinée aux étrangers; et pourtant c'est toujours une ville magnifique. La bigarrure ennuyeuse de la publicité lumineuse devient ici une explosion de couleurs aussi vivantes que variées. Et pourtant, à la longue, l'ambiance de Paris, malgré son éternel travail de remodelage, ne pourra pas lutter contre le contenu brutal, qu'on lui apporte sans cesse».
48 «Was wollte hier ein Zug? Was kündete hier eine Stimme? Hier lebten ja die Toten!» In: «Les villes blanches. Vienne». In: Publication posthume, Joseph ROTH: RW 2, 463-467; trad. fr. Jean Ruffet (note 36), p. 13: «Que viendrait faire un train ici? Qu'annoncerait une voix ici? Ici vivaient les morts!». Dans un article sur

L'écriture journalistique de Roth est ainsi à beaucoup d'égards proche d'une écriture fictionnelle qui renoncerait à nommer les faits de manière directe en relevant un certain nombre de «symptômes», en l'occurrence des symptômes de maladie grave, subjective; en dépit ou plutôt en raison des observations précises, elle cherche à «lire» le monde sans renoncer aux émotions qui accompagnent cette lecture, et tout en s'efforçant de ne pas se laisser dévorer par ces émotions. Cet «écrire vrai», qui, dès 1925, se tourne davantage vers des sujets délibérément choisis par le chroniqueur et reporter reconnu qu'il est devenu entre-temps, n'exclut pas l'invention d'événements, ou plutôt leur adaptation à des situations spécifiques.Roth emboîte ainsi le pas à Heine, dont il a dit: «Heine a peut-être remanié quelques petits faits, mais il voyait bien les faits tels qu'ils devraient être. Car sa façon de voir ne se résumait pas à l'usage d'instruments d'optiques et au déploiement de champs de vision».[49]

Des romans «objectifs»?

A l'inverse, l'écriture fictionnelle de Roth peut s'appuyer sur des investigations d'ordre journalistique ou historique après coup: Irmgard Wirtz l'a démontré au sujet de *Die Geschichte der 1002. Nacht*, parue en 1939, dont il existe une première version imprimée, sous la forme de *Probeexemplare* (c'est à dire d'exemplaires destinés à un public restreint), diffusés en 1937.[50]

Vienne publié dans la *Frankfurter Zeitung* du 15.9.1925 («Nichts ereignet sich – in Vienne» / *Rien ne se passe – à Vienne*), Roth y reprend et varie curieusement deux motifs apparus dans ses articles autour des «Fenêtres» et des policiers: il décrit de vieilles femmes (pas de vieilles filles!) qui sont entretenues par leurs chats, et un policier, qu'il présente comme concurrent de l'auteur. Celui-ci veille sur la ville sans déranger son ordre mortuaire. L'auteur, lui, se considère comme trop bruyant. *Cf.* Joseph ROTH: RW 2, p. 432.

49 «Heine hat vielleicht kleine Tatsachen umgelogen, aber er sah eben die Tatsachen so, wie sie sein sollten. Denn sein Auge bestand nicht nur aus optischem Instrument und Sehsträngen». In: «Feuilleton», *Berliner Börsen-Courier* du 24.7.1924; Joseph ROTH: RW 1, p. 617.
50 Irmgard WIRTZ (note 6), pp. 121-287.

Joseph Roth, approches de l'objet métropole 153

Si *Die Geschichte der 1002. Nacht*, qui se déroule entre Vienne et Téhéran,[51] semble opérer, du moins selon l'argumentation d'Irmgard Wirtz, un tournant vers l'investigation historique à partir d'une histoire inventée dans le sens d'un mensonge qui dit vrai, on ne peut pas en dire autant du premier roman de Roth: on a décelé des liens entre *Das Spinnennetz* (1923) et trois articles qui évoquent, en 1921, un attentat à l'explosif.[52] Roth a intégré ce fait divers dans un roman qui tente d'illustrer une configuration historique, celle des corps francs démobilisés qui se lancent dans la préparation de putschs antirépublicains: «Le romancier puise ses informations dans les informations du journaliste qui, depuis qu'il a suivi le procès des assassins de Rathenau à Leipzig, interroge ceux qui peuvent l'aider à comprendre le phénomène de la violence extrême en politique».[53] Le roman raconte l'intégration d'un ancien sous-lieutenant de la *Reichswehr* dans une organisation secrète d'extrême-droite, qui finit par participer à un putsch. Berlin est ici le décor ou plus exactement le théâtre d'une crise latente où ce sont les hommes qui agissent sur la ville, et non la ville sur les hommes. Le dernier chapitre du roman a d'ailleurs paru dans la *Arbeiterzeitung* de Vienne deux jours avant le putsch de la Brasserie du 8 novembre 1923. Une note manuscrite sur un exemplaire de l'*Arbeiterzeitung* de ce même jour, retrouvée dans les archives de l'un des éditeurs néerlandais de Roth, Allert de Lange, suggère qu'il avait envisagé d'y ajouter une suite.[54]

51 D'abord, Roth avait envisagé un contexte oriental différent: au lieu des séjours viennois du shah d'Iran en 1873 et 1878, c'est celui du sultan de l'Empire Ottoman en 1867 qui devait servir d'arrière-plan de l'histoire.
52 *Cf.* à ce propos Hui-Fang CHIAO: *«Eine junge, unglückliche und zukünftige Stadt»: das Berlin der zwanziger Jahre in Joseph Roths Werk*. Berlin: Köster 1994. Il s'agit des articles «Rundgang um die Siegessäule» du 15.3.1921 (*cf.* Joseph ROTH: RW 1, p. 502), «Das Räubernest ist ein Patrizierhaus» du 24.3.1921 (*cf.* Joseph ROTH: RW 1, pp. 511-513) et «Im Haus Nr. 21. Besuch beim Maler Wolff» du 6.4.1921 (*cf.* Joseph ROTH: RW 1, pp. 520-521). Traduction française de «Rundgang um die Siegessäule» *(Promenade autour de la colonne de la Victoire)*, in: Joseph ROTH: *Automne à Berlin*. Préface de Patrick Modiano, trad. Nicole CASANOVA. Paris: La Quinzaine littéraire 2000, pp. 85-88, et Joseph ROTH: *A Berlin*, titre originaire *Joseph Roth in Berlin*, trad. Pierre Galissaires. Monaco: Rocher 2003, pp. 167-169.
53 Daniel BARIC (note 20), p. 23.
54 *Cf.* la postface de Peter W. Jansen dans l'édition de 1967, parue chez Kiepenheuer & Witsch (p. 159 *sq* dans l'édition de poche de 1988).

Comment concevoir dès lors la manière dont Roth intègre les descriptions des villes dans son écriture ultérieure?

Il s'est exprimé sur ce point, dans un article de 1924, qui portait sur Lemberg, la ville où il avait commencé ses études universitaires, en soulignant la difficulté de décrire les villes:

> Es ist eine große Vermessenheit, Städte beschreiben zu wollen. Städte haben viele Gesichter, viele Launen, tausend Richtungen, bunte Ziele, düstere Geheimnisse, heitere Geheimnisse. [...] Die Städte überleben Völker, denen sie ihre Existenz verdanken, und Sprachen, in denen ihre Baumeister sich verständigt haben. Geburt, Leben und Tod einer Stadt hängen von vielen Gesetzen ab, die man in kein Schema bringen kann, die keine Regel zulassen.[55]

En dépit de ces réflexions initiales, Roth procède à une description de Lemberg, «semblable à une filiale du grand monde»[56] en se référant à son passé austro-hongrois et à son présent polonais.

Dès 1925 ses jugements deviennent plus expéditifs, et il commence à établir des verdicts comparatifs sur les trois métropoles européennes, notamment dans l'essai *Juden auf Wanderschaft (Juifs en errance)*, paru en 1927, où il déclare: «Paris est une vraie métropole. Vienne l'a été. Berlin le sera un jour».[57]

Ce jugement, qu'il n'est pas le seul à émettre, porte en soi toutes les analyses et tous les fantasmes touchant aux univers urbains, qui seront déclenchés à l'occasion de la mise en scène des personnages de ses ro-

---

55 «Lemberg, die Stadt» *(Lemberg, la ville)*. *Frankfurter Zeitung*, 22.11.1924. In: Joseph ROTH: RW 2, p. 285. L'article faisait partie du triptyque «Reise durch Galizien» *(Voyage à travers la Galicie)* (Joseph ROTH: RW 2, pp. 281-292). Traduction française in: Ruffet (note 36), p. 338: «C'est une excessive prétention que de vouloir décrire les villes. Les villes ont de nombreux visages, mille humeurs, mille directions, mille buts variés, d'obscurs secrets et des secrets joyeux. [...] Les villes survivent aux peuples auxquels elles doivent leur existence, et aux langues dans lesquelles leurs maîtres d'œuvres ont communiqué. La naissance, la vie et la mort d'une ville dépendent de lois multiples, qu'on ne saurait faire entrer dans un moule, qui ne tolèrent pas de règles».
56 Joseph ROTH: (note 55), p. 286: «Es war wie eine kleine Filiale der großen Welt».
57 «Paris ist eine wirkliche Weltstadt. Wien ist einmal eine gewesen. Berlin wird erst einmal eine sein.» *Juden auf Wanderschaft*. In: Joseph ROTH: RW 2, p. 872; traduction française de Michel-François DEMET sous le titre *Juifs en errance, suivi de L'Antéchrist*. Paris: Seuil 1986, p. 70.

Joseph Roth, approches de l'objet métropole 155

mans ultérieurs. Roth installe ainsi une topique européenne qu'il maintiendra *grosso modo* jusqu'à la fin de sa vie. Dans *Juden auf Wanderschaft*, nous trouvons une illustration lapidaire de son jugement:

> Die wirkliche Weltstadt ist objektiv. Sie hat Vorurteile wie die anderen, aber keine Zeit, sie anzuwenden. Im Wiener Prater gibt es beinah keine antisemitische Äußerung, obwohl nicht alle Besucher Judenfreunde sind und obwohl neben ihnen, zwischen ihnen die östlichsten der Ostjuden wandeln. Weshalb? Weil man sich im Prater freut. In der Taborstraße, die zum Prater führt, fängt der Antisemit an, antisemitisch zu sein. In der Taborstraße freut man sich nicht mehr. In Berlin freut man sich nicht. Aber in Paris herrscht die Freude. In Paris beschränkt sich der grobe Antisemitismus auf die freudlosen Franzosen.[58]

Ce jugement, qui est celui du journaliste et de l'essayiste Joseph Roth, correspond notamment aux impressions de Franz Tunda, personnage principal du roman *Die Flucht ohne Ende,* lui aussi paru en 1927. Roth en avait entamé la rédaction en Russie Soviétique et il l'a achevée à Paris,[59] comme l'indique la préface célèbre dans laquelle il avait déclaré: «Je n'ai rien inventé, rien composé. Il ne s'agit plus de ‹faire de la poésie›.

---

58 Joseph ROTH: (note 57), trad. fr. p. 70 *sq*.: «La véritable métropole est objective. Elle a des préjugés comme les autres villes, mais elle n'a pas le temps de les mettre en pratique. A Vienne, au Prater il n'y a pratiquement pas de manifestations d'antisémitisme, bien que tous les visiteurs ne soient pas des amis des Juifs et que passent près d'eux, parmi eux, les Juifs de l'Est les plus orientaux qui soient. Pourquoi? Parce qu'au Prater on s'amuse. L'antisémite commence à être antisémite dans la Taborstraße, la rue qui mène au Prater. On ne s'amuse plus dans la Taborstraße. A Berlin, on ne s'amuse pas. En revanche, à Paris, la joie règne. A Paris, l'antisémitisme grossier se borne aux Français sans joie».
59 Le périple de l'auteur Joseph Roth se distingue en ceci du périple de son héros: Franz Tunda, jeune lieutenant de l'armée austro-hongroise, prisonnier de guerre évadé, se cache chez un «Polonais sibérien» nommé Jan Baranowicz en se faisant passer pour un jeune frère de celui-ci. Il rejoint plutôt par hasard la Révolution russe après avoir appris la fin de la guerre et refait sa vie sous le nom de Franz Baranowicz. L'auteur Roth n'a jamais été prisonnier de guerre en Russie si on s'en tient aux faits rapportés. Il arrivait pourtant à Roth, grand mythomane selon les témoins, d'affirmer le contraire. Tunda, originaire du même espace que Roth, récupère son vrai nom au moment où il décide de retourner en Europe occidentale, là où habite l'auteur. Son nouveau périple imite à partir de Vienne *grosso modo* celui de Roth.

Le plus important, c'est ce qui est observé.»[60] De fait Roth choisit pour ce roman une forme quasi-documentaire: Tunda est certes présenté comme un personnage romanesque, mais nous apprenons dès le départ que le narrateur Joseph Roth «rapporte» le récit de son «camarade et ami personnel, partageant les mêmes idées»,[61] complété par des passages du journal intime et par une lettre de Tunda au narrateur. S'y ajoutent les rencontres entre ce narrateur et Tunda à Berlin et à Paris où se produit leur séparation.

Or nous savons que malgré ce dispositif, ce roman n'est pas un récit «documentaire»: il tient par l'observation subjective du narrateur, qui essaie de comprendre l'histoire de Tunda et par le langage poétique qui est le sien: «Le Polonais comptait ses mots comme des perles, une barbe noire l'obligeait à la taciturnité».[62] Ainsi s'exprime-t-il après une brève présentation initiale de l'ancien lieutenant austro-hongrois Tunda, originaire de la Galicie, et de Jan Baranowicz, cet homme étrange qui l'a aidé à déserter du camp de prisonniers russe en 1916 et qui l'a hébergé en Sibérie jusqu'en 1919.

Roth s'est défendu dans un texte de 1929, intitulé «Es lebe der Dichter» *(Vive le poète)*,[63] face à la *Neue Sachlichkeit* et il a critiqué ce courant artistique de manière virulente en 1930:

> Man sage: Dokument und jeder erschauert in Ehrfurcht wie einstmals vor dem Wort Dichtung. Der Autor behauptet, er sei dabei gewesen. Man glaubt ihm: erstens: als wäre er wirklich dabeigewesen; zweitens: als wäre es wichtig, ob er dabeigewesen ist oder nicht.[64]

---

60 Trad. Baric (note 19), p. 35. *Cf.* Joseph ROTH: RW 4, p. 391: «Ich habe nichts erfunden, nichts komponiert. Es handelt sich nicht mehr darum, zu ‹dichten›. Das wichtigste ist das Beobachtete.» Cette préface ne figure pas dans la traduction française.
61 Joseph ROTH: (note 60), p. 391: «Meines Freundes, Kameraden und Gesinnungsgenossen».
62 Joseph ROTH: (note 60), p. 393; Trad. fr. p. 8: «Der Pole zählte seine Worte wie Perlen, ein schwarzer Bart verpflichtete ihn zur Schweigsamkeit».
63 Joseph ROTH: RW 3, pp. 44-46.
64 «Schluss mit der ‹Neuen Sachlichkeit›!» *(Qu'on en finisse avec la ‹nouvelle objectivité›!)*. In: Joseph ROTH: RW 3, p. 154. «Qu'on dise: document, et tout le monde frissonne de respect, comme jadis devant le mot poésie. L'auteur affirme qu'il était présent. On le croit: primo: comme s'il avait été vraiment présent; deuxio: comme s'il était important de savoir s'il a été présent ou pas» [notre traduction].

Joseph Roth, approches de l'objet métropole 157

Les termes par lesquels le narrateur évoque Paris dans *Die Flucht ohne Ende* reprennent partiellement les jugements émis par Roth dans l'essai *Juden auf Wanderschaft*.
Ici c'est un avocat français qui explique à Tunda son point de vue patriotique:

> Was wollen Sie? Paris ist die Hauptstadt der Welt, Moskau wird es vielleicht noch werden. Paris ist außerdem die einzige freie Stadt der Welt. Bei uns wohnen Reaktionäre und Revolutionäre, Nationalisten und Internationalisten, Deutsche, Engländer, Chinesen, Spanier, Italiener, wie haben keine Zensur, wir haben loyale Schulgesetze, gerechte Richter – «und eine tüchtige Polizei», sagte ich, weil ich es aus den Erzählungen einiger Kommunisten wusste.[65]

Pourtant, ce n'est pas pour les raisons évoquées par l'avocat que Tunda décide de quitter l'Union soviétique, mais parce qu'il se sent attiré par l'épouse de cet avocat, qui lui rappelle son ancienne fiancée.

Ce nouveau pôle d'attraction le catapulte dans une orbite qui le conduit d'abord à Vienne, où il ne trouve de travail nulle part et apprend par de vieux amis que cette fiancée, qu'il n'a jamais totalement oubliée,[66] a fini par se marier et vit maintenant à Paris. Sans argent, sans attaches, il décide de rejoindre son frère, qu'il n'aime pas vraiment, et qui est chef d'orchestre dans une ville de province en Allemagne. Ce séjour permet au narrateur Roth, qui avait lui-même entrepris plusieurs voyages en Allemagne, de mettre en scène la vie d'une société bourgeoise éclectique, «pratique», incapable de donner un vrai sens à son soi-disant système de valeurs. Ce système tient tout entier dans l'idéal d'une vie «saine» où l'âme et le corps devraient s'interpénétrer. Les membres de cette société se contentent d l'assemblage positiviste de toutes sortes d'objets d'art et

---

65 Joseph ROTH: RW 4, p. 421; trad. fr. p. 70 *sq.*: «‹Que voulez-vous? Paris est la capitale du monde. Moscou le sera peut-être un jour. Paris est aussi la seule ville libre du monde. Chez nous les habitants sont des réactionnaires et des révolutionnaires, des nationalistes et des internationalistes, des Allemands, des Anglais, des Chinois, des Espagnols, des Italiens, nous n'avons pas de censure, nous avons des lois scolaires loyales, des juges justes – et une police valeureuse›, dis-je, car je le savais grâce aux récits de quelques communistes».

66 Pendant toutes ces années il a gardé sur lui une photographie d'Irène (c'est son nom): cette photographie a la particularité d'avoir été tirée d'un magazine pour lequel la jeune femme avait posé dans sa fonction de «fiancée de soldat». L'image qu'il a d'elle est ainsi littéralement une image fabriquée par la presse.

de religion. Pour eux, l'art a remplacé la religion, mais cet art se résume à un ensemble de conventions et de modèles arbitraires: Tunda dort dans une chambre ornée de peintures modernes, mais trouve sur sa table de chevet *La Montagne magique* de Thomas Mann: on est en même temps décadent et avant-gardiste. Un fabricant, fils d'un pauvre colporteur juif, lui explique le fonctionnement de cette société fondée sur des conventions extrêmement contraignantes et lui fait l'aveu qu'il préférerait vivre pauvre à Paris, où il s'est rendu une fois, en concédant qu'à Paris, dans le monde des riches ces conventions dominent aussi. Roth inverse ici le périple géographique, selon une logique qu'on peut qualifier d'orbitale: l'approche de Berlin par Tunda s'opère depuis la périphérie, comme cela avait été le cas pour son approche (et pour celle de Roth lui-même) de la capitale autrichienne, et elle le conduira au-delà de l'Allemagne.

Cette culture vidée de toute référence politique et religieuse demeure sans écho dans la capitale du pays, qui est elle-même une monstruosité. C'est du moins l'avis de Tunda, lorsqu'il visite Berlin pour la première fois de sa vie. Si l'évocation des villes de Moscou, Bakou et Vienne s'était faite en des termes qu'on peut considérer comme descriptifs, voire neutres, le ton change radicalement quand il s'agit de Berlin, et rejoint le registre choisi dans *Juden auf Wanderschaft*. La métropole exprime de manière condensée l'histoire ou plutôt la non-histoire dont elle est tributaire. Par là-même elle accède à un statut quasi-symbolique.

L'objet métropole

Les très grandes villes produisent un effet objectif matériellement puissant, notamment en raison de la présence d'une masse d'éléments disparates de toutes sortes (visuels, sonores, olfactifs...), qui exigent de l'individu des capacités réactives particulières. En ce sens elles peuvent ressembler à une nature inconnue dont l'exploration s'avère soit jouissive, soit angoissante, soit les deux en même temps. La métaphore de la jungle, peu utilisée en français, mais très répandue en allemand *(Dschungel der Großstadt ou Großstadtdschungel)*, sans doute pour des raisons historiques, tient compte de telles expériences. Franz Biberkopf,

Joseph Roth, approches de l'objet métropole 159

le héros du roman *Berlin Alexanderplatz* d'Alfred Döblin[67] vit ainsi son entrée, son retour à Berlin après quatre ans de prison comme une sorte de punition, tandis qu'un petit poème de Joachim Ringelnatz exalte un déménagement pour Berlin en le comparant à un départ en haute mer.[68] En même temps et sans doute pour les mêmes raisons, elles dégagent une puissance mythique qui joue sur le psychisme des auteurs: l'identification de Berlin à Babylone, la grande prostituée, effectuée par Döblin, n'est qu'un exemple parmi d'autres.

On a parfois considéré que dans son écriture fictionnelle Roth présentait les capitales européennes de manière relativement pâle, notamment quand on compare ces descriptions à celles qu'il fait de sa Galicie natale, voire de New York, mégalopole du XXe siècle, où il ne s'est jamais rendu. Le jugement très condensé de Tunda sur Berlin relève pourtant d'une vision quasi-mythique de la métropole. Celle-ci est exposée par l'intermédiaire du narrateur, qui rapporte les paroles de Tunda:

> Er besaß die unheimliche Fähigkeit, den unheimlich vernünftigen Wahnsinn dieser Stadt zu begreifen. [...] Diese Stadt, so sagte er, liegt außerhalb Deutschlands, außerhalb Europas. Sie ist die Hauptstadt ihrer selbst. Sie bezieht nichts von der Erde, auf der sie erbaut ist. Sie verwandelt diese Erde in Asphalt, Ziegel und Mauer. Sie spendet mit ihren Häusern dem Flachland Schatten, sie liefert aus ihren Fabriken dem Flachland Brot, sie bestimmt die Sprache des flachen Landes, die nationalen Sitten, die nationalen Trachten. Es ist der Inbegriff einer Stadt. Das Land verdankt ihr seine Existenz und geht gleichsam aus Dankbarkeit in ihr auf. Sie hat ihre eigene Tierwelt im zoologischen Garten und im Aquarium, im Vogelhaus und im Affenhaus, ihre eigenen Pflanzen im botanischen Garten, ihre eigenen Felder aus Sand, auf denen Fundamente gesät werden und Fabriken aufgehen, sie hat sogar ihre eigenen Häfen, ihr Fluß ist ein Meer, sie ist ein Kontinent. Sie allein von allen Städten, die ich bis jetzt gesehen habe, hat Humanität aus Mangel an Zeit und anderen praktischen Gründen. In ihr würden viel mehr Menschen umkommen, wenn nicht tausend vorsichtige, fürsorgliche Einrichtungen Leben und Gesundheit schützen, nicht weil das Herz es befiehlt, sondern weil ein Unfall eine Verkehrsstörung bedeutet, Geld kostet und die Ordnung verletzt. Diese Stadt hat den Mut gehabt, in einem häßlichen Stil erbaut zu sein, und das gibt ihr den Mut zur weiteren Häßlichkeit. [...] Außerdem duldet sie noch in sich die deutsche Provinz, freilich, um sie eines Tages aufzufressen. sie nährt

---

67 Alfred DÖBLIN: *Berlin Alexanderplatz. Roman.* Berlin: S. Fischer 1929. Nouvelle traduction française d'Olivier LE LAY. Paris: Gallimard 2009.
68 Joachim RINGELNATZ: «Umzug nach Berlin (1930)» [«Déménagement pour Berlin» (1930)]. In: *Gedichte dreier Jahre.* Berlin: Ernst Rowohlt Verlag 1932, p. 55.

die Düsseldorfer, die Kölner, die Breslauer, um sich von ihnen zu nähren. Sie hat keine eigene Kultur in dem Sinne wie Breslau, Köln, Frankfurt, Königsberg. Sie hat keine Religion. Sie hat die häßlichsten Gotteshäuser der Welt. Sie hat keine Gesellschaft. Aber sie hat alles, was überall in allen anderen Städten erst durch die Gesellschaft entsteht: Theater, Kunst, Börse, Handel, Kino, Untergrundbahn.[69]

Ensemble, le narrateur Roth et le personnage Tunda vont visiter Berlin et en percevoir les monstruosités inscrites dans la somme des détails désagrégés que Roth a déjà décrits dans ses nombreux articles:

> Wir sahen in einigen Tagen: einen Amokläufer und eine Prozession; eine Filmpremiere, eine Filmaufnahme, den Todessprung eines Artisten Unter den Linden, einen Überfallenen, das Asyl für Obdachlose, eine Liebesszene im Tiergarten am hellichten Tag, rollende Litfaßsäulen, von Eseln gezogen, dreizehn Lokale für homosexuelle und lesbische Paare, ein schüchternes, normales Paar zwischen vierzehn und sechzehn, das seine Namen in die Bäume schnitt und von einem Wachtmeister aufgeschrieben wurde, weil es eine Beschädigung öffentlichen Gutes verübte, einen Mann,

---

69 Joseph ROTH: RW 4, p. 464 *sq.*; trad. fr. p. 166 *sq.*: «Il possédait cette mystérieuse aptitude à comprendre la démence mystérieusement raisonnable de cette ville. [...] Cette ville, disait-il, est hors de l'Allemagne, hors de l'Europe. Elle est à elle-même sa propre capitale. Elle ne se nourrit pas du pays. Elle ne prend rien de la terre sur laquelle elle est bâtie. Elle transforme cette terre en asphalte, en briques et en murs. Elle dispense de l'ombre à la plaine avec ses maisons; elle livre avec ses fabriques du pain à la plaine; elle décide de la langue de la plaine, des mœurs nationales, des costumes nationaux. C'est l'idée fondamentale d'une ville. Le pays lui doit son existence et se dissout pour ainsi dire en elle par reconnaissance. Elle a son propre règne animal au Jardin Zoologique et dans le Jardin Botanique; ses propres champs de sable sur lesquels des fondations sont semées; et des fabriques se lèvent; elle a même ses propres ports; sa rivière est une mer; elle est un continent. Elle seule, de toutes les villes que j'ai vues jusqu'ici, a de l'humanité par manque de temps et pour d'autres raisons pratiques. En elle un bien plus grand nombre d'hommes périraient si mille prudentes et prévoyantes institutions ne protégeaient la vie et la santé, non parce que le cœur le commande, mais parce qu'un accident signifie un trouble de circulation, coûte de l'argent et dérange l'ordre. Cette ville a eu le courage de se donner une architecture laide et cela lui donne en retour le courage d'une laideur ultérieure. [...]. Cette ville tolère encore en elle la province, certes pour l'engloutir un jour. Elle nourrit les gens de Düsseldorf, de Cologne, de Breslau, pour se nourrir d'eux. Elle n'a pas de culture au sens où les villes de Breslau, Cologne, Francfort, Koenigsberg possèdent une culture. Elle n'a pas de religion. Elle a les temples les plus laids qui soient au monde. Elle n'a pas de société, mais elle a tout ce qui, dans toutes les autres villes, naît par et pour la société: théâtre, art, bourse, commerce, cinéma, métropolitain».

der Strafe zahlte, weil er quer über einen Platz gegangen war statt im rechten Winkel, eine Versammlung der Zwiebelessersekte und die Heilsarmee.[70]

La description de la capitale allemande ainsi investie d'une dimension quasi-mythique (Tunda présente Berlin comme une sorte de pieuvre qui capture, investit et engloutit tout ce qui l'entoure) est ainsi complétée par l'évocation sobre, sinon *sachlich*, de détails bruts. Le fait que cette évocation soit placée après la description émotive, soumet les détails au même jugement: le compte-rendu d'une suite d'événements insensés illustre le verdict.

Ce jugement sur Berlin trouve son complément dans la description qui est faite de Vienne avant la Première Guerre mondiale par le narrateur, le sous-lieutenant Trotta dans *Die Kapuzinergruft* de 1938:

> Damals mochte in mir die prophetische Ahnung sehr stark gewesen sein, die Ahnung, dass diese meine Kameraden wohl imstande seien, eine Offizersprüfung zu bestehen, keineswegs aber einen Krieg. Zu sehr verwöhnt aufgewachsen waren sie in dem von den Kronländern der Monarchie unaufhörlich gespeisten Wien, harmlose, beinahe lächerlich harmlose Kinder der verzärtelten, viel zu oft besungenen Haupt- und Residenzstadt, die, einer glänzenden, verführerischen Spinne ähnlich, in der Mitte des gewaltigen, schwarz-gelben Nestes saß und unaufhörlich Kraft und Saft und Glanz von den umliegenden Kronländern bezog. Von den Steuern, die mein armer Vetter, der Maronibrater Joseph Branco Trotta aus Sipolje, von den Steuern, die mein elendiglich lebender jüdischer Fiaker Manes Reisiger aus Zlotogrod bezahlten, lebten die stolzen Häuser am Ring, die der baronisierten jüdischen Familie Todesco gehörten, und die öffentlichen Gebäude, das Parlament, der Justizpalast, die Universität, die Bodenkreditanstalt, das Burgtheater, die Hofoper und sogar noch die Polizeidirektion. Die bunte Heiterkeit der Reichs-, Haupt- und Residenzstadt nährte sich ganz deutlich – mein Vater hatte es so oft gesagt – von der tragischen Liebe der Kronländer zu Österreich: der tragischen, weil ewig unerwiderten. Die Zigeuner der Pussta, die subkarpatischen Huzulen, die jüdischen Fiaker von Galizien, meine eigenen Verwandten,

---

70 Joseph ROTH: RW 4, p. 465; trad. fr. p. 169: «En quelques jours nous avons vu un tireur fou et une procession; la première d'un film, une prise de vue, le saut de la mort d'un artiste Unter den Linden, un homme qui se faisait agresser, l'asile des sans-foyer, une scène d'amour dans le Tiergarten en plein jour, des colonnes Morris sur roulettes tirées par des ânes, treize bars pour couples homosexuels et lesbiens, un couple normal et timide, entre quatorze et seize ans, qui gravait ses noms sur les arbres et que verbalisa un garde sous prétexte que c'était endommager un bien public; un homme qui payait une amende pour avoir traversé une place en biais au lieu de la traverser à angle droit, une réunion de la secte des Mangeurs d'Oignons et l'Armée du Salut».

die slowenischen Maronibrater von Sipolje, die schwäbischen Tabakpflanzer aus der Bacska, die Pferdezüchter der Steppe, die osmanischen Sibersna, jene von Bosnien und Herzegowina, die Pferdehändler aus der Hanakei in Mähren, die Weber aus dem Erzgebirge, die Müller und Korallenhändler aus Podolien: sie alle waren die großmütigen Nährer Österreichs; je ärmer desto großmütiger. So viel Weh, so viel Schmerz, freiwillig dargeboten, als wäre es selbstverständlich, hatten dazu gehört, damit das Zentrum der Monarchie in der Welt gelte als die Heimat der Grazie, des Frohsinns und der Genialität; Unsere Gnade wuchs und blühte, aber ihr Feld war gedüngt von Leid und von der Trauer.[71]

Cette déclaration d'amour aux provinces austro-hongroises figure une manière d'illustration des propos – souvent cités – tenus par le comte Chojnicki au début du roman: «Das Wesen Österreichs ist nicht Zentrum, sondern Peripherie. Österreich ist nicht in den Alpen zu finden, Gemsen gibt es dort und Edelweiß und Enzian, aber kaum eine Ahnung

---

71 Joseph ROTH: RW 6, p. 270 *sq.*; trad fr. p. 66 *sq.*: «Je me doutais sans doute d'ores et déjà que mes camarades étaient capables de subir avec succès les épreuves d'un examen, mais non celles d'une guerre. Leur jeunesse avait été trop gâtée dans cette Vienne sans cesse nourrie par les Etats de la Couronne. Ils n'étaient que les enfants inoffensifs, risiblement inoffensifs, de la capitale de la monarchie, capitale dorlotée, excessivement fêtée, et qui, telle une araignée brillante, ensorcelante, établie au milieu de son énorme toile noir et jaune, recevait sans relâche des Etats environnants force, sève, éclat. Les impôts payés par mon pauvre cousin Joseph Branco Trotta, marchand de marrons à Sipolje, les impôts payés par Manès Reisiger, cocher de fiacre juif, qui menait à Zlotogrod une existence misérable, contribuaient à l'entretien des altières maisons du Ring, propriété des barons Todesco, famille israélite anoblie, ainsi qu'à celui des monuments publics: Parlement, palais de justice, locaux universitaires, crédit foncier, Burgtheater, Opéra, et même de la direction de la police. Ainsi que mon père le disait souvent, la gaieté de Vienne, en sa diversité, se repaissait nettement de l'amour tragique voué à l'Autriche par les terres de la Couronne. Amour tragique parce que sans réciprocité. Les tziganes de la plaine hongroise, les Houzoules subcarpathiques, les cochers juifs de la Galicie, mes propres parents, marchands de marrons de Silpolje, les Souabes, planteurs de tabac de la Bacska, les éleveurs de chevaux de la steppe, les Sibersna osmans, ceux de Bosnie et d'Herzégovine, les maquignons de l'Hanakie en Moravie, les tisserands de l'Ersgebirg, les meuniers et les marchands de corail de Podolie, tous, ils nourrissaient généreusement l'Autriche. Plus ils étaient pauvres et plus ils étaient généreux. Tant de souffrances, tant de maux, volontairement offerts comme une chose toute naturelle, avaient été nécessaires afin que le cœur de la monarchie pût passer dans le reste du monde pour la patrie de la grâce, de la gaieté, du génie! Et la grâce fleurissait, grandissait, mais sur un sol engraissé par la douleur et l'affliction».

von einem Doppeladler. Die österreichische Substanz wird genährt und immer wieder aufgefüllt von den Kronländern.»[72]
Vienne se nourrit de ses provinces, elle les capte comme une araignée capte sa proie, et elle les vampirise, tandis que Berlin nourrit les siennes, et avec elles les villes de province, dans l'intention de les dévorer un jour.
L'approche est différente s'agissant de la France. La France décrite par Roth est en harmonie avec sa capitale, du moins sur un mode touristique:

> Wollen Sie nach Versailles, Malmaison, St. Germain? Wollen Sie die alte Kathedrale von St. Denis sehen? Sie werden überall einen historie-gesättigten Boden finden, überall eine kultivierte Natur, die sich mit stolzer Anmut dem menschlichen Willen gefügt hat, überall humane Landschaften, mit Vernunft begabt; überall Wege, die selbst wissen, wohin sie führen; überall Hügel, die ihre eigene Höhe zu kennen scheinen; überall Täler, die mit Ihnen kokettieren werden.[73]

Mais même une description non ironique concède à la province un statut égalitaire, voire supérieur. Lyon est ainsi plus accueillante que Paris:

> Man arbeitet, wie man nur in einer deutschen Stadt zu arbeiten versteht. Aber man freut sich, ißt und lebt, wie man nur in einer französischen sich freuen, essen und leben kann. Ein Fremder ist hier weniger fremd als in Paris. Niemand wundert sich über ihn. Viele Welten stoßen hier zusammen. Griechische, polnische, spagnolische Juden machen hier Geschäfte. Die Seide ist ein edles Produkt.[74]

---

72 Joseph ROTH: RW 6, p. 235; trad. fr. p. 28: «L'essence même de l'Autriche n'est pas celle d'un centre, mais celle d'une périphérie. On ne trouvera pas l'Autriche dans les Alpes. Là-bas, on trouve des chamois, des edelweiss et de la gentiane, mais pas la moindre idée d'un aigle à deux têtes. La substance autrichienne est en permanence nourrie et réalimentée par les pays de la couronne».
73 «Brief aus Paris», *Frankfurter Zeitung*, 4. 4. 1926. In: Joseph ROTH: RW 2, p. 551; trad. fr. in Casanova (note 51), p. 160. «Voulez-vous aller à Versailles, à Malmaison, à Saint-Germain? Voulez-vous voir la vieille basilique de Saint-Denis? Partout, vous trouverez un sol saturé d'histoire, partout, une nature imprégnée de culture, qui s'est pliée avec une grâce fière à la volonté humaine; partout, des paysages humains, doués de raison; partout, des chemins qui savent eux-mêmes ou ils mènent; partout, des collines qui semblent connaître leur propre hauteur; partout, des vallées qui vous feront du charme».
74 «Im mittäglichen Frankreich. Lyon» *(Dans la France du Midi. Lyon). Frankfurter Zeitung.* 8.9.1925. In: Joseph ROTH: RW 2, p. 428: «On travaille comme on sait travailler seulement dans une ville allemande. Mais on se réjouit, on mange et on vit comme on sait vivre seulement dans une ville française. Un étranger est ici

Lors de son arrivée à Paris un 16 mai à 7 heures du matin, Tunda est aussi ébloui par la capitale que Roth semblait l'être dans sa lettre à Benno Reifenberg datée du 16 mai 1925:

> Es war Tunda, als hätte er zum erstenmal den Aufgang der Sonne gesehen. Immer war sie aus Nebeln aufgestiegen, die den Übergang von der Nacht zum Tage verhüllen und aus dem Morgen ein Geheimnis machen. Diesmal aber erschienen ihm Nacht und Tag deutlich voneinander getrennt durch einige saubere Wolkenstriche, auf denen der Morgen heraufstieg wie auf Treppen.
> Er hatte in Paris einen klaren, blauen Morgenhimmel erwartet. Aber der Morgen in Paris ist mit einem weichen Bleistift gezeichnet. ein zerstäubter Rauch von Fabriken vermischt sich mit unsichtbaren Resten silberner Gaslampen und hängt über den Fronten der Häuser.
> In allen Städten der Welt sind es um sieben Uhr morgens die Frauen, die zuerst aus den Häusern treten: Dienstmädchen und Stenotypistinnen. In allen Städten, die Tunda bis jetzt gesehen hatte, bringen die Frauen noch eine Erinnerung von Liebe, Nacht, Betten und Träumen in die Straßen. Die Pariserinnen aber, die des Morgens die Straße betreten, scheinen die Nacht vergessen zu haben. Sie haben die frische, neue Schminke auf Lippen und Wangen, die wunderbarerweise an eine Art Morgentau erinnert. [...]
> Er ging durch hässliche, alte Gassen mit aufgerissenem Pflaster und billigen Läden. Aber wenn er den Blick erhob über die Ladenschilder, waren es Paläste, die mit unberührter Gleichgültigkeit Händler zu ihren Füßen duldeten. [...]
> Die Läden sahen aus wie Gemüsegärten, und trotz der weichen, bleifarbenen Atmosphäre, welche die Sonne verhüllte, trotz dem Rauch und der plötzlich aus dem Asphalt aufsteigenden Hitze war es Tunda, als wanderte er durch freies Land, und er roch den Duft der aufsteigenden Erde.[75]

---

    moins un étranger qu'à Paris. Personne ne s'étonne de lui. De nombreux mondes se confrontent et rencontrent ici. Des Juifs grecs, polonais, espagnoles font des affaires ici. La soie est un produit noble» [notre traduction].

75   Joseph ROTH: RW 4, p. 466 sq.; trad. fr. p. 172 sq.: «Tunda avait l'impression de voir pour la première fois le lever du soleil. Toujours le soleil s'était élevé des brouillards qui masquent le passage de la nuit au jour et qui font du matin un mystère; mais cette fois la nuit et le jour lui apparaissaient nettement séparés l'un de l'autre par quelques pures barres de nuages sur lesquelles le matin montait comme sur des escaliers. Il s'était attendu à trouver sur Paris un ciel matinal, clair et bleu. Mais à Paris, le matin est dessiné avec un crayon mou. La fumée pulvérisée des fabriques se mêle aux lueurs effacées des lampes à gaz argentées et s'attache aux façades des maisons. Dans toutes les villes du monde, ce sont, à sept heures du matin, les femmes qui, les premières, sortent des maisons: des bonnes, des sténosdactylos. Dans toutes les villes que Tunda avait vues jusqu'ici, les femmes emmenaient encore dans les rues un souvenir d'amour, de nuit, de lits et de rêves. Mais

Joseph Roth, approches de l'objet métropole 165

Paris est ici nature et culture à la fois, douceur et raison – une métropole «objective» qui tolère et améliore les subjectivités humaines. Dans un article ultérieur, daté de 1929, Roth évoque l'éducation des enfants à Paris, qui semble avoir cet idéal pour horizon:

> In allen Gärten spielen Kinder. Das Betreten der Rasen ist in einem Maß erlaubt, das den deutschen Besuchern beinahe schon sündhaft vorkommt. [...] Dieses Volk, das so wenig Kinder zeugt und gebiert, achtet nicht nur im Kind die Zukunft des Landes, der Nation, der Welt – es liebt auch, ohne jede Überlegung, das Kind als Geschöpf, als werdenden Menschen, der noch halbes Tier ist. [...] Das pädagogische Prinzip in Frankreich ist nicht: spartanische Strenge, sondern: romanische Freiheit der individuellen Anlagen – es ist nicht: Zucht, sondern: Sitte.[76]

Pourtant, lorsque Tunda est confronté à la vie intellectuelle parisienne, il aperçoit vite les limites de sa culture: élégante, certes, elle est à ses yeux aussi vide, au fond, que la culture allemande: le fabricant juif le lui avait bien dit. Et lorsqu'il s'agirait de défendre une culture européenne il s'avère que ses représentants n'y croient pas vraiment:

> Sie alle sprachen in weihevollen Stunden von einer Gemeinsamkeit der europäischen Kultur. Einmal fragte Tunda: «Glauben Sie, dass Sie imstande wären, mir präzise zu sagen, worin diese Kultur besteht, die Sie zu verteidigen vorgeben, obwohl sie gar nicht von außen angegriffen wird?» «In der Religion!» – sagte der Präsident, der niemals die Kirche besuchte. «In der Gesittung» – sagte die Dame, von deren illegitimen

---

les Parisiennes qui, le matin, s'en vont par les rues, semblent bien avoir oublié la nuit. Elles ont sur les lèvres et les joues un fard plein de fraîcheur qui rappelle merveilleusement la rosée du matin. [...] Il traversa des ruelles vieilles et laides, avec leur pavé en mauvais état, bordées de boutiques bon marché. Mais quand il leva les yeux au-dessus des enseignes des boutiques, il vit que c'étaient des palais qui, avec une indifférence parfaite, toléraient à leurs pieds des marchands. [...] Les boutiques avaient un air de potager, et malgré la fumée et la chaleur qui montait tout à coup de l'asphalte, Tunda avait l'impression d'aller à travers la pleine campagne et de sentir l'odeur de la terre».

76 «Das Kind in Paris» *(L'enfant à Paris). Frankfurter Zeitung.* 17.3.1929. In: Joseph ROTH: RW 3, p. 37 *sq.*; trad. fr. in Casanova (note 51), p. 201: «Dans tous les jardins il y a des enfants qui jouent. La pelouse leur est tellement peu interdite que cela paraît presque un péché aux visiteurs allemands. [...] Ce peuple, qui engendre et met au monde si peu d'enfants, ne célèbre pas seulement en l'enfant l'avenir du pays, de la nation, du monde – il aime aussi, sans réfléchir, l'enfant en tant que créature, en tant qu'être humain en devenir, encore à moitié animal. [...] En France, le principe pédagogique n'est pas: sévérité spartiate, mais: liberté romaine des prédispositions – non pas: élevage, mais: souci éthique».

Beziehungen die Welt wusste. «In der Kunst» – der Diplomat, der seit seiner Schulzeit kein Bild betrachtet hatte. «In der Idee Europa» – sagte klug, weil allgemein ein Herr namens Rappaport. Der Aristokrat aber begnügte sich mit dem Zuruf: «Lesen Sie doch meine Zeitschrift!».[77]

Face à cette tiédeur lamentable, Tunda, l'ancien révolutionnaire, ne peut qu'évoquer la guerre de 1914 et le peuple qui, lors de l'éclatement d'une nouvelle guerre, serait quant à lui dans l'impossibilité absolue de se réfugier en Suisse, contrairement à bon nombre d'opposants pacifistes intellectuels en 1914: il signale qu'un ouvrier doit attendre trois jours pour obtenir un visa, y compris en temps de paix. Mais pour ce qui est de son ordre de mobilisation – il arrive tout de suite. La discussion est finalement interrompue par un nouvel arrivant qui relate son séjour récent en Amérique: l'ancien monde se tait face aux nouvelles en provenance du Nouveau Monde.

Le manque d'argent, sans importance pour lui en Union Soviétique, se révèle à Paris un facteur de séparation plus fort que les liens culturels: lorsqu'elle passe près de lui, Irène, son ancienne fiancée ne le reconnaît plus. A la fin du récit, Tunda n'a plus aucune raison de vivre, et il n'a plus la force de retourner en Europe de l'Est, là où on l'attend encore: «Il n'y avait personne d'aussi superflu au monde qui lui.»[78]

Pourtant, malgré cet amer constat dans la bouche de Tunda, Paris demeure dans la topographie littéraire de Joseph Roth une sorte de dernier refuge. Franz Ferdinand Trotta, le narrateur de *Die Kapuzinergruft* y envoie son jeune fils après l'«Anschluss» de 1938, et dans *Beichte eines*

---

[77] Joseph ROTH: RW 4, p. 476; trad. fr. p. 192: «Dans des heures solennelles ils parlaient tous d'une culture européenne commune. Tunda demanda un jour: ‹vous croyez-vous à même de me dire de manière précise en quoi consiste cette culture que vous prétendez défendre, bien qu'elle ne soit pas attaquée de l'extérieur?› ‹C'est la religion!› dit le président qui n'allait jamais à l'église. ‹C'est la civilité› dit la dame dont tout le monde savait ses relations illégitimes. ‹C'est l'art› dit le diplomate qui n'avait pas regardé un seul tableau depuis sa scolarité. ‹C'est l'idée de l'Europe› dit habilement car formulé de manière générale un Monsieur nommé Rappaport. L'aristocrate, lui, se contenta de cette exclamation: ‹Mais lisez donc mon journal!›».
[78] Joseph ROTH: RW 4, p. 496; trad. fr. p. 236: «So überflüssig wie er war niemand in der Welt».

Mörders erzählt in einer Nacht (Notre assassin) de 1936,[79] Paris est le seul lieu où le personnage principal, fils illégitime d'un riche prince russe, réussit à s'approprier, de manière certes illégitime, le nom propre qu'il considère comme son nom légitime, Krapotkine, et où il finit par trouver une sorte de refuge dans un restaurant russe, le «Tari-Bari», qui est un lieu de rencontre d'émigrés russes. Il y est même à l'abri de sa femme française, laquelle est devenue laide, également par sa faute: dans une vie antérieure il l'avait défigurée en essayant de la tuer et de tuer aussi son «demi-frère», le fils reconnu par le prince Kropotkine.

Ce même «Tari-Bari», ce tohu-bohu de Paris, ce lieu quasi extraerritorial, où l'horloge n'indique jamais l'heure correcte («Tantôt arrêtée, tantôt erronée, elle semblait moins indiquer les heures que se railler du temps»[80]) est aussi le lieu où Andreas, c'est-à-dire le «Saint-Buveur» de la dernière nouvelle de Joseph Roth, peut se réfugier dans l'alcool avant de mourir dans la sacristie de la chapelle Ste-Marie-des-Batignolles.

Die Flucht ohne Ende semble constituer une sorte de pivot autour duquel les différentes formes d'écriture pratiquées par Joseph Roth viennent se juxtaposer. Pour ce qui est des lieux du roman, l'auteur y instaure en quelque sorte une topographie imaginaire issue d'une topographie «documentaire». Cette topographie a la particularité d'être dynamique: Wolfgang Müller-Funk, dans son petit livre sur Roth, considère à juste titre que ce ne sont pas seulement les trois capitales européennes, mais aussi les petites villes situées à l'est de l'Europe, et New York, la nouvelle capitale du monde, qui modifient les orbites des personnages romanesques de Roth: «Elles exercent leur pouvoir sur les humains, mettent en mouvement ceux qui évoluent dans leur champ d'attraction»[81] La disposition de cet ensemble de pôles d'attraction explique le caractère excentrique des orbites que parcourent, après l'auteur lui-même, les personnages de l'écrivain.

---

79   Paru en français en 1947 chez Laffont et en 1994 chez Bourgeois (trad. fr. de Blanche Gidon).
80   Joseph ROTH: RW 6, p. 3; trad. fr. p. 72: «Manchmal stand sie, manchmal ging sie falsch; sie schien die Zeit nicht anzuzeigen, sondern verhöhnen zu wollen».
81   Wolfgang MÜLLER-FUNK: *Joseph Roth*. München: Beck 1989. p. 65: «Sie üben Macht auf die Menschen aus, setzen die in Bewegung, die sich in ihrem Bannkreis bewegen».

Les métropoles qu'il a connues sont, comme objet de l'écriture, chez Roth aussi des univers où la distinction de l'objectif et du subjectif est comme abolie par une dimension mythique liée à la chose même: au-delà des objets matériels terriblement matériels, elles figurent comme temples de toutes les subjectivités humaines. Mais c'est plutôt le cœur subjectif des «villes tentaculaires» d'Emile Verhaeren que la «jungle des villes» de Brecht et d'autres, plus douteux, qui constitue l'attracteur gravitationnel du cœur malade de l'auteur. La force qui le fait rejoindre une métropole se retourne en force qui l'expulse et le relance dans la grande tournée des métropoles.

Au-delà de ce mouvement inéluctable et ininterrompu, au delà de la sphère gravitationnelle proprement dite, il existerait cependant un «non-lieu», un u-topos, où le temps et l'histoire s'arrêtent pour Joseph Roth: le lieu impossible du «Polonais sibérien» Jan Baranowicz (ou Baranovitsch), qui vit loin de la civilisation et s'est converti au bouddhisme. Il héberge en 1915 Franz Ferdinand Trotta avec ses deux amis Joseph Branco Trotta et Manès Reisiger, jusqu'à ce que Joseph Branco et Manès se disputent, puis il accueille Tunda entre 1916 et 1919. A Paris, Tunda reçoit une lettre dans laquelle Baranowicz l'invite à revenir auprès de lui et auprès de la femme de Tunda, qui l'a rejoint entre-temps, mais il y renonce. L'orbite qui l'a choisi et qui l'entraîne ne semble pas lui permettre de prendre un quelconque chemin de retour: il est littéralement déboussolé, expédié dans un cosmos sans points cardinaux. En comparaison, le destin du Saint-Buveur est plus heureux: son espace d'origine, la Silésie polonaise, s'est effacé dans l'alcool, et il est visiblement aussi superflu que Tunda; simplement, un homme lui offre un temps de sursis, et il se retrouve dans l'état de pouvoir payer, avant de mourir, la dette qu'il a endossé de lui-même envers l'au-delà symbolisé par la «petite sainte» Thérèse de Lisieux incarnée par une toute jeune fille. Le point cardinal que lui a offert la vie est venu à sa rencontre.

La représentation de la réalité dans la nouvelle de Joseph Roth

Le Marchand de corail (Der Leviathan)

Véronique UBERALL

La nouvelle posthume de Joseph Roth *Le marchand de corail* a été rédigée en 1934,[1] mais les Editions Querido ne publient l'histoire intégrale *Der Leviathan*[2] qu'en 1940. Rappelons en quelques lignes, la trame principale du récit.

Nissen Piczenik, le marchand de corail de la petite ville de Progrody, image du *shtetl* traditionnel des régions orientales de l'Empire austro-hongrois, est réputé pour son honnêteté et sa bonté. Il aime ses coraux véritables qui protègent du mauvais œil et des maladies au point de faire un voyage à Odessa pour se rapprocher de la mer et des coraux, s'éloignant des traditions de Progrody et oubliant peu à peu sa piété juive. Un jour, un hongrois, Jenö Lakatos, ouvre un commerce de corail concurrent dans le village voisin, où il vend moins cher des coraux synthétiques en les faisant passer pour véritables. Nissen Piczenik assiste, impuissant, à la fuite de ses clients habituels, attirés par les tarifs de Lakatos. Un jour,

---

1   *Cf.* Fritz HACKERT: *Anhang.* In: Joseph ROTH: *Werke*, VI, p. 792: «*Der Korallenhändler* von Joseph Roth, aus einem unveröffentlichen Manuskript.» In: *Das Neue Tage-Buch* 2, 51, 22. Dez. 1934, pp. 1217-1220, seulement pour le chapitre 1. Puis l'intégralité du texte paraît, dans le journal *Pariser Tageszeitung,* sous le titre *Der Leviathan. Novelle.* In: *Pariser Tageszeitung.* pp. 823-832, 23-24 Okt. 1938. Les cinq premiers chapitres sont à nouveau publiés dans le périodique *Jüdische Revue* en automne 1938, juste avant la disparition de cette revue: *Der Leviathan.* In: *Jüdische Revue.* 3, 1938, n° 9 Sept., pp. 539-546; et ebd. 3, 1938, n° 10/11 Okt./Nov. pp. 606-620. Il existe toutefois, dans les archives, un typoscript portant le titre *Korallen.*
2   Joseph ROTH: *Der Leviathan.* Amsterdam: Querido 1940.

Lakatos propose à Piczenik d'acheter de ses coraux synthétiques et de les revendre dans sa boutique, afin que son affaire ne périclite pas totalement. Et Piczenik finit par se laisser séduire et succombe à la tentation de vendre également des coraux synthétiques. Il fait pire encore parce qu'il les mélange avec ses vrais coraux. Dès ce moment, les coraux que les paysans achètent chez Piczenik perdent leur pouvoir bénéfique et Piczenik perd son honneur. Les catastrophes se succèdent au village: accidents, maladies, épidémies, décès. Pris de remords, Piczenik brûle ce qui lui reste de coraux synthétiques, emporte les véritables coraux qui lui restent et quitte son village pour rejoindre les coraux au fond de l'océan: il se noie lors du naufrage du transatlantique où il s'était embarqué.

Joseph Roth a écrit cette nouvelle à Paris, pendant son exil. Il vient de publier *L'Antéchrist*, recueil de textes journalistiques qui s'élèvent contre les dangers du progrès et contre le nazisme. Le ton véhément et agressif des textes[3] parus au printemps 1934 et destinés à mettre en garde le lecteur contre le nazisme et les dangers du progrès, n'a pas apporté à leur auteur le succès attendu. Il se met alors à imaginer une autre façon de dénoncer la prise de pouvoir du nazisme, non plus directement, à travers des articles virulents, mais indirectement à travers la symbolique multi-significative de la nouvelle *Le marchand de corail*.[4] Comment Joseph Roth représente-t-il la réalité dans cette nouvelle pleine de poésie? Il utilise une forme de nouvelle qui s'apparente au conte[5] par bien des aspects et où le lecteur se laisse porter par un récit fictif plein d'exotisme et de touches de merveilleux.[6] Pourtant, la réalité sociopolitique et culturelle

---

3 Joseph ROTH: *Das Dritte Reich. Die Filiale der Hölle auf Erden*. In: *Werke in sechs Bänden*. Bd. III, pp. 508-510.

4 *Cf.* Annie LAMBLIN: *Tradition et modernité dans les nouvelles de Joseph Roth*. In: *Le texte et l'idée* 21, 2006, pp. 119-142. Sur la question du rapport à la modernité, on consultera aussi de manière plus générale l'ouvrage de référence de Stéphane Pesnel: *Totalité et Fragmentarité dans l'œuvre romanesque de Joseph Roth*. (= Coll. Contacts). Bern: Peter Lang 2000.

5 *Cf.* Marcel REICH-RANICKI: *Joseph Roths Flucht ins Märchen*. In: Marcel REICH-RANICKI: *Nachprüfung. Aufsätze über deutsche Schriftsteller von gestern*. München, Zürich: Piper 1977, pp. 87-97.

6 Voir à ce sujet Fritz HACKERT: «Zum Gebrauch der Gattung Legende bei Joseph Roth.» In: *Die Schwere des Glücks und die Grösse der Wunder, Joseph Roth und seine Welt*. (= Herrenalber Forum, 10) Karlsruhe: Evangelischer Presseverband für

La représentation de la réalité dans la nouvelle de Joseph Roth 171

contemporaine est toujours présente.[7] C'est ce que nous allons voir en montrant d'abord la présence de conflits historiques, puis l'évocation de la figure de l'empereur et de ses peuples, la fin de la monarchie, enfin la dénonciation des méthodes nazies.

La présence de faits historiques à travers l'exemple de deux guerres

La guerre russo-japonaise

Un conflit entre la Russie et le Japon est évoqué dans *Le marchand de corail*,[8] dans les conversations des paysans de Progrody.[9] Il permet au lecteur de situer le temps du récit, c'est-à-dire en 1904 ou en 1905. Son enjeu est le contrôle du Nord-Est de la Chine, et elle est sujet de conversation parmi les habitants de Progrody dont les jeunes gens sont enrôlés dans l'armée russe. Nous savons que le conflit éclate lorsque l'escadre

---

    Baden 1994, pp. 116-123. Stefan H. KASZYŃSKI: «Die Mythisierung der Wirklichkeit im Erzählwerk von Joseph Roth». In: *Identität, Mythisierung, Poetik. Beiträge zur österreichischen Literatur im 20. Jahrhundert*. In: *Seria Filologia Germánska*. n° 33. Posnań: Uniwersytet IM. Adama Mickiewicza W Poznaniu 1991, pp. 59-69.

7   On peut parler de réalisme poétique, à l'instar d'Arthur Zimmermann. Voir Arthur ZIMMERMANN: «Der poetische Realismus bei Joseph Roth». In: *Jahrbuch für internationale Germanistik* 12, Heft 1. Bern, Frankfurt/Main, Las Vegas: Peter Lang, 1980, p. 56-74.

8   Joseph ROTH: *Der Leviathan* (*cf.* note 1), p. 551.

9   Progrody est un village fictif, que l'on peut assimiler aux villages de la Galicie orientale (actuellement dans l'ouest de l'Ukraine), et d'où est originaire Joseph Roth, Brody où il est né, se situe à 5 km de la frontière russe. Les guerres russes y ont une incidence immédiate, même lorsqu'elles sont lointaines, car les jeunes gens de ces villages sont enrôlés dans l'armée russe, comme le jeune Komrower. Voir à ce sujet: Maria KŁAŃSKA: «Die galizische Heimat im Werk Joseph Roth». In: Alexander STILLMARK (Hrsg.): *Joseph Roth. Der Sieg über die Zeit. Londoner Symposium*. Stuttgart: H. D. Heinz Akademischer Verlag 1996, pp. 143-156 et aussi Frank TROMMLER: *Roman und Wirklichkeit: eine Ortsbestimmung an Beispiel von Musil, Broch, Roth, Doderer und Gütersloh*. Stuttgart, Berlin, Köln, Mainz: Kohlhammer 1966.

russe stationnée à Port-Arthur, sur la presqu'île de Lio-Tung en Chine, est attaquée par les Japonais le 8 février 1904. Port-Arthur se rend après un siège de 239 jours en décembre 1904, et cette guerre russo-japonaise s'achève après la victoire du Japon aux îles Tsushima le 27 mai 1905, par la signature du traité de Portsmouth, le 23 août 1905 ou le 5 septembre 1905, selon le calendrier utilisé.[10]

La guerre russo-suédoise

La manière dont Joseph Roth se sert de ce conflit du dix-huitième siècle, s'éloigne de l'histoire factuelle de manière ironique et sert son besoin de dénoncer les mensonges de l'histoire, particulièrement en ce qui concerne Catherine II.

Un personnage, le jeune Komrower qui fait son service militaire depuis trois ans dans la marine impériale russe, fait allusion à travers un «conte fabuleux», à une guerre entre la Russie et la Suède.[11] Le genre du conte de marin est utilisé ici pour évoquer l'impératrice de Russie Catherine II, appelée la Grande Catherine par Voltaire, mais « notre petite mère Catherine»[12] par ses troupes, d'où le nom du croiseur de Komrower «Petite-Mère-Catherine».[13] Dans le conte inséré dans la nouvelle, tout est détourné: historiquement, Pierre III épouse Catherine, princesse allemande de la famille Anhalt-Zerbst, et non la plus belle femme de Russie. Leur union ne fut pas un mariage d'amour, la célébration eut lieu le 21 août 1745, où il ne pouvait faire quarante degrés de froid et on ne pouvait se déplacer en traîneaux pour se rendre à Tsarskoïe Selo, palais très proche de Saint-Petersbourg. La guerre russo-suédoise s'est achevée en 1743 par la paix d'Abo, après la défaite suédoise, mais c'est alors Elisabeth, fille de

---

10 Michel HELLER: *Histoire de la Russie et de son empire*. Traduit du russe par Anne Coldefy-Faucard. Paris: Flammarion 1999, p. 875.
11 Joseph ROTH: *Le marchand de corail* (*cf.* note 1), p. 227.
12 Paola RAPELLI: *Symboles du pouvoir et grandes dynasties*. Traduit de l'italien par Cécilia Garnier. Paris: Hazan 2005, p. 168.
13 Cette expression entre en résonance avec une autre plus contemporaine de Joseph Roth: le «Petit Père des Peuples» désignant Staline.

La représentation de la réalité dans la nouvelle de Joseph Roth 173

Pierre le Grand, qui est tsarine.[14] Joseph Roth tourne le personnage historique de Catherine II en dérision et montre, d'une manière imaginaire, la cruauté dont elle a été capable, particulièrement lors de la répression de la révolte de Pougatchev (1773/1774), qui fait suite au partage de la Pologne, à la suppression de l'autonomie de l'Ukraine. Mais ce sont les paysans qui en furent victimes et non un roi de Suède. Elle est présentée comme une ogresse ou une sorcière, une guerrière de ces peuples dont la croyance voulait qu'ils mangent leurs ennemis vaincus, tout le corps ou bien seulement le cerveau ou la tête, ou bien une autre partie du corps, pour ingérer en même temps que leur chair, leur force spirituelle, leurs valeurs guerrières et morales. Cette légende fait pourtant penser à une des nombreuses pièces de théâtre,[15] écrites par la Grande Catherine. Intitulée *Le Chevalier de malheur*, cette pièce satirique la mettait en scène, tournant en ridicule le roi de Suède Gustave III, mais elle n'a pas été conservée.[16] L'allusion à une guerre russo-suédoise serait donc double à travers la confusion des dates et des impératrices: il s'agit à la fois de la guerre de 1741/1743 proche du mariage de Catherine II, conformément à la chronologie de la légende de Joseph Roth, et de la guerre menée imprudemment en 1788 par Gustave III de Suède contre Catherine II pour tenter de récupérer la totalité du territoire de la Finlande, dont la Russie occupe la partie sud-est depuis 1743.[17] Les Suédois ont plusieurs fois menacé Saint-Pétersbourg, sans résultat, et le conflit, qui a commencé par la bataille de juillet 1788 au large de l'île de Hogland, ne fut une victoire pour aucun des deux camps.[18] Il se termine par le traité de Werälä, signé

---

14   Jusqu'en 1762.
15   Ettore LO GATTO: *Histoire de la littérature russe des origines à nos jours*, Traduit de l'italien par M. et A.-M. Cabrini. Paris: Desclée de Brouwer 1965, p. 152. Selon Ettore Lo Gatto, ces pièces étaient «très médiocres [...] mais présentant un intérêt historique de mœurs assez marquant».
16   *La Russie au XVIIIe siècle, Catherine II*. Source: http://www.cosmovisions.com/ChronoRussie1803.htm.
17   Pierre JEANNIN: *Histoire des pays scandinaves*. Paris: Presses Universitaires de France, 1965, pp. 61, 63.
18   Isabel de MADARIAGA: *La Russie au temps de la Grande Catherine*. Traduit de l'anglais par Denise Meunier. Paris: Fayard 1987, p. 433.

en août 1790[19] et Gustave III meurt assassiné par un officier en 1792.[20] Dans ce métarécit, l'auteur a utilisé et détourné l'histoire factuelle, sans pour autant chercher à tromper le lecteur qui est prévenu qu'il s'agit d'une «histoire d'ivrogne». Joseph Roth règle ainsi ses comptes avec Catherine II, généralement considérée comme une adepte de la philosophie des Lumières et grande mécène des arts, alors qu'elle a imposé une monarchie absolue, alourdi le sort des serfs, pris le contrôle de la Pologne et entrepris la russification intense des terres ukrainiennes dès 1763, empêchant l'accès à l'instruction des paysans.[21] Après la Révolution française, elle a totalement renié ses amis philosophes et fait brûler leurs ouvrages. Peut-être aussi veut-il ironiser sur le contenu des cours dans la marine impériale russe des années 1900 et sur le niveau d'instruction des matelots, tout en suggérant, à travers ce qui n'est peut-être qu'une fabulation d'ivrogne, le lien parfois ténu entre histoire et légende, sans oublier le rôle de la propagande militaire.[22] Mais un autre personnage historique, l'empereur François-Joseph est très présent dans toute l'œuvre de Joseph Roth, et en particulier dans la nouvelle *Le marchand de corail*.

Nissen Piczenik, image de l'Empereur François-Joseph

Au début de la nouvelle *Le marchand de corail*, Joseph Roth donne une image de la Monarchie austro-hongroise idéalisée,[23] où l'empereur Nissen

---

19 Nicholas V. RIASANOVSKY: *Histoire de la Russie des origines à nos jours*. Traduit de l'américain par André Berelowitch. Paris: R. Laffont 1987, p. 298.
20 Pierre JEANNIN: (wie Anm. 17) p. 64.
21 Olivier de LAROUSSILHE: *L'Ukraine*. Paris: Presses Universitaires de France 2002 ([1]1998), p. 44.
22 Hélène CARRÈRE D'ENCAUSSE: *Catherine II*. Paris: Bayard 2005, p. 71. Hélène Carrère d'Encausse a émis cet avis sur Catherine II: «C'est un génie de la communication et de la propagande dont on ne retrouve qu'un seul exemple en son temps, Bonaparte».
23 Joseph Roth a contribué par ses écrits, et en particulier à travers le roman *La marche de Radetzky (Radetzky-marsch)* à l'élaboration d'un mythe de l'Empire austro-hongrois. Voir à ce sujet: Claudio MAGRIS: *Le mythe et l'Empire dans la lit-*

La représentation de la réalité dans la nouvelle de Joseph Roth 175

Piczenik / François-Joseph règne avec bienveillance, respect et amour sur l'ensemble de ses peuples, petits et grands, reconnaissant et admettant leur spécificité.[24] Dans cette nouvelle Nissen Piczenik apparaît comme la figure paternelle de l'empereur François-Joseph veillant sur ses peuples, face à Jenö Lakatos, figure diabolique du séducteur qui pousse le peuple vers le malheur.[25] Le paisible marchand de corail est célèbre pour sa conscience professionnelle et son honnêteté, et sa description est conforme à celle de tous les Juifs de l'Est, habillé d'un cafetan, portant la petite calotte de soie noire et des pantalons élimés. Il est roux et frisé, porte un petit bouc, son visage est plein de taches de rousseur, et ses yeux sont bleus. Il est compétent, serviable, intelligent et mène une petite vie tranquille. Nissen Piczenik a une relation très profonde, intime envers ses coraux qu'il traite avec tendresse, comme des êtres vivants. Mais il est aussi celui qui règne sur tout un monde, tel un empereur qui assure l'ordre et la sécurité pour ses sujets, les coraux. Le monde coloré et paisible de Nissen Piczenik peut être comparé à l'empire multinational. La symbolique de la lumière dont rayonnent les foulards et les coraux confère à la maison de Piczenik un caractère sacré, selon la tradition juive, chrétienne et symbolique en général. Le lien entre la lumière, l'âme et Dieu est étroit, la lumière est ici le symbole de la puissance spirituelle qui règne dans le monde de Piczenik. Les coraux lancent une lumière jaune, symbole de la clarté, de l'or et du soleil, repris par les images de jours ensoleillés,[26] ainsi que dans d'autres descriptions comme la couleur du thé, le pommeau d'une canne, les reflets de la fumée bleue traversée par

---

    térature autrichienne moderne, Traduit de l'italien par Jean et Marie-Noëlle Pastureau, Paris: Gallimard 1991 (Titre original de la thèse: *Il mito absburgico nella letteratura austriaca moderna.* Univ. Turin 1963, parue: Turin: Einaudi 1963).
24 Il fait alors abstraction de toutes les revendications d'autonomie des peuples de l'Empire. Voir à ce sujet: Geneviève HUMBERT-KNITEL: «La monarchie austrohongroise – un modèle de cohabitation des peuples? L'exemple des confins orientaux de la Cisleithanie». In: *Recherches germaniques* 38, Strasbourg, 2008, pp. 21-42.
25 Sur l'image de l'empereur chez Joseph Roth, voir Krzysztof LIPINSKI: «Seine Apostolische Majestät. Zum Bild des Kaisers bei Joseph Roth». In: *Die Schwere des Glücks und die Grösse der Wunder, Joseph Roth und seine Welt.* (= Herrenalber Forum, 10) Verlag Evangelischer Presseverband für Baden e. V., Karlsruhe, 1994, pp. 92-108.
26 Joseph ROTH: *Der Leviathan* (*cf.* note 1), p. 543.

un rayon doré.[27] Tout cela donne une impression de richesse et de précieux, comme si la maison du marchand n'était en fait qu'un immense écrin pour ses coraux. L'Empire est symboliquement assimilable à un écrin doré pour ses joyaux, les peuples de la Monarchie, toujours en quête d'une beauté alliant l'art et la richesse, ainsi que le montrent les styles baroque et rococo, l'or étant le symbole de la puissance royale. La redondance de certaines couleurs donne au récit une dimension poétique. Nous limitons l'étude à la couleur rouge, la plus présente et la plus significative dans la nouvelle. En effet, les coraux sont rouges, mais passent par toutes les nuances de rouge, partant du lumineux à l'éclat jaunâtre jusqu'au grenat et au vermillon pour finir avec ceux qui ressemblent à des gouttes de sang durci.[28] La progression de la lumière vers le sang établit un lien entre le spirituel et le physique. La référence au sang de la Méduse est claire: les coraux sont rouges parce que, selon la mythologie grecque, ils sont nés du sang de cette Gorgone mortelle.[29] Joseph Roth fait aussi allusion au sang des femmes qui donnent la vie et redonnent la vie à ses colliers de coraux,[30] car pour lui les coraux, même limés et polis, sont vivants. La couleur rouge, la force de la vie, de la pulsion amoureuse, l'érotisme, la poitrine des femmes et la fertilité sont liés. Le rouge pourpre n'existe plus que chez les coraux, selon Joseph Roth, car, selon la légende juive ce rouge provient du ver Kilbith,[31] le seul être redouté par le Léviathan. Symboliquement, le petit ver Kilbith donne au roi

---

27   Joseph ROTH: *Der Leviathan* (*cf.* note 1), p. 558: «Ein goldig, durchsonnter, blauer Rauch».
28   Joseph ROTH: *Der Leviathan* (*cf.* note 1), p. 545: «Gelblich leuchtende, fast weißrote Korallen von der Farbe, wie sie manchmal die oberen Ränder der Teerosenblätter zeigen, gelblichrosa, rosa, ziegelrot, rübenrote, zinnoberfarbene und schließlich die Korallen, die aussehen wie feste, runde, Blutstropfen».
29   HÉSIODE: *Théogonie*, p. 274 sq; APPOLODORE: *Bibliothèque*, I, 2, 6; II, 4, 2; II, 7, 3; III, 10; OVIDE: *Métamorphoses*, IV, 765; PAUSANIAS: *Périégèse*, II, 21, 5; HOMÈRE: *Odyssée*, XI, 623.
30   Joseph ROTH: *Der Leviathan* (*cf.* note 1), p. 545: «Hier erst, an den weißen, festen Hälsen der Weiber, in innigster Nachbarschaft mit der lebendigen Schlagader, dre Schwester der weiblichen Herzen, lebten sie auf, gewannen sie Glanz und Schönheit und übten die ihnen angeborene Zauberkraft aus, Männer anzuziehen und deren Liebeslust zu wecken».
31   Article «Kilbith». In: *Dictionnaire Larousse en six volumes*. vol. 4. Paris: Larousse 1931, p. 431a.

La représentation de la réalité dans la nouvelle de Joseph Roth 177

Salomon le pouvoir politique, le rouge est alors un symbole de la monarchie juive, d'essence divine, capable de maîtriser les forces parfois maléfiques du Léviathan. Le rouge est aussi porteur de valeurs négatives, chargées de violence. C'est la couleur du sang, des champs de bataille, de la révolution, du drapeau des communistes, de l'enseigne du magasin de faux coraux de Lakatos, c'est-à-dire de la fin de l'ordre. D'autres personnifications de Nissen Piczenik peuvent être évoquées comme, par exemple Merlin l'enchanteur, Poséidon, Yaveh dans la *Genèse*, tant il paraît le créateur des coraux, comme Dieu est le créateur des hommes. Piczenik est aussi un autre visage du Léviathan, parce qu'il prend soin des coraux et leur assure une vie agréable et tranquille. C'est pourtant le rôle du Léviathan de prendre soin des êtres marins et surtout des coraux jusqu'au retour du Messie, comme le rappelle le narrateur de la nouvelle.[32]

Mais toutes ces personnifications de Nissen Piczenik, issues des traditions talmudiques, bibliques et mythologiques, ne doivent pas voiler l'intention réelle de Joseph Roth qui présente Piczenik comme une personnification de François-Joseph.[33] De nombreuses attitudes du marchand de corail envers ses coraux sont semblables à celles de l'empereur envers ses peuples. Pour faire apparaître son amour et son admiration pour la Monarchie habsbourgeoise, il utilise, comme titre de sa nouvelle, un symbole fort de la légitimité et du droit public: *Léviathan*, titre de l'ouvrage de Thomas Hobbes.[34] Le sens de l'image du Léviathan est autant politique que biblique. Chez Hobbes, le Léviathan incarne l'Etat, comme un être gigantesque possédant la même puissance que le Léviathan biblique, l'Etat devant inspirer la crainte et procurer la sécurité aux sujets, afin que l'ordre puisse régner. Dans la nouvelle *Le marchand de corail*, les paradoxes du pouvoir se cachent derrière l'ambivalence des

---

32 Joseph ROTH: *Der Leviathan* (*cf.* note 1), p. 547: «Der Leviathan aber, der sich auf dem Urgrund aller Wasser ringele, hatte Gott selbst für eine Zeitlang, bis zur Ankunft des Messias nämlich, die Verwaltung über die Tiere und Gewächse des Ozeans, insbesondere über die Korallen».

33 Voir Edward TIMMS: *Doppeladler und Backenbart. Zur Symbolik der österreichjüdischen Symbiose bei Joseph Roth.* In: *Literatur und Kritik.* 247/248, Salzburg: Otto Müller, 1990, pp. 318-324.

34 Thomas HOBBES: *Léviathan ou Matière, forme et puissance de l'Etat chrétien et civil* (1651). Traduction par Gérard Mairet. Paris: Gallimard 2000.

humains, des symboles, des puissances. Chez Joseph Roth, le Léviathan apparaît à la fois comme un équitable et bon monarque, qui apporte la sécurité au peuple, comme François-Joseph, ou bien un odieux dictateur comme Hitler, manipulant et terrorisant la population, comme Jenö Lakatos. Mais la puissance du monarque doit être au service du peuple et non lui apporter la guerre et le malheur. Dans la première partie, Nissen Piczenik tient le rôle du bon Léviathan-François-Joseph qui incarne, malgré ses défauts, le monarque idéal qui aime ses peuples, qui est le symbole de l'unité et de la pérennité de l'Empire habsbourgeois.[35] Pourtant, sa vision de l'Empereur, à travers les personnifications dans les nouvelles, montre qu'il reste lucide, qu'il sait se dégager de l'emprise du mythe, tout en respectant sa fidélité et son attachement à François-Joseph. La personne de l'Empereur, de droit divin, est bénie, comme le pieux Nissen Piczenik, et l'ambivalence entre les symboles juifs et chrétiens exprime les interrogations sur sa judéité de Joseph Roth, dont personne ne saura peut-être jamais s'il a été baptisé, comme il le prétend.[36] Mais Joseph Roth prévient du danger qui menace parce que le Léviathan a été insouciant, inattentif,[37] tout comme Nissen Piczenik, et François-Joseph qui a mené une vie futile, laissant toute latitude aux nobles qui ont profité du mode de vie libéral. La fin de la monarchie, le désastre de la guerre et ensuite l'arrivée au pouvoir d'Adolf Hitler sont les conséquences du manque de vigilance des dirigeants, mais aussi du peuple qui se laisse séduire. C'est une des significations de la nouvelle de Joseph Roth.

---

35 François FEJTÖ: *Requiem pour un empire défunt. Histoire de la destruction de l'Autriche-Hongrie*. Paris: Lieu Commun 1988, p. 187.
36 Voir l'interview de Joseph GOTTFARSTEIN. In: Heinz LUNZER Victoria LUNZER-TALOS (Hrsg.): *Joseph Roth. Im Exil in Paris 1933 bis 1939, ein Buch zur gleichnamigen Austellung, veranstaltet von der Dokumentationsstelle für Neuere Österreichische Literatur im Literaturhaus in Wien in den Jahren 2008 und 2009 anläßlich der siebzigsten Wiederkehr der Annexion Österreichs an Deutschland im Jahr 1938 und des Todes von Joseph Roth im Jahr 1939*. Wien: Dokumentationsstelle für Neuere Österreichische Literatur 2008. In: *Zirkular*. Sondernummer 68, p. 176 sq., et en particulier p. 179, où il affirme sa certitude que J. Roth n'a jamais été baptisé: «Sein ganzer Katholizismus war ein Spuk».
37 Joseph ROTH: *Der Leviathan* (cf. note 1), p. 548: «leichtsinnigen Fisch».

La représentation de la réalité dans la nouvelle de Joseph Roth   179

Le marchand de corail dénonce les méthodes nazies

L'attitude de Joseph Roth face au nazisme, en tant que journaliste et en tant qu'homme, est connue. Il quitte la *Frankfurter Zeitung* parce qu'elle veut continuer de paraître après 1933, ce qui est pour Joseph Roth, une inacceptable compromission avec le pouvoir en place, s'exile immédiatement à Paris, dès le 30 janvier 1933[38] et publie dans les journaux de l'émigration de langue allemande. Il s'engage pour venir en aide à ses compatriotes réfugiés à Paris, et, depuis son quartier général du Café de Tournon, il dresse le rempart de la monarchie comme unique recours contre le totalitarisme et se tourne vers l'héritier du trône, Otto de Habsbourg.[39] Il se prononce en faveur du modèle de l'Empire multinational pour s'opposer au national-socialisme. Il a dénoncé les mécanismes d'embrigadement des groupes d'extrême droite dans son roman *Droite et gauche*, montrant leur capacité de nuisance, alors même que le pouvoir ne leur appartenait pas. Pourtant, Joseph Roth trouve que la société dans laquelle il vit reste sourde et aveugle. Il tente de l'éclairer, mais en vain, à travers un essai *L'Antéchrist*. Puis à quelques mois d'intervalle, il met les mêmes avertissements face à cette réalité dans la nouvelle *Le marchand de corail*, où les symboles doivent à la fois masquer et mettre en lumière les faits sociopolitiques qu'il observe avec tant d'acuité.

Le diabolique Lakatos, personnification du dictateur

Le journaliste Joseph Roth s'est insurgé violemment contre tout ce qui porte atteinte à la liberté de l'homme, à son intégrité physique et morale. Ainsi, dans l'*Antéchrist*, rédigé en 1934, la même année que *Le marchand de corail*, il faut voir Adolf Hitler, personnellement visé, alors qu'il est au pouvoir depuis un an. Joseph Roth explique son but à la fin

---

38   David BRONSEN: *Joseph Roth. Biographie.* Editions revue et abrégée par Katharina Ochse, Traduit de l'allemand par René Wintzen. Paris: Seuil 1994, p. 214.
39   Voir le riche catalogue de l'exposition organisée à Paris sur le thème de l'exil de Joseph Roth à Paris de 1933 à 1939: *Joseph Roth. Im Exil in Paris 1933 bis 1939* (wie Anm. 36).

du texte *L'Antéchrist est arrivé*, le démasquer, le combattre sans craindre sa puissance destructrice,[40] à travers les mots, dans cette série de textes virulents et réalistes. Il dénonce avec justesse et réalisme la manière dont Hitler s'est intégré dans le paysage politique et social de l'Allemagne, par la ruse et le mensonge, sous les vêtements et l'allure quelconque d'un petit bourgeois, montrant une piété abjecte et se gargarisant de grandes phrases vides de sens et dangereuses, où il est question de fidélité à la patrie, d'héroïsme, de sacrifice.[41] Mais ce texte ne rencontre pas l'écho espéré, parce que le lecteur ne se laisse pas persuader que le Diable peut se cacher sous des traits anodins. Le lecteur attend les attributs du Diable, Joseph Roth en a conscience et va donc les lui donner en écrivant l'histoire du marchand de corail, Nissen Piczenik. L'ennemi qui s'insinue dans sa vie incarne doublement le Diable et le lecteur le reconnaît à travers la symbolique, sans doute possible. Par sa nationalité hongroise, Lakatos incarne la nation qui a semé la discorde dans l'empire multinational, contribuant à sa dislocation. Mais par sa ruse et ses mensonges, il est surtout une image d'Adolf Hitler, s'insinuant de manière presqu'anodine dans la vie de Progrody, séduisant et trompant les gens aveuglés par son charme, ses manières, ses subterfuges. Il faut lire en parallèle les deux textes, tous deux écrits en 1934, *L'Antéchrist est arrivé*[42] et *Le marchand de corail* pour bien voir que la nouvelle est aussi le conte fantastique imaginé par Joseph Roth pour faire passer le message incompris de *L'Antéchrist*, afin d'ouvrir les yeux du lecteur qui ne reconnaît pas

---

40 Joseph ROTH: *Der Antichrist ist gekommen*. In: *Der Antichrist* (*cf.* note 1), p. 566: «Und obwohl seine Macht weit größer ist als die meine, fürchte ich ihn nicht – und will versuchen, ihn zu entlarven».
41 Joseph ROTH: *Der Leviathan* (*cf.* note 1), p. 565: «Der Antichrist aber versucht, uns zu überlisten. Im Alltäglichen, bescheidenen Gewand des Kleinbürgers ist er angekommen, ja sogar ausgestattet mit allen Abzeichen der kleinen Gottesfurcht des kleinen Bürgers, seiner niedrigen Frömmigkeit, seiner ungefährlich scheinenden, gemeinen Gewinnsucht und seiner großartig, sogar erhaben dünkenden Liebe für bestimmte Ideale der Menschheit: wie zum Beispiel: Treue bis zum Tode, Liebe zum Vaterland, heroische Bereitschaft zum Opfer für die Gesamtheit, Keuschheit und Tugend, Ehrfurcht vor der Überlieferung der Väter und der Vergangenheit, Zuversicht für die Zukunft, Achtung vor sämtlichen Paraden der Phrasen, von denen der durchschnittliche Europäer zu leben gewohnt und sogar genötigt ist».
42 Joseph ROTH: *Der Leviathan* (*cf.* note 1), pp. 563-566.

La représentation de la réalité dans la nouvelle de Joseph Roth 181

l'Antéchrist. Joseph Roth utilise le conte fantastique qui attire irrésistiblement le public parce qu'il puise dans la superstition populaire.[43] L'arrivée de Lakatos dans le petit village voisin de Sutschky ressemble à un début de conte.[44] Lakatos est présenté comme un jeune homme d'affaires aisé. Pourtant, certains indices sont troublants, il parle toutes les langues souhaitées, et Joseph Roth introduit progressivement dans le récit les détails de sa description physique. Avec ses cheveux bleu-nuit, lisses et pommadés et sa canne au pommeau d'or, il dévoile petit-à-petit des traits inquiétants: des yeux de braise, une odeur pénétrante, la redondance des couleurs rouge et noire, un talon important au pied droit qui camoufle son boitement. En quelques traits, Joseph Roth permet au lecteur de décrypter l'identité du diable sous l'apparence de Lakatos, en lui fournissant des éléments symboliques qu'il énonce lui-même comme étant les attributs du diable,[45] confirmant la tradition populaire.[46] La couleur rouge surnaturelle qui entoure Lakatos est celle du feu de l'Enfer, comme un écho négatif du rouge naturel des coraux, symbole de vie, de la légitimité d'une puissance politique de droit divin. Rappelons les innombrables représentations du Léviathan, ouvrant son immense gueule aux portes de l'Enfer, où il avale les damnés.[47] Voilà encore un exemple de l'ambivalence liée au Léviathan. Il existe aussi de nombreux exemples

---

43 Adolf WUTTKE: *Der deutsche Aberglaube der Gegenwart*. Berlin: Wiegand Grieben 1869, p. 35, par. 40: «Teufelsagen sind in Volksbräuchen häufig, zahlreicher als die Heiligenlegenden, weil sie aus dem Volksaberglauben entsprungen sind».
44 Joseph ROTH: *Der Leviathan* (*cf.* note 1) p. 566: «In diesem Städtchen, das genauso klein war wie die Heimat Nissen Piczeniks, das Städtchen Progrody, eröffnete nähmlich eines Tages ein Mann, den niemand in der ganzen Gegend bis jetzt gekannt hatte, einen Korallenladen».
45 «Der Antichrist ist gekommen.» In: Joseph ROTH: *Der Antichrist* (*cf.* note 1), p. 565: «Nach der legendarischen Vorstellung, die wir von ihm hatten, hätte er mit dem höllischen Zubehör kommen müssen, mit den überlieferten Attributen: Hörner, Schwanz und Hinkefuß [...]».
46 Adolf WUTTKE: «Feurige Augen, die rote Farbe und die körperlichen Züge des Bockes, wie die Hörner» (*cf.* note 43), p. 37.
47 Voir *La gueule ouverte du Léviathan à l'entrée de l'Enfer*, gravure sur bois du XVIIe siècle. In: Roland VILLENEUVE: *Dictionnaire du Diable*. Paris: Bordas 1989, p. 214.

littéraires où le Léviathan est confondu avec le Diable.[48] Chez Joseph Roth, il s'agit plutôt d'une stratégie de combat. Il choisit la meilleure pédagogie, les contes et leurs symboles, pour aller droit au coeur du public. Il n'a pas peur, il ne fuit pas, il combat avec ses armes contre une puissance
infernale: le nazisme. Il veut avertir les gens car les yeux de braise de Lakatos, ses cheveux foncés gominés sont aussi ceux d'Adolf Hitler.

Il s'avère bientôt que Lakatos vend des faux coraux, et enfin le mot «diable» est prononcé. Lakatos veut dire, en hongrois, «serrurier». C'est donc, symboliquement, celui qui règne sur les lieux de passage, du naturel au surnaturel. Il possède les clés de l'Enfer, comme Pierre celles du Paradis. Il va pousser Nissen Piczenik au mensonge. C'est ainsi que Joseph Roth dénonciation les méthodes nazies à travers les agissements de Lakatos.

La dénonciation des méthodes nazies

Les habitants de Sutschky et de Progrody sont aveuglés parce qu'il est humainement impossible de résister à une puissance aussi diabolique. Tant que Piczenik n'est pas en présence du diable, il est lucide, comprend tout de suite que Lakatos ne peut être qu'un voleur. Mais mis en sa présence, il est totalement sous influence. Joseph Roth a très bien compris le rôle de la musique dans la stratégie manipulatrice d'Adolf Hitler. Traditionnellement, l'instrument du diable est le violon qui envoûte les danseurs, comme dans la légende du lac de La Maix.[49] Mais Lakatos utilise un instrument de la modernité, le gramophone, qui attire les villageois comme une curiosité.

---

48 John MILTON: *Paradis perdu*, I-V (1667). Introduction, traduction et notes de Pierre Messiaen. Paris: Aubier Montaigne, 1971, p. 69, v. 192-202.

49 Un violoniste diabolique, venu faire danser les villageois sur une montagne près d'un ermitage à La Maix, dans les Vosges, joue frénétiquement et envoûte les danseurs. Ils n'entendent pas la cloche de l'ermite qui appelle aux Vêpres, se détournent du saint homme et finissent alors engloutis dans les flots d'un lac qui se forme sous leurs pieds par les agissements maléfiques du Diable violoniste.

La représentation de la réalité dans la nouvelle de Joseph Roth 183

Le mélange de la superstition, du populaire, du mythologique, des traditions slaves, juives et chrétiennes est permanent. Le chant des enfileuses ressemble à celui des anges, tandis que le son criard qui vient de chez Lakatos relève du pouvoir magique des sirènes de l'*Odyssée* ou de la *Lorelei*. Joseph Roth exprime sa nostalgie d'un monde disparu, celui de l'empire habsbourgeois, de son ordre et de sa sécurité, face à l'inéluctable évolution vers un ordre nouveau et infernal. Lakatos est sûr de lui et a une force de persuasion anormale, à l'instar de Hitler, qui transportait les foules par ses discours enflammés. Il n'a même pas besoin de mentir, les clients ont besoin de croire ce qui les arrange. Mais il veut convaincre Piczenik, et sait qu'il ne pourra pas mentir à ce spécialiste. Il choisit de dire la vérité, aidé par des demi-mensonges. Tout mensonge comporte une part de vérité qui fait passer le mensonge pour vérité complète. C'est ainsi qu'agissent tous les dictateurs et séducteurs. Des prix compétitifs, de la belle marchandise, de belles paroles, un regard de braise, de la musique, de la technique moderne, une odeur étrange et pénétrante, Lakatos mêle les moyens pratiques, modernes et magiques, pour perturber les clients. Joseph Roth veut donner à réfléchir, il veut que le lecteur se demande où Adolf Hitler – Lakatos veut en venir avec ses promesses de bien-être dans un pays modernisé et agrandi.

Joseph Roth montre la méthode utilisée par Lakatos pour pervertir et attirer la population d'abord, puis Piczenik lui-même. La méthode utilisée est exactement celle de la propagande de Joseph Goebbels, Mephistophélès au service du diable, Adolf Hitler. Joseph Roth a pour habitude de donner à ses personnages de multiples facettes, ainsi Lakatos est le reflet à la fois de Hitler et de Goebbels.[50] En effet, Lakatos fait et vend des faux coraux, il s'installe dans le village voisin et attire la clientèle par les moyens modernes de l'économie de marché: vitrines alléchantes et éclairées, prix cassés, musique tonitruante: il ment, séduit, attire, vend aux paysans des coraux parfaits mais faux, il mélange le vrai et le faux, les

---

50 Lakatos est diabolique à plus d'un titre, car il incarne également la nation hongroise, que Joseph Roth considère comme responsable de la fin de l'empire austro-hongrois, puisqu'elle a revendiqué et obtenu son autonomie par rapport à Vienne à travers la «compromis» de 1867. Voir Gabor KEREKES: «Der Teufel hieß Jenö Lakatos aus Budapest. Joseph Roth und die Ungarn». In: *Literatur und Kritik* 243/244. Salzburg: Otto Müller, April/Mai 1990, pp. 157-169.

procédés techniques et magiques. Il dit tout haut sa tricherie à Piczenik, comme si affirmer haut et fort quelque chose rendait impossible que ce soit un mensonge. Le phonographe hurlant de Lakatos joue le rôle du porte-voix, de la radio retransmettant les discours et les chants des nazis: Hitler s'est toujours appuyé sur la tradition et la grandeur du passé tout en se tournant vers la technologie la plus avancée et la modernité. Quand le Diable souffle à Piczenik comment tricher un peu, pas complètement, en mêlant lui aussi le vrai au faux, il se laisse tenter. C'est bien le principe des nazis, tel que l'explique Jean Samuel,[51] qui disait que «les nazis n'ont pas amené les grands mensonges en une seule fois, car cela n'aurait pas pris, mais tranche par tranche, petit à petit. Ils remettent une couche quand la première est oubliée, digérée». La bonne maison sécurisante et prospère, à la réputation sans tache de Piczenik, devient une «filiale de l'enfer».

Conclusion

D'autres manières de lire la nouvelle sont possibles, que nous ne pouvons pas développer ici: conte juif, légende ukrainienne, histoire d'amour de l'art,[52] témoignage sur le monde du *shtetl*, fable, récit biblique... Nous avons choisi de souligner que Joseph Roth donne au *Marchand de corail* des touches de conte fantastique, en tant qu'avertissement symbolique[53] de faits politiques avérés, pour tenter de

---

51   Explications données lors d'une conférence à Strasbourg, au Collège international de l'Esplanade, avril 2001. Jean Samuel avait été interné à Auschwitz en même temps que Primo Lévi, en 1944. Voir Jean SAMUEL, Jean-Marc DREYFUS: *Il m'appelait Pikolo: un compagnon de Primo Levi raconte*. Paris: Laffont.
52   Tymofiy HAVRYLIV: «Roths drei Liebesgeschichten, in Studien zur Österreichischen Literatur». In: Tymofiy HAVRYLIV (Hrsg.): *Studien zur österreichichen Literatur*. L'viv: Vntl-Klasika 2007, pp. 107-122.
53   En quoi nous rejoignons par un autre biais la démonstration faite par Almuth HAMMER: *Erwählung erinnern. Literatur ale Medium jüdischen Selbstverständnisses. Mit Fallstudien zu Else Lasker-Schüler und Joseph Roth*. Vandenhoeck & Ruprecht 2004. En effet, Almuth Hammer démontre que l'espace imaginé fait l'objet d'un recouvrement par la réalité («Überblendung des Imaginationsraums durch die

dénoncer le nazisme, pour contraindre les lecteurs à entendre malgré eux, presqu'à leur insu, ses avertissements, à la fois contre les mauvais usages du progrès et contre le nazisme. Il a aussi voulu montrer l'Empereur François-Joseph comme un être humain, avec ses ambivalences et ses faiblesses. Il n'a pu sauver l'unité de l'Empire parce qu'il était âgé, moins vigilant, pas assez tolérant. Le transatlantique *Phoenix* où Piczenik avait pris place et qui sombre au milieu de l'océan, est une image de l'Empire qui s'écroule: Piczenik/François-Joseph choisit de rejoindre le fond de l'océan, alors qu'il aurait pu être sauvé, emportant avec lui les coraux véritables, images des peuples de l'Empire. Pour Joseph Roth, seul un Empereur peut encore sauver l'Empire. L'espoir d'une résurrection, d'une restauration est donné à travers le nom du bateau, *Phénix*, oiseau mythologique pouvant se relever de ses cendres. Pour Joseph Roth, la victoire du dictateur n'a été possible qu'en raison des erreurs et des faiblesses de la République, tant celle de Weimar que la Première République d'Autriche. Dans un texte de 1937, *Le monarque anéantit le dictateur*, il invite les dirigeants et la population à appeler Otto de Habsbourg au pouvoir, pour éviter que la démagogie n'anéantisse la démocratie,[54] mais il est bien trop tard.

Realität», p. 141). Elle arrive à l'idée que «la relecture de la tradition juive par Joseph Roth utilise le procédé de la sécularisation suivant des strates plurielles et l'applique de manière dialectique» (*Ibid.*, p. 145).
54   Joseph ROTH: *Der Monarch verhindert der Diktator, Manuskript.* 1937, (*cf.* note 1), p. 765: «Der Monarch, der Monarch allein verhütet den Usurpator. In der Republik muß notgedrungen die Demagogie auf die Dauer stärker werden als die Demokratie».

Es ist mir eine höchst unerwünschte Pflicht, [...]¹

Heinz LUNZER

Der Vergleich mit den Originalen zeigt, daß die jüngste Ausgabe der Werke Joseph Roths² und die Briefausgabe von 1970³ zahlreiche Transkriptions-Fehler enthalten und zum Teil eklatante Irrtümer transportieren. Anhand einiger Beispiele möchte ich die Dringlichkeit vor Augen führen, die mühsame Arbeit einer Textrevision zu unternehmen.

Der Vergleich und die editorische Darstellung von Entwürfen, Druckvorlagen, Erst- und frühen Drucken wird gewiß noch weitere Kenntnisse zu Werkgenese und Publikationsgeschichte bringen, so wie die Anmerkungen, die Fritz Hackert mustergültig und knapp, für die erzählenden Texte in der sechsbändigen Ausgabe zusammengestellt hat.⁴ Schließlich sollte nach eventuell noch vorhandenen Handschriften und Typoskripten von Werken sowie nach Briefen und anderen biografischen Dokumenten systematisch gesucht werden.

Gegen Ende eines intensiven Jahrs rund um Joseph Roth sei ein Blick in die Vergangenheit und die Zukunft erlaubt, was in einem geschehen kann mit einem Blick auf die Quellensituation. Was besitzen wir an grundlegenden, edierten Texten, abgesehen von den Erst- und frühen Drucken?

Als jüngste und umfassendste Textsammlung ist die sechsbändige Werkausgabe zu nennen, herausgegeben von Klaus Westermann (Das journalistische Werk) und Fritz Hackert (Romane und Erzählungen), jeweils drei umfangreiche Bände; sie wurde 2008 unverändert wieder aufgelegt.⁵

---

1 Joseph ROTH: «Nachwort zur geplanten Neuausgabe» von *Juden auf Wanderschaft*. In: Joseph ROTH: *Werke* (siehe Anm. 2), Bd 2, S. 892.
2 Joseph ROTH: *Werke*, Bd 1-6. Hrsg.: Klaus Westermann, Fritz Hackert. Köln: Kiepenheuer & Witsch, 1989-1991 und 2008.
3 Joseph ROTH: *Briefe*, Hrsg.: Hermann Kesten. Köln: Kiepenheuer & Witsch, 1970.
4 Joseph ROTH: *Werke* (wie Anm. 2), *Romane und Erzählungen*, Bd 4-6.
5 Joseph ROTH: *Werke* (wie Anm. 2).

Weiters gibt es den Band *Unter dem Bülowbogen*, 1995 von Rainer-Joachim Siegel herausgegeben, der unentbehrliche Nachträge zur Werkausgabe enthält;[6] er ist allerdings seit langem vergriffen und bedauerlicherweise nicht 2008 in die Werkausgabe inkorporiert worden.

Zur Biographie erschien 1974 das Standardwerk von David Bronsen;[7] eine größere Sammlung an Briefen gab Hermann Kesten 1970 heraus.[8] Beide Bücher sind vergriffen.

Die zwei Bände von Briefwechseln Roths mit seinen holländischen Exilverlagen, herausgegeben von Madeleine Rietra mit Theo Bijfoet bzw. mit Rainer-Joachim Siegel, sind 1991 und 1995 erschienen und lieferbar.[9]

Die enorm wichtige Bibliographie zu Roths sehr vielen und verstreut publizierten Texten gab Rainer-Joachim Siegel 1995 heraus;[10] sie ist lieferbar, wäre aber durch etliche Ergänzungen des Autors – er wird nach wie vor unermüdlich auf Spuren Roths fündig – zu aktualisieren.

Es gibt kein Archiv, das neben den Erst- und frühen Ausgaben der Bücher Roths auch die journalistischen Publikationen oder Reproduktionen davon, alle Briefe oder Kopien davon, die Rezensionen etc. aufbewahrt. Es sind noch keineswegs zu allen größeren Prosawerken gehörige Handschriften oder Typoskripte in öffentlichen Archiven verwahrt und zugänglich. Vieles an Quellen von Roth und über ihn wird wohl als verloren gelten müssen.

---

6   Joseph ROTH: *Unter dem Bülowbogen. Prosa zur Zeit.* Hrsg.: Rainer-Joachim SIEGEL. Köln: Kiepenheuer & Witsch, 1995.
7   David BRONSEN: *Joseph Roth. Eine Biographie.* Köln: Kiepenheuer & Witsch, 1974. Das Werk wurde auf Wunsch des Verlags um etwa 40% gekürzt, was jedoch keinen sinnvollen Ansatz darstellte (David BRONSEN: *Joseph Roth. Eine Biographie.* Gekürzte Fassung von Katharina Ochse. Köln: Kiepenheuer & Witsch, 1993).
8   Joseph ROTH: *Briefe* (wie Anm. 3).
9   «Aber das Leben marschiert weiter und nimmt uns mit». Der Briefwechsel zwischen Joseph Roth und dem Verlag De Gemeenschap. 1936-1939. Hrsg.: Madeleine RIETRA / Theo BIJVOET. Köln: Kiepenheuer & Witsch, 1991; «Geschäft ist Geschäft. Seien Sie mir privat nicht böse. Ich brauche Geld». Der Briefwechsel zwischen Joseph Roth und den Exilverlagen Allert de Lange und Querido. 1933-1939. Hrsg.: Madeleine RIETRA / Rainer-Joachim SIEGEL. Köln: Kiepenheuer & Witsch, 1995.
10 Rainer-Joachim SIEGEL: *Joseph Roth-Bibliographie.* Morsum/Sylt: Cicero Presse, 1995.

Dokumente zu Roth im Original oder in Kopie zu sammeln bzw. nach ihnen zu suchen ist eine der Aufgaben, die ich in der Dokumentationsstelle für neuere österreichische Literatur in Wien begonnen habe.

Nun stellt sich die Frage, wie verläßlich sind die vorliegenden Editionen – insbesondere jene der sechsbändigen Werkausgabe und der Briefsammlung von 1970.

Die Briefausgabe, herausgegeben von Hermann Kesten

Ich kann über den Briefband von 1970[11] berichten, da meine Frau und ich die Gelegenheit hatten, etliche Briefe im Original einzusehen und Korrekturen in der Ausgabe zu notieren. Hier einige Beispiele, nach Art der Fehler sortiert. Übrigens – der knappe editorische Bericht beschwört Präzision: «In den handgeschriebenen Briefen von Joseph Roth und Stefan Zweig wurden keine der heutigen Rechtschreibung und Zeichensetzung entsprechenden Korrekturen gemacht. Dagegen wurden offensichtliche Schreibfehler sowie Tippfehler in diktierten Briefen verbessert.» Dieses an sich richtige Minimal-Prinzip wurde nicht eingehalten; bei deutschsprachigen Texte nicht und noch weniger bei den französischsprachigen Briefen Roths an Blanche Gidon – gerade dort finden sich viele Ungenauigkeiten.[12]

Die Transkription unstimmig,
was einem Lektor nicht auffallen muß

Am 2. April 1936 schrieb Joseph Roth an Stefan Zweig[13] Argumente in der Debatte über das Anwenden von Freudschen Begriffen der Psycho-

---

11 Joseph ROTH: *Briefe* (wie Anm. 3).
12 Joseph ROTH: *Briefe* (wie Anm. 3), S. 532.
13 Joseph Roth an Stefan Zweig, Brief vom 2. April 1936 [Brief Nr. 171 in der Zählung, die auf den Originalen der Briefe notiert ist]. In: Joseph ROTH: *Briefe* (wie Anm. 3), S. 464 f.

analyse – Zweig hatte in seinem vorangehenden Brief an Roth dessen Emotionen ihm gegenüber mit den Worten

> Ich sehe, Sie sind mir unbewußt böse

zu begründen versucht.[14] Darauf antwortete Roth, der solche Begründungen nicht gelten lassen wollte, energisch – laut Briefausgabe:[15]

> ‹Unbewußt böse› sind nur Teufel, nicht Menschen. Das ist eine Art RELIGIÖSE Anschauung; Menschen sind nicht, NIE, ‹unbewußt›, außer im Sexuellen und im Verbrechen und im Traum. Und auch Das ist Sünde, zumindest verdächtig.

Das Unlogische und das Ungenaue an dieser Äußerung Roths – oder präziser – innerhalb seines psychologischen Systems, fällt dem kritischen Leser auf. Die Ursache liegt in einer falschen Transkription. In der Handschrift dieses Briefs[16] steht:

> ‹Unbewußt böse› sind nur Teufel, nicht Menschen. Das ist eine ARELIGIÖSE Anschauung [...].

Womit zumindest die Sinnfälligkeit von Roths Aussage ins rechte Licht gerückt ist. Seine Definitionen waren vielleicht nicht immer richtig oder leicht verständlich, aber präzise waren sie schon.

In einem anderen Brief, der nur mit «Mittwoch» bezeichnet ist,[17] berichtete Roth drastisch von seinen durch den Alkoholismus bedingten Schwierigkeiten beim Versuch nächtens zu schlafen. Die Briefausgabe hat folgenden Text:

> Ich [sitze?] bis 3^h morgens herum, ich lege mich angezogen um 4^h hin, ich erwache um 5^h und wandere irr durch's Zimmer.[18]

---

14 Stefan Zweig an Joseph Roth, Brief vom 31. März 1936. In: Joseph ROTH: *Briefe* (wie Anm. 3), S. 463 f, Zitat auf S. 463.
15 In der Ausgabe Joseph ROTH: *Briefe* (wie Anm. 3) werden vom Verfasser hervorgehobene Worte in Großbuchstaben wiedergegeben. Die Unterstreichung hingegen ist von mir und weist auf den Transkriptionsfehler hin, der im Folgenden aufgezeigt wird.
16 Original in der Stefan Zweig Collection, New York State University Fredonia, N.Y.
17 In: Joseph ROTH: *Briefe* (wie Anm. 3), S. 450 f wird der Brief [Nr. 165] von Joseph Roth an Stefan Zweig unsicher in den Februar 1936 datiert.
18 Hervorhebung HL.

Es ist mir eine höchst unerwünschte Pflicht, [...] 191

Die eckigen Klammern und das Fragezeichen beim Wort «sitze» deuten an, daß die Person, die die Transkription besorgte, unsicher war; allerdings – sie erkannte wenige Worte später ein fast gleiches Wort, das in der Handschrift auch gleich geschrieben ist, richtig: nämlich das Wort «irr». Die Stelle heißt richtig:

Ich irre bis 3^h morgens herum, ich lege mich angezogen um 4^h hin, ich erwache um 5^h und wandere irr durch's Zimmer.[19]

Ein gewiß nicht geringer Unterschied, der den Ausdruck maximaler Verzweiflung dem Adressaten so drastisch wie nur möglich darstellen wollte.

Zur Datierung des Briefes ist folgendes hinzufügen: Der Brief selbst enthält nur die Angabe «Mittwoch», der Herausgeber vermutet Februar 1936. Das zugehörige Kuvert trägt einen Poststempel mit dem Abgangsdatum «22.», der Monat ist nicht deutlich lesbar, der Poststempel am Ort des Empfängers undeutlich «23. I.», die Ziffer für den Monat könnte auch «II» oder gar «VI» bedeuten. Heute weiß man, daß Zweig nur im Jänner 1936 in Nizza war,[20] doch sagt auch der ewige Kalender, daß von den möglichen Monaten nur im Jänner 1936 ein 22. auf einen Mittwoch fiel. (Ab März 1936 war Roth nicht mehr in Paris, Anfang 1935 war er selbst in Nizza und hat da wohl kein Papier des Hôtel Foyot benützt). Dies als kleines Beispiel, wie ein heutiges Mehr an zugänglichen Dokumenten eine Nachlässigkeit von damals leicht richtigstellen kann.

Die Transkription unhaltbar,
was einem Lektor unbedingt auffallen muß

Roth hat sich in der Zeit des Exils intensiv mit der Zeitgeschichte, den Ursachen und Perspektiven der Vorgänge im nationalsozialistischen Deutschland und in Österreich, aber auch in ganz Europa beschäftigt. In

---

19 Original in der Stefan Zweig Collection, New York State University Fredonia, N.Y. Hervorhebung von HL.
20 Mit Hilfe der Ausgabe: Stefan ZWEIG: *Briefe. 1932-1942*. Hrsg.: Knut BECK / Jeffrey B. BERLIN. Frankfurt/Main: S. Fischer, 2005.

einem Brief an Klaus Mann vom 6. Oktober 1934[21] reagiert er auf eine Notiz des Adressaten zum Essay *Der Antichrist*.[22]

> Lieber Herr Klaus Mann, ich danke Ihnen sehr für Ihren Brief und für Das, was Sie über den Antichrist sagen. Wahrscheinlich haben Sie Recht: In Österreich ist nicht die Religion lebendig, sondern die *negativen* Kräfte der *Kriege*. Sie wissen vielleicht, daß ich aus Protest gegen die Morde an den Arbeitern im Februar alle meine Beziehungen zur Heimwehr abgebrochen habe. [...][23]

Man rätselt: Welche negativen Kräfte welcher Kriege in Österreich können da gemeint sein? Als Gegensatz zu einer nicht lebendigen Religion? Der Erste Weltkrieg? Königgrätz? Custozza? Lissa? Es ist einfacher: Ein Lesefehler. Der Satz steht in der Handschrift[24] so:

> In Österreich ist nicht die Religion lebendig, sondern die *negativen* Kräfte der Kirche.

Neben diesem gravierend sinnstörenden Fehler enthält die Transkription desselben Briefs eine Palette weiterer Korrigenda. Zwei Absätze später ist das Zeitwort mit «verstehen» statt in der von Roth so häufig in Briefen verwendeten verkürzten umgangssprachlichen Form «verstehn». Im folgenden Absatz ist in der Briefedition «Für die Augen der Westeuropäer» zu lesen, wo Roth die damals bei Verallgemeinerungen gängige Einzahl verwendete: «Für die Augen des Westeuropäers».[25] Auch mit den Satzzeichen nahm man es nicht immer genau.

> Was Ihnen gefällt, ist RUSSISCH, NICHT BOLSCHEWISTISCH.[26]

Im Original folgt nach «RUSSISCH» kein Komma, sondern ein Strichpunkt – für Roth, der Briefe oft wie gesprochene, stark akzentuierte Rede formulierte, bedeutete das eine größere Pause und damit eine Betonung der folgenden Worte.

---

21 Joseph Roth an Klaus Mann, Brief vom 6. Oktober 1934. In: Joseph ROTH: *Briefe* (wie Anm. 3), S. 384 ff.
22 Joseph ROTH: *Der Antichrist*. Amsterdam: Allert de Lange, 1934. Der Brief Klaus Manns, in welchem er über den *Antichrist* schreibt, scheint nicht erhalten zu sein.
23 Joseph ROTH: *Briefe* (wie Anm. 3), S. 384 f. Unterstreichung von HL.
24 Original in München, Stadtbibliothek. Monacensia. Literaturarchiv und Bibliothek, Nachlaß Klaus Mann 846/73. Unterstreichung von HL.
25 Beide Zitate: Joseph ROTH: *Briefe* (wie Anm. 3), S. 385. Unterstreichungen von HL.
26 Ebd, S. 386.

Es ist mir eine höchst unerwünschte Pflicht, [...] 193

Im letzten Absatz des Briefes fehlt eine Zeile aus der Handschrift – ein Fehler, der beim Abschreiben leicht passiert, aber beim Überprüfen doch gefunden werden sollte. Roths Text – die fortgelassene Passage ist eingefügt und unterstrichen – lautet wie folgt:

> Alles, alles Böse, das auf Erden vorhanden ist, wird edel im Vergleich mit Deutschland. Dieses ist verflucht, man muß sich daran gewöhnen. Selbst Rumänien ist ein hochkultiviertes Land im Vergleich mit dem Deutschland. Das muß man sich abgewöhnen, irgend etwas mit dieser germanischen Scheiße zu vergleichen.[27]

Das Überspringen der Zeile wurde erleichtert durch die beiden ähnlich klingenden Worte «gewöhnen» und «abgewöhnen». Zudem macht der Text auch ohne die Zeile Sinn. Bloß Roths Drastik hat einiges verloren – und die Glaubwürdigkeit der Edition.

Beeindruckend erzählte Roth Zweig im August 1937[28] von einem Erlebnis, in dem er sogleich den Kern einer literarischen Vorlage erkannt habe. Ein Erlebnis, das eine der elementaren Ängste der Emigranten evoziert: von Polizisten auf den Bahnhof geschleppt und in den Zug gesetzt, um in das Land, dem man glaubt entkommen zu sein, zurückgebracht zu werden. Noch dazu spielte Roth mit dem Gedanken, in der beobachteten Szene einzugreifen, eine Verwechslung vorzutäuschen, den fremden Mann zu befreien und sich selbst den Polizisten und dem Rücktransport zu übergeben – also sich zum Mord auszuliefern.[29]

Das Ganze war natürlich als Druckmittel auf Zweig gedacht, damit er Roths wohl echter, aber auch ostentativer Verzweiflung glauben und ihm wieder Geld senden würde. Der Satz über den künstlerischen Wert des Erlebnisses lautet im Abdruck:

> Ich sehe sofort wieder, daß es eine litterarische Ehre ist.[30]

---

27 Ebd, S. 386. Unterstreichung von HL.
28 Joseph Roth an Stefan Zweig, Brief vom 8. August 1937 [Brief Nr. 191]. In: Joseph ROTH: *Briefe* (wie Anm. 3), S. 502 ff.
29 Eine ähnliche Selbstaufgabe zeichnete Georg Büchner in seinem Stück *Dantons Tod*: Nachdem Camille Desmoulins guillotiniert wurde, deklariert sich seine Frau Lucille als Staatsfeindin, indem sie die Worte «Es lebe der König» an einen revolutionären Bürger richtet und sich so zum gleichen Tod wie ihr Mann ausliefert.
30 Joseph ROTH: *Briefe* (wie Anm. 3), S. 504. Roth hat gerne «Litteratur» etc. altmodisch mit zwei t geschrieben, was die Ausgabe auch meist richtig wiedergibt. Unterstreichung von HL.

Diese Aussage macht keinen Sinn. Richtig sollte an dieser Stelle stehen:

> Ich sehe sofort wieder, daß es eine litterarische Idee ist.[31]

Unachtsamkeit beim Transkribieren?

Ein zweites Beispiel aus Roths Briefen an Klaus Mann[32] (den er anderen gegenüber so giftig verteufelte,[33] ihm selbst gegenüber sich zwar strengkritisch, aber durchaus konstruktiv verhielt – eine Korrespondenz, die leider nur in Bruchstücken erhalten zu sein scheint).

Es ging um die Stoßrichtung der Zeitschrift *Die Sammlung,* deren fünftes Heft Klaus Mann soeben herausgebracht hatte. Die Briefausgabe gibt den Text so wieder:

> Eine Zeitschrift – in diesen Zeiten – hat nicht Literaturgeschäfte zu treiben, oder Literaturpolitik.[34]

Tatsächlich lautet die Stelle:[35]

> Eine Zeitschrift – in diesen Zeiten – hat nicht Litteraturgeschichte zu treiben, eher Literaturpolitik.

Die Briefausgabe hat damit die Aussage korrumpiert – erstens, indem sie einen völlig falschen Begriff einsetzt («-geschäfte» / «-geschichte») und zweitens, indem sie die beiden Ziele durch «oder» unter dem negativen Vorzeichen summiert; tatsächlich war das zweite Ziel der Zeitschrift, «Literaturpolitik», positiv gemeint, was das Bindewort «eher» deutlich machte.

---

31 Original in der Stefan Zweig Collection, New York State University Fredonia, N.Y. Unterstreichung von HL.

32 Joseph Roth an Klaus Mann, Brief vom 12. Jänner 1934. In: Joseph ROTH: *Briefe* (wie Anm. 3), S. 303 f.

33 Z.B. in dem Schreiben: Joseph Roth an Fritz Landshoff / Querido Verlag, Brief vom 23. August 1934. In: Madeleine RIETRA: *Geschäft* (wie Anm. 9), S. 172.

34 Joseph Roth an Klaus Mann, Brief vom 12. Jänner 1934. In: Joseph ROTH: *Briefe* (wie Anm. 3), S. 303. Unterstreichungen von HL.

35 Original in München, Stadtbibliothek. Monacensia. Literaturarchiv und Bibliothek, Nachlaß Klaus Mann 846/73. Unterstreichungen von HL. Zu «Litteratur» vgl. Anm. 30.

Es ist mir eine höchst unerwünschte Pflicht, [...] 195

Auch dieser Brief enthält andere Unachtsamkeiten der Art, wie sie schon beim vorigen Beispiel erwähnt worden sind. Hier noch eine zweite gravierende Aussage-Verschiebung punkto *Die Sammlung*. Die Briefausgabe druckt folgenden Satz:

> Es ist gut und richtig, daß die Sammlung nicht ‹langfristig› ist.

Blanker Unsinn. Die Handschrift hat:

> Es ist gut und richtig, daß die Sammlung nicht ‹kämpferisch› ist.

Allein diese beiden Korrekturen verändern das Bild, das man von Roths Einschätzung der Sammlung hatte, grundlegend. Es ist, wie Roths Interesse an ihrer Wirkung, wesentlich positiver und größer und stimmt nun mit anderen Vorschlägen, die Roth in diesem Brief machte, zusammen.

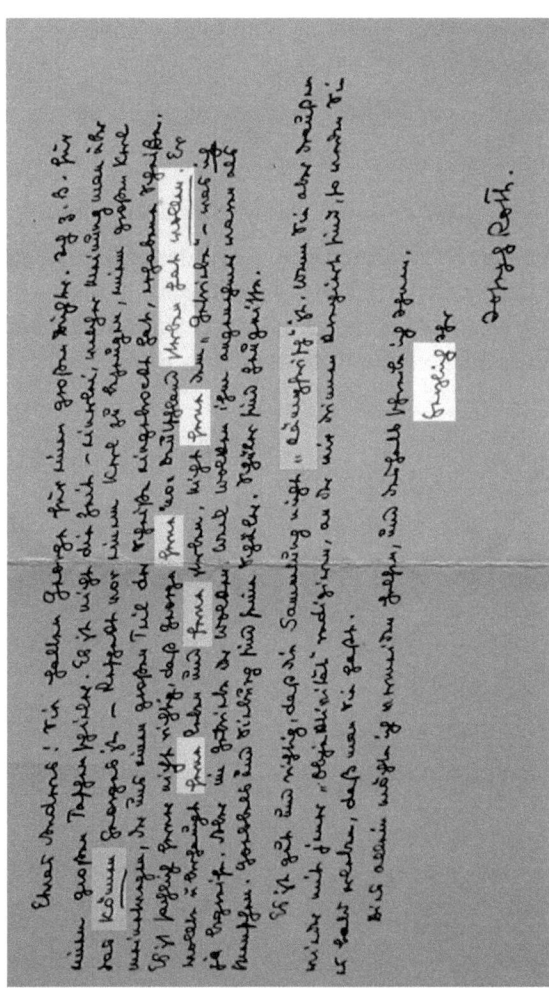

Joseph Roth an Klaus Mann, Brief vom 12. Jänner 1934. Seite 2, Ausschnitt.
Original in München, Stadtbibliothek. Monacensia. Literaturarchiv und Bibliothek,
Nachlass Klaus Mann 846/73

Es ist mir eine höchst unerwünschte Pflicht, [...] 197

Biografische Fehlmeldungen zweiten Grades

Daß Roth gerne zu seiner Autobiographie fabulierte, ist bekannt.[36] Daß Roths Erfindungen aber noch durch die Edition korrumpiert werden, führt zu grotesken Fehlinformationen.

Roth gab Otto Forst de Battaglia, dem Herausgeber einer umfangreichen Anthologie moderner deutschsprachiger Prosa, die 1933 erschien,[37] die früheste erhaltene, relativ ausführliche Auskunft zu seinem Leben. Der Brief vom 28. Oktober 1932 wird im folgenden wiedergegeben, jedoch in einer integralen Form, d. h. im Text der Briefedition Kestens[38] mit den Korrekturen, die ich anhand des Originals[39] einbringen konnte und welche in spitzen Klammern stehen.

    [Druck:] Caffè Centrale Ascona
    Telefono N. 521 Locarno
    [Handschrift:]Ständige Adresse<:>
    Englischer Hof<,>
    Frankfurt am Main
                        [Druck:]Ascona, [Handschrift:] 28. X. 1932

    Sehr verehrter Herr Doktor,
    besten Dank für Ihre freundlichen Zeilen. Ich bin der Sohn eines österreichischen Eisenbahnbeamten (frühzeitig pensioniert und im Wohnheim <Wahnsinn> gestorben) und einer russisch-polnischen Jüdin. Ich habe in Schlesien, Galizien und Wien [die] Mittelschule (Gymnasium) besucht und dann *Germanistik* bei Minor und Brecht (in Wien) studiert. Ich habe mich freiwillig ins Feld 1916 gemeldet und war [gestrichen: 1916] 1917–1918 an der Ostfront. Ich bin Fähnrich geworden und ausgezeichnet mit

---

36 Siehe dazu den Beitrag in diesem Buch S. 205-246.
37 *Deutsche Prosa seit dem Weltkriege*. Hrsg.: Otto FORST DE BATTAGLIA, Einleitung: Josef Nadler. Leipzig: Rohmklopf, 1933. Otto Forst de Battaglia, geb. Wien 21.9.1889, gest. Wien 2.5.1965, Historiker, Genealoge, Literaturkritiker.
38 In: Joseph ROTH: *Briefe* (wie Anm. 3), S. 239 f.
39 Unveröffentlichte Korrespondenz im Besitz des Enkels, Dr. Jakub Forst-Battaglia. Wir bedanken uns bei Dr. Jakub Forst-Battaglia, Wien, für Einsicht und Veröffentlichung des Originaltextes sowie für die Genehmigung, diesen Brief zu veröffentlichen. Es werden folgende Zeichen verwendet: Text = Text entsprechend dem Druck in: Joseph ROTH: *Briefe* (wie Anm. 3), S. 239 f, <Text> = Richtigstellung laut Handschrift Roths, *Text* = Hervorhebung Roths, [Text] = Erklärung, Ergänzung des Herausgebers. Von Roth nachträglich handschriftlich eingefügte Worte und andere Schreibweisen einiger Worte werden zugunsten der leichteren Lesbarkeit nicht extra gekennzeichnet.

der großen Silbernen, dem Verdienstkreuz, dem Karl-Truppenkreuz. Ich habe zuerst bei den 21. Jägern gedient, dann bei der Landwehr 24. Mein stärkstes Erlebnis war der Krieg und der Untergang meines Vaterlandes, *des einzigen*, das ich je besessen: der österreichisch-ungarischen Monarchie. Auch heute noch bin ich durchaus patriotischer Österreicher und liebe den Rest meiner Heimat, wie eine Art Reliquie. – Ich war 6 Monate in russischer Gefangenschaft, entfloh und kämpfte zwei Monate in der roten Armee, dann zwei Monate Flucht und Heimkehr. [Seitlicher Zusatz: «Die Flucht ohne Ende» enthält meine Autobiographie zum großen Teil.] In Wien begann ich zu schreiben: zuerst in der Arbeiterzeitung, dann beim «Neuen Tag» (nicht zu verwechseln mit dem heutigen «Tag»), dann im «N[euen]. Wiener Journal»; [Der oben stehende seitliche Zusatz wird im Druck hier wiedergegeben, wo er keinen inhaltlichen Zusammenhang hat]; dann Berlin [gedruckt: Berliner] Reporter ohne feste Anstellung, dann ständiger Reiseberichterstatter für das Feuilleton der «Frankfurter Zeitung», [...] [anstelle der Auslassung steht im Original: dann politisch für Deutschland in Serbien und Polen (beim Gesandten Reischer). {seitlicher Zusatz: (Dies, bitte, privat)}] Dann bei den Münchener Neuesten Nachrichten. Mein erstes Buch erschien 1923 oder 24. Es hieß «Hotel Savoy». Seit 1930 lebe ich als freier Schriftsteller in verschiedenen Ländern, ein halbes Jahr in Deutschland.

Ich danke Ihnen sehr für Ihr freundliches Interesse und bei dieser Gelegenheit auch für das herzliche Referat, das Sie über meinen «Hiob» geschrieben haben.

            In Ergebenheit: Ihr

               Joseph Roth<.>

Es ist mir eine höchst unerwünschte Pflicht, [...]

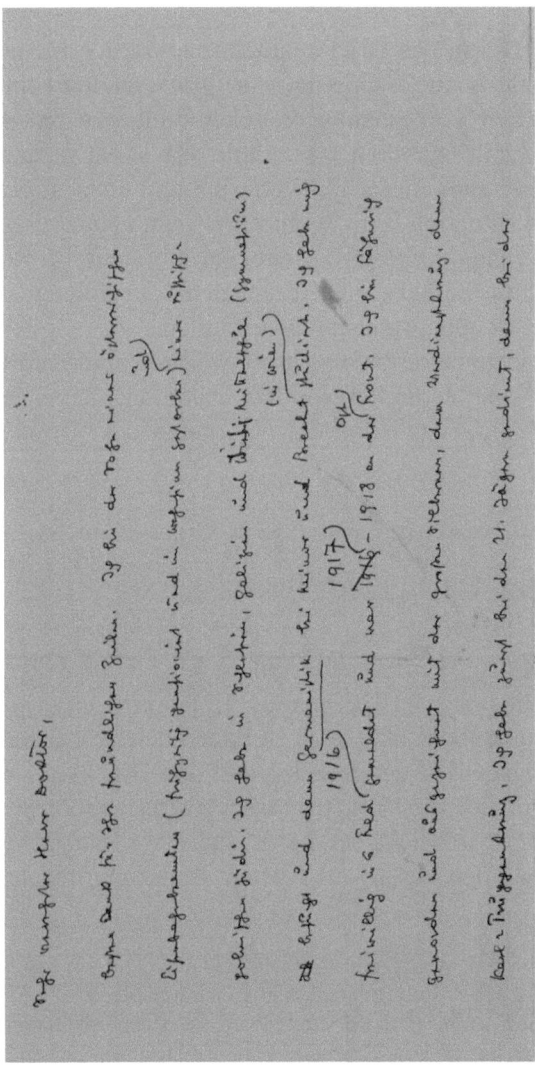

Joseph Roth an Otto Forst-Battaglia, Brief vom 28. Oktober 1932.
Ausschnitt. Jakub Forst-Battaglia, Wien

Die publizierte Form des Briefs enthält eine Menge kleiner Schlampereien, eine sinnlose Auslassung und eine gravierende Fehlmeldung: Daß Roth seinen Vater von einem galizischen Juden zu einem «besseren» Nicht-Juden machte, geschah wiederholt, vor allem in mündlichen Berichten; daß aber auch dieser im Wahnsinn und nicht in einer behüteten und begüterten Situation («im Wohnheim», ein heute verquerer, damals schon gar nicht gängiger Begriff) starb, darin bestand für Roth ein essentieller Teil seines Gefühls, ein Gezeichneter, Verfolgter zu sein, da er befürchtete, selbst auch wahnsinnig zu werden.[40]

Der Fehler ist auch deshalb so groß, weil die in diesem Brief getätigten Aussagen lang verbreitet wurden. Allerdings immerhin richtig in dem einen Punkt, dank korrekter Lesung des Briefs, bei Forst-Battaglia.[41]

Roths literarische und journalistische Werke

Der sechsbändigen Werkausgabe gingen eine vierbändige (1975) und dieser eine dreibändige (1956) voraus.[42] Man erkennt schon daran, wie schwer es war und ist, Roths Texte zu finden. Die sechsbändige gibt zum ersten Mal Angaben zu den Quellen und den Druckvorlagen an. Dabei fällt auf, daß zumeist die Vorgängerausgaben nachgedruckt wurden; eine quellenkritische Durchsicht der Texte, die Fritz Hackert durchzusetzen versuchte, lehnte der Verlag aus Kosten- und Zeitgründen ab. Hackerts

---

40 Vgl. BRONSEN (wie Anm. 7), S. 33 ff, 39 ff, 345 ff.
41 Siehe den Text der Roth-Biographie in seiner Anthologie S. 220. BRONSEN (wie Anm. 7) zitiert den Inhalt des Briefes partiell, wenn auch nicht immer richtig in den Anmerkungen belegt. Den Wahrheitsgehalt der einzelnen faktischen Aussagen diskutiert er nicht. Bronsen kannte den originalen Brief und korrigiert den «Wohnheim»-Fehler in einer Anmerkung (BRONSEN [wie Anm. 7], Anm. 21, S. 612).
42 Die sechsbändige Ausgabe: Joseph ROTH: *Werke* (wie Anm. 2).
    die vierbändige Ausgabe: Joseph ROTH: *Werke*, Hrsg.: Hermann KESTEN, Textredaktion: Christian Büttrich. Köln: Kiepenheuer & Witsch, 1975/1976; die dreibändige Ausgabe: Joseph ROTH: *Werke*, Hrsg.: Hermann KESTEN. Köln: Kiepenheuer & Witsch, 1956. «Rechtschreibung und Zeichensetzung wurden heutigem Gebrauch angeglichen» heißt es lapidar in: Joseph ROTH: *Werke* (wie Anm. 2), Bd 1, S. 1097.

Es ist mir eine höchst unerwünschte Pflicht, [...] 201

Angaben zur Entstehung, zu Studien, Hand- oder Maschinschriften von Seiten des Autors, von Drucken, Veränderungen und Übersetzungen zeigen bei aller Knappheit sehr deutlich, wieviel Quellenforschung noch zu tun ist. Denn Hackerts enorm wichtige Angaben in Anhang und Nachwort[43] stellen eine lange Reihe zumeist unerfüllter Forderungen dar.

Der Vergleich von Texten mit den Originalen oder Ausgaben zu Lebzeiten Roths bringt immer wieder die Erkenntnis, daß eine kritische Prüfung dringend nötig wäre, und Verbesserungen angebracht werden könnten.[44] Zwei Beispiele dazu:

Der Essay *Juden auf Wanderschaft*, zuerst 1927 erschienen,[45] sollte 1937 neu aufgelegt werden (das Buch erschien nicht); in den zehn Jahren hatte sich die Lebenssituation für Juden in Deutschland und in der Sowjetunion (Stichworte Hitler, Stalin) deutlich verändert. Roth sah sich nicht in der Lage, detailliert auf die Veränderungen in der Sowjetunion einzugehen; über die dortigen Verfolgungen wußte er weniger als über jene in Deutschland seit 1933 – gegen den Nationalsozialismus polemisierte er so heftig wie nur wenige Autoren.

Aber selbstverständlich war es ihm ein Bedürfnis, auf Veränderungen seit der ersten Niederschrift des Essays hinzuweisen, und sei es nur in einer pauschalen Form. Entsprechend formulierte Roth den einleitenden Satz zu einem Nachwort. Doch so, wie er in der Werkausgabe aufscheint,[46] muß er befremden. Da steht:

---

43 Basierend und erweiternd seinen grundlegenden Bericht: Fritz Hackert: «Joseph Roths Nachlaß im Leo Baeck Institut in New York». In: *Joseph Roth und die Tradition.* Hrsg.: David BRONSEN. Darmstadt: Agora, 1975, S. 374-399.
44 Ein positives Beispiel kann nachträglich bereits genannt werden: Roths Roman *Radetzkymarsch* ist Anfang 2010 als ausdrücklicher Neudruck nach dem Text der Erstausgabe von 1932 ediert worden; Beispiele der Korrumpierung des Texts bereits in der Ausgabe von 1956 (siehe Anm. 40) werden S. 475 f genannt: Joseph ROTH: *Radetzkymarsch.* Roman. Hrsg.: Werner BELLMANN. Stuttgart: Reclam, 2010 (Reclam Bibliothek).
45 Joseph ROTH: *Juden auf Wanderschaft.* Berlin: Die Schmiede, 1927. (Berichte aus der Wirklichkeit. 4).
46 Joseph ROTH: *Werke* (wie Anm. 2), Band 2, S. 892. In: Joseph ROTH: *Werke* (wie Anm. 40 – 1976), Band 3, S. 358 steht der Satz korrekt.

Es ist mir eine höchst <u>un</u>erwünschte Pflicht, den geschätzten Leser zum Schluß auf die Tatsache hinzuweisen [...].

Natürlich steht in der Handschrift[47] die positive Form der Höflichkeit:

Es ist mir eine höchst <u>er</u>wünschte Pflicht, den geschätzten Leser zum Schluß auf die Tatsache hinzuweisen [...].

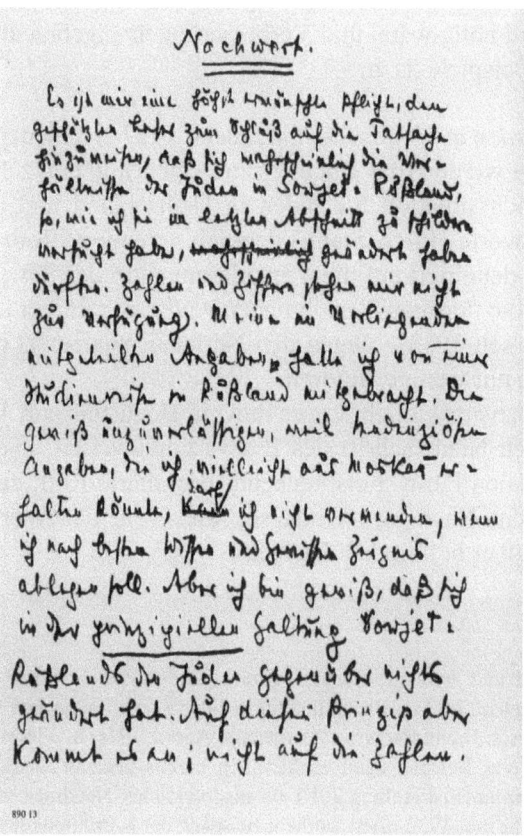

Faksimile der Handschrift Roths auf einem Prospekt des Verlags Kiepenheuer & Witsch, 1975: Entwurf zu einem «Nachwort» für eine geplante Neuausgabe von *Juden auf Wanderschaft*, 1937

---

47   Die sich in der Joseph Roth Collection im Leo Baeck Institute, New York, befindet.

Es ist mir eine höchst unerwünschte Pflicht, [...]

Ein Fehler aus Schlampigkeit, der jedem Leser leicht auffällt, weil er Unlogisches mitteilt. Die anderen Fehler in diesem kurzen, einseitigen Text, sind geringfügiger, zeigen aber mehr Willkür als regelkoformes Vorgehen:

Im zweiten Absatz ist in der Handschrift das Wort «Cherem» in Anführungszeichen, im Druck nicht. Der dritte Absatz beginnt so:

> Ich will nicht etwa die Formulierung gelten lassen: Just, wenn der Bannfluch erlischt, beginnt die größte Katastrophe, die Spanien jemals gekannt hat. Ich will nur auf diese – gewiß mehr als kuriose – Gleichzeitigkeit hingewiesen haben [...].[48]

Man könnte einwenden, hier sei behutsam normalisiert worden, denn Roth hat in der Handschrift *just* (ein falscher kleiner Anfangsbuchstabe) und «*mehr*, als» (ein falsches Komma). Das hätte wohl jeder Setzer 1937 auch so standardisiert. Vielleicht.

Merkwürdig ist, daß man sich für die Werkausgabe von 1975/1976 entschlossen hat, «just», am Anfang eines neuen Satzes, mit kleinem Anfangsbuchstaben zu belassen, aber das Komma nach mehr nicht zu setzen.[49]

Die Flüchtigkeiten setzen sich in der «Vorrede zur geplanten Neuausgabe» desselben Werks fort.[50]

> Es handelte sich nur damals in der Hauptsache darum, [...]

ist eine verquere Formulierung. In der Handschrift steht auch das richtige Wort an Stelle von «nur», und schon ist der Satz logisch:

> Es handelte sich mir damals in der Hauptsache darum, [...].[51]

Andere Flüchtigkeiten betreffen Akzente («Lodz» statt «Lodž»[52]), fehlende Worte, falsche Lesungen, geänderte Satzzeichen; «auf ihrem Rücken»[53] ist zwar Deutsch, aber Roth hat österreichisch «auf ihrem

---

48 Joseph ROTH: *Werke* (wie Anm. 2), Band 2, S. 892. Alle Hervorhebungen von HL.
49 Joseph ROTH: *Werke* (wie Anm. 40 – 1976), Band 3, S. 358.
50 Joseph ROTH: *Werke* (wie Anm. 2), Band 2, S. 893 ff. Alle Hervorhebungen von HL.
51 Joseph ROTH: *Werke* (wie Anm. 40 – 1976), Band 3, S. 359 hat den Fehler auch.
52 Mehrfach in: Joseph ROTH: *Werke* (wie Anm. 2), Band 2, S. 893 f. Roth hat nicht mehr richtig «Łodž» geschrieben.
53 Ebenda, S. 895; ebenso in: Joseph ROTH: *Werke* (wie Anm. 40 – 1976), Band 3, S. 361.

Buckel» geschrieben; auf derselben Seite steht «das Judensein»; bei Roth: «das Jude-sein»; wiederholt wurden moderne Komposita in einem Wort gebildet, wo Roth Hauptworte mit Bindestrich verband, was einen klaren Akzent der Bedeutung ausmacht.

Andere Fälle zeigen, daß Textvergleiche mit den Erstdrucken keineswegs alle Fragen lösen werden; die Vorlage dazu wäre jedenfalls ebenso wichtig wie die Entstehungsstufen und Vorarbeiten. Die Setzer von Roths Büchern, die im Exil in Holland erschienen, waren zwar gewohnt, genau zu arbeiten, konnten aber offensichtlich meist nicht oder nur wenig Deutsch; zudem war Roth ein lästiger, aber nicht präziser Korrekturleser.

Wieder andere Probleme stellen die Editionsformen von Texten dar – etliche Werke Roths sind zuerst als Fortsetzungsroman und dann als Buch erschienen.[54] Dabei ergaben sich Veränderungen, die gewiß nicht uninteressant sind. In einem Fall, der *Geschichte von der 1002. Nacht*, hat der Verlag für die sechsbändige Ausgabe angesichts zweier gedruckter Varianten eine leserunfreundliche Entscheidung getroffen: nämlich beide Versionen hintereinander, ohne Bezug aufeinander und ohne Kommentar zu den Details, folgen zu lassen.[55] Der textkritische Aufwand wurde also höher eingeschätzt als der, etwa zweihundert Seiten mehr zu drucken.

Es steht also noch eine sehr umfangreiche textkritische Arbeit aus; sie ist aber dringendes Desiderat für Forschung und Leserschaft gleichermaßen, um nicht gleichgültig bei den akkumulierten Fehlern zu verharren, die schon oft genug ungeprüft nachgedruckt und übersetzt worden sind, und das bei einem Autor, der sprachlich so fein und präzise arbeitete.

---

54 Diesen Vergleich unternimmt die Ausgabe: Joseph ROTH: *Radetzkymarsch* (wie Anm. 41) nicht, weist aber auf einige Unterschiede hin (Die, wie ich mich überzeugt habe, recht interessant sind).

55 Joseph ROTH: *Werke* (wie Anm. 2), Band 6, S. 347-514 (spätere Fassung) und S. 575-776 (frühere Fassung).

Die Recherchen von Senta Zeidler
zu Joseph Roth in den 1950er Jahren

Heinz LUNZER

> Es freut mich, daß sich endlich einmal jemand im deutschen Sprachgebiet mit Joseph Roth beschäftigt, und ich sehe den Ergebnissen Ihrer Arbeit mit dem größten Interesse entgegen. So klar, rein und einfach Roths Stil war, so schillernd, zweideutig und unfaßbar war seine Person und sein Leben.[1]

Die Informationslage, damals

Joseph Roth, einer der bedeutendsten österreichischen Schriftsteller, starb 1939 im 45. Lebensjahr im Exil in Paris. Was aber war nach der Vertreibung aus Deutschland, dann auch aus Österreich, Verfolgung und Totschweigen über sein Werk und sein Leben in Österreich so kurz nach 1945 zu erfahren – nach dem Ende der Herrschaft der Nationalsozialisten, über einen, der diesen ein erbitterter Gegner war?

Über einen Autor, der relativ jung war und der vor 1933 gerade noch in das eine oder andere Lexikon aufgenommen worden war, über den jedoch noch keine umfangreicheren Arbeiten als Rezensionen und kurze Essays existierten? Zu dessen Tod Nachrufe erschienen, die zumeist in eher persönlicher Art sich mit seinen letzten Positionen im Exil beschäftigten, aber keine Gesamtwertung, keinen Überblick über seine Arbeiten

---

1 Klaus Dohrn an Senta Zeidler, Brief vom 23. Juni 1954, Sammlung Senta Lughofer, Linz. SLL. In der Folge werden alle Briefe, die im Zusammenhang mit Senta Zeidlers Dissertationsprojekt von ihr oder an sie geschrieben wurden, mit dem kurzen Quellenvermerk SLL bezeichnet. In den folgenden Zitaten aus den Briefen von und an Senta Zeidler sind die unterschiedlichen, aufgrund von anderssprachigen Gewohnheiten oder Schreibmaschinen entstandenen individuellen Schreibweisen, insbesondere Umlaute und Eigennamen betreffend, vereinheitlicht.

boten – aus dem einfachen Grund, weil dies noch nicht zu leisten war, keine einzelne Person und kein Archiv dazu genügend und sicher Auskunft geben konnte. Nachrufe, im übrigen, die eben nicht in Österreich verbreitet wurden und daher hier schwer zu finden waren.

Neben diesen biographisch «vernichtenden», von außen, von der Politik, gegebenen Umständen gab es aber noch eine zweite Ebene der Schwierigkeiten, sich dem Autor zu nähern: Er selbst hatte viel getan, um Unsicherheit zu erzeugen und zu vermehren. Roth war ein Autor, der seine autobiographischen Angaben veränderte und aus verschiedenen Gründen gezielt unrichtige oder widersprüchliche Angaben verbreitete.

Vielen Personen gegenüber sprach er überhaupt nicht von seiner Kindheit und Jugend, von privaten Dingen. Anderen gab er mündlich, schriftlich oder in Interviews voneinander abweichende oder, wie zum Teil leicht, zum Teil mühsam zu verifizieren war (und ist), falsche Angaben.

Zudem erfüllte Roth nicht die für die Forschung günstigen Prämissen, wie einen ständigen Wohnsitz zu haben, ein ordentliches Archiv, eine saubere Dokumentation der Publikationen. Im Gegenteil: Roth besaß kein Zu Hause, kein Zentrum des Lebens im konventionellen Sinn; er reiste sehr häufig, besaß nur vorübergehend eine Wohnung (in Berlin), und hatte meist wohl nur wenige Dokumente bei sich; viele andere verlor er.

Roth schrieb viele seiner Briefe mit der Hand; von wichtigen fertigte er zwar Durchschriften an; gelegentlich hatte er Hilfen (z. B. Andrea Manga Bell, Käthe Engel) die für ihn Briefe mit der Schreibmaschine ausfertigten, aber selten jemanden, der Ordnung in seinen Sachen hielt. Er gab wohl seine beruflichen Sachen nur ungern aus der Hand, wollte alles selbst regeln und bestimmen.

Was als «Nachlaß» von Personen um Roth gebündelt, mit großem Risiko und Glück während der deutschen Besetzung Frankreichs versteckt und danach in die USA gebracht worden war, enthielt viele Unterlagen zum späten Werk, aber wenig zum frühen; doch das Problem stellte sich einem breiteren Interessentenkreis erst später, als dieses Material öffentlich zugänglich wurde, dar.[2]

---

2   Die Joseph Roth Collection (AR 1764) im Leo Baeck Institute, New York, ist seit den 1960er Jahren allgemein zugänglich. <http://findingaids.cjh.org/?pID=121485>. Zum Versuch von Senta Zeidler, diese Sammlung einzusehen, und zu den anderen Nachlaß-Teilen siehe unten S. 217 ff.

Unterlagen in anderen Sammlungen – vor allem Roths Briefe an seine Bekannten und Geschäftspartner – wären für die Dissertantin willkommene Ergänzungen gewesen. Doch davon war in den 1950er Jahren das meiste unzugänglich. Senta Zeidler bat zwar jeweils, Briefe bzw. Briefinhalte zur Verfügung zu stellen, mußte sich aber meist mit Erinnerungen der Befragten zufrieden geben. Vieles war nicht greifbar, das Meiste war vor oder während der Flucht vor den Nationalsozialisten und während des Krieges zerstört oder verloren worden.

Es verhinderten also nicht nur die Zeit, sondern auch die Lebensumstände des Autors und die seiner Zeitgenossen, daß man einen Überblick über sein Arbeiten erhalten konnte. Um so reizvoller schien die Aufgabe, hier Licht in wenig sichere Angaben zu bringen. Wie schwierig aber war das für eine junge Dissertantin, die diesen Versuch in Wien in den 1950er Jahren anstellte?

Aufgabenstellung

Wie mutig mußte man sein, um wenige Jahre nach dem Ende der nationalsozialistischen Herrschaft sich vorzunehmen, eine Monographie über einen exilierten, verfolgten, jüdischen Autor zu schreiben – als Dissertation? Und das an einer Universität, deren Germanistikprofessoren in den 1950er Jahren äußerst wenig Interesse an der Gegenwartsliteratur oder gar an jüdischen Autoren besaßen.[3] Das Hindernis war der jungen

---

3   Die Vorlesungsverzeichnisse der Universität Wien sprechen für die Germanistik eine nur allzu klare Sprache: In der Lehre überwog das «alte Fach» bei weitem, seit Generationen eine Hochburg der deutschnationalen und dann nationalsozialistischen Ideologien, ganz im Gegensatz zum Interesse der Studierenden. In den Semestern Winter 1949/1950 bis Winter 1954/1955 wurden in Vorlesungen selten das 19. Jahrhundert berührt, kaum das 20. Oskar Bendas mehrsemestrige Vorlesung *Neuere österreichische Literatur in ihren weltliterarischen und kulturellen Zusammenhängen* begann bei Barock und Aufklärung und kam darüber kaum hinaus; die einzige Ausnahme bildete Eugène Susini (der Leiter des Institut Français in Wien), der in der beobachteten Zeit über Stefan George und Rainer Maria Rilke vortrug. Vgl. Wendelin SCHMIDT-DENGLER: «Nadler und die Folgen. Germanistik in Wien 1945-1957». In: Wilfried BARNER / Christoph KÖNIG (Hrsg.): *Zeitenwechsel. Ger-*

Senta Zeidler, später verh. Lughofer, durchaus bewußt; sie versuchte es trotzdem in den Jahren 1952 bis 1959. In einem Brief an Kurt Pinthus beschrieb sie 1957 ihre Ziele:

> Ich arbeite, schon seit längerer Zeit, an einer Dissertation über Joseph Roth. Ich beabsichtige eine umfassende, allseitig informative Darstellung von Roths Leben, Persönlichkeit und Werk, dies unter Heranziehung aller erreichbaren Quellen, auch wertvoller brieflicher oder mündlicher Informationen; nur so kann ich ja hoffen, eine gehaltvolle und Roth einigermaßen gerecht werdende Arbeit zu schaffen. Ich habe meine Bemühungen besonders auf eine wohlfundierte Biographie gerichtet.[4]

Aber schon 1953 hatte sie – vor allem auf die Dokumente im Roth-Archiv bei Caroline Birman[5] gestützt – die Notwendigkeit einer Reise in die USA erkannt. Senta Zeidler schrieb 1953 an Friderike Zweig:

> Da unter den in Wien gegebenen Voraussetzungen eine Arbeit über Joseph Roth nicht recht befriedigend ausfallen kann, würde ich sehr gerne in dieses Material Einblick nehmen, um einige Ergänzungen und nötigenfalls Berichtigungen meiner Arbeit vorzunehmen. Auch würde ich gerne die mündlichen Quellen in Amerika persönlich aufsuchen; vielleicht gelingt es mir, nach Abschluß meines Studiums ein Stipendium zu bekommen.[6]

Senta Zeidler scheiterte an diesem ehrgeizigen Ziel aus mehreren Gründen:

- Sie erhielt keine adäquate Unterstützung durch die Betreuung seitens der Lehrenden der Universität. Zuspruch fehlte ebenso wie die tatkräftige und wortgewaltige Unterstützung, um ein Stipendium zur Forschung im Ausland zu erlangen.
- Sie hatte vor, nicht nur eine Analyse eines Werkes oder einer Gruppe von Texten und eine Stilkritik zu verfassen; es galt, biographische Informationen zu gewinnen und zu verifizieren, nach Briefen zu for-

---

    manistische Literaturwissenschaft vor und nach 1945. Frankfurt/Main: Fischer, 1996, S. 35-46.

4   Senta Zeidler an Kurt Pinthus, Briefentwurf vom 21. November 1957. SLL. Die Disposition der Dissertantin enthielt auch eine Stilkritik.

5   Siehe unten S. 217 ff.

6   Senta Zeidler an Friderike Zweig, Briefentwurf vom 8. November 1953. SLL. In diesem Schreiben berichtete Senta Zeidler auch vom Fehlschlag der Bewerbung um ein Stipendium und wollte nun versuchen, Kopien von der von C. Birman betreuten Roth Sammlung zu erhalten. Friderike Zweig gab nur die bereits bekannte Adresse.

schen, die Korrespondenzpartner des Autors überhaupt erst festzustellen.
- Sie erhielt zu wenig Briefe und andere Lebensdokumente oder Auskünfte, die verläßlich und nicht widersprüchlich waren, welche eine gleichmäßige biographische Darstellung schreiben ließen. Im Sommer 1958 bat Senta Zeidler Friderike Zweig erneut um Klärung der urheberrechtlichen Situation, die Briefe zwischen Roth und Stefan Zweig betreffend; ihre Dissertation sollte doch umfassend informieren.[7] Die Auskunft Friderike Zweigs, Senta Zeidler könne die Korrespondenz zwischen Stefan Zweig und Joseph Roth nicht einsehen, mag zur Entmutigung stark beigetragen haben. Friderike Zweig schrieb:

Die Korrespondenz ist zu sehr zu Roths Nachteil, sodaß daran nichts Gutes herauszuarbeiten ist, sodaß Sie besser davon absehen daraus Schlüsse zu ziehen. Auch ist ja s. z. [seinerzeit] nicht geklärt worden, an wen Sie sich zu wenden hätten, die Erlaubnis [zur Veröffentlichung] zu erhalten.[8]

Die Quellenlage

Auf welche Bücher konnte man sich in Wien stützen – in den 1950er Jahren?

Druckschriften, die vor 1945 erschienen sind

Bücher Roths

Was hatten die großen Wiener Bibliotheken von Roths Werken vorrätig, welche vor 1945 erschienen waren? Bestürzend wenig. Die Österreichische Nationalbibliothek besaß – wie sich aus niedrigen Signaturen bzw.

---

7 Senta Zeidler an Friderike Zweig, Brief vom 9. August 1958. SLL.
8 Friderike Zweig an Senta Zeidler, Brief vom 25. August 1958. SLL. Diese bedauerliche hermetische Einstellung und die Ausrede aufs Urheberrecht hat Friderike Zweig später aufgegeben. Hermann Kesten, der Herausgeber der Briefausgabe von 1970, konnte viel von dieser Korrespondenz veröffentlichen.

den Katalogkarten erkennen läßt – aus der Erwerbung vor 1938 *Juden auf Wanderschaft, Rechts und Links, Zipper und sein Vater, Hiob* und *Radetzkymarsch*; diesen besaß auch die Wiener Stadt- und Landesbibliothek, sonst nichts; die Universitätsbibliothek besaß *Der blinde Spiegel, Juden auf Wanderschaft, Hiob* und (bevor der Band verlustig ging) *Radetzkymarsch*.

Eine beschämende Bilanz, die aus den heutigen Katalogen ersichtlich ist[9]. Die Gründe sind in Ignoranz den modernen Autoren gegenüber, politischen oder finanziellen Rücksichten und Gleichgültigkeit nach 1945 zu suchen.

Senta Zeidler mußte sich daher bemühen, Werke Roths antiquarisch zu erwerben, und war dabei nicht in Wiener, sondern in Münchner Antiquariaten erfolgreich, was das frühe Werk des Autors betrifft.[10]

Zeitungen und Zeitschriften

Vom umfangreichen journalistischen Werk Roths war zu seinen Lebzeiten nur ein Sammelband erschienen – *Panoptikum*, 1930. Daher mußte Senta Zeidler die erreichbaren Periodika durchblättern, um auf diese mühsame Weise einen Überblick zu erhalten (Texte wurden meist mit der Hand abgeschrieben). Immerhin, die wichtigsten deutschsprachigen Zeitungen (wie die *Arbeiter-Zeitung*, die *Frankfurter Zeitung*, die *Münchner Neuesten Nachrichten*) oder Zeitschriften (z. B. *Die literarische Welt*) waren in den Wiener Bibliotheken, insbesondere in der Universitätsbibliothek und in der Wiener Stadt- und Landesbibliothek verfügbar.

So konnte Senta Zeidler eine stattliche Bibliographie zum journalistischen Werk Roths erstellen, wenn auch mit enormem Aufwand.

---

9   2010 anhand der elektronischen Kataloge der Österreichischen Nationalbibliothek, der Wienbibliothek und der Universitätsbibliothek recherchiert. Andere zeitgenössische Ausgaben von Roths Werken kamen, wenn überhaupt Lücken gefüllt wurden, nach 1945 in den Bestand dieser Bibliotheken, wobei nur für die Wienbibliothek ein gezielter Erwerb vermutet werden kann; etliche Werke kamen wohl aus Sammlungen bzw. mit Nachlässen ins Haus, wie Signaturen vermuten lassen.
10 Erwähnt z. B. in Senta Zeidler an Siegfried Kracauer, Briefentwurf vom 7. Juni 1954, S. 2. SLL. (*April* sei nicht aufzutreiben).

Die Recherchen von Senta Zeidler zu Joseph Roth 211

Sekundärliteratur

Monographien über Joseph Roth sind vor 1945 nicht erschienen. Rezensionen gab es zahlreiche; 40 davon verzeichnet Siegel.[11] Von ihnen kannte Senta Zeidler einige, so z. B. nannte sie die beiden wichtigen Texte von Manfred Georg(e), wovon zumindest einer leicht erreichbar war.[12] Doch die meisten Rezensionen, Essays und Nachrufe waren in Zeitschriften und Zeitungen erschienen, welche die Wiener Bibliotheken nicht führten. Somit bildete auch diese unbefriedigende Quellensituation ein schweres Handicap für die Dissertantin. Diesbezüglich hätte sie die Roth-Sammlung in den USA allerdings auch ziemlich enttäuscht; darin sind nur wenige Zeitungsausschnitte erhalten.

Bücher, die nach 1945 erschienen sind

Welche Bücher standen einem größeren wissenschaftlichen Projekt über Joseph Roth in der ersten Hälfte der 1950er Jahre in der Österreichischen Nationalbibliothek zur Verfügung?[13]

Aufgrund der geringen für Kulturelles zur Verfügung stehenden Auslands-Devisen wurden in den ersten zehn Jahren nach Kriegsende wenige Bücher nach Österreich importiert (etwa aus der Schweiz oder den Niederlanden, wo sich die ehemaligen Exilverlage vergebens große Hoffnungen auf Absatz machten; aber auch aus Deutschland); daher gab es viele Lizenzausgaben; daher gab es große Hoffnungen bei österreichischen Verlagen, ein gewichtigeres Buchzentrum zu werden als das Land es bisher gewesen war – fast alle österreichischen Autoren des späten 19. und jungen 20. Jahrhunderts hatten in deutschen Verlagen publiziert.[14] Allerdings – an Joseph Roth gingen die österreichischen Verlage

---

11 Rainer-Joachim SIEGEL: *Joseph Roth-Bibliographie*. Morsum/Sylt: Cicero Presse, 1995, Abschnitt Z, S. 432 ff.
12 Senta Zeidler an Manfred George, Brief vom 7. Mai 1954. SLL. Siehe unten S. 237 ff.
13 2010 anhand des elektronischen Katalogs der ÖNB recherchiert.
14 Heinz LUNZER: «Der literarische Markt 1945 bis 1955». In: Friedbert ASPETSBERGER (u. a.) (Hrsg.): *Literatur der Nachkriegszeit und der fünfziger Jahre in Öster-*

vorbei. Und so waren es wieder deutsche Verlage, die die ersten – bescheidenen – Schritte zur Publikation von Roths Werken unternahmen.

Primärliteratur

An nach 1945 erschienener Primärliteratur sind folgende Bände zu nennen, welche die ÖNB bald nach dem jeweiligen Erscheinen erworben hat:

Der Leviathan. Amsterdam: Querido, 1947. (und dessen Lizenzausgabe 1954 bei Gütersloh: Bertelsmann).

Die Legende vom heiligen Trinker. Amsterdam: Allert de Lange, 1949.

Joseph Roth. Leben und Werk. Ein Gedächtnisbuch. Hrsg: Hermann LINDEN. Köln/Hagen: Gustav Kiepenheuer, 1949.[15]

Der schmale Band, zum zehnten Todestag des Autors erschienen, enthält einen hohen Anteil an Primärtexten, freilich zum Teil in knappsten Ausschnitten, und wird daher hier angeführt.

Bedenkt man, wie schleppend sich der internationale Buchhandel nach 1945 zwischen Österreich, Deutschland und anderen Staaten entwickelte, wird das *Gedächtnisbuch* für viele Leser der erste Kontakt mit

---

reich. Wien: Österreichischer Bundesverlag, 1984 (Schriften des Instituts für Österreichkunde. 44/45), S. 24-45.

Die genannten Gründe mögen ausschlaggebend gewesen sein, daß folgende Ausgaben von Werken Joseph Roths nicht vorhanden waren bzw. sind: *Hiob.* Amsterdam: Bermann-Fischer, 1948 (Bermann-Fischer Roman-Bibliothek); *Radetzkymarsch.* Amsterdam: Allert de Lange; Köln, Berlin: Kiepenheuer, 1950 (Ausgewählte Werke); *Die Kapuzinergruft.* Amsterdam: Allert de Lange; Köln, Berlin: Kiepenheuer, 1950 (Ausgewählte Werke); *Die hundert Tage.* Amsterdam: Allert de Lange, 1948 (Überklebt: Leipzig, Wien: Tal, 1936 – Wiederverwendung nicht ausgelieferter Bände der 1936 für Österreich vorgesehenen Titelauflage der niederländischen Erstausgabe – Vgl. SIEGEL (wie Anm. 11), Abschnitt C 14.2, S. 48; Heinz LUNZER: *Joseph Roth im Exil in Paris 1933 bis 1939.* Wien: Dokumentationsstelle für neuere österreichische Literatur, 2008, S. 68); *Beichte eines Mörders, erzählt in einer Nacht.* Köln: Kiepenheuer & Witsch; Amsterdam: Allert de Lange, [1951] (Kiepenbücher).

15 Das Buch entstand, wie die Ortsangabe zeigt, im westdeutschen, von J.C. Witsch geleiteten, nicht im Weimarer Zweig des Unternehmens, dessen Gründer Gustav Kiepenheuer im Frühjahr 1949 gestorben war. Seine Frau Noa Kiepenheuer führte nach der Trennung von Witsch 1951 den Weimarer Verlag unter dem Namen Gustav Kiepenheuer Verlag fort.

Die Recherchen von Senta Zeidler zu Joseph Roth 213

Roth gewesen sein. Das Buch von rund 250 Seiten enthält Berichte von Zeitzeugen, Texte von Roth und eine Bibliographie, die immerhin einige Übersetzungen von Romanen nennt,[16] aber nicht einmal die Dimension der journalistischen Arbeiten andeutet.

Zeitzeugen (Blanche Gidon, Hermann Kesten, Irmgard Keun, Gustav Kiepenheuer, Ludwig Marcuse, Józef Wittlin) und der Herausgeber, ein ehemaliger Kollege bei der *Frankfurter Zeitung,* erzählen über Roth.

Für Senta Zeidler gab dieses Buch wichtige Anregungen und gewiß den ganz deutlichen Wunsch nach mehr Texten des Autors und mehr Wissen über den Autor.

Joseph Roth. Werke Band 1-3, Hrsg: Hermann KESTEN. Köln, Berlin: Kiepenheuer & Witsch, 1956.

Diese Werkausgabe erschien 17 Jahre nach dem Tod des Autors, elf Jahre nach dem Ende der Herrschaft des Nationalsozialismus in Deutschland und Österreich: das war früh im Hinblick auf die schwierige Situation der Verlage und die schwache ökonomische Kraft des Lesepublikums;[17] herausgegeben von einem Autor, Verlagsberater und Bekannten Roths, der hier gewiß eher ein Denkmal zu setzen, das Wissen um Roths Werk zu erneuern als die editorische Großleistung par excellence zu vollbringen beabsichtigte. Die meisten Rezensenten drückten ihr Gefühl aus, es erschiene ihnen wie sehr lange her, daß Roth gelebt und publiziert hatte – ein Echo auf die Wirkung des Nationalsozialismus im Sinn einer Gehirnwäsche.

Offenbar reichte Kestens Vorbereitungszeit nicht für sorgfältige Arbeit. In einer heute kurios anmutenden Folge druckte man in zwei Bänden (nicht alle) Romane ab und im dritten Band Erzählungen, Essays und

---

16   Auch im Verzeichnis der Schriften Roths in der Ausgabe Joseph Roth. *Werke.* Bd 1-3, Hrsg: Hermann Kesten. Köln, Berlin: Kiepenheuer & Witsch, 1956 fehlt ein Hinweis auf den ersten, nur in der Wiener *Arbeiter-Zeitung* veröffentlichten Roman *Das Spinnennetz.*
17   Der Verlag Kiepenheuer & Witsch brachte 1959 auch eine dreibändige Ausgabe der Werke von René Schickele (1883-1940) heraus (wie Roth in Frankreich im Exil), ebenfalls betreut von Hermann Kesten, die allerdings im Gegensatz zu Roth bis heute die einzige Werkausgabe blieb.

Briefe.[18] Die 38 Briefe gaben punktuelle Einblicke, aber keine konzisen Informationen zu Roths Leben und Arbeitsweisen. Die Auswahl der Briefe erscheint heute äußerst zufällig; vielleicht war hinsichtlich der Briefe noch zu viel Skepsis zu überwinden, wie sie auch Friderike Zweig Senta Zeidler gegenüber ausgesprochen hatte.[19] Vielleicht war sie nicht viel mehr als ein Versuchsballon den Sensibilitäten gegenüber (sowohl zu Roth als auch anderen Personen, die dieser unfreundlich erwähnt[20]). Lesefehler sind schon hier vorhanden, nicht nur in den Transkriptionen der beiden abgebildeten Briefe.

Für Senta Zeidler erschien die Ausgabe im Grunde zu spät, hatte sie doch ihre erste Runde an Recherchen schon 1954 beendet. Die Werkausgabe gab Anlaß für eine Wiederaufnahme der Arbeit, ihr Wissen an Texten vergrößerte sie mäßig (trotz vieler Mängel, insbesondere auf Seiten des journalistischen Werks, von dem dort sehr wenig abgedruckt und wenig bibliographiert ist); ihr Wissen an biografischen Daten wurde kaum erweitert. Kestens Vita Roths transportiert Ungeprüftes weiter oder erfindet, z. B. Schwabendorf als Geburtsort, Studium in Lemberg und Wien («Schüler von Walther Brecht und Karl Kraus.»), «Soldat an der Front» usw.[21]

Von manchen Details abgesehen, wußte Senta Zeidler über Roths Leben schon viel mehr. Immerhin regten sie manche Details der dreibändigen Ausgabe zu neuen Fragebriefen an.

---

18 Band 1: Einleitung von Hermann Kesten; Radetzkymarsch; Die Kapuzinergruft; Das falsche Gewicht; Zipper und sein Vater; Die Geschichte der 1002. Nacht; Hotel Savoy; Band 2: Hiob; Tarabas;. Die Rebellion; Die Flucht ohne Ende; Rechts und links; Die Hundert Tage; Beichte eines Mörders; Band 3: Der blinde Spiegel; April; Stationschef Fallmerayer; Der stumme Prophet; Ein Kapitel Revolution; Der Leviathan; Die Legende vom heiligen Trinker; Le Buste de l'Empereur; Le Triomphe de la Beauté; Panoptikum; Porträts; Reisebilder; Im mittäglichen Frankreich; Polemik; Juden auf Wanderschaft; Der Antichrist. Briefe. Zu den Briefen von Joseph Roth. Joseph Roth, Notizen zu seinem Leben. Bibliographie.
19 Siehe oben bei Anm. 5.
20 So ist jener Brief an Kesten abgedruckt, in dem sich Roth abfällig über Bermann-Fischers Versuch äußerte, im «Dritten Reich» weiter zu publizieren (Joseph Roth an Kesten, Brief vom 29. Juni 1933. In: *Werke* (wie Anm. 16), Bd 3, S. 818 = *Joseph Roth. Briefe,* Hrsg.: Hermann KESTEN. Köln: Kiepenheuer & Witsch, 1970, S. 267 f).
21 *Werke,* (wie Anm. 16), Bd 3, S. 41.

Die Recherchen von Senta Zeidler zu Joseph Roth 215

Radetzkymarsch. Lizenzausgabe für Wien: Volksbuchverlag, Büchergilde Gutenberg, 1957.
Was in den 1960er Jahren erschien, war nicht mehr von Relevanz für Senta Zeidlers Dissertationsprojekt.

Sekundärliteratur
Die frühe amerikanische Dissertation von Ward Hughes Powell: *The Problem of primitivism in the novels of Joseph Roth.* Colorado Springs, Colorado: University of Colorado, 1956 kam erst in der Mikrofilm-Ausgabe von 1989 an die Österreichische Nationalbibliothek.[22] Senta Zeidler hatte noch im Jahr ihrer Publikation mit Powell Kontakt aufgenommen und das Konzept seiner Arbeit erhalten.[23]

Andere Arbeiten, die Roth einschlossen, blieben ihr unbekannt, so: die Dissertation von Harold Edward Lusher: *Joseph Roth, Robert Musil und Karl Kraus. Their image of the old monarchy and emperor Franz Joseph.* Johns Hopkins University, Baltimore, Md, 1958 war als Maschinschrift rasch in der Wienbibliothek vorhanden – wohl als Gabe des Dissertanten;[24] ebenso die im gleichen Jahr fertiggestellte Arbeit von Charles Patrick Lutcavage: *The Habsburg Monarchy as depicted in the works of Joseph Roth and Heimito von Doderer. A comparative analysis.* Harvard University, Cambridge, Mass, 1958.[25]

Die erste in Deutschland verfaßte Dissertation über Roth[26] erreichte Wien nicht;[27] die zweite kam zwar rasch an die ÖNB, aber zu spät für

---

22   Laut Katalog der ÖNB. SIEGEL (wie Anm. 11), Z 511. (UB 0).
23   Senta Zeidler an Theo Feldmann, Briefentwurf vom 24. September 1956. SLL; diverse Korrespondenzstücke mit Powell.
24   SIEGEL (wie Anm. 11), Z 507; im Katalog der Wienbibliothek mit der Jahreszahl 1956.
25   SIEGEL (wie Anm. 11), Z 508. Die Arbeit ist allerdings im Katalog der Harvard Libraries als PhD-Paper mit 1976 datiert.
26   2010 erhoben bis zum Erscheinungsjahr 1960 anhand des Bestandsverzeichnisses der Deutschen Nationalbibliothek.
27   Peter Wilhelm JANSEN: *Weltbezug und Erzählhaltung. Eine Untersuchung zum Erzählwerk und zur dichterischen Existenz von Joseph Roth.* Freiburg i. Br., 1958. Diss. (SIEGEL [wie Anm. 11], Z 501).

Senta Zeidler: Rolf Eckart: *Die Kommunikationslosigkeit des Menschen im Romanwerk von Joseph Roth.* München: Uni-Druck, 1959.[28]
Die erste Wiener Dissertation, die Roth berücksichtigt, wurde 1974 fertiggestellt.[29] Bücher über Roth, die über Erinnerungen hinausgingen, lagen in den 1950er Jahren nicht vor.

Erwähnenswert sind allerdings Bücher, in denen Roth vorkam, so in Albert Fuchs' Buch *Moderne österreichische Dichter. Essays.* Wien: Globus, 1946[30] oder in der Korrespondenz zwischen Friderike und Stefan Zweig, die 1951 zum ersten Mal veröffentlicht wurde.[31]

Texte in Zeitungen und Zeitschriften

Die Artikel, welche zwischen 1938 und 1945 über Roth erschienen sind (es waren zumeist Nachrufe oder Erinnerungen) blieben für Senta Zeidler unerreichbar, waren sie doch in Ländern erschienen, mit denen österreichische Bibliotheken zur Zeit des Nationalsozialismus und kurz danach keinen Schriftentausch unterhielten (z. B. die New Yorker Zeitschrift *Aufbau*, in der 1940 und 1944 jeweils ein Artikel erschien[32]).

Doch immerhin gab es für die Zeit nach 1945 einige Artikel in Zeitungen und Zeitschriften, die erreichbar waren, so z. B. in der *Süddeutschen Zeitung*,[33] in den *Frankfurter Heften*[34] oder im *Monat*.[35] Das erste Roth gewidmete Heft einer Zeitschrift erschien in Frankreich – 1957 in *Allemagne d'aujourd'hui.*[36]

---

28 SIEGEL (wie Anm. 11), Z 496.
29 Roswitha HEGER: *Die frühe Epik von Gerhard Fritsch (1924-1969). Der Einfluß von Joseph Roth und Ernst Wiechert.* [SIEGEL (wie Anm. 11), Z 498].
30 SIEGEL (wie Anm. 11), Z 165.
31 Stefan ZWEIG / Friderike ZWEIG: *Briefwechsel. 1912-1942.* Bern: Scherz, 1951 (SIEGEL, [wie Anm. 11] Z 489).
32 SIEGEL (wie Anm. 11), Z 236 und 301.
33 SIEGEL (wie Anm. 11), Z 207.
34 Otto FORST DE BATTAGLIA: «Joseph Roth. Wanderer zwischen drei Welten». In: *Frankfurter Hefte*, Jg. 7, 1952, H. 6, S.441-445 [SIEGEL, (wie Anm. 11), Z 150].
35 SIEGEL (wie Anm. 11), Z 243.
36 Paris, 1957, Heft 2. Diese Zeitschrift ist in der Universitätsbibliothek Wien vorhanden, die zuvor genannten deutschsprachigen Periodica in der ÖNB.

Freilich würden alle solchen frühen Aufsätze zusammen kein ausreichendes Fundament für eine gründliche und irrtumsfreie Darstellung von Roths Leben und Werk ausgemacht haben. Diese unbefriedigende Situation hat Senta Zeidler rasch erkannt. Daher mußte sie den Weg der Quellenforschung gehen – nach dem Nachlaß, Sammlungen, Dokumenten und Korrespondenzen suchen und Zeitzeugen befragen.

Roths nachgelassene Papiere

Senta Zeidler verband große Hoffnungen mit den Materialien, die Roth bei seinem Tod um sich hatte, die jedoch mittlerweile in den USA aufbewahrt wurden.

Jener Teil von Roths Nachlaß, der heute die Joseph Roth Collection im Leo Baeck Institute ausmacht (AR 1764), wurde 1939 im Hôtel de la Poste gesammelt, von Friderike Zweig zu sich genommen, vor ihrer Flucht aus Frankreich Roths Übersetzerin Blanche Gidon übergeben, wo er zum Glück während der Besetzung Frankreichs von den Nationalsozialisten unentdeckt blieb. Gidon leitete das Material nach dem Krieg der Rechtsanwältin Caroline Birman weiter; diese bewahrte ihn so lange bei sich, bis die Erben überein kamen, ihn dem LBI zu geben, wo er seit 1963 liegt.[37]

---

37 Caroline Birman war als Juristin in Wien tätig gewesen, wo sie wohl Roth kennengelernt hatte; sie ging ins Exil und betrieb eine Rechtsanwaltskanzlei in Paris (Siehe ihre Annoncen in der Exilzeitschrift *Das neue Tage-Buch*, ab Heft 2 vom 8. Jänner 1938 [S. 2]) und war in den USA bald nach 1940 «Attorney and Counsellor at Law» und «Consultant on French Law» (So die Angaben auf ihrem Briefpapier an Senta Zeidler). Hermann Kesten berichtet ausführlich in seinem «Vorwort zur erweiterten Neuausgabe von 1975/1976» in: Joseph ROTH: *Werke*, Hrsg.: Hermann KESTEN, Textredaktion: Christian Büttrich. Köln: Kiepenheuer & Witsch, 1975/1976 [vierbändige Ausgabe], Bd 1, S. 38 f. Die letzten Teile des Nachlasses wurden erst 1971 als LBI übergeben. Caroline Birman war, wie Friderike Zweig (Brief an Senta Zeidler vom 1. April 1954. SLL) erinnerte, die Schwester von Käthe Engel, die 1938/1939 für Roth in Paris Sekretärsarbeiten leistete (Siehe LUNZER: *Exil* [wie Anm. 14], S. 211, 213).

Senta Zeidler hoffte, diese Sammlung auszuwerten und damit zu einem vollständigeren Bild von Roth zu gelangen. Birman dämpfte zwar ihre Erwartungen mit einer kursorischen Inhaltsangabe zum Material,[38] lud sie jedoch ein zu kommen und damit zu arbeiten.[39]

Damit hatte Senta Zeidler den richtigen Weg eingeschlagen. Es war nicht ihre Schuld, daß sie die Recherche in New York nicht durchführen konnte. Sie versuchte 1953, ein Stipendium für einen Forschungs- oder Studienaufenthalt in den USA zu erlangen,[40] war damit jedoch nicht erfolgreich. Schuld daran trug wohl eine frauenfeindliche Einstellung bei den potentiellen Förderern, aber vor allem eine laue Befürwortung durch Oskar Benda, dem sie betreuenden Lehrer an der Universität Wien.

Von jenem anderen Teil von Roths Papieren aus Paris, die schließlich ebenfalls im Leo Baeck Institute, New York, aber innerhalb der Joseph Bornstein Collection auftauchten,[41] wußte Senta Zeidler ebensowenig wie vom Material aus den Jahren vor 1933, welches noch im Gustav Kiepenheuer Verlag in Leipzig lag,[42] oder den Dokumenten, die Roths Schwägerin Hedy Davis zuletzt in London aufbewahrte.[43]

---

38 Caroline Birman an Senta Zeidler, Brief vom 22. Oktober 1953, S. 1-2. SLL.
39 Ebd., S. 4.
40 Senta Zeidler bat in ihrem Brief vom 22. Oktober 1953 Ludwig Marcuse um Auskunft über Stipendien für ausländische StudentInnen an der University of Southern California in Los Angeles, welches sie nach der Beendigung ihrer Dissertation, die sie für 1954 plante, 1954/1955 antreten wollte – ihr zweites Fach war Anglistik. Die Reise hoffte sie, von der Fulbright Commission finanziert zu bekommen. Marcuse gab in seiner Antwort vom 29. Oktober 1953 die Ansprechpersonen der kalifornischen Universität an.
41 Die Roth Collection innerhalb der Joseph Bornstein Collection (ex AR 4152, nun wieder innerhalb der Bornstein Collection: AR 4082, Section V, digitalisiert: <http://findingaids.cjh.org/?pID=121524>) ist über andere Wege 1973 ins LBI gelangt. Dieses Material hatte Roth vermutlich bei seinem Kollegen Joseph Bornstein deponiert, der im Exil in Paris zuerst beim *Neuen Tage-Buch* und dann bei der *Pariser Tageszeitung* arbeitete.
42 Der sogenannte «Berliner Nachlaß» von Joseph Roth wird seit 1994 im Deutschen Literaturarchiv in Marbach/Neckar aufbewahrt.
43 Seit 1983 in der Dokumentationsstelle für neuere österreichische Literatur, Wien, Handschriftensammlung, als Sammlung Joseph ROTH / Hedy DAVIS.

Vorgefundene biografische Angaben

Zurück also zur Fragestellung: Es galt, die grundlegenden Daten zu Roths Leben zu sichern und eine komplette Werkliste zu erstellen, die auch unvollendete Werke und die journalistischen Arbeiten benennen oder in der Menge einschätzen konnte. Sehr rasch war eine spezielle Eigenschaft Roths erkannt, nämlich das Fabulieren – also eine fragliche Sicherheit der Aussagen von ihm, gleich, ob er sie Lexikonredaktionen, Journalisten oder Personen seiner unmittelbaren Umgebung gegenüber getätigt hatte.

Greifbare autobiografische Angaben
zu Roths Leben – einige Beispiele aus den 1930er Jahren

Roth hat mehrfach Angaben zu seinem Leben gemacht. So in einem Brief an die Redaktion des *Jüdischen Lexikons* in Berlin vom 7. Juni 1930,[44] in einem Brief an die Zeitschrift *Menorah* in Wien, ebenfalls vom 7. Juni 1930,[45] dem österreichischen Germanisten Otto Forst-

---

44   Durchschrift in Dokumentationsstelle für neuere österreichische Literatur, Wien, Handschriftensammlung, Sammlung Joseph ROTH / David BRONSEN, 21.1/6, vgl. *Bronsen*, S. 32-42. Vielleicht ist Roths Information zu spät gekommen. Die Eintragung im *Jüdischen Lexikon. Ein enzyklopädisches Handbuch des jüdischen Wissens in vier [recte 5] Bänden*. Berlin: Jüdischer Verlag, 1927-1930, Bd 4, Sp.1508 lautet lapidar «geb. 1894 in Schwabendorf, lebt in Berlin» (der Rest der Eintragung ist eine Charakteristik seiner Schriften) und ist durch den Reprint des Werks von 1987 erneut in Umlauf gekommen. *Kürschners Deutscher Literatur-Kalender auf das Jahr 1930* enthält hingegen zu Roths Leben: «Paris VI, Hotel Foyot, 33 Rue de Tournou [sic] (Schwabendorf 2/9 94.)» und Werkangaben, *Kürschners Deutscher Literatur-Kalender auf das Jahr 1934* hingegen nur: «Adr. unbek.», Geburtsdatum und keine Angabe von Werken.
45   Durchschrift in Dokumentationsstelle für neuere österreichische Literatur, Wien, Handschriftensammlung, Sammlung Joseph ROTH / David BRONSEN, 21.1/7; für einen Vorspann zu einem Vorabdruck aus *Hiob* (in: *Menorah*. Jg. 8, Nr. 9/10, September/Oktober 1930, S. 433 ff), die in der Rubrik *Unsere Autoren* auf S. 414 dieses Hefts die wenigen Angaben, die Roth gesandt hatte, genau wiedergab: «Joseph Roth, in Schwabendorf, einer deutschen Kolonie Wolhyniens, 1894 geboren, studierte Germanistik an der Wiener Universität, literarisch seit der Rückkehr aus dem

Battaglia gegenüber in einem Brief vom 28. Oktober 1932,[46] seiner Übersetzerin Blanche Gidon gegenüber, damit sie diese in einem Nachwort ihrer Übersetzung des *Radetzkymarsch* verwenden könne;[47] kurz darauf in einem Interview mit Frédéric Lefèvre für die Kolumne *Une*

Kriege tätig.» Roths Offizierscharge, die er in seinem Brief erwähnte, blieb fort. Man wird annehmen dürfen, daß er hier den Begriff «Wolhynien» beschönigend verwendete, um nicht «Galizien» sagen zu müssen.

46 Siehe im vorliegenden Band, S. 197. Otto Forst-Battaglia hat diese Angaben in der von ihm herausgegebenen Anthologie *Deutsche Prosa seit dem Weltkriege*. Einleitung: Josef Nadler. Leipzig: Rohmklopf, 1933, S. 528 (kurz: *Forst-Battaglia*) publiziert. Da der Text eine der vermeintlich sicheren Quellen (nicht nur) für Senta Zeidler darstellte und wenig bekannt ist, wird er hier wiedergegeben: «Roth Josef *2. Juni 1894 in <u>Schwabendorf, Sohn eines österreichischen Eisenbahnbeamten, der, frühzeitig pensioniert, im Wahnsinn endete</u> und einer polnischen Jüdin, besuchte das Gymnasium in <u>Schlesien</u>, Galizien und in <u>Wien</u>, hörte an der Wiener Universität Germanistik bei Minor und Brecht. 1916 Kriegsfreiwilliger, bis 1918 an der <u>Front, vielfach ausgezeichnet</u>. ‹Mein stärkstes Erlebnis war der Krieg und der Untergang meines Vaterlandes, des einzigen, das ich je besessen habe: der österreichisch-ungarischen Monarchie›, schreibt Roth und stellt damit den Zusammenhang zwischen seiner Erfahrung und seiner Dichtung her. Er hat, <u>kriegsgefangen</u>, in der <u>Roten Armee gekämpft</u>, ist aus Rußland geflohen (die ‹Flucht ohne Ende› schildert diesen Lebensabschnitt Roths), kam nach Wien, schrieb dort für Zeitungen, wurde in Berlin Reporter und zuletzt ständiger Reiseberichterstatter der ‹Frankfurter Zeitung›. Roth ist bei der liberalen Presse fehl am Ort; er gehört ins Lager der altösterreichischen Überlieferung, ins Lager aller Überlieferungen, auch der polnischen und der jüdischen. Wanderer zwischen drei Welten, denen er blutsmäßig verbunden ist, weiß Roth zu beobachten, zu schildern und zu rühren, wie kaum einer. Vielleicht, daß er sogar zu rührend und zu rührig ist. Doch er bleibt ein Dichter und Erzähler, dem vieles vergeben wird, weil er viel geliebt hat. Roth lebt bald in Frankfurt a. Main, bald auf Reisen.» Die Angabe des Geburtsmonats stammt nicht von Roth, alle anderen biografischen Fakten schon; die erfundenen oder unsicheren sind unterstrichen (HL). Der Kommentar ergänzt die auch in der Einleitung angedeutete eindimensionale Sicht auf Roth als einen auf die k. u. k. Vergangenheit rückschauenden Autor. Buchtitel und Erscheinungsjahre, die im Buch folgen, sind fehlerhaft. Der abgedruckte Text Roths war mit kaum zwei Seiten sehr kurz – Passagen aus der Fronleichnamsprozession in *Radetzkymarsch*.

47 Joseph Roth an Blanche Gidon, Brief vom 16. Februar 1934, in: *Briefe* [wie Anm. 20], S. 313 f.

heure avec..., die am 2. Juni 1934 in der wichtigen Pariser Zeitschrift *Les Nouvelles Littéraires* erschien.[48]

Diesen Aussagen über sich selbst ist bei einigen Abweichungen gemeinsam, daß Roth unrichtig:

- seinen Geburtsort als Szwaby oder Schwabendorf statt Brody angab (ein Vorort von Brody, der im Gegensatz zu dieser Stadt nicht jüdisch, sondern mit einer deutschsprachigen Besiedlung konnotiert werden sollte);
- seine Mutter als russische (nicht galizische[49]) Jüdin, seinen Vater als nichtjüdischen Beamten (statt als jüdischen Kaufmann) bezeichnete;
- den Besuch des Gymnasiums u. a. zum Teil nach Wien verlegte (tatsächlich ausschließlich in Brody);
- sich einen militärischen Rang beilegte und Kriegsgefangenschaft in Rußland behauptete (beides unbewiesen).

Man sieht schon, das war keine günstige Ausgangsposition selbst bei biografischen Basisdaten – aber Senta Zeidler mußte sie für glaubwürdig halten, auch wenn ihr bald klar wurde, daß ein Überprüfen aller Angaben nötig sein würde.

Wissensstand in den späten 1940er und 1950er Jahren

Dies und anderes Unrichtiges oder Halbwahres wurde mangels besserem Wissen auch nach 1945 tradiert; erst die 1974 erschienene Biografie von David Bronsen[50] brachte hier einiges an Klärung. Drei Beispiele für frühe Darstellungen zu Roths Leben und Werk, die Senta Zeidler mehr Fragen als Antworten vermittelten (Wertungen und allgemeine Einschätzungen bleiben unberücksichtigt), die von für sie glaubwürdig erschei-

---

48 Originalfassung in französischer Sprache, abgedruckt und kommentiert in: LUNZER: *Exil*, (wie Anm. 14), S. 78 ff.
49 Der polnische Autor Józef Wittlin, ein früher Freund Roths, bezeichnet sie aus seiner Sichtweise als eine «polnische Jüdin» (Józef Wittlin an Senta Zeidler, Brief vom 5. Dezember 1952. SLL).
50 David BRONSEN: *Joseph Roth. Eine Biographie*. Köln: Kiepenheuer & Witsch, 1974.

nenden Personen kamen, da sie Roth nahe gestanden hatten. Kein Wunder, daß Senta Zeidler solche Aussagen fürs erste nicht in Zweifel zog, sondern sie so lang und von so vielen Personen wie möglich zu verifizieren versuchte.

1949: Das Gedächtnisbuch[51]

Das Werk enthält nur eine Liste zum Werk, aber keine zum Leben des Autors – wohl aus Mangel an sicherem Wissen, da der Herausgeber, der Roth nur von 1927 bis 1932 gekannt hatte,[52] nichts zum Exil äußern konnte. Zum ersten Mal werden hier Erinnerungen von Zeitzeugen gebracht.[53]

1953 Hermann Kesten: Meine Freunde die Poeten[54]

Kesten macht deutlich, daß er bei der Angabe von Roths Geburtsort unsicher ist: Er nennt «ein wolhynisches Nest bei Brody» und begeht damit den klassischen Fehler der Zuordnung Galiziens zu «Wolhynien».[55] Den Besuch des Gymnasiums situiert er in Brody und Wien statt zur Gänze in Brody. Der Rest der biografischen Angaben, insgesamt auf drei Seiten, ist nicht falsch, aber sehr allgemein und ohne viel Jahresangaben. Die

---

51 Vgl. oben S. 212.
52 Interview David Bronsen mit Hermann Linden vom 6. Februar 1961, in: Dokumentationsstelle für neuere österreichische Literatur, Wien, Handschriftensammlung, Sammlung Joseph Roth / David Bronsen, 13.1/3, S. 1.
53 Abgesehen von den Nachrufen und einigen wenigen individuellen Berichten in Zeitschriften, die schon vor 1949 erschienen waren (z. B. SIEGEL [wie Anm. 11], Z 487 [Arnold Zweig], SIEGEL [wie Anm. 11], Z 301 [Ludwig Marcuse], SIEGEL [wie Anm. 11], Z 67 [Alfred Beierle]).
54 Hermann KESTEN: *Meine Freunde die Poeten*. Wien/München: Donau Verlag, 1953, zu Joseph Roth S.167-199.
55 Der Begriff wurde früher viel allgemeiner verwendet; aber eigentlich bezeichnet er nicht galizische, sondern Gebiete, die bei den Polnischen Teilungen 1772/1795 Rußland zugeschlagen wurden – was Kesten eigentlich hätte wissen müssen, da seine Geburtsstadt, Podwołoczyska, heute Pidwolotschysk, ebenfalls in Ostgalizien, sehr nahe der Grenze zu Rußland, etwa 50 km östlich von Tarnopol/Ternopil, lag.

Zahl der journalistischen Arbeiten gab Kesten recht gut geschätzt mit tausend, also sehr viel, an.[56]

Als guter Freund von Roth, wie sich Kesten darstellte, war er jedoch ein wichtiger Ansprechpartner für die Dissertantin. Kesten verfügte über Briefe Roths, konnte den Nachlaß einsehen – und konnte trotzdem keine verläßliche Biographie geben.

1943 Alfred Werners Artikel in der Universal Jewish Encyclopedia

Zu Recht hinterfragte Senta Zeidler u. a. die Angaben, Roth sei ein Zionist gewesen, und Roth habe von 1933 bis 1938 in Wien gewohnt.[57] Dieser Artikel enthält, der Zeit und Informationslage entsprechend, viele Desinformationen, die Roth selbst verbreitet hatte, z. B. in *Les Nouvelles Littéraires*, 1934.[58] Senta Zeidler bat auch dringend um Belege von Rezensionen, da die zeitgenössische Rezeption der Werke Roths, insbesondere aus den Jahren im Exil, in Wien kaum zu finden sei, mit denen dieser jedoch nicht aufwarten konnte.[59]

---

56 Richtiger ist etwa 1400 ohne Mehrfachabdrucke (SIEGEL (wie Anm. 11), Abschnitt E; *Bülowbogen*).

57 Tatsächlich hielt sich Roth in den genannten Jahren nur gelegentlich und kurz in Wien auf. Senta Zeidler an Alfred Werner, Brief vom 7. Oktober 1957. SLL. Werner gab keine weiteren Kommentare zu diesem Artikel, der sich in Band IX, S. 232 der *Universal Jewish Encyclopedia*, Hrsg: Isaak LANDMAN u. a., befindet, welche 2009 von Varda Books unverändert nachgedruckt wurde und im Internet einzusehen ist unter: <http://www.publishersrow.com/Preview/PreviewPage.asp?shid=0&clpg=1&pid=1&bid=2866&fid=31&pg=242>

58 Siehe oben Anm. 48.

59 Werner riet Senta Zeidler, sich nicht auf amerikanische, sondern auf europäische Rezensionen zu stützen, da diese insbesondere aus der Exilzeit aufschlußreicher wären. Er bezog sich u. a. auf die Erstausgabe der Übersetzung von *Flucht ohne Ende* (*Flight Without End*. New York: Doubleday, 1930), die ein biographisches Nachwort enthalte, das auf Parallelen zwischen dem Inhalt des Romans und dem Leben des Autors verweise – die wohl von Forst-Battaglia (wie Anm. 46) übernommen waren.

Briefe voller Fragen – Unpubliziertes Wissen von Personen, die Roth nah gestanden waren

Wie fand Senta Zeidler die ZeitzeugInnen? Das *Gedächtnisbuch* bot ihr erste Anhaltspunkte, wie die Chronik ihrer Korrespondenz zeigt: Im Herbst 1952 schrieb sie an Hermann Kesten und Józef Wittlin, im Frühjahr 1953 erreichte sie Soma Morgenstern, im Herbst 1953 Hans Natonek, Friderike Zweig, Miguel Grübel, Ludwig Marcuse, Blanche Gidon, Stefan Fingal und Caroline Birman. Im Lauf des Jahres 1954 (in dem sie nach ersten Plänen eigentlich schon abschließen hatte wollen) erhielt sie Briefe von Klaus Dohrn,[60] Manfred George, Joseph Gottfarstein, Ella Gubler, Siegfried Kracauer, Conrad Lester, F.C. Weiskopf u.s.w.; 1955 nahm sie Kontakt mit Walter Mehring, Adalbert Brenninkmeyer, Claire Goll auf; 1956 mit Ulrich Becher, Wilhelm Herzog, Max Picard und Arnold Zweig; 1957 mit Peter Diebold, dem Sohn von Bernhard Diebold, Max Krell, Kurt Pinthus, Alfred Werner.

Die Auswahl soll die Breite der Erkundungen Senta Zeidlers zeigen. Viele Adressen erhielt Senta Zeidler durch ihre Briefpartner genannt, da sie natürlich stets nach weitern Personen aus dem Umfeld Roths fragte. Die Kontakte blieben in manchen Fällen kurz, in anderen dauerten sie über Jahre; die Ergebnisse waren äußerst unterschiedlich. Viele, aber auch divergierende Antworten kamen auf ihre Fragen, etliche stellten sich neu. Insgesamt läßt sich aus heutiger Sicht sagen, daß Senta Zeidler viele Details und Einschätzungen zusammengetragen hatte, die ein lebhaftes Bild Roths zu zeichnen wohl erlaubt hätten, wenn auch Lücken blieben – zu große Lücken nach ihrer Einschätzung, z. B. die Korrespondenz mit Stefan Zweig, die sie ganz richtig als überaus wichtig einschätzte.

Parallel zur Korrespondenz mit Zeitzeugen recherchierte Senta Zeidler in Wiener Bibliotheken – sie durchsuchte zahlreiche Zeitungen und fand auf diese Weise *Das Spinnennetz* in der *Arbeiter-Zeitung* und viele Artikel Roths in der *Frankfurter Zeitung*.

---

60   Siehe den wichtigen Brief des Journalisten Klaus Dohrns zum Exil in: LUNZER: *Exil*, (wie Anm. 14), S. 146 ff.

Die Recherchen von Senta Zeidler zu Joseph Roth 225

Andere Texte, sofern sie die genauen bibliographischen Angaben fand, ließ sie in ausländischen Bibliotheken kopieren – was damals sehr teuer war.[61]

Während die ersten Fragebriefe Senta Zeidlers einfachen biografischen Daten nachgingen (sie wollte auch die Befragten nicht gleich mit zu vielen Fragen belasten), ging sie bald ins Detail. Zwei Beispiele dafür: Im zweiten Brief am Soma Morgenstern[62] breitete Senta Zeidler viele Fragen aus.

1. In welchem Milieu wuchs Roth auf? Wer sorgte für ihn?
2. Ist Ihnen Zeit (ungefähr) und Anlaß von Roths Aufenthalten in Wien, Lemberg und einem mährischen Städtchen (?) bereits vor 1914 bekannt? (Gymnasium, Verwandtenbesuch?)
3. In einer biographischen Notiz fand ich folgende Angaben: Roths Vater war österreichischer Eisenbahnbeamter und wurde frühzeitig pensioniert.[63]
3b. Roth wurde im Weltkrieg als vielfach ausgezeichneter Offizier (Charge?) 1918 gefangengenommen, kämpfte eine Weile in der Roten Armee und entfloh schließlich aus Rußland.[64]
4. War Roth je Mitglied der sozialdemokratischen Partei? Oder anderer Organisationen?
5. Roth bezeichnete sich auf Dokumenten schon 1922 als konfessionslos. Trat er tatsächlich aus dem jüdischen Glauben aus? Welcher Religion stand er wohl Ihrer Meinung nach am nächsten?
6. Wann und mit welchen Zielen reiste Roth nach Italien und in die Schweiz? Welche Freunde hatte er in diesen Ländern? War er bei Völkerbund-Verhandlungen anwesend?[65]
7. Unternahm Roth seine Reisen als Berichterstatter der FZ allein oder in Begleitung? Wissen Sie von Begegnungen und Erlebnissen Roths auf diesen Reisen, die nicht in seinen Berichten vorkommen, wohl aber dafür das Verständnis seines Lebens und Werkes bedeutend sind?

---

61   Vieles, erinnert sich Senta Zeidler, exzerpierte sie aus demselben Grund in Wiener Bibliotheken mit der Hand.
62   Senta Zeidler an Soma Morgenstern, Briefentwurf vom 17. März 1953, S. 1-4. SLL. Der erste Brief und die erste Antwort scheinen verloren zu sein.
63   Siehe oben Anm. 46.
64   Ebd.
65   In seinem Artikel «Über Völker und ihre Vertreter», erschienen in: *Das Neue Tage-Buch*, Jg. 6, Nr. 51 vom 17. Dezember 1938, S. 1220 f (jetzt in: Joseph ROTH: *Werke*. Hrsg. Klaus WESTERMANN / Fritz HACKERT. Köln: Kiepenheuer & Witsch, Bd 3, 1991, S. 832 ff) erwähnt Roth, an einer Sitzung in Genf teilgenommen zu haben. Darauf bezog sich Senta Zeidlers Frage.

8. Konnte Roth Russisch und Jiddisch?
9. Wer war Roths Förderer im Verlag *Die Schmiede*? Wer war der Verlagsdirektor?
10. War Roth gegen Ende seines Lebens leidend? Wer bezahlte sein Begräbnis? [...]

Solche Fragen zeigen, wie gut Senta Zeidler die Problem-Punkte ansprach, wieviel sie genau oder noch genauer wissen wollte. Die zwar inhaltsreiche, aber nur punktuelle Antwort zeigte ihr jedoch, daß so viel Wissen zu viel verlangt war, und zu einem eigenen Buch geformt werden sollte. Freilich war Senta Zeidler da noch am Beginn ihrer Recherchen; spätere Fragenbriefe zeigen, wieviel sie dennoch schon zusammengetragen hatte. Besonders interessant erscheint der Kontakt zu Klaus Dohrn und zu Otto Kallir, die Näheres zu den Zeitschriften des Ständestaats und der Monarchisten beitrugen. Zu beiden fand Senta Zeidler im Jahr 1954 Kontakt, zuerst zu Dohrn. Aus einem Fragenbrief an diesen:[66]

1. Würden Sie mich, bitte, näher über Ihre und Ihres Bruders persönliche und literarische, bzw. journalistische Beziehung zu Joseph Roth informieren?
2. Besitzen Sie noch Briefe, Fotos, Manuskripte oder Artikel Roths, die Sie mir kurzfristig zur Verfügung stellen könnten [...]?
3. Zu welcher Zeit war Roth Mitarbeiter des «Christlichen Ständestaates»?
4. Ich bitte, mich kurz über Gründung und Ziele des «Christlichen Ständestaates» zu unterrichten.
5. Hat Roth auch für die «Schönere Zukunft» geschrieben?[67]
6. Mit welchen Persönlichkeiten aus dem Kreis um den «Christlichen Ständestaat» und jenem um die «Schönere Zukunft» hatte Roth engeren Kontakt? (Kogon, Hildebrandt, Moebius, Dr. Kallir-Nirenstein?) – Wie stand Roth insbesondere zu Pater Muckermann? Nahmen Pater M. oder andere Personen auf Roths religiöse Haltung Einfluß?
7. War Roth getauft? (wann? Von wem?) Sind Ihnen die tieferen Ursachen seiner Konversion bekannt? War Roth ein guter Kenner der katholischen Glaubenslehre?
8. Mit welchen Persönlichkeiten der Geistlichkeit stand Roth in engerem persönlichem oder brieflichem Verkehr; ich hörte von süddeutschen und baskischen Priestern? In welchen Beziehungen stand Roth speziell zu Pater Österreicher?

---

66 Senta Zeidler an Klaus Dohrn, Briefentwurf vom 20. Februar 1954. SLL.
67 Roth zählt nicht zu den Autoren dieser national-konservativen katholischen Zeitschrift, die vor allem in Deutschland wirkte. Siehe. Peter EPPEL: *Die Haltung der Zeitschrift «Schönere Zukunft» zum Nationalsozialismus in Deutschland 1934-1938*. Wien, Diss., 1977.

Die Recherchen von Senta Zeidler zu Joseph Roth 227

9. Ist Ihnen etwas über die Anlässe für Roths Aufenthalte in Österreich nach 1933 bekannt? (monarchistische Tätigkeit?) Vielleicht auch für seine Reisen in die Schweiz, nach Italien und England?
10. Mit welchen österreichischen Schriftstellern und Journalisten war Roth besonders befreundet (von Roths Freundschaft mit Stefan Zweig weiß ich). Mit welchen Politikern, Militärs und Angehörigen des Hochadels stand Roth in persönlicher Verbindung (Schuschnigg, Dollfuß, Haus Habsburg)? [...]

Mit diesen detaillierten Fragen fand Senta Zeidler in Klaus Dohrn die genau richtige Auskunftsperson. Seine Antwort[68] ist acht Seiten lang und zählt gewiß zu den informativsten, was den Hintergrund und die Zusammenhänge betrifft – viel mehr als die bloßen Artikel Roths im «Christlichen Ständestaat», welche die Dissertantin natürlich gelesen hatte, erkennen ließen.

Zurück zu den Fragen zu Roths Jugend. Es bestand große Unsicherheit, da Roths Angaben zu erhärten oder anzuzweifeln waren. Hier gab es letzten Endes keine Dokumente (mehr), und keine unmittelbaren Zeugen mehr. Wieder drei Beispiele:

Die schriftlichen biographischen Auskünfte von Caroline Birman standen in Widerspruch zu Roths Daten, wie sie z. B. in Forst-Battaglias Anthologie publizierst worden waren.[69] Rasch wird die problematische Lage für die Dissertantin klar – aus heutiger Sicht; damals mußte sie erst überzeugt werden, daß die Angaben der Juristin (aufgrund ihrer Kenntnis der Lebensumstände des Autors und der Beschäftigung mit dem Material, das sie verwahrte), fundierter waren. Aber weder waren sie zur Gänze richtig, noch belegbar.

Von Caroline Birman erhielt Senta Zeidler die erste Antwort zu den ausgewählten Fragenkreisen:[70] Sie informierte über die Verwandten beider Elternteile; sie sah keinerlei Bezüge nach Schlesien (ein irrig angenommener Bezug zu einem dortigen Schwabendorf), benannte aber Schwabendorf/Szwaby bei Brody als Roths Geburtsort; Schulbesuch in Lemberg, vielleicht in Wien. Die Ehe der Eltern nahm sie als geschlossen an, und ging bei allen anderen Unsicherheiten und irreführenden Geschichten

---

68 Es ist leider nur eine erhalten (publizierst in: LUNZER: *Exil,* [wie Anm. 14], S. 146 ff); mehr Fragen wurden bei einem persönlichen Treffen besprochen.
69 Senta Zeidler kannte Roths Brief an Forst-Battaglia und wußte daher, daß dessen biografischen Daten auf Angaben von Roth selbst basierten.
70 Caroline Birman an Senta Zeidler, Brief vom 22. Oktober 1953, S. 2 f. SLL.

davon aus, daß beide Eltern Roths jüdischer Herkunft waren; den Vater Roths nannte sie Julius.[71]

Roths Cousin Miguel Grübel gab in seinen Briefen[72] den Fragen Senta Zeidlers folgend die ausführlichsten Schilderungen zu Roths Vater (seinen Beruf, sein Unglück und seinen Wahnsinn; aber auch Roths Aussage, er wäre in Wirklichkeit Sohn eines Offiziers, mit dem seine Mutter einen Fehltritt begangen habe, deshalb die rasche Heirat mit Nachum Roth), zum nicht sehr engen Verhältnis zur Mutter, zum wesentlich besseren zu einer Ersatz-Mutter, Frau Helene von Szajnocha-Schenk,[73] zu den Familien Grübel (fünf Brüder), zur Cousine Paula Grübel, die Roths Jugendwerke verwahrt habe.[74] Brody habe er nicht gekannt, wohl aber von den einfachen Lebensumständen dort einiges gehört; Miguel Grübel meinte zu recht, Roth habe die gesamte Schulausbildung inklusive des Gymnasiums in Brody absolviert.[75] Über den Kriegsdienst Roths breitete Miguel Grübel in seinem zweiten Brief Spekulationen aus, die jedoch bis heute nicht zu erhärten sind: er meinte, Roth wäre öfters zu journalistischer Arbeit in Wien gewesen und habe 1918 an der italienischen Front gedient, da es (nach dem Friedensschluß mit Rußland) keine russische mehr gegeben habe. Von einer Kriegsgefangenschaft Roths war Grübel nichts bekannt.[76]

71   Dies ist die einzige Stelle, an der Roths Vater nicht mit dem Vornamen Nachum oder Nochum genannt wurde.
72   Miguel Grübel an Senta Zeidler, Brief vom 21. November 1953; Brief vom 4. Jänner 1954. SLL. Seine Angaben über Roths Eltern wußte er vor allem vom Hörensagen.
73   Miguel Grübel verwies mit gutem Grund auf eine interessante Korrespondenz zwischen Joseph Roth und Helene Szajnocha-Schenk, die bis in die 1930er Jahre im Lemberger Haus des Onkels Siegmund Grübel wohnte (vgl. Heinz LUNZER/Victoria LUNZER-TALOS: *Joseph Roth. Leben und Werk in Bildern*. Köln: Kiepenheuer & Witsch, 2009, S. 38-39) und erst nach 1945 in Warschau gestorben ist. Die angesprochene Korrespondenz wird nach wie vor gesucht.
74   Diese befinden sich nunmehr in der Roth Collection im LBI (vgl. Anm. 1).
75   Er bezieht sich auf Roths Erzählungen von der Matura. Die Jahresberichte des k. k. Rudolf-Gymnasiums in Brody, die in der Österreichischen Nationalbibliothek erhalten sind, geben exakte Auskunft (vgl. LUNZER/LUNZER-TALOS [wie Anm. 73], S. 32-35).
76   Miguel Grübel an Senta Zeidler, Brief vom 4. Jänner 1954, S. 2. SLL. Da fast alle Unterlagen zu Roths militärischem Dienst verloren sind, konnte hier keine absolute Genauigkeit erlangt werden (vgl. LUNZER / LUNZER-TALOS [wie Anm. 73], S. 56-67).

Die Recherchen von Senta Zeidler zu Joseph Roth 229

Fragen warf besonders eine Bemerkung Miguel Grübels auf: In *Beichte eines Mörders* hätte «die uneheliche Abkunft [...] autobiographischen Charakter» – das kann als ein irriger Ausdruck für «vaterloses Aufwachsen» oder als eine Bestätigung der Annahme, Nachum wäre nicht der Vater, gedeutet werden[77] – oder auf Unregelmäßigkeiten bei den Formalitäten der Heirat.[78]

Senta Zeidler hakte ein und fragte nach, worauf Grübel schrieb: «Über seine uneheliche Abkunft erzählte mir Roth im Winter 1936/1937. Er wollte dies von ehemaligen Kameraden seines ‹wirklichen› Vaters, die er kurz vorher kennenlernte, erfahren haben.»[79]

Im Folgenden gab Grübel zu, daß er keine weiteren Argumente für diese Theorie nennen könne, die Onkeln Roths wollten nie darüber reden; er gab auch zu bedenken: Roth schien «ein besonderes Vergnügen daran zu haben, über uneheliche Abkunft zu sprechen».[80]

Stefan Fingal, der Roth schon 1919 beim *Neuen Tag* kennengelernt hatte und seither mit ihm eng befreundet war, belegte seine Sicherheit beim Antworten zur Frage des Militärdienstes so:

> Roth war nie kriegsgefangen, er war auch kaum je an der vordersten Front. In zwanzig Jahren [Freundschaft] und oft vielen Stunden währenden Unterhaltungen hat er mir auch kein einziges Kriegsabenteuer oder auch nur ein Ereignis erzählt, das eine nähere Beziehung zum Krieg an der Front verraten hätte. Der Tod Trottas im ‹Radetzkymarsch› ist zweifellos second hand. [...] Ich muß da einfügen, daß R. sehr häufig flunkerte und Dinge erzählte, um sich über die Opfer der Leichtgläubigkeit lustig zu machen, daß er sich aber vor Leuten, die etwas von der betreffenden Materie verstanden, niemals einer Lüge bediente. Daher weiß ich auch nichts von politischen und Kriegsabenteuern.[81]

Dies ist eines der zahlreichen Beispiele von Auskunft in Form von Erinnern und persönlicher Einschätzung, aber zugleich Warnung vor den Unsicherheiten, die die primäre Quelle, Roth, selbst bereitet hatte. Gerade

---

77 Miguel Grübel an Senta Zeidler, Brief vom 21. November 1953, S. 4. SLL.
78 Bis heute ist nicht geklärt, ob Roths Eltern überhaupt, ob sie nur vor dem Rabbiner heirateten oder die Ehe auch «weltlich» vor einem Magistrat der Stadt geschlossen wurde.
79 Miguel Grübel an Senta Zeidler, Brief vom 4. Jänner 1954, S. 1. SLL.
80 Ebd., S. 1-2.
81 Stefan Fingal an Senta Zeidler, Brief vom 25. November 1953, S. 5. SLL.

in der Frage nach dem Militärdienst Roths konnte mangels ausreichender Dokumente im Kriegsarchiv keine Gewißheit erlangt werden.

Hermann Kesten, Schriftstellerkollege und Mitarbeiter von Verlagen vor und nach 1933, in denen Roth publizierte, gab Senta Zeidler zahlreiche Tips und Adressen. Zur Frage des religiösen Bekenntnisses schrieb er:

> Roth ist nie konvertiert. Er wurde nie getauft. Er spielte mit vielen Bekenntnissen, auch mit der katholischen Religion. Er kam dazu über die Literatur, er wurde Monarchist, als er Kaiser Franz Joseph im Radetzkymarsch beschrieb, und darnach oder dabei auch ‹katholisch›. René Schickele, ein alter Katholik, behauptete, Roth habe keine Ahnung von den einfachen Prozeduren des katholischen Glaubens. Es war, meiner Meinung nach, Spiel, Koketterie, Abwehr gegen das elende Heidentum der Nazis. Roth ging wohl zuweilen in katholische Kirchen, betete, kniete, wie er auch in Synagogen ging, und in Moscheen. Da er nie getauft wurde, konnte er auch nie abfallen.[82]

Auch hier versagte die Dokumentenlage; Roths Aussagen waren vieldeutig und dementsprechend gegensätzlich die Eindrücke seiner ZeitgenossInnen. Eine Klärung ist bis heute nicht geschehen, weshalb die Sachlage in dem von Roth beabsichtigten Zwielicht ruht.

Ulrich Becher, den Senta Zeidler aufgrund eines Artikels in der *Neuen Zeitung* um Informationen zur Beziehung seines Schwiegervaters Roda Roda zu Joseph Roth bat,[83] gab einen Bericht, der aus etlichen Episoden bestand, und ein farbiges Bild, insbesondere über den späten Roth, zeichnete. Daher sei er zur Gänze wiedergegeben:[84]

> Sehr geehrtes Fräulein Zeidler – entschuldigen Sie, daß ich zwei Monate mit meiner Antwort säume, indessen hatte ich letzthin sehr viel Schreibarbeit. Josef Roth traf ich anfangs meiner Zwanziger – d. h. etwa 1932 – im Haus meines späteren Schwiegervaters Alexander Roda Roda in Berlin. Er war mit jener Häuptlingsexfrau Manga Bell und deren beiden Söhnen,[85] deren älterer – der heute im französischen Parlament als Abgeordneter sitzt[86] – Rodas alte Uniform vom Korpsartillerie-Regiment No 13

---

82 Hermann Kesten an Senta Zeidler, Brief vom 5. Februar 1953, S. 2. SLL.
83 Senta Zeidler an Ulrich Becher, Briefentwurf vom 2. August 1956. SLL. Sie verwies auf den Artikel Bechers mit dem Titel «Mein Schwiegervater Roda Roda», erschienen in: *Die Neue Zeitung*, München, Ostern [13. April] 1952, S. 21.
84 Ulrich Becher an Senta Zeidler, Brief vom 9. Oktober 1956, SLL. Publikation mit freundlicher Genehmigung von Martin Becher.
85 Ein Sohn, eine Tochter, geb. 1920 und 1921 (vgl. LUNZER: *Exil*, [wie Anm. 14], S. 44 ff).
86 Das war der Vater der beiden Kinder, (Prinz, später König von Douala, zuletzt französischer Abgeordneter für Kamerun) Alexandre Ndoumbé Douala-Bell

Die Recherchen von Senta Zeidler zu Joseph Roth 231

Prinz Lobkowitz anzog nebst Tschako mit Roßschweif und dafür ein großes begeistertes Lachen Roths erntete.
Von meiner Frau soll ich Ihnen ausrichten, daß Roda Roth ‹heiß geliebt hat›. Sie waren sehr gut miteinander, schrieben einander öfter – die ganze Korrespondenz wie ix [sic] Habseligkeiten Rodas wurden jedoch vernichtet: er hatte seine Sachen im niederösterr. Schloß Talheim (mit dessen Besitzer er befreundet war)[87] untergestellt, später wurde dies Schloß von SS besetzt und geplündert, wieder später von verschiedenen Alliierten, so ist alles weggekommen.[88]
Mitte der Dreißigerjahre, nachdem ich in Wien geheiratet hatte,[89] trafen wir dort öfters mit Roth zusammen, der von Paris oder Brüssel[90] herüberkam – das letzte Mal kurz vor dem Anschluß, den er voraussah: er eilte damals nach Wien, um seine Freunde zu warnen, sie zu beschwören, Ö. zu verlassen.[91] Ich entsinne mich an eine

---

(1897-1966). Die (seit 1884) deutsche Kolonie Kamerun wurde durch den Vertrag von Versailles 1919 französisches Treuhandgebiet des Völkerbunds (seit 1960 unabhängige Republik).
Alexandre tötete seinen Sohn José Emanuel im Jahr 1947.
Bei der von Becher geschilderten Szene ist der damals etwa zwölfjährige Sohn José Emanuel gemeint; sein Vater Alexandre lebte zu dieser Zeit längst von seiner Familie getrennt in Kamerun.

87 Schloß Thalheim zwischen St. Pölten und Tulln. 1881 erwarb Guido Elbogen, Präsident der Anglobank, den Besitz. <http://www.burgen-austria.com/Archiv.asp?Artikel=Thalheim%20%28 Tullnerfeld%29>.
88 Vermutlich war dies jene Sammlung, die 1942 «unter nicht geklärten Umständen» an die Österreichische Nationalbibliothek kam und im Juli 2002 restituiert, zuletzt aber von der Handschriftensammlung der Wienbibliothek angekauft wurde und dort liegt. Darin hat sich ein Brief Roths an Roda Roda (Ps. Für Sandór Rosenfeld, 1872 Puszta Zdenci – 1945 New York) erhalten.
89 Ulrich Becher heiratete am 11. November 1933 Dana Rosenfeld, die Tochter Roda Rodas, und nahm die österreichische Staatsbürgerschaft an.
90 Ein Echo auf Roths Aufenthalt in Wien im Frühjahr 1937, von wo er nach Brüssel fuhr.
91 Roth kam aus mehreren Gründen im Februar 1938 nach Wien (er verließ es etwa zehn Tage vor dem «Anschluß» Österreichs an das Dritte Reich). Der politische Anlaß, noch einmal in Regierungskreisen für eine Einbindung des Thronprätendenten Otto Habsburg zu werben, war sicher nur eine von mehreren Gründen; zu diesen zählte sicher eine Besprechung mit seiner Schwägerin Hedy (noch Pompan, später Davis), die für ihn den Roman *Die Geschichte der 1002. Nacht* maschingeschrieben hatte. Die nüchterne Sicht auf das Schicksal des Landes von außen veranlaßte Roth selbstverständlich allen Personen, denen er begegnete, zur eiligsten Flucht zu raten. Allerdings spricht kein Zeitzeuge das so deutlich aus wie Ulrich Becher im gegenständlichen Brief.

Tafelrunde im Café Herrenhof aus jenen Tagen: Roda, Carl Rößler,[92] Anton Kuh[93] («ich werde nach Amerika gehen, Schnorrer wird man immer brauchen»), mein geliebter Freund Ödön von Horvath,[94] mein ungeliebter Bekannter Walther Mehring,[95] der reizende Karlsbader Arzt Dr. med. Löbel[96] (er vergiftete sich später, als die SS ihn verhaften wollte, auf welche sinnentratene Weise Horvath starb, nachdem er sich vorm Zugriff der Gestapo gerettet hatte, wissen Sie), und ich, als Benjamin des Kreises, zu dem Roth sprach: «Geht fort, sofort.» Zuvor war ich mit Roth gelegentlich beim Heurigen, sein liebster Heurigenbruder Tschuppik[97] (der sich genau so einen Schnauzbart wie Roth wachsen ließ), jeder ein Brathendl in der Manteltasche, jeder Zoll zwei «alte Wiener». Was mich an Roth stets faszinierte, war nicht allein die unverkennbare Größe und Stärke und Eigenart seiner Persönlichkeit, sondern sein schwebendes Trunkensein, das sich durch immer weiteren Zuspruch, statt zu benebeln, zu immer größerer geistigere Klarheit läuterte. Ich erinnere mich, wie er, vor dem Matschakerhof,[98] einen wunderbaren Ausspruch tat, zugleich gegen eine Straßenlaterne oder eine Mauer taumelnd (zum Trunk soll er gekommen sein, weil seine erste Frau der Wahnsinn schlug).
Den stärksten Eindruck brachte mir unsere Begegnung in Paris kurz vor seinem Tod (wenige Wochen zuvor).[99] Er wohnte gegenüber dem alten Hotel Foyot, Rilkes

92 Carl Rößler (1864 Wien – 1948 London) und Roda Roda waren die Verfasser des Lustspiels *Der Feldherrnhügel* (1910). Rößler gelang 1939 die Flucht nach England.
93 Anton Kuh, Schriftsteller, Bohemien (1890 Wien – 1941 New York), emigrierte 1938.
94 Ödon von Horváth, Schriftsteller (1901 Fiume – 1938 Paris); seine Emigration begann in Wien in der Nacht vom 13. auf den 14. März; er fuhr über Ungarn, die Schweiz und die Niederlande nach Paris, wo ihn der herunterfallende Ast eines Baums in den Champs Elysées erschlug.
95 Der Schriftsteller Walter Mehring (1896 Berlin – 1981 Zürich) berichtete vom «Anschluß» für *Das Neue Tage-Buch* aus Wien (Siehe *Das Neue Tage-Buch,* Paris, Amsterdam, Jg. 6, H. 12 vom 19. März 1938, S. 283f). Mehring lebte von 1934 bis 1938 zumeist in Wien, flüchtete am 12. März 1938 nach Frankreich, 1941 in den USA; er hatte sein Buch *Müller,* eine Satire über den Nationalsozialismus, 1935 beim Gsur Verlag in Wien herausgebracht, Aufsehen erregt und war damit im März 1938 doppelt gefährdet.
96 Josef Löbel, Arzt und Autor (1882 Franzensbad/Františkovy Lázně – 1942 Prag) verfaßte u. a. populäre medizinische Ratgeber. Vermutlich ein Vorbild für Doktor Skowronnek in Roths Roman *Radetzkymarsch* (vgl. Soma MORGENSTERN: *Joseph Roths Flucht und Ende. Erinnerungen.* Hrsg.: Ingolf SCHULTE. Lüneburg: zu Klampen, 1994, S. 168 ff).
97 Karl Tschuppik, Journalist und Schriftsteller (1876 Horowitz/Hořovice, Böhmen – 1937, Wien) war ein sehr guter Freund Roths.
98 Damals berühmtes Restaurant und Hotel in Wien 1, Spiegelgasse 5.
99 Also im Frühjahr 1939.

Die Recherchen von Senta Zeidler zu Joseph Roth 233

Stammhotel, am Luxembourg, im Oberstock einer kleinen Pinte Café de la Poste,[100] den Abend über hockte er an einem Kneipentisch, auf dem eine große alte Karte der Donaumonarchie ausgebreitet war. Die Wirtin kredenzte ihm Wassergläser voll Himbeergeist und machte ihm zu gleicher Zeit Augenspritzen (da ihm der Alkohol förmlich aus den Augen tränte), und Roth ließ an seiner Tafelrunde, unter denen einige harmlose Habsburgernarren, einige schauerliche, widerliche, abgefeimte Reaktionäre, die sich mit dem Geschäft des österr. Legitimismus über Wasser zu halten versuchten (für dieses Pack fand Roth in unserm letzten Gespräch bittere Worte, sie schienen ihn, was Finanzielles betraf, im Stich gelassen zu haben), und ein paar bürgerlich-jüdische Wiener Emigranten waren nebst seinem ostjüdischen Dichter-Intimus Schoma Morgenstern[101] (einem sehr guten Mann), Roth ließ dort den hereinschleichenden Walter Mehring nicht zu: «Preußen dulde ich nicht an meinem Tisch.» Haben Sie vielleicht mein Stück SAMBA gesehn, das 51 in der Josefstadt uraufgeführte, darin der verstorbene Karl Günther den Hauptmann Augustin spielte, (jene Rolle, die das Jahr darauf am westberliner Schloßparktheater Rudolf Forster seinen großen Bühnencome-back brachte und den ersten Preis der westberliner Kritik)? Falls Sie es nicht sahen, könnte Ihnen Frau van Witt, Universal-Edition, Wien I, Karlsplatz 6, ein Textbuch geben.[102] Roth nämlich hatte etwas von der heiligen Donquixoterie eines Habsburgnarren wie mein Hauptmann i. R. Franz Augustin; bei ihm war das, wie sein Nichtglauben an Fortschritt und Sozialismus, auf eine rührende enfant-terrible-hafte Weise echt.[103]
Bei unserer allerletzten Abendbegegnung im Café de la Poste sagte er mir (kurz vor Ausbruch des Zweiten Kriegs:) «Weshalb hat sich Ernst Toller aufgehängt?» Toller hatte sich in einem New Yorker Hotel erdrosselt. Warum jetzt, wo «unsere Feinde so bald zugrundegehn werden».[104]

100 1939 war das Hôtel Foyot schon abgerissen, weshalb Roth im gegenüber gelegenen Hôtel de la Poste (mit dem Café Tournon) wohnte.
101 Soma Morgenstern, Journalist und Schriftsteller (1890 Budzanów, Galizien – 1976 New York) kannte Roth seit langem; seit seiner Emigration am 12. März 1938 wohnte auch er im Hôtel de la Poste und betreute Roth, gemeinsam mit dem ebenfalls dort wohnenden Emigranten aus Deutschland Walter Jonas, später Jean Janès.
102 In Buchform erschien das Stück 1957: Ulrich BECHER: *Spiele der Zeit. Samba. Feuerwasser. Die Kleinen und die Grossen.* Hamburg: Rowohlt, 1957.
103 In ähnlicher Weise beschrieb Hans Natonek diese Parteinahme Roths: «Ich glaube, daß Roths monarchische Gefühle eher dichterisch und ‹romantisch› als politisch zu bewerten sind. Sicher ist, daß seine Liebe für Habsburg – vielleicht als Symbol einer besseren Vergangenheit – ehrlich war.» Hans Natonek an Senta Zeidler, Brief vom 24. November 1953, S.1. SLL.
104 Die Nachricht vom Selbstmord Tollers stand am Dienstag, den 23. Mai 1939 z. B. in der *Pariser Tageszeitung* (Nr. 1003, S. 1). Becher müßte an diesem Tag bei Roth gewesen sein, da dieser nach anderen Zeugenaussagen kurz nach der Mitteilung von Tollers Tod zusammenbrach und ins Hôpital Necker eingeliefert wurde, wo er am

Dies war prophetisch. «Grüßen Sie Roda von mir, sagen Sie ihm, er und ich, wir seien die letzten beiden Österreicher». Seine starke Zuneigung zu Roda färbte, glaube ich, sehr ehrenvollerweise ein bißchen auf mich ab, und Sch. Morgenstern erzählte mir viel später in New York, in Roths Nachlaß habe sich mein Novellenband «Die Eroberer» (Oprecht, Zürich 36) gefunden.[105] In meiner Gedenkballade, einer zehn Seiten langen, auf Ö. v. Horváth, «An jemand in Paris», erschienen im Versband «Reise zum blauen Tag», habe ich versucht, Roth in der Figur des Dichters Schandor Schnee hauchflüchtig zu skizzieren — natürlich wäre er die Hauptfigur eines Riesenromans (falls Sie es unbedingt sehen wollten, könnte ich Ihnen den Gedichtband, den ich nicht besonders mag, senden, er ist, meine ich, auch in A. Sexls Universitätsbuchhandlung /Luegerring 6/ noch habhaft zu machen).

Über die genauen Umstände, die schauerlichen, von Roths Tod im Hôpital Necker möchte ich hier nicht sprechen — aber vielleicht, wenn wir uns einmal in Wien treffen, wohin ich sehr möglicherweise anfangs nächsten Jahrs komme. Genauere Auskunft könnte Ihnen Schoma Morgenstern — ich habe keine Ahnung, wo er steckt — geben. Vielleicht ging er nach Polen zurück, er war ja links eingestellt. Vielleicht ist er noch in New York. Ich würde empfehlen, eine Anfrage an Manfred George, Editor der bürgerlich-jüdisch-deutschen New Yorker Zeitschrift ‹Aufbau› (die Adresse erfahren Sie an einem Kiosk) zu richten.[106]

Den Antwortcoupon sende ich selbstredend zurück. Hoffentlich konnte ich Ihnen ein bißl nützlich sein, allenfalls mündlich mehr.

Indes mit ergebenen Grüßen

[handschriftlich:] Ulrich Becher

[maschinschriftlicher Zusatz:] PS: Als ich Roth fragte, in Paris [19]39, was aus den kleinen netten Berliner Mulatten[107] geworden sei, soit-disant seinen Stiefsöhnen, sagte er bitterschmunzelnd: «Mulatten sind nur nett, solange sie klein sind.» Viel später deutete Sch. Morgenstern mir diesen Ausspruch: einer der beiden hatte sich zu Tätlichkeiten gegenüber Roth hinreißen lassen — in Paris war die Häuptlingsfamilie nicht mehr bei ihm,[108] seine letzte Freundin eine ältere jüdische Emigrantin, die auf mich nicht den geringsten Eindruck machte.

---

27. Mai starb. Roths Ausspruch über Tollers unzeitgemäßen Abgang ist von mehreren Seiten überliefert (BRONSEN [wie Anm. 50], S. 594).

105 Ulrich BECHER: Die Eroberer. Geschichten aus Europa. Einleitung: Ernst Glaeser. Zürich: Oprecht, 1936. Ein Exemplar Roths hat sich nicht erhalten.

106 Senta Zeidler an Manfred George, Brief vom 7. Mai 1954. SLL. Sie erhielt am 11. Juni 1954 eine Antwort, s. unten S. 237.

107 Den Kindern von Andrea Manga Bell, von der sich Roth im Frühjahr 1936 getrennt hatte, s. Anm. 85 und 108.

108 Die Auskunft war unrichtig, Roth lebte bis 1936 mit Manga Bell und ihrem Sohn und ihrer Tochter, wenn auch nicht konfliktfrei; siehe LUNZER: Exil, (wie Anm. 14), S. 44 ff.

Nochmals: Roth bleibt mir eine unvergeßliche Erscheinung (nicht allein in seinen Schriften); die überdeutlich vor mir stehn bleibt. Einer der wenigen Dichter deutscher Zunge, die persönlich zu kennen es sich für mich gelohnt hat.

Ein zweites Beispiel für spontan geschriebene, lebendige Erinnerungen von einem anderen Kollegen, der Roth ebenfalls in Wien und in Paris der 1930er Jahre oft traf – Walter Mehring:[109]

Zurich 18 Dec 55.

Verehrtes gnädiges Fräulein,
entschuldigen Sie, wenn ich – ohne Unterlagen, aus dem Gedächtnis – Ihre Fragen beantworte. Ihr Brief wurde mir gerade – über Frankreich – hierher nachgesandt. (In Eile!):
Mit Roth kam ich zuerst in nahen Kontakt – ich kannte ihn schon von Begegnungen im Kurt Wolff Verlag – bei seinem ersten Pariser Aufenthalt (1924? 1925? [....] ich wohnte in Paris seit 23...) [...], er bezog mit seiner Frau ein kleines Hotelzimmer gegenüber dem Théâtre de l'Odéon[110] [...] vernarrt in Paris. («‹Sie Glücklicher! Ich möchte lieber ein Steinklopfer in Paris sein als ein Schreiber der ‹Frankfurter Zeitung›») – Damals las ich sehr begeistert sein Buch mit dem prophetischen Titel «Flucht ohne Ende» – schrieb über seine Juden auf der Wanderschaft (wie lautete doch der genaue Titel?)[111] – (ich habe vergessen, in welcher Zeitschrift. Ich besitze keinen meiner früheren Aufsätze mehr.)
Ad 1[112] [....] Kurt Wolff hat seinen großen Verlag in New York, wie Sie wohl wissen [...] (Trautner starb [...] Julius Salter lebt [...] in London jetzt? ich weiß es nicht).[113]
Ad 2. und 3. Roths Bildung war umfangreich, aber eher von Intuition geleitet als von systematischem Studium. Er las einiges von Spinoza, las Bergson hauptsächlich dem Stil zu Liebe, nicht philologisch-philosophisch; las Marx, soweit dieser lesbar schien (von diesem war er anfangs mehr eingenommen als ich, dem diese victorianisch-

---

109 Walter Mehring an Senta Zeidler, Brief vom 18. Dezember 1955. SLL.
110 Roths erster Aufenthalt in Paris begann am 16. Mai 1925; er und Friederike Roth wohnten im Hôtel de l'Odéon im 6e arrondissement.
111 Der Essay *Juden auf Wanderschaft*, wie *Flucht ohne Ende* 1927 erschienen.
112 Die Ziffern bezogen sich auf Senta Zeidlers Fragen.
113 Julius B. Salter war einer der Gründer des Verlags Die Schmiede in Berlin, der von 1921 bis 1929 existierte; sowohl Roth als auch Mehring publizierten dort. Eduard Trautner (geb. 1890, Arzt, Schriftsteller, Herausgeber) betreute die Reihen *Außenseiter der Gesellschaft* und *Berichte aus der Wirklichkeit* dieses Verlags. (Vgl.: Wolfgang U. Schütte: Der Verlag Die Schmiede 1921–1931. In: *Marginalien. Zeitschrift für Buchkunst und Bibliophilie*, H. 90, 1983, S. 10-35; Frank HERMANN / Heinke SCHMITZ: «Avantgarde und Kommerz. Der Verlag Die Schmiede 1921-1929». In: *Buchhandelsgeschichte. Aufsätze, Rezensionen und Berichte zur Geschichte des Buchwesens*. Herausgegeben von der Historischen Kommission des Börsenvereins. 1991. Heft 4. S. B129-B150.

hegelianisch[e] Engstirnigkeit nie behagt hat...) Thomas Aquinas kannte er wohl nur aus Diskussionen im Hause Prof. v. Hildebrandts (in Wien)[114], an denen auch ich teilnahm – und aus der sehr verklausulierten Übersetzung Bernards...
[Anmerkung seitlich:] (Vor Studenten der Columbia University – New York – hielt ich einen Vortrag: Deutsche Literatur im Exil: der Pariser Stammtisch Joseph Roths)[115]
Stendhal war Roths Idol – er empfahl allen jungen Romanautoren, zuerst Stendhals «gültige Erzählertechnik» zu studieren. Heine, natürlich, die deutschen Romantiker (von Arnim, Tieck) etc. waren seine Vorbilder. Und unter seinen Lieblingen: Raimund [...] Flaubert; Tolstoi (hauptsächlich die Novellen); Turgenjew; unter den Moderneren: Isaac Babel (den ich mit Roth einmal zusammen brachte). [...] Ich entsinne mich, er wollte über Tolstoi schreiben – ich weiß nicht, ob er es je begann. Ich glaube: nein...
Ein Kenner Rilkes: das zu bestimmen, ist schwer. Von mir erfuhr er, daß Rilke im Hôtel Foyot, wo ich ihn oft besucht hatte, früher gewohnt hatte; und er mietete sein Zimmer.[116] (Dort erlitt er den ersten, kurzen Erblindungsanfall infolge seines Alkoholismus.).
Ad 4. Was aus seinem Manuscript über Clemenceau geworden ist, weiß ich nicht.[117] Er pflegte Clemenceau erbost gegen das gegenwärtige Frankreich zu zitieren. (In einem teureren Quartier Latin Restaurant wurden wir einmal vom garçon aufgefordert, unseren Tisch zu wechseln, da es der Stammsitz Lavals, der eben eintrat, war. Roth, in Gegenwart Lavals, antwortete: «Dites à ce Monsieur qu'il est un ex-ministre. Mais moi, je suis un écrivain qui reste!» [...] (und auf deutsch: [«]Wofür hält er sich? Für Clemenceau?»)[118]
Ad 5. Ich kenne auch nicht: «Fortsetzung folgt» – Er sprach nicht gern davon. Er plante ein «Deutsches Lesebuch» (schade, daß es nie zustande kam!) – «Die Juden und ihre Antisemiten» (über jenen fatalen Inferioritätskomplex einiger jüdischer Autoren, aus «Objektivität» antisemitische Schriftsteller zu rühmen, oder zu argumentieren:

---

114 Dietrich von Hildebrand (1899-1977), Philosoph, konservativer katholischer Moralist, Kuturpolitiker, floh 1933 nach Wien, wo er die offiziöse Zeitschrift *Der Christliche Ständestaat* herausgab, in der auch Roth publizierte. Universitätsprofessor im Exil in Wien, in Frankreich und in den USA.
115 Ich konnte keinen Drucknachweis finden.
116 Roth wohnte ab 1927 zumeist im Foyot. Vgl. Heinz LUNZER: *Joseph Roth in Paris. Ein Spaziergang.* Wien: Internationale Joseph Roth Gesellschaft, 2009 (Schriftenreihe 1), S. 4 f.
117 *Das Testament Clemenceaus,* siehe *Werke,* (wie Anm. 16), Bd 3, S. 955 ff und SIEGEL (wie Anm. 11), F 12, S. 373 (das Typoskript liegt in der Roth-Sammlung im LBI in New York).
118 Diese Begebenheit wird auch, mit Varianten, von Soma Morgenstern berichtet, siehe MORGENSTERN (wie Anm. 96), S. 209 ff.

auch in jedem von uns steckt ein Hitler – gedieh zu einem Aufsatz, den er uns vorlas – den er zu einem Buch erweitern wollte.[119]
ad 6: Der «internationale» Trinkerorden war nur allegorisch gemeint; Roth pflegte davon zu phantasieren...
ad 7. Ja, das ist das Hauptmotiv im Leben Roths. [...] Als seine (merkwürdig faszinierende) Gattin; (beunruhigend durch plötzliche Gedankenabwesenheit, der sie mitten im Gespräch verfiel), plötzlich unheilbar an dementia praecox erkrankte – von der sie nie mehr geheilt wurde, machte er sich – ganz ungerechtfertigt – den Vorwurf, er hätte das verschuldet (er hatte seine spätere Freundin Manga Bell kennen gelernt, sich ein wenig in sie verliebt) – und beschloß spontan, sich dem Trunk zu ergeben. (Früher brachte er es kaum gelegentlich über ein Glas Wein.) (Sie können mich als Zeugen zitieren: Roth trank nicht wie ein Trinker; er ekelte sich vor dem Alkohol; er «bestrafte» sich damit; goß sinnlos alle Sorten in sich hinein: Burgunder; Schnapps; Bier; Fernet-Branca durcheinander).
ad 8) Gäste: u. a. Rauschning;[120] Klaus Dohrn[121] (Sohn des «Hellerau» Gründers[122]); der Privatsekretär des Kaisers Otto von Habsburg (vergaß seinen Namen);[123] Pfarrer Oesterreicher (aus Wien; jetzt New York);[124] ein Chef der Pariser Fremdenpolizei (vergaß seinen Namen; dank ihm verschaffte Roth verfolgten Kollegen die Aufenthaltserlaubnis);[125] ein Chef der (illegalen, Antinazi) «Tiroler Standschützen».[126] Willy Münzenberg (der deutsche Kommunistenführer).[127]
ad 9) Roths Stil beeinflußte: Kesten; sein Freund Soma Morgenstern (der einen Roman: «Sohn eines verlorenen Sohnes» in der Rothmanier, in USA publizierte);[128] die

119 Alle drei Projekte Roths kamen nicht zustande.
120 Hermann Rauschning, siehe LUNZER: *Exil,* (wie Anm. 14), S. 217 u. ö.
121 Klaus Dohrn, siehe LUNZER: *Exil,* (wie Anm. 14), S. 146 ff, 213 u. ö.
122 Wolf Dohrn (1878-1914) war einer der Initiatoren des Deutschen Werkbunds und Leiter der Gartenstadt Hellerau bei Dresden. Harald Dohrn, Wolfs Bruder und Ziehvater von Klaus Dohrn (1885 Neapel - 1945 München) setzte die Arbeit Wolfs in Hellerau fort. Als Sympathisant der Widerstandsgruppe «Weiße Rose» von SS-Leuten erschossen.
123 Vermutlich Franz Graf Trautmansdorff, siehe: Heinz LUNZER / Victoria LUNZER-TALOS: *Joseph Roth. Leben und Werk in Bildern.* Köln: Kiepenheuer & Witsch, 1994, S. 261.
124 John M. Oesterreicher, siehe LUNZER: *Exil,* (wie Anm. 14), S. 204, 217 u. ö.
125 Ungeklärt.
126 Max Riccabona, siehe BRONSEN (wie Anm. 50), S. 488 f.
127 Von Roth erschienen in Münzenbergs Pariser Zeitschrift *Die Zukunft* 1938 und 1939 fünf Texte. Münzenberg war zu dieser Zeit bereits von den Kommunisten getrennt, war aber wohl nicht oft bei Roth zu Besuch.
128 Soma Morgensterns Roman *Der Sohn des verlorenen Sohnes* erschien zuerst in Berlin: Reiss, 1935.

Feuilletonautoren der Frankfurter Zeitung (hélas, auch Friedrich Sieburg[129]). Die
«Neue Sachlichkeit»? Nein! Nicht im Sinne Roths...
ad 10. «Beichte eines Mörders» – in einem weißrussischen Montparnasse Ess- und
Barlokal unterhielt er sich ein paar Mal mit einem versoffenen Weißrussen, dessen
Leben – erzählte er mir – ihm die Fabel geliefert hätte. Die Aristokratenfamilie im
Radetzkymarsch hatte Vorbilder in Wien, die man mir dort zeigte (angeblich [...] ihre
Namen habe ich vergessen [...] aus dem Kreise der Schwarzenberg, wie mir einer
ihrer Erben erzählte...)

Das ist ungefähr Alles...
Mit verbindlichen Grüßen Mit verbindlichsten Grüßen
bin ich
Ihr
Walter Mehring
WALTER MEHRING
zur Zeit Hôtel Pfauen (auf zwei Wochen ungefähr)
Zeltweg 1
Zurich

Auch wenn manches damals im Bereich des Unsicheren blieb (und auch heute ungeklärt ist), wird erst im Vergleich zu anderen Auskünften deutlich, wie inhaltsreich (und – aus heutiger Sicht – verläßlich) Bechers und Mehrings Briefe waren. Der Brief Manfred Georges sei ein Beispiel dafür. Wie große Hoffnungen man sich hier machen konnte auf souveräne, freundliche Einschätzung und Genauigkeit, wußte Senta Zeidler aus den beiden Rezensionen, die sie erwähnte; diese knappen aber sehr brauchbaren Texte der zeitgenössischen Rezeption ließen viel erwarten. Zuerst aber Senta Zeidlers Schreiben an George vom 7. Mai 1954;[130] um zu zeigen, wie gut vorbereitet (Georgs Artikel waren nicht leicht zu finden!) die Forscherin Fragen stellte:

Sehr geehrter Herr Doktor!
Gestatten Sie mir, daß ich mich mit folgendem Anliegen an Sie wende:
Ich bin Studentin der Germanistik an der Universität Wien und arbeite gegenwärtig
an meiner Dissertation über Joseph Roth (Leben und Werk).

---

129 Sieburg war der stärkere Konkurrent Roths in der Frage, wen die *Frankfurter Zeitung* Ende 1925 als ständigen Korrespondenten nach Paris entsenden werde. Sieburg wählte 1933 die Seite der Nationalsozialisten.
130 Senta Zeidler an Manfred George, Briefentwurf vom 7. Mai 1954, SLL.

Ich habe Ihre Roth gewidmeten Artikel in der «Jüdischen Rundschau»[131] und in den «Preußischen Jahrbüchern»[132] gelesen und daraus wertvolle Anhaltspunkte zur Beurteilung von Roths schriftstellerischer Eigenart gewonnen. […] Es geht aus diesem Artikel nicht nur Ihre große Wertschätzung Roths als Schriftsteller hervor, sondern einzelne Angaben aus Roths privater Existenz sowie ein Briefzitat (aus einem Brief Roths literarischen Inhalts) lassen auf einen engeren persönlichen Kontakt zwischen Ihnen und Roth schließen. […]

1. Ich bitte um nähere Mitteilung über Ihre persönliche und literarische Beziehung zu J.R. – Wie lange kannten Sie J.R.? – Haben Sie persönliche Erinnerungen an J.R., die Ihnen mitteilenswert erscheinen?
2. Befindet sich der Brief, aus welchem Sie im vorerwähnten Artikel hochinteressante Postulate Roths zitieren, noch in Ihrem Besitz? Sollte dies der Fall sein, so wäre ich Ihnen überaus dankbar, wenn Sie mir diesen und noch eventuelle andere für meine Arbeit geeignete Unterlagen (vor allem Briefe) (Original oder in Abschrift) gegen ehrenwörtliches Versprechen auf Rücksendung binnen kürzester Frist überlassen wollten.
3. Im gleichen Artikel berichten Sie, was ich bisher nicht wußte, nämlich daß Roth für eine wissenschaftliche Karriere Germanistik studierte; ich habe mehrmals gehört, daß er das Mittelschullehrerexamen abgelegt hatte, ja sogar das Lehramt ausübte oder zumindest eine Lehrstelle suchte, doch lassen sich alle derartigen Mitteilungen durch das sehr komplette Archivmaterial unserer Universität nicht beglaubigen. Ihre Ausführungen deuten auch darauf hin, daß J.R. nach dem Krieg noch weiterstudierte; auch das ist nicht belegt. Ich bitte Sie um genauere Mitteilung über Roths Studiengang und vor allem seine Berufspläne, wenn Sie Positives darüber wissen.
4. Für welche Blätter schrieb Roth jene «Kriegsgedichte», von denen Sie sagen, daß sie konfisziert wurden? – Besitzen Sie vielleicht einzelne Gedichte Roths?

Es gibt für mich vor allem biographisch noch eine Reihe von Unklarheiten, die ich zu beseitigen hoffe […]

Georges Antwort lautet:

Sehr geehrtes Fräulein Zeidler:
[…] Ich fürchte, diese Antwort wird einigermaßen fragmentarisch ausfallen.
Ich kannte Roth ungefähr in den Jahren 1922-1933 und habe ihn dann später noch in seinem Exil in Paris mehrfach gesehen. Meine Erinnerungen an ihn sind sehr

---

131 Manfred GEORG: «Segen der Wanderung». In: *Jüdische Rundschau.* Berlin, Nr. 83 vom 16. Oktober 1934, S. 7 (SIEGEL [wie Anm. 11], Z 170). [In der ÖNB vorhanden].
132 Manfred GEORG: «Der Romanschriftsteller Joseph Roth». In: *Preußische Jahrbücher.* Berlin, Bd 217, H. 3 vom September 1929, S. 320-324 (SIEGEL [wie Anm. 11], Z 169). [In der ÖNB vorhanden].

umfangreich, aber darüber müßte ich ein Buch schreiben. Da ich das aber nicht kann, verweise ich Sie auf einen Artikel, den Hermann Kesten in seinem Buch ‹Meine Freunde, die Poeten» über Roth veröffentlicht hat.[133]
Den Brief Roths besitze ich zwar noch, er ist mir aber derzeit nicht zugänglich, da er irgendwo in Koffern vergraben ist, die sich nicht in meiner Wohnung befinden.[134]

Fragmentarisch hilfreich, immerhin vorsichtig und nicht direkt mythenbildend, aber mit dem Hinweis darauf, daß er selbst ein Buch über Roth schreiben müßte, um ihm gerecht zu werden. Wie schade, daß er das nicht getan hat. Solche Ausflüchte gab es öfters, neben den häufigsten, daß Material vorhanden, aber derzeit nicht greifbar sei. Hinweise ohne Inhalt waren wohl herbe Enttäuschungen für Senta Zeidler und sind es auch für uns noch, insbesondere dann, wenn diese Schriftstücke weiterhin nicht aufgefunden sind.[135]

Ähnlich verhielt und verhält es sich noch mit der Korrespondenz Roths mit Wilhelm Herzog, dessen Buch über den Dreyfus-Prozeß er als Buch des Jahres 1933 empfahl.[136] Herzog schrieb Senta Zeidler am 3. März 1956:

> Ich habe Joseph Roth während einer Reihe von Jahren gut gekannt. Wir waren in Berlin, Zürich und Paris oft zusammen. Ich besitze auch mehrere Briefe von ihm,

---

133 Das Buch war zuerst 1953 herausgekommen. Siehe zum darin über Roth Mitgeteilten oben S. 222 f.
134 Das Zitat lautet: «Es ist mein Bemühen, die Deutschen von ihrem Aberglauben zu heilen, die Kunst sei etwas Abseitiges, die Literatur ein Ornament des Lebens, eine Sache der stillen Abende und der Frauen. Die Literatur ist nötig wie eine Maschine, ein Winterrock und eine Medizin. Unnötig sind überflüssige Naturbeschreibungen in deutschen Romanen und Regiebeschreibungen wie: er setzte sich auf einen in der Nähe stehenden Stuhl, zog die Brieftasche und entnahm ihr eine Visitenkarte. Unnötig sind die vielen Zeilen, über die der Leser ausruhend hinwegliest und die er für ‹epische Breite› hält. Überflüssig sind die vielen ausführlichen Liebesszenen, in denen sich die Unkenntnis der Liebe offenbart. Und überflüssig sind die Werke hochachtbarer, einmal groß gewesener, alt und – was noch schlimmer ist – wohlhabend gewordener Schriftsteller. Ich wünsche allen Kollegen Reichtum. Aber nicht denjenigen, die ihn nicht vertragen können» (GEORG [wie Anm.130], S. 320 f).
135 Wie im Fall der Korrespondenz Roths mit Manfred Georg/George (1893 Berlin 1965 New York), wobei ungeklärt ist, ob die Briefe verloren oder im Nachlaß, der sich im Deutschen Literaturarchiv liegt, überliefert, aber noch nicht erschlossen sind.
136 In der Zeitschrift *Aufruf*, siehe LUNZER: *Exil*, (wie Anm. 14), S. 124.

allerdings nur die aus den Jahren nach 1933, die früheren sind s. Zt. Mit meiner gesamten Bibliothek und dem Archiv von der Gestapo beschlagnahmt worden.
Für Ihre Dissertation: Roth war der höflichste Mensch von der Welt. Aber auch ein arger Trinker. Schon um 10 Uhr am Vormittag konnte man ihn bei Mampe in Berlin oder vor einem kleinen Bistro in der rue [de] Tournon in Paris mit einem Wasserglas voll Cognac sitzen sehen.
Als Essayist bedeutend. Seine Artikel in der ‹Frankfurter Zeitung» erregten Aufsehen. Er war ein vorzüglicher, anschaulich schreibender Journalist, der – welch seltener Fall – die deutsche Sprache beherrschte und nicht notzüchtigte.[137]

Auch dieser Nachlaß muß noch gründlich erforscht werden.[138]

Wie mühsam es in den 1950er Jahren war, Roths Briefen nachzugehen, zeigen solche Ergebnisse von Senta Zeidlers Bemühungen. Auch Hermann Kesten, der als Kollege und ausgewiesener Freund wesentlich leichter Zugang zu BriefpartnerInnen hatte, scheint es nicht leicht gewesen zu sein, das zusammenzutragen, was er – zuerst fragmentarisch in der Werkausgabe von 1956[139] – und dann 1970 in *Briefe* publizieren konnte. Er trug schon 1954 das Projekt mit sich – so schrieb er Senta Zeidler 1954 aus Rom; da er nicht dort, sondern in seiner New Yorker Wohnung Briefe Roths liegen habe, wohin er erst Ende 1954 zu kommen beabsichtige, ergab sich vorerst eine starke Verzögerung für die Dissertantin.[140]

Wie schwierig es war, Personen zum Erzählen zu motivieren, die viel wußten, belegt ein Brief von Soma Morgenstern: Er wolle nicht so viel Auskunft geben, da er sonst in Gefahr geraten, die ganze Dissertation zu verfassen – auch dies eine Vorschau auf ein Buch, das er allerdings auch wirklich schrieb, wenn auch für die Arbeit Senta Zeidlers viel zu spät.[141] Dabei gab er Beispiele seines Wissen über Roth, die mehr Inhalte enthielten als die anderen Briefpartner Senta Zeidlers zu den Themen berichteten – allerdings auch nicht ohne einige Fehler, wie wir heute wissen.

---

137 Wilhelm Herzog an Senta Zeidler, Brief vom 3. März 1956. SLL.
138 Vgl.: Carla MÜLLER-FEYEN: *Engagierter Journalismus: Wilhelm Herzog und Das Forum (1914-1929). Zeitgeschehen und Zeitgenossen im Spiegel einer nonkonformistischen Zeitschrift.* Frankfurt/Main u. a.: Peter Lang, 1996.
139 *Werke* (wie Anm. 16), Bd 3, S. 801-842.
140 Hermann Kesten an Senta Zeidler, 11. Jänner 1954. SLL.
141 MORGENSTERN (wie Anm. 96).

Roth verbrachte seine Kindheit und die frühen Jugendjahre in Brody. In dieser Stadt besuchte er auch das Gymnasium (in Brody gab es ein Deutsches Gymnasium, d. h. ein Gymnasium mit deutscher Vortragssprache). Aus diesem Grunde, und weil er zu Hause und mit den andern Kindern jiddisch sprach, hat er polnisch und ukrainisch nie richtig gelernt und sprach beide Sprachen sehr mangelhaft. Er hat sich auch eine Zeit in Mähren aufgehalten[142] – bei wem, ist mir nicht bekannt. Natürlich sorgte für ihn seine Familie.[143] Wie sie auch weiter für ihn sorgte, als er in Wien an der Universität studierte, wenn auch zeitweise nicht völlig ausreichend, sodaß er – wie wir alle – sich mit Stundengeben etwas dazuverdiente. Alle übertriebenen Nachrichten von seiner Armut hat er selbst übertrieben, und zwar meistens in seinen Erzählungen und Gesprächen mit Stefan Zweig, dem Joseph Roth aus purer Bosheit seine niederdrückende Armut vorhielt, um den reichen Mann in Verlegenheit zu bringen (der übrigens immer sehr nobel und sehr nett zu Roth war).

Joseph Roth ist nie aus dem jüdischen Glauben ausgetreten, er hat in Wien im Seitenstettentempel[144] geheiratet, was nicht einmal die getauften Juden, die nach seinem Tode einen Katholiken aus ihm machen wollten, bestreiten werden. Sein «katholisches» Begräbnis in Paris ist gegen meinen Protest von getauften Juden arrangiert worden. Natürlich hat Joseph Roth in den letzten Jahren seines Lebens mit den Katholiken geflirtet, aber das hatte Gründe, auf die ich nicht näher eingehen möchte. Hingegen war seine monarchistische Gesinnung jahrelang eine echte. Zum Schluß seines Lebens aber hatte er, namentlich in Paris, die Umtriebe der Monarchisten satt bekommen und wäre, wenn der Tod ihn nicht gehindert hätte, aus der Partei sicher ausgetreten.[145] Meines Wissens nach war er nie Mitglied der Sozialdem. Partei;[146] in den ersten Jahren nach dem Krieg stand er viel weiter links als diese Partei und das so bis zum Konflikt zwischen Stalin und Trotzki.[147] Er war nie in russischer Kriegsgefangenschaft, hat nie in der Roten Armee gekämpft; er war zweimal in Rußland im

---

142 Davon ist sonst nirgends die Rede; Miguel Grübel verneint Senta Zeidlers Frage nach einem solchen Aufenthalt entschieden.
143 Damit meinte Morgenstern die Familie Grübel.
144 Richtig: im Pazmaniten-Tempel, im 2. Bezirk, Pazmanitengasse 6 (siehe: Katalog 1994, S. 69 ff). Die Synagoge im 1. Bezirk, in der Seitenstettengasse 4, ist der zentrale Wiener Stadttempel.
145 Die Monarchisten haben eine wichtige Einflußgruppe unter den Emigranten und den französischen Behörden gegenüber gebildet, nie aber eine Partei.
146 Siehe LUNZER: *Exil*, (wie Anm. 14), S. 126 ff.
147 Dieser Konflikt habe sich demnach in den Jahren 1923 bis 1929 entwickelt – also eine sehr ungenaue Definition für den Zeitraum von Roths Abkehr von kommunistischen Ideen; sie läßt z. B. offen, ob Roth vor oder nach seiner Reise in die Sowjetunion Skeptiker geworden wäre. Wichtig ist aber die Feststellung der Veränderung vom Befürworter zum Skeptiker.

Auftrag der «Frankfurter Zeitung».[148] Das erste Mal kam er begeistert, das zweite Mal enttäuscht zurück. Den Konflikt Stalin – Trotzki hielt er für Antisemitismus. – Roths Begräbnis bezahlten seine Freunde.[149] Sie müssen aber nicht glauben, daß er in Paris hungerte. Für das, was er vertrank, hätten ganze jüdische Familien leben können – aber das brauchen Sie in Ihrer Thesis ja nicht zu erwähnen. – Wie Sie sehen, habe vergessen, die Antworten zu numerieren.[150] Ich sage Ihnen ganz offen, daß ich alle Ihre Fragen genau beantworten könnte – aber Sie fragen zu viel, liebes Fräulein Zeidler.

Noch ein paar Antworten in aller Kürze. Joseph Roth hatte große Verehrung für Trotzki – er haßte Stalin, ebenso Schuschnigg, den er nie anders als Schuschniak[151] nannte. Er war auch im Gegensatz zu Karl Kraus kein Verehrer von Dollfuß.[152]

Mehr ließ sich Morgenstern nicht entlocken. Zumindest ist keine weitere Korrespondenz vorhanden.

Nach dem sehr ausführlichen Brief von Klaus Dohrn über die Zeit des Exils vom 23. Juni 1954[153] faßte Senta Zeidler die Ergebnisse ihrer bisherigen Recherche zusammen; dabei zeigt sich, daß sie viele Details und auch nicht leicht zu erreichende Artikel wie z. B. den von Gerth Schreiner[154] in *Het Volk* gefunden und wie viele Zeitschriften sie durchgesehen hatte. Freilich mischten sich in diesen Bericht gleich wieder neue Fragen, die zeigen, wie detailreich die Dissertantin berichten wollte. Andere Fragen, meinte sie, müßten offen bleiben – wie die nach manchen unrealisierten Buchprojekten, seiner Familie väterlicherseits, seiner Militärgeschichte oder jene, ob Roth nun getauft gewesen wäre oder nicht.[155]

---

148 Roth war nur einmal im Auftrag der *Frankfurter Zeitung* in der Sowjetunion, nämlich von August bis Dezember 1926.
149 Siehe LUNZER: *Exil*, (wie Anm. 14), S. 94, 204.
150 So wie die Fragen von Senta Zeidler meist Nummern trugen.
151 Eine heftige Verspottung des Namens des vorletzten Bundeskanzlers Österreichs vor dem «Anschluß» 1938, der sich stark germanophil gab, aber teilweise slowenischer Herkunft war.
152 Die Einschätzung beide Politiker betreffend – Dollfuß war der Vorgänger Schuschniggs und wurde 1934 von Nationalsozialisten ermordet – greift zu kurz.
153 In LUNZER: *Exil*, (wie Anm. 14), S. 146 ff.
154 Gerth SCHREINER: «Ontmoeting met Roth». In: *Het Volk*, Amsterdam, Abendausgabe, 26. November 1938, S. 11, vgl. LUNZER: *Exil*, (wie Anm. 14), S. 166 f.
155 Sie hielt den besten Beweis für die Unmöglichkeit einer gesicherten Aussage in Händen mit den widersprüchlichen Aussagen dazu seitens der beiden katholischen Geistlichen, die bei Roths Begräbnis anwesend waren, s. LUNZER, Exil (wie Anm. 14), S. 203 f.

Noch einmal resumierte Senta Zeidler im September 1954 in einem
Brief an Klaus Dohrn, daß sie ihre Nachforschungen «nun im wesentlichen abgeschlossen» habe und zuletzt keine neuen Erkenntnisse mehr
auf ihre Briefe eingetroffen wären. Sie nennt ein Beispiel, das aus heutiger
Sicht die umgekehrte Rolle des Zeitzeugen belegt – nicht vergessen,
sondern die Bekanntschaft im Lauf der Zeit und der Befragungen für
wichtiger einschätzen. Senta Zeidler klagte Dohrn gegenüber:

> Otto von Habsburg, dem ich über seinen Sekretär, Baron Gagern, geschrieben habe,
> hat mir persönlich keine Auskünfte übermitteln lassen, vielmehr wurden meine Anfragen von Graf Degenfeld in sehr ungefährer und allgemeiner Weise beantwortet;
> Roth wäre einer von tausenden Monarchisten gewesen, die Otto v. Habsburg vorgestellt wurden, schrieb man mir in deutlicher Distanzierung.[156]

Die Einsicht, daß manche Fakten von Roths phantasievollen Ausschmückungen oder Änderungen so überlagert seien, daß nicht mehr entschieden werden könne, was wirklich zutreffe, war Senta Zeidler 1954
bewußt, bildete aber zu diesem Zeitpunkt noch keine Ursache zu verzagen.[157]

Spät wandte sich Senta Zeidler an Kurt Pinthus, der immerhin einige
seiner Rezensionen und Vorträge über Roth namhaft machen konnte;
aber auch wie eine Zusammenfassung schrieb:

> Und Sie haben sicherlich herausgefunden, daß der große Schriftsteller Roth auch ein
> großer Spieler war, der sich in die Rollen des k. u. k. Schriftstellers, des Trinkers, des
> Abenteurers und schließlich des Katholiken (ohne de facto konvertiert zu sein) hineingespielt hat, die eigentlich gar nicht zu seiner ursprünglichen Natur paßten. Deshalb muß man sehr vorsichtig mit Roths eigenen Äußerungen und Erinnerungen seiner Freunde an ihn sein.

Diese freundliche Warnung stand jedoch bereits nahe am Ende der Bemühungen von Senta Zeidler.

Ein Ende, das zusammengesetzt war aus technischen Gründen – wie
der Unmöglichkeit, ein Stipendium in die USA zu erlangen – und den
inhaltlichen Gründen des hochgesteckten Ziels –, das immer stärker vor
Augen tretende Bewußtsein, keine den hoch gesteckten Ansprüchen adäquaten Quellenstudien betreiben zu können, um ihr Ziel verwirklichen

---

156 Senta Zeidler an Klaus Dohrn, Briefentwurf vom 15. September 1954, S. 1. SLL.
157 Ebd., S. 3-4.

zu können. Daher die konsequente Abkehr von diesem Ziel: die Arbeit abzubrechen, die Dissertation nicht zu schreiben.

Aus heutiger Sicht – also in Kenntnis der wissenschaftlichen und essayistischen Arbeiten vieler Personen zu Joseph Roth, einer umfangreichen Briefedition und einer ersten in Buchform publizierten Biographie, die Ergebnisse von 15 Jahren Forschung enthält – sind Senta Zeidlers Korrespondenzen und Entdeckungen, Schlüsse und Fragen von hohem Wert: sie sind nicht überholt, sondern können als gleich wertvolle Ergebnisse neben die anderen, publizierten, gestellt werden. Heute ist es nicht mehr nötig, ein homogenes Bild des Autors mit möglichst wenig offenen Fragen zu zeichnen; im Bewußtsein, nicht alles wissen zu können, einander widersprüchliche Ansichten nebeneinander stehen lassen zu können, zu diskutieren, abzuwägen, aber ohne Entscheidung, ist eine im Bewußtsein aller Personen, die sich mit Historischem beschäftigen, eine zuweilen schmerzvolle, aber unumgängliche Sicherheit.

Herzlichen Dank an Senta Lughofer, Victoria Lunzer-Talos, Werner Richter und den Inhabern der Urheberrechte der zur Gänze abgedruckten Briefe von Martin Becher (Ulrich Becher) und Martin Dreyfus (Walter Mehring).

2)

Stendhal war Roths Idol – er empfahl allen jungen Romanautoren, zuerst Stendhals "gültige Erzählertechnik" zu studieren. Heine, natürlich, die deutschen Romantiker [von Arnim, Tieck] waren seine Vorbilder. Und unter seinen Lieblingen: Raimund... Flaubert, Tolstoy (hauptsächlich die Novellen), Turgenjew; unter den Modernen: Isaac Babel [den ich mit Roth einmal zusammen brachte]. – Ich entsinne mich, er wollte über Tolstoj schreiben – ich weiß nicht, ob er es je begann. Ich glaube: nein...
Ein Kenner Rilkes: Das zu bestimmen, ist schwer. Von mir erfuhr er, daß Rilke im Hôtel Foyot, wo ich ihn oft besucht hatte, früher gewohnt hatte; und er mietete sein Zimmer. [Dort erlitt er den ersten, kurzen Erblindungsanfall infolge seines Alkoholismus.]

Ad 4. Was aus seinem Manuscript über Clemenceau geworden ist, weiß ich nicht. Er pflegte Clemenceau zu erbost gegen das gegenwärtige Frankreich zu zitieren. [In einem Seurin Quartier Latin Restaurant wurden wir einmal vom garçon aufgefordert, unsern Tisch zu wechseln, da es der Stammsitz Lavals, der eben eintrat, war. Roth, in Gegenwart Lavals, antwortete: "Aites à ce Monsieur qu'il est un ex-ministre. Mais moi, je suis un écrivain, qui me reste!"... (und auf deutsch: Wofür hält er sich? Für Clemenceau?"]

Ad 5. Ich kenne auch nicht "Fortsetzung folgt" – Er sprach nicht gern davon. Er plante ein "Deutsches Lesebuch" [Schade, daß es nie zustande kam!] – "Die Juden und ihre Antisemiten" [über jeden jüdischen Autoren, aus "Objektivität" antisemitische Schriftsteller zu Wort kommen, oder zu argumentieren. auch in jedem von uns steckt ein Hitler – gedieh zu einem Aufsatz, den er uns vorlas – den er zu einem Buch fatalen Inferioritätskomplex erweitern]

Walter Mehring an Senta Zeidler, Brief vom 18. Dezember 1955, Seite 2. Senta Lughofer, Linz

Kommentar zu meinen Hörspiel- und Theateradaptionen nach Texten von Joseph Roth

Helmut PESCHINA

Seit meiner ersten Lektüre eines Werkes dieses Großen, großartigen Erzählers und Feuilletonisten, es war wie bei vielen anderen auch der Roman *Hiob*, habe ich mich mit Roths Werk als purer Leser beschäftigt, bis ich dann nach einigen Jahren genügend Abstand hatte, um objektiv Roths Prosa nach Adaptions-Möglichkeiten für das Radio abzutasten. 1992, zwei Jahre vor seinem hundertsten Geburtstag also, kam ich mit «Deutschlandradio Berlin» ins Gespräch, und wir einigten uns auf meinen Vorschlag hin auf Roths ersten, in Buchform erschienen Roman *Hotel Savoy*.

In den folgenden Jahren sind weitere vier Romane hinzu gekommen, die ich für das Radio umsetzen konnte, nämlich *Hiob, Die Legende vom heiligen Trinker, Die Geschichte von der 1002. Nacht* und *Die Flucht ohne Ende*, sowie eine Theaterfassung, nämlich *Radetzkymarsch*. Warum gerade der Roman *Hotel Savoy* als erster Vorschlag für eine Bearbeitung? Rein pragmatisch: Wir hatten nur eine Sendezeit von 55 Minuten zur Verfügung, daher kam ein längerer Prosatext nicht in Frage. Außerdem interessierte mich die Figur des Kriegsheimkehrers Gabriel Dan, sowie die – wie ja bei den meisten «Hotel-Romanen» – Metapher Hotel / Welt. Das am Romanende brennende Hotel / der Untergang der Monarchie.

Und vor allem die Rolle des Erzählers: Denn wie wir wissen, ist ja die Hauptfigur des Buches «Gabriel Dan» gleichzeitig der «Erzähler». Dieses Wechselspiel zwischen der Hauptperson «Dan» und dem Heraustreten aus der Rolle, um zum «Erzähler» zu werden durch ein und denselben Schauspieler/Sprecher hatte mich fasziniert. Und das Medium Radio ist dafür bestens geeignet. Gabriel Dan, Hauptakteur und gleichzeitig Berichterstatter. Sprecher/Darsteller und Regisseur mußten demnach bei der Realisierung den Wechsel zwischen den erzählten Passagen und den Spielszenen für den Hörer kenntlich machen, der Sprecher den Unterschied zwischen Rolle und Bericht deutlich markieren, in einen anderen

Sprechduktus übergehen, wobei er natürlich von der akustischen Atmosphäre unterstützt wurde. Haben wir bei den gespielten Szenen scheinbar realistischen Hintergrund, scheinbar deshalb, da die Geräusche stilisiert wurden, meist durch Töne, z.b. ein kurzes Geigenspiel, wurden die Erzählpassagen eher «trocken-neutral» ohne Hintergrund aufgenommen.

Anhand der ersten Zeilen des Buches möchte ich nun kurz meine Arbeitsweise skizzieren. Wie folgt beginnt der Roman, und so beginnt auch meine Bearbeitung: «Ich komme um zehn Uhr vormittags im Hotel Savoy an. *Ich war entschlossen, ein paar Tage oder eine Woche auszuruhen.*» (Dieser letzte Satz wurde von mir ausgelassen, Sie werden sehen, ich werde ihn aber bald verwenden). Dann geht es im Manuskript-Text so weiter: «In dieser Stadt leben meine Verwandten – meine Eltern waren russische Juden. Ich möchte Geldmittel bekommen, um meinen Weg nach dem Westen fortzusetzen.»

Und dann am Ende der nicht allzu langen Exposition, in der man sehr viel über Herkunft, jüngster Vergangenheit und Zustand des Helden erfährt, steigen wir in die Szene ein: Wir befinden uns im Hotel, der Portier fragt: «Was kann ich für Sie tun?» Gabriel Dan antwortet darauf: «Mein Name ist Gabriel Dan. Haben Sie Zimmer frei?»

«Wie lange möchten Sie bleiben?», fragt der Portier. Darauf Dan: «Ein paar Tage, vielleicht eine Woche.» Hier nun, als Antwort Dans auf die Frage des Portiers der oben ausgelassene Satz in den Dialog eingebaut. Sie sehen, ich habe versucht, wenn notwendig einen eigenen Dialog zu bauen, aber dann mit den Worten von Joseph Roth. Dieses Verfahren habe ich übrigens stets angewandt, und nicht nur bei Roth. Dies gilt mir als Maxime bei all meinen Bearbeitungen, sei es für den Rundfunk wie für die Bühne.

In der Hörspielfassung geben wir den Namen der Hauptfigur früher preis: «Mein Name ist Gabriel Dan» [...] Roth gibt seinem Helden erst nach zweieinhalb Seiten einen Namen. Auf Seite 11 der Erstausgabe aus dem Jahr 1924 heißt es: «Im Hotel Savoy konnte ich mit einem Hemd anlangen und es verlassen als der Gebieter von zwanzig Koffern und immer noch der Gabriel Dan sein.»

Übrigens nur am Rande: In der Erstausgabe gibt es in diesem Satz zwischen «Gebieter von zwanzig Koffern» und «und immer noch der Gabriel Dan sein» keinen Gedankenstrich. In den meisten späteren Aus-

Kommentar zu meinen Hörspiel- und Theateradaptionen 249

gaben gibt es einen solchen zwischen «Koffern» und «und immer noch der Gabriel Dan sein». Das ist wahrscheinlich nicht nur für einen Hörspielmacher wesentlich, als Hinweis für den Regisseur.

Vielleicht wurde der Gedankenstrich, der fast einer Regieanweisung gleicht, später gesetzt, um damit dieses Faktum «Gabriel-Dan-Sein» mehr zu betonen? Der Erzähler Gabriel Dan ist auch Kommentator, kein allwissender, ein subjektiver, er treibt die Handlung weiter, beschreibt die Schauplätze und Stimmungen. Ein Beispiel:

> ‹ERZÄHLER: An diesem Abend ging ich zu Stasia ins Varieté. Es war immer noch dasselbe Programm, nur hatte es ein Loch, oder schien es mir so, weil ich wußte, daß Santschin fehlte. Nach der Vorstellung ging ich mit Stasia nach Hause.› Und nun sind wir in der Szene:
> ‹STASIA: Haben Sie bemerkt, wie traurig August war?
> DAN: Wer ist August?
> STASIA: Santschins Esel. Er arbeitet schon sechs Jahre mit Santschin. Der auf den Brettern kugelnde Körper fehlt ihm, Santschins heisere, krächzende Stimme.
> DAN: Wahrscheinlich haben Sie recht. Es schien so, so als ob es ihm unbehaglich wäre, als er auf seinen Hinterbacken tanzte. Ja, er suchte Santschin.
> STASIA: Santschin wird wohl sterben. Nun wird das Hotel um einen ärmer.›
> Nun wieder der ERZÄHLER: ‹Als ich mit Stasia das Hotel betrete, steht Ignatz in der Vorhalle. In diesem Augenblick ist es mir, als hätte der Tod die Gestalt des Portiers angenommen und stünde nun hier und warte auf eine Seele. Santschin wurde um drei Uhr nachmittags begraben, auf einem entlegenen Teil des orientalischen Friedhofs.›

Eine andere wichtige Figur in dem Roman *Hotel Savoy* ist «Zwonimir Pansin», Kriegskamerad von Gabriel Dan, «ein Revolutionär von Geburt» wie es bei Roth heißt, ein politisch Verdächtiger. Für mich ist diese Figur im Schaffen Roths deshalb wichtig, weil er meiner Ansicht nach schon im Frühwerk Roths politisches Engagement dokumentiert, im Gegensatz zu Gabriel Dan, den Schwärmer, Melancholiker, den Romantiker, eher Unpolitischen, der erst durch seinen Kriegskameraden politisiert wird. Ein Zitat aus der Bearbeitung:

> ERZÄHLER: Vierzehn Männer sind wir, kämpfen gegen schwere Hopfenballen, die nach Deutschland gehen sollen. Absender und Empfänger verdienen an diesen Hopfenballen mehr als wir vierzehn zusammen. Alle vierzehn sind wir ein einziger Mann. Und ich bin kein Egoist mehr. [...]

Durch Pansin hat Dan das kollektive Denken gelernt.

Diese beiden, Gabriel Dan und Zwonimir Pansin, stellen für mich die Polarität im Denken und Schreiben von Joseph Roth dar. Roth, der großartige, im wahrsten Sinne des Wortes phantastische Erzähler einerseits, und dann wieder der scharf kritisierende Feuilletonist.

Roths Dialoge sind realistisch-sachliche Dialoge. Roth ist nicht nur ein hervorragender Erzähler, sondern auch ein Meister des Dialogs. Seine Dialoge sind 1: 1 umsetzbar für Radio und Bühne. Wie dafür geschrieben. Auch in der Roman-Metapher *Hotel Savoy*. Was nun Sachlichkeit betrifft, wird es Sie wundern, daß diese gerade in der Inszenierungsform der *Legende vom heiligen Trinker* bei meinen Roth-Adaptionen und deren Realisierungen am besten zur Geltung kommt.

Denn im Gegensatz zur stilisierten Inszenierung von *Hotel Savoy*, im Niemandsland zwischen Ost und West, durch den mit mir seit Jahren befreundeten Regisseur Robert Matejka, der schon einige meiner Bearbeitungen und Originalhörspiele inszeniert hat, hat sich die französische Regisseurin Marguerite Gateau zu einer realistischen, ja fast naturalistischen Inszenierungsweise entschlossen: Gerade *Die Legende* also realistisch – mit einer legendenhaften Prosa wird sachlich umgegangen.

Das zeigt sich schon daran, daß wir, die Dramaturgin von «DeutschlandRadio Berlin», Stefanie Hoster, und ich uns auf zwei Fassungen einigten: eine deutsche und eine französische. In der deutschen Version werden die im deutschen Milieu handelnden Episoden und Szenen auf deutsch gesprochen, die im französischen Milieu auf französisch. Der ERZÄHLER immer deutsch. In der französischen Fassung sind wir diametral vorgegangen.

Reden wir nun von der deutschen Fassung, bei der naturgemäß mehr Sprachwechsel erforderlich waren als in der französischen, da der Schauplatz ja Paris ist, die Mehrzahl der Personen französisch spricht.

Der Inhalt der in der deutschen Fassung französisch gesprochenen Dialogpassagen wird vom Erzähler in deutscher Prosa wiedergegeben und kommentiert, damit auch die des Französischen Unkundigen der Handlung folgen können.

Interessant bei dieser Produktion ist auch die Aufnahmetechnik, nämlich das Fünf-Punkt-Eins-Verfahren, das sogenannte allround-system: Wir sind als Hörer mitten im Geschehen. Wie wenn wir mitbeteiligt wären.

Kommentar zu meinen Hörspiel- und Theateradaptionen 251

(Dies ist natürlich nur möglich, wenn man die entsprechende Anlage zur Verfügung hat.)
Andreas eingebettet im heutigen Paris, wir hören die Metro, Kinder im Park. Wir befinden uns unter den Brücken an der Seine, in diversen Lokalen und natürlich in der Kapelle. Wir sind umgeben von einer naturalistischen Geräuschkulisse. Ich möchte nun, bevor ich dann noch kurz über eine Hörspielbearbeitung reden werde, über meine Theaterfassung des großen Romans *Radetzkymarsch* sprechen.

Ein Auftrag der Festspiele Reichenau für das große, seit vielen Jahren leere, noch immer Monarchie ausstrahlende ehemalige Luxushotel, das Südbahnhotel am Semmering südlich von Wien. Ein dem Roman entsprechendes Ambiente.

Die größte Schwierigkeit, auf die ich beim ersten Durchsehen und Durchdenken des Romans für eine Bühnenfassung stieß, waren die Frauenrollen. Nur insgesamt drei Frauenrollen in diesem großen Roman, und alle drei nicht allzu gewichtig, obwohl für das Leben des jungen Trotta einschneidend und entscheidend. Für das Zusammentreffen zwischen Katharina Slama, der Frau des Wachtmeisters, und dem jungen Trotta, immerhin die erste Geliebte Carl Josephs, die von ihm schwanger wird, verwendet Roth nur ganze viereinhalb Seiten. Sehr zaghaft beschreibt er dieses erste Rendezvous.

Die zweite Frau, Eva Demant, die für Carl Joseph von Trotta eine Rolle spielt, ist die Frau des Regimentsarztes Dr. Max Demant. Keine sexuelle Verbindung ist es, sondern ein Mißverständnis, das durch das Zusammentreffen mit der verheirateten Frau das Leben des jungen Helden verändert. Erst die dritte Frau im Roman, die Trotta durch seinen Freund, dem Grafen Chojnicki kennenlernt, wird zur wirklichen Geliebten. Aber auch diese Liebe wird von Roth sehr zurückhaltend beschrieben. Und zu dieser Geliebten Valerie, auch Wally genannt, kommt Carl Joseph von Trotta so: Ich zitiere aus der Bühnenfassung:

> GRAF CHOJNICKI zu TROTTA: Ich schicke Sie mit Wally auf Urlaub. Sie ist mit einem Fabrikanten verheiratet, der geradezu immer kränkelt und in einer Anstalt am Bodensee Monate verbringen muß. Sie wird über Ihre Gesellschaft entzückt sein. Sie ist zwar älter als Sie, aber sie hat das Herz einer Sechzehnjährigen [...] uns sie ist noch immer sehr schön. Sie war ein paar Tage hier, nun fährt sie nach Wien zurück. Begleiten Sie meine Freundin.

CARL JOSEPH: Ja, Graf, gut [...] ich werde mich bemühen.[1]

Diese Geliebte wird dem jungen Trotta durch den Grafen gleichsam zugewiesen. Die darauffolgende Szene, die Liebe zwischen Valerie/Wally und Trotta umfaßt zwei Manuskriptseiten. Beginn und Ende einer großen Liebe, fünf Minuten lang, Teil einer Aufführung, die mit Pause drei Stunden dauerte. Carl Joseph von Trotta und seine Begegnungen mit Frauen, Joseph Roth und seine weiblichen Figuren.

Ich mußte für die Bühnenfassung ökonomisch denken: drei eigentlich kleine Rollen, aber für Carl Joseph von Trottas Entwicklung wichtige Lebenseinschnitte. Im Rundfunk könnte man auch kleinere Rollen mit großen Schauspielerinnen besetzen, anders jedoch im Theater. Den Frauen mehr Text und Raum geben als im Original? Davon habe ich Abstand genommen. Dann die Idee, nicht nur aus ökonomischen Gründen, sondern dramaturgisch durchaus vertretbar: Die drei Frauenrollen mit nur einer Schauspielerin besetzen.

Diese drei Frauen im RADETZKYMARSCH haben, meiner Meinung nach; einen gleichen Stellenwert im Leben Trottas, keine ist wirklich bei ihm, keine nur für ihn allein da. Er muß, ja vielleicht will er sie sogar mit anderen Männern teilen. Trottas Unentschlossenheit. Dabei stellte sich mir die Frage: Welchen Stellenwert haben die Frauen überhaupt im Werk von Joseph Roth? Welche Rolle spielen die weiblichen Figuren? Ja, eine sehr wichtige: sie beeinflussen und ändern das Leben der Ehemänner, der Geliebten, der Zufallsbekanntschaften. Aber wieviel Platz zuerkennt Roth ihnen in seinen Schriften? Verhältnismäßig geringen.

Die Bedeutung der Frauen für die Handlung und deren Entwicklung und der Stellenwert der Frauen im Text stehen meiner Meinung nach in keinem entsprechenden Verhältnis. Ansonst war ich darauf aus, auch bei diesem großen Roman, abgesehen von einigen großen Szenen – wie der Ball am Abend des Attentats beim Grafen Chojnicki oder Offiziers-Casino-Szenen – kammerspielartig vorzugehen. Die Rolle eines Erzählers fiel bei der Bühnenfassung weg. Ich habe versucht, die für die Handlung wichtigen Prosastellen mit den Worten Roths in Dialoge umzuarbeiten.

---

1 «Die Geschichte von der 1002. Nacht», Hörspiel nach dem gleichnamigen Roman von Joseph Roth, ist eine Co-Produktion von ORF/Ö1 und DeutschlandradioKultur/ Berlin, Regie Robert Matejka, Bearbeitung Helmut Peschina.

Kommentar zu meinen Hörspiel- und Theateradaptionen 253

Nun noch einige Worte und ein kurzes Hörbeispiel zu meiner Hörspielbearbeitung des Romans *Die Geschichte von der 1002. Nacht*, in dem Roth das Schicksal des Rittmeisters Baron Alois Franz Taittinger beschreibt. Auch er ein Orientierungsloser, der Melancholie anheim Gefallener, wie es viele bei Roth sind. Nur die Strenge und die Ordnung der Armee sind seine Anhaltspunkte. Und als er wegen eines Fehltritts von der Armee Abschied nehmen muß, bedeutet dies seinen Untergang, der schließlich zum Selbstmord führt.

Da der Roman für mich und auch den Regisseur, hier wieder Robert Matejka, einer Kolportagegeschichte gleichkommt, aber selbstverständlich auf höchstem literarischen Niveau, kamen wir beide zu dem dramaturgischen Entschluß, die Erzählerrolle nicht nur mit einem Sprecher zu besetzen, sondern die Erzählerpartien auf alle Mitwirkenden (abgesehen von den beiden Hauptrollen Taittinger und Mizzi) alternierend aufzuteilen.

Joseph Lorenz als Taittinger, Elisabeth Orth, Michou Friesz, Dietrich Siegel, Cornelius Obonya sprechen die Erzählerpassagen und Erwin Steinhauer ist als Erzähler und auch als Oberst Kovac zu hören. Ich habe selten noch im Radio jemand so gut schreien gehört wie Erwin Steinhauer in der Rolle des Obersten.

Im Jahr 1999 kam es mit dem Mitteldeutschen Rundfunk/Leipzig zur Hörspieladaption von *Hiob* in der Regie wieder von Robert Matejka. In der Rolle des Mendel Singer anz hervorragend Michael Degen. Und nun, zehn Jahre danach wieder mit dem MDR meine letzte Hörspieladaption: *Die Flucht ohne Ende*, die im Jahr 2010, die Roth-Rechte sind dann frei, zur Produktion kommen wird.

Textprozesse bei Erich Arendt

Die «Permanenz des Unerträglichen».
Revision des eigenen Engagements in Erich Arendts
Arbeit an dem Gedicht *Nach den Prozessen*

Martin PESCHKEN

Im Juni 2010 fingiert der Schriftsteller und Journalist Florian Illies im Feuilleton der Wochenzeitung *Die Zeit* die These, die Wiedervereinigung von 1989 setze «die von Marx aufgekündigte preußisch-deutsche Tradition wieder in ihr natürliches Recht» und beschließe mit dem Ende der alten Bundesrepublik (und, für Illies so selbstredend, dass nicht weiter erwähnenswert: der DDR) die «Irrtumsepoche des Weltbürgerkrieges».[1] Wenige Wochen später findet in der Berliner Volksbühne eine dreitägige Konferenz zur «Idee des Kommunismus» statt, auf der auch der Philosoph und Psychoanalytiker Slavoj Žižek sprach.[2] Sein Beitrag weigert sich, aus dem Gedenken an Millionen Opfer von Terror und Gewalt kommunistischer Regimes für die Idee des Kommunismus irgendeine Konsequenz zu ziehen. Die Erfahrungsblindheit solcher intellektuellen Etüden irritiert im gleichen Maß wie die Revisionismen pseudo-bürgerlicher Provenienz, die leider auch ein Kennzeichen der Berliner Republik sind.

Zwanzig Jahre nach der Vereinigung der beiden deutschen Nachkriegs-Staaten veröffentlicht Christa Wolf *Stadt der Engel oder The Overcoat of Dr. Freud*,[3] das ihren Aufenthalt am Getty Center in Los Angeles 1992/1993 zum Hintergrund hat. Darin setzt sie sich auch mit ihrer kurzen (und eher harmlosen) Stasi-Tätigkeit um 1960 auseinander, die Anfang der neunziger Jahre publik wurde und zu einer öffentlichen Debatte um die moralische Autorität wie auch um die künstlerische Leistung der Autorin geführt hat. Die Ernsthaftigkeit, mit der Wolf in ihrem neuen Buch nach den Mechanismen der eigenen Erinnerung und damit auch des

---

1   Florian ILLIES: «Rasen betreten verboten». In: *Die Zeit*, Nr. 24, 10.06.2010.
2   Vom 25. bis 27. Juni 2010. Das Podium der Veranstaltung war überaus prominent, z.B. mit Alain Badiou und Antonio Negri, besetzt.
3   Berlin: Suhrkamp 2010.

Vergessens sucht, setzt den von rechts und links herbei geschrienen Großerzählungen eine mit Erfahrung gesättigte Reflexion entgegen. Hinter die Verbindungen zu kommen, die den Einzelnen zum ideologischen Satelliten machen, ist sicher eine der schmerzhaftesten Prozeduren in der Selbstaufklärung von lebenslang nach Emanzipation und Freiheit strebenden Intellektuellen.

In der Epoche, auf die sich Christa Wolfs forschende Erinnerung richtet, hat der mit der Autorin persönlich bekannte Lyriker Erich Arendt eine solche Revision des eigenen Lebens vorgenommen. In seinen Gedichten der sechziger Jahre werden die großen ideologischen Entwürfe gründlich zertrümmert, die er zehn Jahre zuvor selbst noch künstlerisch zu verarbeiten suchte, und um die man sich heute wieder und teils auf erschreckende Weise bemüht.

Arendt, der 1950 aus siebzehnjährigem Exil nach Europa zurückgekommen war und sich für ein Leben in der DDR entschieden hatte, arbeitete in den frühen sechziger Jahren an seinem Gedichtzyklus *Ägäis*. Natur- und Kulturgeschichte der griechischen Inselwelt sind in diesem Zyklus allgegenwärtig, der 1967 monographisch veröffentlicht wird, und sie bilden die Matrix für eine intensive Selbstbefragung des Autors hinsichtlich einer Sinnhaftigkeit der eigenen Erfahrung. Die Introspektion in das eigene und kollektive Gedächtnis sei – wie der Autor 1964 an den Herausgeber der Zeitschrift *Merkur*, Hans Paeschke, schreibt – «in einer existentiellen Sicht konzipiert, eine Reaktion auf die Herrschaft von Vordergründigkeiten».[4] Diese existentielle Sicht eröffnet, um es auf ein Wort zu reduzieren, eine Unheimlichkeit des In-der-Welt-Seins, die der Autor in der Begegnung mit der Landschaft, der Zeit, der Kunst, dem Eros und auch der inneren Welt der Ideen und Überzeugungen formuliert. Die Reaktion auf die Herrschaft von Vordergründigkeiten kann man in diesem Zusammenhang sicher als ein Statement zu den Auswirkungen der Kulturpolitik der DDR verstehen, aber es gibt in Arendts Korrespondenz

---

4 Arendt schrieb diesen Brief vom 29.6.1964 an Paeschke in der Bemühung, den Zyklus in einer ersten Fassung in der Bundesrepublik zu publizieren. Aufbewahrt wird der Brief im Erich Arendt Archiv der Akademie der Künste zu Berlin, unter der Findbuch-Nr. 999. Im Folgenden werden Quellen aus diesem Archiv nur durch das Kürzel FB (Findbuch-Nr.) ausgewiesen.

auch genügend Hinweise darauf, dass er den für ihn nur scheinbar neuen Avantgarden im Westen ebenso Skepsis entgegenbrachte.

Den zeitgenössischen Lesern in Ost und West wird die außerordentlich pessimistische Sicht auf die Geschichte aufgefallen sein, in der sich *Ägäis* von den bis dahin bekannten Werken des Autors stark unterscheidet. Sie kulminiert in drei Gedichten aus dem III. Abschnitt des Zyklus', in *Spruch*, *Elegie* und *Nach dem Prozeß Sokrates*. Konkrete Bezüge zur Mittelmeerwelt sind in *Elegie* nur durch ein vorangestelltes Motto von Thukydides und in dem Titel *Nach dem Prozeß Sokrates* vorhanden, der in einer späteren Publikation vollständig in *Nach den Prozessen* geändert wird, worauf ich später noch zurück komme.

Vor dem Hintergrund der eingangs skizzierten aktuellen Bemühungen um historische Erzählungen bewegen diese Texte durch ihre radikale Absage an den Wert solcher Konstruktionen. Sie tun das nicht als Ergebnis einer kühl reflektierenden Verarbeitung des Scheiterns der Verwirklichung von Freiheit im Realsozialismus, sondern weil hier ausgehend von persönlicher Erfahrung das eigene Scheitern im größeren historischen Zusammenhang formuliert wird.

Der Geschichtspessimismus in diesen drei Gedichten kleidet sich folgerichtig auch nicht mehr in ein mythologisches Gewand, sondern wurde von der damaligen Leserschaft umstandslos als Kritik am real existierenden Sozialismus verstanden. Indirekt spiegelt sich das auch schon in der Tatsache, dass keine der in der DDR erschienenen Interpretationen sich explizit zum konkreten Gehalt dieser Texte äußert. Als ‹Thema› der Gedichte wird Geschichte in diesem Zyklus anhand des Textes *Stunde Homer* unter der weniger heiklen Rubrik ‹Antikenrezeption› abgehandelt.[5]

Im Folgenden soll anhand der Genese des Gedichtes *Nach den Prozessen* gezeigt werden, wie sich in die allgemein von Skepsis durchzogenen

---

5 Noch 1985 bezieht Gerhard WOLF («Skizze für ein Porträt Erich Arendts». In: DERS.: *Im deutschen Dichtergarten. Lyrik zwischen Mutter Natur und Vater Staat.* Neuwied: Luchterhand, 1985, S. 120-155) die in diesem Triptychon enthaltenen Verweise auf die so genannten Schauprozesse und ‹Säuberungsaktionen› gegen als ‹innere Feinde› bezeichnete Oppositionelle unter Stalin auf den Zeitraum 1935-1938, bezieht aber die Nachkriegszeit nicht ein.

Bilder des *Ägäis*-Zyklus die konkreten Daten zur jüngeren Geschichte in die ersten Entwürfe des Textes erst einschreiben. Zu diesen Daten zählen insbesondere die sogenannten Prager oder Slánský-Prozesse, aber auch andere Verbrechen der Stalin-Ära, die Chruschtschow auf dem XX. Parteitag der KpdSU 1956 enthüllte. Artur Gérard London, mit dem sich Arendt im spanischen Bürgerkrieg befreundet hatte, war in den Prager Prozessen vier Jahre zuvor zu lebenslanger Haft verurteilt worden. Zu den Monumenten der Repression dieser Ära zählt weiter die in der DDR fortgeführte Formalismusdebatte, zu deren Auswirkungen auch gehört, Arendts lang geplante Anthologie zur Lyrik des Expressionismus erst zu verzögern und schließlich zu verhindern.[6] Persönlich noch bedrohlicher mögen die Verhaftung und Verurteilung Wolfgang Harichs gewesen sein, und im Zusammenhang damit die Disziplinierungsmaßnahmen gegenüber Mitgliedern des sogenannten Donnerstagskreises im Jahr der Enthüllungen Chruschtschows und der Unterdrückung des Ungarnaufstands 1956, – jenem ‹geistigen Waterloo› der sozialistischen Intellektuellen, wie es Werner Mittenzwei nennt.[7] In diesem Kreis, der hauptsächlich von Arendts engem Freund Fritz Joachim Raddatz organisiert und moderiert wurde,[8] trafen sich Kulturschaffende, darunter auch Arendt, um über Möglichkeiten eines ‹dritten Weges› im Hinblick auf eine sozialistische Kultur zu debattieren, was auf die Forderung nach einer Reform der Kulturpolitik und Alternativen zum sozialistischen Realismus hinauslief. Die Reaktion der Partei auf diese Treffen

---

6   Vgl. Simone BARCK: «Anthologie gestrichen». In: *Berliner Zeitung,* 4.3.2003 und die Darstellung der Projektgeschichte in: Martin PESCHKEN: *Erich Arendts Ägäis. Poiesis des bildnerischen Schreibens.* Berlin: Agora, 2009, Anhang IV, S. 368-372.

7   Werner MITTENZWEI: *Die Intellektuellen.* Leipzig: Faber und Faber, 2001, S. 150.

8   Vgl. Dieter SCHILLER: *Der verweigerte Dialog. Zum Verhältnis von Parteiführung der SED und Schriftstellern in den Krisenjahren 1956/1957.* Berlin: Karl Dietz Verlag, 2003, S. 87-110. Schiller zufolge stammt die in der Arendt-Literatur kolportierte Formel des ‚Donnerstagskreis um Harich' aus Stasiakten, entspricht aber nicht den Verhältnissen. Beide Kreise seien parallel und anfangs ohne Kenntnis voneinander tätig gewesen. Die enge Verbindung sei eine Erfindung, um deren angeblich konspirativen Charakter herauszustreichen (S. 92). Schiller weist darauf hin, dass die Debatten im Gesprächskreis dem Tagesgeschehen entsprechend auch andere ökonomische und politische Fragen betraf, es aber in der Hauptsache doch um Kultur, insbesondere Publikationspolitik ging (S. 96).

waren harte Disziplinierungs-maßnahmen der Teilnehmer. Harich und Janka wurden bekanntlich verurteilt, aber auch Raddatz wurde verhaftet und länger verhört.[9]

Nach den Prozessen

Steingrauer Tag,
der sein Lid senkt.
Knie nicht
in den Schatten!

5 Spreu
schleifen die Stunden,
Spreu, abermillion, die
halt nicht machen
vor deiner Stirn
10 – Trauerschafott –,
schneller und
schneller, ohne
Geheimnis, und –
kein blutender Kern.

15 Verzweifelt die
chimärischen Fahnen,
sie blichen im jäh
verdämmernden
Rot.

20 Gleichgeschaltet
mit abwaschbaren
Handschuhn
gleichgeschaltet durch die
gezeichneten Finger
25 das erschöpfte
tausendströmige Herz.

Die da
handeln, an Tischen,
mit deiner Hinfälligkeit,

30 allwissenden Ohrs,
ledernen
Herzens ihr Gott, sie
haben das Wort:

Worte,
35 gedreht und
gedroschen: Hülsen
gedroschen, der
zusammengekehrte Rest

Gehend im Kreis
40 der erschoßnen Gedanken
– wie war
doch der Atem groß –
halt versiegelt den Mund, daß
der Knoten
45 Blut
nicht Zeugnis ablege!

Wo Freude und Recht
gemeuchelt lag,
an der Wand
50 der Geschichte
stets noch: Du!

Gehend im Kreis – doch
der Meteor
Verfinsterung jagt
55 am ummauerten Himmel.

knie nicht –
Blutwimper, schwarz:
das Jahrhundert.

---

9 Vgl. SCHILLER, a.a.O., S. 108-110.

Nach den Prozessen, zuerst und in der DDR stets unter dem Titel *Nach dem Prozeß Sokrates* veröffentlicht,[10] eröffnet mit einem ‹steingrauen Tag› der Gegenwart, zu dem die einst hoffnungsvoll heraufdämmernde Morgenröte Aurora angebrochen ist. Arendt hatte dieses letztere Bild, das der Ikonographie der Oktoberrevolution entstammt, noch in der neunten seiner 1959 erschienenen *Flug-Oden* gerade als Ausweg aus dem unseligen ‹Zirkelkreis der Geschichte› eingesetzt.[11] Inzwischen «blichen» die Fahnen, Metaphern für den Geist des revolutionären Aufbruchs, auch für das eigene Engagement am Aufbau der sozialistischen Welt, «im jäh / verdämmernden / Rot» (Zeilen 17-19). Schlimmer noch: sie haben sich als «chimärisch» herausgestellt, enthüllen also hinter Aufbruch und Aufbau auch die zerstörerische Doppelnatur jener Energie, die das aufklärerische Bewusstsein im Dienst der Utopie letztlich nicht zu beherrschen vermag. Im Gegenteil erscheinen diese Zerstörungskräfte in der Jetztzeit des Gedichts vollends erst entfesselt, und was sie leisten kommt im Wortlaut als Vernutzung, Verurteilung, Verheimlichung, Verrat zum Klingen. In der politisch-gesellschaftlichen Konkretisierung hat der utopistische ‹Überbau› letztlich nichts zu Verbessern vermocht, – die Möglichkeit auf ‹Fortschritt› ist hier vollständig aus dem Horizont geraten. «Und im alten Gewölb», heißt es in *Elegie*, «und die alte Verwesung / staut: Schatten- / geburt, Lippe des / rufleisen Mords, Neidnessel / blüht, Maskentanz, stumm» (Zeilen 31-36). Man könnte die Lebenswelt, die derart hoffnungslos gezeichnet wird, für das Detail einer apokalyptischen Vision halten, mit dem Unterschied, dass selbst in der Apokalypse nach dem Untergang noch Erlösung mitgedacht wird.

Nadia Lapchine hat in ihrer grundlegenden Interpretation des dritten Zyklus von *Ägäis* auf eine Parallele zwischen Arendts historischer

---

10   Im Folgenden wird die Genese des Textes bis zur Publikation in *Das zweifingrige Lachen* (hrsg. von Gregor Laschen, Düsseldorf: Claassen 1981) betrachtet, weshalb ich auch den dort verwendeten Titel *Nach den Prozessen* benutze, wo ich mich nicht ausdrücklich auf eine der früheren Fassungen beziehe.
11   Erich ARENDT: *Flug-Oden*, Leipzig: Insel Verlag, 1959, S. 84 oder Erich ARENDT: *Werke*. Ausgabe, hrsg. von Manfred Schlösser, Band I: *Gedichte 1925-1959*, ediert von Manfred Schlösser und Martin Peschken, Berlin: Agora, 2003, S. 387-388, Z61-67: «Und zerbrechend / das steinerne Antlitz, / jahrtausendalt – o Schmerz /o Flamme! – Aurora / kündete den gesetzlichen Tag, / eine Möglichkeit / dem Menschen».

Die «Permanenz des Unerträglichen» 263

Reflexion und Walter Benjamins Geschichtsphilosophie aufmerksam gemacht.[12] Spätestens 1963 dürfte sich Erich Arendt mit Benjamins Schriften auseinander gesetzt haben.[13] Ob Arendt Benjamin schon bei den frühesten Skizzen und Notizen im Sinn gehabt hat, kann allerdings nicht entschieden werden. Wichtiger erscheint mir aber, dass er seine Gedanken dort wiedergefunden hat. Dies war mehr als das Aufgreifen einer intellektuellen Mode, wie seine gern wiederholte Rede von der ‹Geschichtsschreibung von der Leidseite› bezeugt,[14] die ein erklärtes Ziel der Literatur zu sein habe. Das Schlagwort klingt wie ein Echo auf Benjamins VII. These, man müsse «die Geschichte gegen den Strich bürsten».[15]

Lapchine nimmt Benjamins Appell, sich als Historiograph «einer Erinnerung [zu] bemächtigen, wie sie im Augenblick einer Gefahr aufblitzt»[16] zum Anlass, um den konkreten historischen Bezug in den Gedichten von Arendt unter diesem Vorzeichen hervortreten zu lassen. Mit seiner Erinnerungsarbeit im dritten Teilzyklus von *Ägäis* widersetze sich der Autor subversiv der intellektuellen Repression durch totalitäre Machthaber und verhindere so, dass sein Pessimismus in fatalistischer

---

12 Vgl. Nadia LAPCHINE: *Poésie et Histoire dans l'Œuvre tardive d'Erich Arendt (1903-1984)*, Band I, Paris: L'Harmattan, 2003, S. 128-161: *Le mythe comme critique et dévoilement de l'Histoire*.
13 Nach Arendts Tod ist seine Bibliothek aufgelöst worden und heute nur noch grob rekonstruierbar, etwa anhand der Korrespondenzen und im Nachlass befindlicher Ausleihbücher. Im Januar 1963 nahm Arendt an der Schriftstellertagung *Sprache im technischen Zeitalter* in der Evangelischen Akademie Berlin-Brandenburg teil. Spätestens jetzt wird er die 1955er Ausgabe von Benjamins Schriften, besorgt von Theodor W. und Gretel Adorno in Händen gehalten haben.
14 Im Gespräch mit Gregor Laschen in: *Deutsche Bücher* 6, 1976, S. 88-97, hier S. 93. Vgl. Walter BENJAMIN: «Das Kontinuum der Geschichte ist das der Unterdrücker» (Paralipomena zu *Über den Begriff der Geschichte: Die Dialektik im Stillstande*, Anmerkungen, *Gesammelte Schriften*, hrsg. von Rolf TIEDEMANN und Hermann SCHWEPPENHÄUSER, Frankfurt/Main: Suhrkamp, 1972-1989, Band I.3, S. 1236). Lapchines Kapitel zu *Im Museum* aus *Zeitsaum* (LAPCHINE, a.a.O., Band II, S. 87-96) zeigt die wachsende Präsenz von Benjamins Geschichtsphilosophie in Arendts Denken während der 1970er Jahre.
15 BENJAMIN: *Über den Begriff der Geschichte*. In: DERS.: *Gesammelte Schriften*, a.a.O., Band I/2, S. 691-704, hier S. 697.
16 Ebd., S. 695.

Agonie endet.[17] In Lapchines Analyse der drei Gedichte *Spruch, Elegie* und *Nach den Prozesssen* bilden die Prager Prozesse den realen Kern, an dem die ‹De-Mystifikation› marxistischer Teleologie sich vollzieht.[18] Gegenüber den Deutungen von Ton Naaijkens, Heinrich Küntzel[19] und Gregor Laschen, der anlässlich der Umbenennung des Gedichts von *Nach dem Prozeß Sokrates* in *Nach den Prozessen* meint, der Text habe nun «den Titel seines Anlasses»,[20] differenziert Lapchine, dass die Erinnerungsarbeit sich weniger auf die historischen Ereignisse als Vergangenheit beziehe, sondern vielmehr auf deren Fortwirken bis in die ‹Jetztzeit› des Gedichtes. Nicht als ein Text über die Prager Prozesse sei *Nach den Prozessen* zu verstehen, sondern als ein Gedicht über die ideologischen Konsequenzen der stalinistischen Schauprozesse bis in die Gegenwart.[21]

Diese Differenzierung findet ihre Bestätigung in der Textgenese von *Nach den Prozessen*. So richtig die Interpretationen des Gedichtes im Hinblick auf die historischen Konkretisierungen sind, – die Arbeitsmaterialien zeigen, dass solche Bezüge am Beginn des Schreibens allenfalls vage intendiert waren. Der erste Entwurf zeigt kaum mehr konkreten Zeitbezug als die Entwürfe anderer Gedichte aus *Ägäis*, etwa zu *Die Ferne* oder *Frühe: Kalymnos* (das der Autor anfangs mit «Verdammnis» überschreibt). Als Sedimente eigener Erfahrung entstehen hier Sprachbilder jener in der *Ägäis* allgegenwärtigen Resignation, – Sprachbilder, die von Zerstörung, Desillusion und Trauer gekennzeichnet sind.[22] Erst

---

17 LAPCHINE, Band I, a.a.O., S. 128.
18 Ebd., S. 147: «Prague incarne ici le moment du déchirement du voile idéologique, de la destruction des idéaux communistes, réduits au rang d'illusion, et de la confrontation brutale avec la réalité de la dictature communiste qui vont de pair avec la conscience douloureuse d'avoir été manipulé».
19 Ton NAAIJKENS: *Lektüre von Erich Arendts «Ägäis»*. Doktoraalskriptie, Utrecht 1978; Heinrich KÜNTZEL: «Hieroglyphe und Zeitgedicht. Zu Erich Arendts Gedicht ‹Nach den Prozessen›». In: Walter HINCK (Hrsg.): *Gedichte und Interpretationen*. Bd. 6, Stuttgart: Reclam, 1982, S. 270-281.
20 Nachwort zu Erich ARENDT: *Das zweifingrige Lachen*, hrsg. von Gregor LASCHEN. Düsseldorf: Claassen, 1981, S. 153.
21 LAPCHINE, Band I, a.a.O., S. 146.
22 Im Unterschied zu ‹Metapher›, die den exakten Wortlaut einer tropischen Figur im Text bezeichnet, verwende ich ‹Sprachbild› oder ‹lyrisches Bild› für ein semantisch-

im Verlauf der weiteren Ausarbeitung überprüft sie der Autor in einem assoziativen Verfahren auf ihre Bedeutungsvalenzen und lässt sie allmählich als ästhetische Spiegelungen realer Daten hervortreten, die mit den oben genannten Ereignissen in Zusammenhang gebracht werden können.

Die Schriftspur des ersten handschriftlichen Entwurfs zeugt von der Unmittelbarkeit der sprachlichen Bilder, die keine metaphorischen ‹Verschlüsselungen› historischer Ereignisse sind. Nachfolgend wird die obere Hälfte des Blattes[23] transkribiert. Die Zeichen ⌈ und ⌉ machen dabei Korrekturen und Einfügungen kenntlich.

    die Sonne zu' [*abgebrochener Ansatz der Schreibfeder*]
zerstückelt
       Kniee nicht in den Schatten
~~der~~ Selbstvernichtung. ⌈ist alles,
was (man verlangt von dir) ⌉
    Die Freiheit ⌈, sie⌉ geht
      in einem anderen Wind.
⌈und hat das Lächeln der –⌉
~~Vor~~ ⌈An⌉ der Hinrichtungsmauer
   der Geschichte
     bist du ⌈nur⌉ im Spiel,
~~im~~ Spiel der   (Mächte).
     ⌈zum Staub, in den nur
     Vergangenes eingeht.⌉
      ⌈Steingrau der Tag, der
k~~⌈~~ s⌉ ein Lid hebt

Beinahe alle Einfügungen entstammen der deutlich von der ersten Niederschrift unterscheidbaren Überarbeitung. Nur die Streichungen zu Beginn von Zeile vier, neun und zwölf sind Sofortkorrekturen der ersten Schicht. Interessant ist das Verhältnis der beiden Schriften: die der Überarbeitung ist fahrig und spontan, während die des eigentlichen Entwurfs ruhig und fest ist. Es hat den Anschein, als habe der Autor die im ruhigen Duktus geschriebenen Sprachbilder vor der Niederschrift ungefähr so schon im Sinn gehabt, – ein Umstand, der bei Arendts Arbeitsweise keineswegs

---

    klangliches Feld, das im textgenetischen Zusammenhang einen gewissen Spielraum in den Varianten des Wortlauts und der Bedeutung zulässt.
23 FB 268.1.

selbstverständlich ist. Darauf deutet – im Vergleich zu den meisten fragmentarischen und fahrigen Notizen – auch ihre syntaktische Vollständigkeit: «Kniee [sic!] nicht in den Schatten der Selbstvernichtung», «Die Freiheit geht in einem anderen Wind», «An der Hinrichtungsmauer der Geschichte bist du im Spiel der Mächte» und «Steingrau der Tag, der sein Lid hebt».[24] An drei Stellen auf dem Blatt unterbricht der Autor den Fluss der Schrift. In der ersten Zeile ist noch der Ansatz der Feder zu sehen, die dort kurz aufs Papier gesetzt wurde. In der achten Zeile markiert der Gedankenstrich eine Ellipse, und in Zeile 12 wird zwischen «Spiel der» und «Mächte» ein etwa vier Zentimeter breiter Leerraum frei gelassen. Diese offen Stellen markieren, wo der Autor die Abwesenheit von Text empfindet, dieser aber noch nicht manifest wird. In Arendts Handschriften sind solche Leerstellen häufiger zu finden, und sie dienen offensichtlich dazu, den Schreib- bzw. Sprachfluss nicht aufzuhalten durch fixierende Konzentration und bewusste Suche nach dem exakten Ausdruck.

Anschaulich wird an diesem Beispiel ein genereller Effekt der Technik des Aufschreibens: hier lässt sie der sprachlichen Imagination freien Lauf, indem der Schreiber von der Sorge um Vollständigkeit und unmittelbare Mitteilbarkeit befreit ist. Es ist möglich, an offen Gelassenes zurückzukehren, und so – anders als etwa in der mündlichen Improvisation – kreativ-spontane und bewusst-kritische Phasen des Schaffens voneinander zu trennen. Im vorliegenden Beispiel wäre das Überspringen in Zeile 12 demnach vielleicht dadurch zu erklären, dass zuerst der Wortlaut des Sprachbilds «Steingrau der Tag, der sein Lid hebt» vor dem Vergessen aufs Papier fixiert werden sollte. Gerade dieses Sprachbild verändert seinen Wortlaut, ebenso wie «Knie nicht in den Schatten», in allen genetischen Stufen von *Nach den Prozessen* nur wenig.

Obwohl man bei dem oben transkribierten Fragment nur eingeschränkt von einem Text sprechen kann, lässt sich die Grundschicht als eine zusammenhängende Struktur interpretieren. Es wird darin ein Geflecht von Bedeutungen und Beziehungen erkennbar, in dem die wichtigsten Motive der späteren Fassungen bereits vorgebildet sind.

---

24 Vgl. das Kapitel *Incipit* in: PESCHKEN, a.a.O., S. 172-200.

Die beiden ersten und letzten Zeilenpaare des ersten Entwurfs stellen, wie häufig bei Arendt, eine Lichtsituation vor. Etwas, das in nicht näher erkennbarem Zusammenhang mit der Sonne steht, ist «zerstückelt»; ihr Tag «steingrau» und scheint nicht wirklich anbrechen zu wollen. In diese diffuse Beleuchtung eingestellt sind in der Mitte des Entwurfs drei Versgruppen, in denen Abstrakta vorherrschen: «Selbstvernichtung», «Freiheit», «Geschichte», «Spiel» und «Mächte». Sinnlich vorstellbar sind dagegen der «Wind» und jene Exekutionsmauer, die bei der Erschießung von Verurteilten querschlagende Geschosse abschirmen soll.[25] Spricht die zweite dieser inneren Versgruppen unmissverständlich von der Abwesenheit von Freiheit, so die dritte von einem existentiellen Gefühl der Ohnmacht: das Spiel der Mächte endet für das angesprochene «du» an der «Hinrichtungsmauer». Deren Genitiv-Attribut «Geschichte» weist dabei den Adressaten als Stellvertreter eines Kollektivs aus: wenn die Geschichte eine Hinrichtungsmauer hat, dann teilt sie die Menschheit, die ihr unterliegt, in Gerichtete und Gerechte.

Die Ohnmacht scheint so vollständig, dass man sich fragen kann, worauf sich der Appell des «Knie nicht in den Schatten der Selbstvernichtung» noch richtet. Die syntaktische Ergänzung scheint zunächst paradox, aber zwischen Hinrichtung und Selbstvernichtung besteht ein entscheidender Unterschied, der sich in der Überarbeitung präzisiert durch die Streichung des Artikels («der Selbstvernichtung»). Dadurch entstehen zwei getrennte Sätze: «Knie nicht in den Schatten» und «Selbstvernichtung ist alles, was (man verlangt von dir)». Aufrecht und im Licht soll man also stehen, und die offenbar unausweichliche ‹Hinrichtung› nicht durch das Einverständnis in jenes fremde Verlangen noch über den Tod hinaus zur ‹Vernichtung› werden lassen. «Selbstvernichtung» ist, wo sie verlangt wird, Zerstörung der personalen Integrität über den Tod hinaus.

---

25 Der militärische Fachausdruck für die sogenannte ‹standrechtliche Erschießung› vor solchen Hinrichtungsmauern lautet «Füsilieren». Arendt schreibt im Nachwort seiner Übersetzung zu Miguel Hernández, an der er parallel zu den *Ägäis*-Gedichten arbeitete, über diese Hinrichtungsart. «Füsilieren» hat Arendt wieder verwendet in *Das Kartenspiel (Kastilische Elegie) IV* aus dem 1976 erschienen *Memento und Bild*.

Eine ganz ähnliche Zeile zu solchem heroischen Widerstand ‹bis übers Ende› schrieb Arendt 1936 in dem Sonett *Das Beispiel*: «Stehst du vorm Blutgericht, beug nicht zuletzt dein Knie.»[26] Es entstand zu Beginn des Spanischen Bürgerkriegs, in einer Zeit, da die Entscheidung für den Kommunismus zu kämpfen beständig aus der Gegnerschaft zum Faschismus Kraft gewann und als die Identifikation Arendts mit seinen Zielen euphorisch war. Vierundzwanzig Jahre später richtet sich der Appell zum Widerstand nicht gegen einen erklärten Feind, sondern gegen eine unbestimmte Feindschaft, deren Subjekt auf dieser Textstufe noch nicht eindeutig hervortritt: es schwankt zwischen einem, wenn auch kaum bestimmbaren, personalen «man» und einer abstrakten Macht «Geschichte». In der Genese des Gedichts unterläuft dieser Passus verschiedene Modifikationen, bevor das für sich stehende «Selbstvernichtung alles» endgültig wegfällt.[27] Das Motiv der Aus-löschung bleibt aber erhalten: als Ergänzung der «Hinrichtungsmauer» erscheint auf einem späteren Blatt: «Dort, / man will deinen Staub, / deinen Willen als Staub».[28] Im diesem Sinn sind wohl auch die Verse «schliess deinen Mund, / wie das Gesetz es befahl» zu verstehen, die sich auf einem Typoskript mit dem handschriftlichen Titel «Freiheit meine Trauer…» finden. Sie entfalten ihrerseits sukzessive Varianten, in denen der Begriff des «Gesetzes» nicht mehr vorkommt. Seine Stelle wird allerdings durch ein drastisches, körperliches Bild dessen eingenommen, was der geschlossene Mund verbergen soll. Als «andere Fassung» wird auf dem entsprechenden Blatt neben «wie das Gesetz es befahl» folgender varianter Text ausgewiesen: «halte versiegelt / den Mund, dass der Faden / Blut nicht / Zeugnis ablege!»[29] Die abgewürgte Verletzung, die ans Licht drängt und nicht darf, kommt in der Druckfassung mit «der Knoten / Blut»[30] dann noch drastischer zur Darstellung.

Auf dem Blatt, von dem der oben transkribierte Entwurf stammt, findet sich eine weitere, vom vorigen Text durch einen waagerechten Strich ge-

---

26 ARENDT: *Werke,* I, a.a.O., S. 160, Zeile 12.
27 In allen FB 268.9-10 nachfolgenden Textstufen, vgl. dazu die Darstellung der Textgenese in: PESCHKEN, a.a.O., Anhang X, S. 407-422.
28 FB 268.5-6, vollständige Transkription in: PESCHKEN, a.a.O., Anhang X, S. 410 f.
29 FB 19.154-155, vollständige Transkription in: PESCHKEN, a.a.O., Anhang X, S. 415 f.
30 Erich ARENDT: *Werke,* Band II, a.a.O., S. 61, Zeilen 44-45.

trennte Skizze. Sie scheint zu diesem zunächst ohne jeden inhaltlichen Bezug. Unter Berücksichtigung von Arendts Durchsichtkorrekturen ist der Wortlaut dieser Skizze: «Über die Gipfel aber / gehen die Worte, / alte Gewitter, her / und hin / und mit eisernen Zungen, / die Stunde bestimmend. // Grüsse das Meer, dort / grüss den Fels das Beharrende, / mit dem einsamen Auge der Liebe. // Jede Frage ziele den Dingen ins Herz».[31] Obwohl er in der weiteren Genese von *Nach den Prozessen* keine Rolle mehr spielt, kehrt dieser Text auf dem zweitem Entwurfsblatt als dessen letzte Strophe wieder. Hier verwendet der Autor jene Schlüsselwörter, die für die *Ägäis*-Gedichte typisch sind und deren Abwesenheit in allen Fassungen von *Nach den Prozessen* so auffallend ist: «Meer», «Fels», «Auge» und «Herz». Die ersten sechs Zeilen wirken überdies wie eine Parodie auf Goethes *Wanderers Nachtlied* von 1780 («Über allen Gipfeln...»): wo sich aber dort in Sprachbild und Klang gelassenes Aufgehobensein im kosmischen System verbreitet, herrscht hier drohendes Unheil. Die «eisernen Zungen» stellen eine feindlich gesonnene metaphysische Macht über die «Gipfel» der Welt. In den aggressiven Klängen von «Gewitter», «eisern», «Zungen», «bestimmend» wird die Drohung untermalt, die von dieser Macht ausgeht. Meer und Fels geben sich, wie häufig in der *Ägäis,* als antipodische Symbole für das Leben zu erkennen, das als ‹Beharrendes› den «alten Gewittern» trotzt. Nicht nur der Gebrauch dieser Schlüsselwörter, auch der größere thematische Zusammenhang von Liebe und existentieller Bedrohung in dieser Skizze reiht auch die ersten Entwürfe zu *Nach den Prozessen* in den allgemeinen Themenkreis der *Ägäis*-Gedichte. Wovon die Bedrohung ausgeht, ist hier nur durch Natursymbole angedeutet, die freilich die ambivalente Atmosphäre des gesamten Zyklus' bestimmen. Davon unterscheiden sich die späten Fassungen von *Nach den Prozessen* erheblich in ihrer expliziten Dechiffrierbarkeit.

Im Zusammenhang mit diesem Motiv wird meiner Ansicht nach auch plausibel, warum der ‹Prozeß Sokrates› in der Überschrift genannt wird, die ja erst relativ spät in der Genese des Textes und nach einer beachtlichen Zahl von Varianten auftaucht.[32] Einen expliziten Bezug zu Sokrates

---

31 Transkription in: PESCHKEN, a.a.O., Anhang X, S. 408.
32 Das Wort «Prozeß», das in Bezug auf die Stalinismus-Kritik für die Arendt-Forschung so starke Signalwirkung hat, ersetzt den «Tod» des Sokrates erst, nachdem

sucht man im Gedichttext selbst vergeblich. Bei dem Titel handelt es sich aber, wie Heinrich Küntzel richtig festgestellt hat,[33] keineswegs um mythische Verhüllung oder freiwilligen Kryptizismus, welche den Text vor der Zensur bewahren sollen.[34] Sokrates ist eine historische Figur, und es liegt auf der Hand, dass der Tod des ‹Wahrsprechers› als Opfer tagespolitischer Ränke eine Parallele zu den Schauprozessen bildet. Weniger offensichtlich, aber umso tiefgründiger scheint mir neben der Parallele die Distanz zu sein, welche die Präposition «nach» ausdrückt. Sie ist nicht nur zeitlich zu verstehen, sondern als kritische Reflexion von Sokrates' durch den *Phaidon* kolportierte, ‹heroische› Annahme und Selbstvollstreckung des Todesurteils aus der Konsequenz seines Denkens. Seine Entscheidung hat in revolutionären Denkbildern – insbesondere im ‹Blutwimper-Jahrhundert› – ein Gegenbild erhalten, dessen Logik der Autor von *Nach den Prozessen* als einen zynischen Aufruf zur Selbstvernichtung entlarvt.

Das Motiv dieses Denkbildes ist der Konflikt von revolutionärem und individuellem Wollen. ‹Die Revolution› fordert vom Revolutionär die Einwilligung in seinen Tod, wenn sich sein Handeln entgegen seiner Absicht objektiv als konterrevolutionär erweist. In der revolutionären Situation gibt es den Menschen der ‹Innerlichkeit› nicht mehr bzw. noch nicht wieder, sein Wesen ermisst sich einzig an seinem Handeln. Die für uns heute ungeheure Forderung nach Aufgabe des Individuellen in der Hoffnung, daraus könne dereinst die wahre Humanität als Wirklichkeit erstehen, statt als bloßer Kultur-Wert mystisch und fern zu bleiben, ist Gegenstand einer Literatur von Arthur Koestler bis Heiner Müller geworden, die sich am Marxismus als geistigem und real gewordenem

---

Volker Klotz das *Ägäis*-Manuskript im Sommer 1965 in Vorbereitung der von ihm bei Rowohlt 1966 herausgegebenen Arendt-Anthologie *Unter den Hufen des Winds* einer kritischen Lektüre unterzogen hatte.

33 Vgl. KÜNTZEL, a.a.O., S. 275.
34 Arendt gegen Klotz' Befund, die späten Gedichte kündeten von innerer Emigration: «Bei der Überschrift geht es nicht nur um die Brisanz. Gedichte wie ‹Spruch›, ‹Nach dem Prozeß des [sic!] Sokrates›, ‹Elegie›, aber auch andere, freiheitliche, sind keineswegs Äusserungen einer Emigration. Sind Position. Sind keine Abkapselung. Sehr viele wollen agieren. Und sind auch so begriffen worden» (Brief an Klotz vom 24.6.1966).

Die «Permanenz des Unerträglichen» 271

Phänomen abarbeitet.[35] Müllers «Genosse du bist nicht umsonst gestorben / Gefallen an der Front der Dialektik» aus *Wolokolamsker Chaussee IV: Kentauren*[36] ist nur ein Beispiel für die Allgegenwart des Motivs in seinem Werk. Es pendelt darin, kann man sagen, zwischen Zynismus und dem vollen Pathos einer marxistischen Gewaltbegründung zur Abschaffung von Gewalt. Das Dilemma besteht darin, dass die Revolution den ‹eigentlichen Menschen› ermöglichen soll, um dies zu erreichen aber die Individuen zu Instrumenten eines abstrakten Willens macht. Müller hat dafür in *Mauser* die Formel gefunden: «das tägliche Brot der Revolution / [...] Ist der Tod ihrer Feinde, wissend, das Gras noch / müssen wir ausreißen, damit es grün bleibt».[37] Er nimmt dabei ausdrücklich Bezug auf die Lehrstücke Bertolt Brechts. Dessen mit Dudow und Eisler verfasstes *Die Maßnahme* dürfte dabei im deutschsprachigen Raum die öffentliche Auseinandersetzung mit dem Thema am stärksten geprägt haben. In dem umstrittenen Stück wird die Legitimation zum Töten aus der Logik der Revolution erörtert.[38] Am Ende gibt der junge Propagandist, der in seinem

35 Koestlers Roman *Dark at Noon* (*Sonnenfinsternis*, 1940), der das menschliche Dilemma der revolutionären Existenz mit einer Kritik der sogenannten Moskauer Prozesse verband, wurde ebenso von extremen Antikommunisten vereinnahmt, wie unter Marxisten selbst stark diskutiert. Maurice Merleau-Ponty stellt in seinem Traktat *Humanisme et terreur* (1947, dt. *Humanismus und Terror*, Frankfurt am Main 1976) die Frage, ob wirklich «die Gewalt, die er [der Kommunismus] ausübt, revolutionär ist und fähig, zwischen den Menschen menschliche Beziehungen herzustellen» (S. 11) und plädiert 1947 für eine Beurteilung der UdSSR nicht nach westlichen Maßstäben, sondern nach den Eigenarten ihrer spezifischen Situation. Fünfzehn Jahre später, nach dem Koreakrieg, den Prager Prozessen, den Enthüllungen über Stalin und schließlich dem Mauerbau, können diese Symptome nicht mehr als ‹Kinderkrankheiten des Kommunismus› betrachtet werden. Arendt gibt mit dem vorliegenden Gedicht eine abschließende Antwort auf Merleaus Frage: die Gewalt des realen Kommunismus ist *nicht mehr* revolutionär sondern herrschaftsstabilisierend; ihre Gewalt ist fähig, zwischen den Menschen die unmenschlichsten Beziehungen herzustellen.
36 Heiner MÜLLER: *Wolokolamsker Chaussee I-V*. Berlin: Rotbuch Verlag, 1978, S. 37.
37 Heiner MÜLLER: *Mauser*. Berlin: Rotbuch Verlag, 1978, S. 55-69, passim.
38 *Die Maßnahme* sollte 1930 auf dem Fest Neue Musik gespielt werden, wurde aber wegen angeblicher formaler Mängel des Textes abgelehnt, später von Arbeiterchören aufgeführt. – Bertolt BRECHT: *Die Maßnahme*. Lehrstück. In: BRECHT: *Versuche 1-12*, Heft 1-4, Berlin: Aufbau-Verlag, 1963, S. 322-354, hier S. 348: «Aber nicht

Kampf für den Kommunismus Affekte statt revolutionäre Raison zeigte, sein Einverständnis zur eigenen Hinrichtung durch die Genossen.[39]

Arendts Appell «kniee nicht in den Schatten der Selbstvernichtung» im Entwurf von *Nach den Prozessen* (resp. «Knie nicht / in den Schatten!» in den Druckfassungen) steht, nachdem sich die kommunistische Revolution scheinbar endgültig zu einer Macht-konstellation versteinert hat, der Legitimierung solcher Maßnahmen diametral entgegen. Insofern bleibt einerseits Sokrates' Handlung für den Widerstand gegen Herrschaft gültig, andererseits wird die Pervertierung seiner heroischen Konsequenz in der revolutionären Logik entlarvt, sobald ‹die Revolution› selbst als Herrschaft auftritt, und ihre inhumane Logik die «Unversehrtheit» des Menschen massiv bedroht, wie sie Arendt in seiner Rede zur Verleihung des Johannes-R.-Becher-Preises 1966 einfordert.[40] Mit dem Exkurs zu den literarischen Verarbeitungen des Motivs soll nicht behauptet werden, Arendt habe sich in *Nach den Prozessen* ganz bewusst mit ihnen auseinander gesetzt. Allerdings wird die Virulenz dieses Themas unter sich für das sozialistische Projekt engagierten Autoren sichtbar, dem sie sich nach den Enthüllungen des XX. Parteitages der KpdSU erst recht nicht mehr entziehen konnten.

---

andere nur, auch uns töten wir, wenn es nottut [...] Nicht leicht war es, zu tun, was richtig war. / Nicht ihr spracht sein Urteil, sondern / die Wirklichkeit».

39 «Er sagte noch: Im Interesse des Kommunismus / Einverstanden mit dem Vormarsch der proletarischen Massen / Aller Länder / Ja sagend zur Revolutionierung der Welt. (Die drei Agitatoren): Dann erschossen wir ihn und / Warfen ihn hinab in die Kalkgrube. / Und als der Kalk ihn verschlungen hatte / Kehrten wir zurück zu unserer Arbeit.» (ebd., S. 349 f.). Heiner Müller radikalisiert in *Mauser* den Konflikt zwischen Menschlichkeit und revolutionärer Logik noch. Der Verurteilte hat nicht, wie in der *Maßnahme*, das Projekt gefährdet, sondern ist ein Henker, dessen Tod für die Praxis der Revolution keine Folgen hat. Er ist im Sinne der Revolution schuldig geworden, weil es ihm nicht gelingt, das Töten ‹unmenschlich›, d.h. als reine Funktion ohne Affekte auszuführen. «Ich bin ein Mensch. Der Mensch ist keine Maschine. / Töten und töten, der gleiche nach jedem Tod / Konnte ich nicht. Gebt mir den Schlaf der Maschine. / Chor: / Nicht eh die Revolution gesiegt hat endgültig [...] Werden wir wissen, was das ist, ein Mensch» (MÜLLER: *Mauser*, a.a.O., S. 59).

40 Abgedruckt in: PESCHKEN, a.a.O., S. 360-362.

Der zweite Entwurf zu *Nach den Prozessen* gewinnt gegenüber dem ersten deutlich an Umfang.[41] Das neue Sprachmaterial stammt zum großen Teil aus den verstreuten Notizzetteln, die als eine sehr umfangreiche Materialsammlung von vereinzelten Metaphern bis zu komplexeren lyrischen Bildern die Arbeit an den *Ägäis*-Gedichten begleitet hat. In unserem Zusammenhang sind darunter drei Stellen besonders hervorzuheben. Am rechten Rand steht neben der Schriftkolumne des Haupttextes: «Die da handeln / mit Völkern / und Freiheit / und eisernem / Tod / haben das / Wort.» Die Bedeutung dieses Passus' erklärt sich inzwischen von selbst. Interessant ist besonders seine weitere Konkretisierung auf späterer Textstufe, wo hinzugefügt wird «Sie, die da handeln an neuen Tischen».[42] Hier wird die Anmaßung des politischen Agierens unter Machthabern, welche Arendt in jeder historischen Erscheinung ungeheuerlich ist,[43] durch das Absurde und die Lebensferne der Apparatschiks noch gesteigert. Andererseits verschleiert der Autor diese kaum verhüllte, regimekritische Lesart dadurch wieder, dass in den späten Fassungen nicht mehr ‹Volk› und ‹Freiheit› die Objekte des Verschacherns sind, sondern der Fokus vom Kollektiven aufs Individuelle eingezogen wird.[44]

Im letzten Drittel des zweiten Entwurfs findet sich die Einfügung «und der Meteor / der Verfinsterung / jagt durch den / Himmel». Zusammen mit dem zuvor beschriebenen Passus stammen diese Zeilen aus einer Skizze mit der Überschrift «Worte», die auf einem für die Arbeitsweise des Autors aufschlussreichen Notizblatt geschrieben steht.[45] Diese Skizze unterscheidet sich von den meisten Notizen der Materialsamm-

---

41 FB 268, Transkription in: PESCHKEN, a.a.O., Anhang X, S. 409.
42 FB 268.9-10, Transkription in: PESCHKEN, a.a.O., Anhang X, S. 412 f.
43 Im Januar 1960 schreibt Arendt an Fritz J. Raddatz: «die generalstäbe haben, verflucht seien sie, eben die vernichtungsmittel in den händen und geben sie nicht heraus. dass der greis in bonn deren spiel ausschliesslich betreibt, das ist sehr richtig gesehen [...] las gerade ruth fischer *umformung der sowjetgesellschaft*, die ähnlichen optimismus kündet, was den einen der beiden grossen betrifft. sie schreibt natürlich als parteihase, der sie war und ist, für mich zu gläubig, zu wenig analytisch» (zitiert nach Fritz J. RADDATZ: *Unruhestifter. Erinnerungen.* München: Propyläen Verlag, 2003, S. 70).
44 Statt auf FB 268.2 «mit Völkern / und Freiheit» auf FB 268.9-10 «mit deiner Vergänglichkeit», und in den Druckfassungen «mit deiner Hinfälligkeit».
45 FB 389.26, vgl.: PESCHKEN, a.a.O., Anhang X, S. 407.

lung durch ihre Komplexität und den bloßen Umfang des Textes. Die beiden oben genannten Sprachbilder, die Eingang in *Nach den Prozessen* finden, stehen in der Skizze einigermaßen isoliert vom restlichen Text. Bei dem «Meteor Verfinsterung»[46] hat sich die Bedeutung vom Transfer der Skizze in den Entwurf des Gedichtes trotz der gleichbleibenden Wörter geradezu umgekehrt. Im Kontext der Skizze ist der Meteor ein Träger des Lichts. Er zerreißt die Düsternis, welche die Atmosphäre der Skizze beherrscht: «jagt dein Meteor durch / den Himmel aller Verfinsterung» lautet die Stelle dort. Es ist – nicht zuletzt durch den Anklang des Morgensterns im astronomisch-profanen «Meteor» – ein Bild des stolzen Trotzes, das die Energie des Einzelnen gegen eine dumpfe Übermacht beschwört – und sei es nur für einen strahlenden Moment vor dem Erlöschen. Dieses Hoffnungsbild ist im zweiten Entwurf von *Nach den Prozessen* indessen versiegt. Hier lautet die Stelle «der Meteor der Verfinsterung jagt durch den Himmel». Statt des Messianischen, dessen Entsprechung in der kommunistischen Mythologie die ‹Aurora› als Anbruch der neuen Zeit verheißt, wird ein krasses Gegenbild gesetzt, nämlich die Verfinsterung als Geschoss aus dem Himmel, als unwägbare Bedrohung, – ein luziferischer Fall aus dem Reich von Glaube, Hoffnung und Idee. Eine besondere Spannkraft erhält das Bild in einer späteren Phase der Überarbeitung, denn hier wird der «Himmel», an dem sich das Schauspiel vollzieht, konkretisiert: der Meteor der Verfinsterung jagt jetzt an «unserm ummauerten Himmel»,[47] – eine der so seltenen deutlichen Verweise des Autors auf den Bau der Berliner Mauer 1961.

Auch das dritte der neuen Bilder auf dem zweiten Entwurf zu *Nach den Prozessen* fordert eine einlässliche Betrachtung, denn seine Entwicklung ist gleichermaßen wichtig für die Genese des Textes wie für die Verflechtung von Sprachbildern und Themen in Arendts Spätwerk insgesamt. Es handelt sich dabei um eine Ergänzung zu jener «Hinrichtungsmauer / der Geschichte» von der bereits ausführlicher die Rede war. Die entsprechende Passage auf dem zweiten Entwurf lautet «An der Hinrichtungsmauer / der Geschichte / du bist ⌈stets⌉ im Spiel, wo / die Engel ⌈im [xx]⌉ starben / mit entbreit[et]en Flügeln / als ⌈?unvergängliche?⌉

---

46 ARENDT: *Werke*, Band II, S. 61, Zeilen 53-54.
47 FB 268.9-10, Transkription in: PESCHKEN, a.a.O., Anhang X, S. 412 f.

Die «Permanenz des Unerträglichen» 275

Fahnen.»⁴⁸ In den folgenden Textstufen finden sich dazu diverse Varianten im Wortlaut: «die Erzengel [...] den Fahnen unsichtbar», «Erzengel der Freude [...]», «wo entbreiteten Flügels das Licht der Freude starb», «der Engel der Freude, des Rechts starb», «gekreuzten Flügels der Engel der Freude, des Rechts starb», – bis schließlich die allegorische Engel-Gestalt ganz entfällt und nur noch die Abstrakta «Freude und Recht» bleiben. Dies geschieht zum gleichen Zeitpunkt, als der Autor statt «Hinrichtungsmauer» nur noch «Wand» schreibt. Der Nachlass zeigt für die entsprechende Textstufe zwischen dem Lektorat von Volker Klotz und dem Erstdruck in der von Klotz herausgegebenen Anthologie *Unter den Hufen des Winds* ungewöhnlich viele Abschriften mit vergleichsweise unbedeutenden Überarbeitungen. Die Aufmerksamkeit des Autors richtet sich dabei besonders auf diese Stelle. Folgender Passus aus einer Überarbeitung, die unmittelbar in Vorbereitung der Anthologie entstanden ist, kann für die Arbeit an diesem Sprachbild exemplarisch stehen:⁴⁹

Du,
an der Wand der Geschichte,
wo Freude ⌈ und Recht ⌉ ↔ ⌈ verreckten ⌉ (krepieren, exekutieren, garaus)
            [*handschriftlich:*] liquidiert

Es sind womöglich klangliche Gründe gewesen, die die Änderung der holprigen «Hinrichtungsmauer» in «Wand» motiviert haben. Über die Exekutionsszenerie wollte der Autor allerdings keinen Zweifel aufkommen lassen, daher wird das neutrale «sterben» der früheren Fassungen in eine der oben transkribierten Varianten geändert, – in den Druckfassungen lautet das entsprechende Partizip «gemeuchelt».

Doch zurück zu den ‹sterbenden Engeln›. Nadia Lapchine hat in ihrer Interpretation von *Spruch*, in dessen Druckfassung ja in vergleichbarem Zusammenhang von einem «kopflosen Engel» die Rede ist, auf die Parallele in der Textgenese zu *Nach den Prozessen* aufmerksam gemacht.⁵⁰

---

48 [xx] bezeichnet unleserliche Buchstaben, die hochgestellten Fragezeichen markieren unsichere Lesarten.
49 Auf FB 268.21-22.
50 Die ganze Strophe ähnelt in der Struktur ihrer Bilder der Stelle in *Nach den Prozessen*. Statt gemeuchelter «Freude und Recht» herrschen hier «Verdammnis» und Verrat. Dazu kommt ein dem «Meteor der Verfinsterung» ähnlicher luziferischer

Das Motiv erinnere zugleich auch an den Engel des revolutionären Hoffens bei Hölderlin (Flügel = Fahnen) wie an den ‹Engel der Geschichte› aus Benjamins neunter These *Über den Begriff der Geschichte*.[51] Offensichtlich wird in der Anspielung auf Hölderlin und Benjamin, sowie noch im Übertreffen der Negativität des Benjaminschen Bildes, die Spanne gefasst zwischen einerseits möglichen Hoffnungen, die seitens der Humanität an die Revolution geknüpft werden können, und andererseits der totalen Desillusionierung über deren reale Ergebnisse. Dies erscheint umso stimmiger, als dass ja in allen drei Gedichten *Spruch*, *Elegie* und *Nach den Prozessen* das Griechisch-Mythologische in den Hintergrund tritt, und statt dessen biblische Aspekte zum Vorschein kommen, die sowohl auf Hölderlin wie auf das ‹Messianische› bei Benjamin verweisen.

Nicht zufällig kehrt das Motiv des Engels in *Hafenviertel II* wieder, der 1976 in Arendts Gedichtband *Memento und Bild* veröffentlicht wird, – hier in geradezu aufdringlicher Frequenz: dreimal ist die Rede vom ‹verleumdeten Engel›, zweimal von einem ‹blutigen Engel› und je einmal von einem ‹gestrandeten›, einem ‹flüchtenden› und einem ‹Engel der Freude›.

Hafenviertel II, Arendts einziges Stück lyrischer Prosa, ist Artur London (1915-1986) gewidmet.[52] 1952 in den sogenannten Slánský- oder Prager Prozessen zu Unrecht der Spionage angeklagt und verurteilt, wurde London 1956 im Zuge der ‹Entstalinisierung› wieder freigelassen. 1968 veröffentlichte er in Frankreich seinen vieldiskutierten Roman über das Erlebte *L'aveu* (*Ich gestehe*, Hamburg 1970). In *Hafenviertel II* finden sich viele Hinweise auf die – zeitweise parallele – Lebensgeschichte des Freundes. Diese Referenzen sind, wie fast immer bei Arendt, ein Gemisch aus konkreten Wirklichkeitssplittern und starken Symbolisierungen. Letztere sind hier allerdings relativ leicht zu ent-schlüsseln, – zumindest

---

«Schwingensturz»: «Die, in der Verdammnis, / säen! Schwur / falschen Monds, / unterm Schwingensturz / Tod. Am Ufer / der kopflose Engel» (ARENDT: *Werke* Band *II*, S. 56, Zeilen 17-22).

51 Vgl. LAPCHINE, a.a.O., Band I, S. 134 f.
52 London hatte wie Arendt im spanischen Bürgerkrieg gekämpft, war dann aktiv in der französischen Résistance. 1942 wurde er verhaftet und in das KZ Mauthausen deportiert, wo er sich Tuberkulose zuzog. Nach dem Krieg wurde er ein führender Sekretär des Auswärtigen Amts der ČSSR.

Die «Permanenz des Unerträglichen» 277

in Bezug auf die Eckdaten der Kollektivgeschichte, selbst wenn man Londons autobiografischen Roman nicht kennt.[53] Ein zentraler Passus in Hafenviertel II nimmt einen Gedanken Arendts auf, der zuerst in der Arbeit an *Nach den Prozessen* sichtbar wird und in Verbindung mit dem Engel- bzw. Fahnen-Bild der schon besprochenen Entwürfe steht: «heranzuleiden ein Glück, unter der Trikolore des Lächelns (das! wir hatten's ins Rot der Fahne gewebt, die Blut schleifen wird über den träumenden Platz)».[54] Die ursprünglichen Ideen der Revolution, die «heranzuleiden» man willens war, sind nun verraten, und das einstige leidenschaftliche Engagement («wir hatten's ins Rot der Fahne gewebt») hat nicht ‹Aurora›, sondern nur Blut und Zerstörung gezeigt.

Die ‹Engel› sind in *Hafenviertel II* nicht länger Boten einer ‹messianischen Zeit›. So sie es einmal gewesen sein sollten, sprechen die genannten Attribute ‹verleumdet›, ‹gestrandet›, ‹flüchtend› und ‹blutig› von ihrem unwiderruflichen Fall und endgültigen Scheitern. Dieses Schicksal teilen sie mit dem Engel der Geschichte aus Walter Benjamins neunter These, sind aber in Unterschied zu diesem nicht mehr als allegorische Figur, sondern als Metaphern für Menschen aus Fleisch und Blut zu verstehen: in *Hafenviertel II* namentlich von Artur London, Salvador Allende, Noël Field und anderen, ungenannten, die im Kampf gegen den Faschismus umgekommen sind. Hier ist besonders an Miguel Hernández zu denken, an dessen Gedicht-Übertragungen Arendt Anfang der sechziger Jahre, parallel zu den eigenen *Ägäis*-Gedichten, arbeitet.[55] Diese alle als ‹Engel› zu benennen, mag man übertrieben finden, umso kräftiger

---

53 Vgl. die ausgezeichnete Interpretation des Gedichts in: LAPCHINE, a.a.O., Band II, S. 27-70, die den intertextuellen und historischen Verweisen im Einzelnen nachspürt und auch die Textgenese von *Hafenviertel II* einbezieht.
54 ARENDT: *Werke*, II, S. 177, Zeilen 53-55.
55 Vgl. hierzu Arendts Nachworte zu Hernández (Miguel HERNÁNDEZ: *Gedichte / Poemas*, Köln/Berlin: Kiepenheuer & Witsch, 1965, S. 321-328) und Aleixandre (Vicente ALEIXANDRE: *Nackt wie der glühende Stein*. Ausgewählte Gedichte. Reinbek: Rowohlt, 1963, S. 243-249), in denen der Spanische Bürgerkrieg eigentlich wie das ‹heroische Zeitalter› des sozialistischen Engagements wirkt: Hier wurde der kämpferische Enthusiasmus durch klare Fronten frisch gehalten, und die internationale Gemeinschaftlichkeit und Vielfalt der politischen Linken erscheint im Rückblick als das Gegenstück zum stalinistischen Dogmatismus.

kommt dadurch die Entfernung und das Verworfensein von dem einstmals Erträumten (dem ‹Messianischen›) zum Ausdruck.

Im Zusammenhang mit der Genese dieses Bildkreises schon in *Nach den Prozessen* ist die in *Hafenviertel II* fortgesetzte Beziehung zwischen ‹Engel›, ‹Fahnen› und ‹Flügeln› aufschlussreich. Im zweiten Entwurf zu *Nach den Prozessen* kann die Gleichsetzung von Fahnen und Engelsflügeln noch als Bild für die schöpferische Energie, für Leidenschaft und Pathos stehen, mit denen u.a. London und Arendt für eine bessere Welt gekämpft haben. Im Lauf der Arbeit an dem Text werden – in Analogie zu dem Passus aus *Hafenviertel II* – immer weniger die ehemaligen Intentionen herausgestellt, sondern statt dessen, wie sich diese in ihr Gegenteil verkehrten: im gleichen Maß, wie die ‹Fahnen› als etwas von den Engelsflügeln ganz verschiedenes begriffen werden, offenbaren sie auch die Enttäuschung, – zunächst als die «wilde Hoffnung der Fahnen, / unter des Himmels jäh / verdämmerndem Rot»,[56] und in der Druckfassung von *Ägäis* schließlich als jene trügerischen, ‹chimärischen Fahnen›.

Erich Arendt hatte den in Prag lebenden Artur London während seines Kuraufenthalts in Karlsbad 1961 besucht. Die Lebensgeschichte des Freundes, die in weit größerem Ausmaß als seine eigene vom aktivpolitischen, sozialistischen Engagement geprägt war, hat Arendt nach Auskunft seiner zweiten Lebensgefährtin Hannelore Teutsch von da an nachhaltig beschäftigt. Besonders die Erzählungen Londons vom Konzentrationslager Mauthausen, wo er sich bei der Verarbeitung von Gänsefedern durch deren verkeimten Staub und die feinen Hornpartikel eine Tuberkulose zugezogen hatte, muss auf Arendt besonderen Eindruck gemacht haben. Dass sich diese Tuberkulose während Londons zweiter Haft in den fünfziger Jahren wieder verstärkt bemerkbar machte, gerät in Arendts Imagination zu einer körperlichen Wiederholung bzw. Verdopplung der unrechtmäßigen Strafe. Spätestens seit *Hafenviertel II*, in dem London als ‹Engel› vergegenwärtigt wird, tritt die bittere Ironie dieses Bildes hervor: das schleichende Verhängnis der Krankheit, hervorgerufen ausgerechnet durch das Zerstückeln von ‹Schwingen› in einer unausgesetzt stupiden, mechanischen Tätigkeit. Die innere Zerstörung in Gestalt der Tuberkulose erscheint so als Folge von körperlicher wie psychischer,

---

56 FB 268.16-17.

Die «Permanenz des Unerträglichen» 279

politischer wie ‹ideologischer› Gewalt. In einem anderen Gedicht aus *Memento und Bild*, in *Łeba*, wird das Motiv des gebrochenen (Engels-) Flügels mit der Zwangsarbeit des Federverarbeitens überkreuzt: «Wo denn ist / Wahrheit! Zuboden die / Flugschwinge: / federgeschleißt.»[57]

Am Beginn der Genese von *Nach den Prozessen*, in einem mit «Geschichte» überschriebenen Entwurf, findet sich ein Sprachbild, in dem man eine Transformation von Londons Bericht vermuten kann: «Und flügellos, schleifend, / die halt nicht machen / [...] / und türmen ⌈atemlos⌉ Staub und / Spreu Abermillion».[58] Über die weitere Schreibarbeit entfernt sich das Bild allerdings von jedem konkreten Hintergrund und wird zu einem Symbol für die Übermacht der Zeit, oder noch genauer: für das haltlose, katastrophale Fortschreiten. An die Stelle lebendiger, individueller Leidenschaft für das Wohl aller, symbolisiert durch die Figur des Engels, tritt jetzt eine Art Maschine, die alles zermalmt und gleichmacht zu «Staub und Spreu Abermillion». Unterhalten wird diese Maschine von jenen, die Worte ‹aus Hülsen dreschen›. Mit dem Dreschen wird auf gleicher textgenetischer Stufe auch die Rede von der Spreu in Einklang gebracht, die ja dem gleichen Motivumfeld unfruchtbarer Geschäftigkeit entspringt. «Spreu / schleifen die Stunden, / Spreu, abermillion, die / halt nicht machen // vor deiner Stirn», lautet die Stelle in den veröffentlichten Fassungen:[59] Dreschen, ohne Ernte zu halten, Schleifen, um statt der Form Abfall zu gewinnen.

Auf dem frühen, mit «Geschichte» betitelten Entwurf erscheint zuerst das Worthülsen-Dreschen als dem ‹Wahrsprechen› entgegen gesetzte, sinnentleerte Folgerichtigkeit, deren Inhalt der «kalte[n] Brodem erschossener Ideen» ist. Der Textzusammenhang ordnet diese Bilder jenen Apparatschiks zu, mit denen schließlich auch die aktuellen Subjekte der Geschichte benannt sind, die im ersten Entwurf («man verlangt») noch ganz unbestimmt waren:

---

57   ARENDT: *Werke*, Band II, S. 169, Zeilen 35-38.
58   FB 268.5-6
59   ARENDT: *Werke* Band II, S. 60, Zeilen 5-9. Variante in: *Unter den Hufen des Winds*: «[...] die / Halt nicht machen [...]».

> [...] Und die da handeln
> mit deiner Vergänglichkeit,
> den eisernen Toden,
> haben das Wort. ~~Die Freiheit~~
> ~~geht in einem andern~~
> ~~Gewand und hat~~
> ~~das Lächeln~~
>
> Auf der Tenne dreschen sie
> Hülsen von Worten, Geifer
> und Schlamm, ⌜und⌝ den ~~heiss~~ kalten Brodem⌝
> Ideen und gehen im Kreis   erschossener
> mit verkniffenen ⌜ ?kreisend und kauend? ⌝ Mündern,
> ⌜schielend⌝ ⌜das Auge⌝
> nach oben ~~zum~~ wo das ⌜grosse⌝ Ohr
> ist, das lederne Herz.
> Die Freiheit, ⌜sie⌝ geht
> in einem andern Gewand
> und hat das Lächeln. [...]

Im Übrigen sind in diesem Manuskript fast alle Sprachbilder der späteren Fassungen schon erkennbar, und auch ihre Position im Text verändert sich nur noch wenig. Einzelnes, wie die ‹abwaschbaren Handschuhe›, kommt als weiteres Attribut der Apparatschiks hinzu, anderes wird gestrichen, verknappt oder in Sprachgestus und Bedeutung leicht variiert.

Eingangs habe ich behauptet, dass die Schauprozesse unter Stalin – der Arendt-Forschung zufolge Anlass oder Thema des Gedichts – als Bezugspunkt des Schreibens zu Beginn allenfalls latent erkennbar sind und erst im weiteren Verlauf der Textgenese deutlicher hervortreten. Tatsächlich finden sich im ersten Entwurf Sprachbilder, die von Desillusionierung und existentieller Bedrohung zeugen, sich dabei aber von dem allgegenwärtigen Geschichtspessimismus der *Ägäis* durch keinerlei konkreten Realitätsbezug absetzen. Konkrete Referenzen, sofern man sie in den Bildern des Textes suchen will, entstammen auf dieser Stufe eher den persönlichen Erfahrungen Arendts als den Nachrichten über die Verbrechen der stalinistischen Regimes: so vielleicht das Dämmerlicht des ‹steingrauen Tags› oder die ‹Hinrichtungsmauer›, die zunächst allenfalls eine psychische Befindlichkeit vorstellen. Im zweiten Entwurf werden diese Sprachbilder durch vormals Notiertes ergänzt: aus den durch

Die «Permanenz des Unerträglichen»

«Selektion als Akt des Fingierens»[60] neu entstandenen Zusammenhängen entwickeln die Bilder eine semantische Dynamik, die ein breites Spektrum an Assoziations-möglichkeiten auch zu historischen Daten ermöglicht, die mehr dem kollektiven Gedächtnis angehören als der individuellen Erinnerung des Autors. Dass letztlich eine solche Unterscheidung nicht zu halten ist, zeigt Arendts Arbeit an Texten wie *Nach den Prozessen*, geht es hier doch gerade darum, den Strudel historischen Geschehens zu formulieren, und dabei zugleich zu erfassen, wie das eigene Hoffen und Handeln, und selbst noch die ‹Gegenkräfte› den Sog des Strudels verstärken.

Der Hinweis auf die Wiederbegegnung mit Artur London ist nur ein faktisches Indiz dafür, dass Arendt in dieser Entwurfsphase 1961/62 mit der Geschichte seines eigenen Engagements beschäftigt ist, auf der Folie der Lebens- und Leidensgeschichte des Freundes und damit stellvertretend für viele Gleichgesinnte. In *Nach den Prozessen* werden diese Geschichten endgültig als gescheitert begriffen und das Scheitern in Beziehung zu der fortdauernden Misere des sozialistischen Projekts gesetzt.

Erich Arendt steht kurz vor der Veröffentlichung seines auf *Ägäis* folgenden Gedichtbandes *Feuerhalm*,[61] als er in einem Brief sein gewandeltes Geschichtsbild in ganz deutlichen Worten darlegt, – diesmal mit explizitem Bezug auf Walter Benjamins Geschichtsphilosophie:

«Das Kontinuum der Geschichte besteht für Benjamin (so schreibt Habermas) in der Permanenz des Unerträglichen; Fortschritt ist die ewige Wiederkehr der Katastrophe.» Benjamin selber: «Der Begriff des Fortschritts ist in der Idee der Katastrophe zu fundieren [...] daß es so weitergeht, ist die Katastrophe.» Erkenntnisse, die mein Gehirn formuliert haben könnte. In ihnen unterscheiden wir uns, Achim, in grundlegenden Auffassungen zur Geschichte, die Sie für reparabel halten. Ich bin nicht mehr fortschrittsgläubig. Das demonstrieren im wesentlichen meine späten Arbeiten.[62]

---

60 Wolfgang ISER: *Das Fiktive und das Imaginäre. Perspektiven literarischer Anthropologie.* Frankfurt/Main: Suhrkamp, 1991, S. 26.
61 Erschienen beim Insel-Verlag Leipzig, 1973.
62 Erich ARENDT: «zu ‹Vom Menschenpathos zur augenlosen Natur›», abgedruckt in: Hendrik RÖDER (Hrsg.): *Vagant, der ich bin. Erich Arendt zum 90. Geburtstag,* Berlin: Janus Press, 1993, S. 103-105, hier S. 103. Dort wird der Text als Anhang zu einem Brief an Fritz J. Raddatz von 1975 ausgezeichnet. In den Briefen dieser Zeit sprechen sich dagegen die Korrespondenzpartner mit «Du» an. Auf ein früheres Entstehen der Replik – in Reaktion auf die erste Veröffentlichung von Raddatz'

Trotz der hervorgehobenen Gemeinsamkeit bildet jegliches Fehlen eines eschatologischen Momentes im Geschichtsbild des späten Arendt einen signifikanten Unterschied zu dem in Benjamins *Thesen über den Begriff der Geschichte*.[63] Ein wirklicher Fortschritt des ‹Menschengeschlechts› wird hier wie dort nur als Durchbrechung des Kontinuums, des bloßen ‹Fortschreitens› gedacht. Benjamins Thesen kann man als eine letzte Anstrengung lesen, das ‹Messianische› noch im Horizont des revolutionären Handelns, der politischen Aktion zu denken,[64] dagegen schrumpft diese Möglichkeit in Arendts später Lyrik bis nah ans Verschwinden. Allerdings liegen zwischen diesen beiden Positionen zwei gewichtige Jahrzehnte, in denen der Kommunismus sich als Durchbrechung des historischen Kontinuums alles andere als bewährt hat. Am Schluss von *Elegie* glaubt das lyrische Subjekt noch angesichts seiner Auslöschung den Ausweg aufleuchten zu sehen: «Leg / die Stirn / unters lautlose / Fallbeil Zeit: / Erglimmt, greifbar, / ein Flugkorn, noch / der Tag?»[65] Darauf antwortet der erste Vers des folgenden Gedichts (*Nach den Prozessen*) mit jenem Bild des Erlischens «Steingrauer Tag, / der sein Lid senkt». Hier konnte das Flugkorn, so es denn je mehr als ein Trugbild war, keine Wurzeln

---

Aufsatz 1972 – verweist ebenso die Bemerkung, Arendts letzte Arbeiten, die ‹demnächst› in einem Inselbändchen herauskämen *(Feuerhalm)*, würden darin nicht behandelt. *Feuerhalm* erscheint aber erst im Folgejahr 1973.

63 Walter BENJAMIN: «Über den Begriff der Geschichte». In: DERS.: *Gesammelte Schriften*, Band I/2, a.a.O., S. 691-704. Bei den Benjamin-Zitaten handelt es sich wohl um Paraphrasen Arendts.

64 «Der Klassenkampf [...] ist ein Kampf um die rohen und materiellen Dinge, ohne die es keine feinen und spirituellen gibt. Trotzdem sind diese letzern im Klassenkampf anders zugegen denn als die Vorstellung einer Beute, die an den Sieger fällt. Sie sind als Zuversicht, als Mut, als Humor, als List, als Unentwegtheit in diesem Kampf lebendig und sie wirken in die Ferne der Zeit zurück» (ebd., S. 694). Wobei für mich unklar bleibt, ob die «*schwache* messianische Kraft», die jedem ‹Geschlecht› mitgegeben sei (II. These), Benjamin Anlass zur Hoffnung (weil messianisch) oder zur Verzweiflung (weil schwach) gibt. «Der Messias bricht die Geschichte ab; der Messias tritt nicht am Ende einer Entwicklung auf», heißt es in den Paralipomena (BENJAMIN: *Gesammelte Werke*, a.a.O., Band I/3, S. 1243).

65 Vgl. auch den Hoffnungs-Diminutiv am Ende von *Hafenviertel II* aus *Memento und Bild* (1976): «um dich zenithoch Gewißheit der Leere, wirst sehen, du hast deinen Augenblick, im Altern der Erde, sieh: der durchs Fahnentuch geht, im Riß: meerblau ein Streif, dahinter die winzige Ande Hoffnung: fatamorgan» (*Werke*, II, S. 179, Zeilen 134-138).

schlagen. Übrig bleibt als Fazit «Blutwimper, schwarz: / das Jahrhundert». Noch die größte historische Katastrophe gibt sich als Wimper, als Nichtigkeit zu erkennen – verschwindend vor der kosmischen Zeit, deren Unbegreiflichkeit der Autor im *Ägäis*-Zyklus ja stets aufs Neue ins Bild setzt. Diese kosmische Zeit ist letztlich unhintergehbar und entlarvt die Vorstellung einer irdisch-messianischen Zeit gänzlich als Illusion.[66]

Der oben zitierte Brief an Raddatz ist eine Replik auf dessen Arendt-Aufsatz *Vom Menschenpathos zur augenlosen Natur*.[67] Darin sondert Arendt die drei Texte *Nach dem Prozeß Sokrates*, *Spruch* und *Elegie* (zusätzlich noch *Ulysses' Heimkehr*) gegenüber den existentiellen Themen der übrigen *Ägäis*-Gedichte zunächst ab: «Diese Gedichte sind ein Protest gegen die [Anm. M.P.: stalinistischen Schau-]Prozesse, aber in der Erkenntnis gegeben: so IST Geschichte, Prag etc. kein Zufall, ihr Element. Meine ‹Heimkehr› eine Absage. Gerichtet gegen die billige Maxime Politik.»[68] Raddatz' Essay stellt ebenso wie Arendt in seiner Replik die Rezeption dieser Gedichte in den Vordergrund. Der Blick auf die Genese von *Nach den Prozessen* zeigt aber, dass in den Sprachbildern am Beginn des Schreibprozesses die von Arendt erwähnte geschichtsphilosophische Erkenntnis noch keineswegs klar vorhanden war. Vielmehr wird deutlich

---

66   Letztlich lässt auch Benjamin (in seiner achtzehnten These) offen, ob die messianische Zeit in der Realität der kosmischen mehr sein kann als eine Denk-Figur. «‹[D]ie Geschichte der zivilisierten Menschheit vollends würde, in diesen Maßstab eingetragen, ein Fünftel der letzten Sekunde der letzten Stunde füllen.› Die Jetztzeit, die als Modell der messianischen in einer ungeheuren Abbreviatur die Geschichte der ganzen Menschheit zusammenfaßt, fällt haarscharf mit *der* Figur zusammen, die die Geschichte der Menschheit im Universum macht» (BENJAMIN: *Über den Begriff der Geschichte*, a.a.O., S. 703). Die «ungeheure Abbreviatur» der realen Menschheitsgeschichte gewinnt, so bedacht, etwas Übernatürliches, – da sie aber nur als ‹Modell› auf die messianische Zeit verweisen kann, fällt diese wieder aus dem Vorstellungsbereich des irdisch Möglichen heraus. In welches Verhältnis die letzte These mit den Aktionen der ‹historischen Materialisten› zu setzen ist, bleibt ein offenes Problem.
67   Fritz J. RADDATZ: *Traditionen und Tendenzen*. Materialien zur Literatur der DDR, Bd. I, Frankfurt am Main: Suhrkamp, 1972, S. 112-122. Arendt bezieht sich (im Brief vom 29.5.75, der in ebenfalls in RÖDER, *Vagant, der ich bin*, a.a.O. abgedruckt ist) auf die geplante Neuauflage.
68   Erich ARENDT: «zu ‹Vom Menschenpathos zur augenlosen Natur›». In: RÖDER: *Vagant, der ich bin*, a.a.O., S. 105.

sichtbar, dass der Autor erst über die literarische Arbeit, oder besser: mit der literarischen Arbeit sich Klarheit verschafft über die Reichweite herrschender Ideologien bis in die eigensten Vorstellungen und Ideen, und über die Verstrickung des eigenen, politischen Engagements in die historische Katastrophe. Das Schreiben erscheint dann als ein Gespräch des Autors mit sich selbst, indem er in den Produkten seiner Einbildungskraft deren reale Ursprünge durchdringt. Hierzu zählt etwa die Wiederbegegnung mit der eigenen Geschichte im Spiegel der Lebensgeschichte von Artur London und anderen. In der literarischen Arbeit bleibt aber die Bildhaftigkeit der Sprache unausgesetzt bestehen. Sie nimmt Konkretes auf und ermöglicht es dem Autor immer neu und bewusst in das Spiel der Assoziationen einzusteigen, sie bewusst zu formen. Auf dieser Ebene sind es dann tatsächlich die lyrischen Arbeiten, die das Ende von Arendts Fortschrittsgläubigkeit ‹demonstrieren›, wie Arendt an Raddatz schreibt. Der Bewegung des Gedichtes im Verlauf seiner Genese – vom ‹Selbstgespräch› des Autors hin zum autonomen Text – wäre dann eine gegenläufige an die Seite zu stellen: als sein eigener Leser und Wiederleser tritt Arendt mit sich als Autor in echten Dialog. Seine Gedichte wären so weniger als Ergebnis eines Erkenntnisprozesses, sondern als dieser Prozess selbst zu verstehen.[69]

---

69 Vgl. das Gespräch mit Gregor Laschen, in: *Deutsche Bücher* a.a.O., hier S. 90: «Das ICH spricht, so glaube ich, erstmal zu sich selber, in einem Prozeß der Selbstfindung. Aus Zwängen heraus, die aus Unbewußtem zur Klarheit, zur Formulierung wollen».

CARNET AUTRICHIEN
ÖSTERREICHISCHES BEIHEFT

En souvenir de Grand-Père, Ilse Tielsch

Introduit et traduit par Christine AQUATIAS

Ilse Tielsch est née en 1929 à Auspitz (aujourd'hui Hustopece) en Moravie. En 1938, les troupes allemandes entrent en Moravie, qui devient une province du Reich allemand. En avril 1945, le front s'approchant dangereusement, les parents d'Ilse organisent son départ pour l'Autriche. Elle y trouve en effet refuge et travaille dans une ferme jusqu'à la fin de la guerre, qui marque pour sa famille (les grands-parents d'Ilse étaient des paysans vignerons aisés) l'abandon forcé des terres, de la terre natale et l'exil pour l'Allemagne. L'œuvre littéraire d'Ilse Tielsch, lyrique ou en prose, se nourrit de ces deux expériences: le contact avec la terre, le rythme des cultures, la succession des saisons, d'une part; l'arrachement à la terre des origines, qui est aussi l'arrachement à l'harmonie de l'enfance, d'autre part.

Ilse Tielsch devient citoyenne autrichienne en 1949. Elle étudie la germanistique à Vienne, entre en contact avec les auteurs et gens de scène fréquentant le «théâtre des 49», un théâtre viennois établi sur le marché aux victuailles *(Naschmarkt)*, et reçoit le soutien de Helmut Qualtinger, Jeannie Ebner et Hans Weigel. Elle contribue à la fondation du cercle littéraire et du magazine *Podium*. Ses premières publications sont lyriques (1964: *In meinem Orangengarten*). Des recueils de nouvelles suivront, puis en 1980 paraît le premier volume d'une trilogie romanesque: *Die Ahnenpyramide*, qui sera traduit en français en 2001 (*La pyramide*. Phébus. Paris). L'histoire de la population allemande de Moravie est au cœur de cette trilogie. Le dernier roman d'Ilse Tielsch, *Das letzte Jahr*, paru en 2006, retrace les moments de la tourmente à travers le personnage d'une jeune Morave d'origine allemande, la petite Elfi Zimmermann, âgée de dix ans et passionnée avant tout par sa nouvelle bicyclette.

Erinnerung an Großvater, dont nous proposons la traduction, parut pour la première fois en 1975 et fut repris en 2000 dans le recueil *Der*

August gibt dem Bauer Lust.[1] Comme le sous-titre l'indique, le début du recueil est une collection de dictons paysans classés selon les mois de l'année, des dictons qui rythmèrent l'enfance de l'auteur et constituent une introduction de choix à trois récits, de ces légendes familiales à qui les années et la nostalgie donnent leur patine: comment le grand-père disparut pour trois jours dans le caveau à vin, comment Tante Véronique perdit sa dinde de Noël en décembre 1945. Le dernier de ces récits cependant, est d'une autre nature. *En souvenir de Grand-Père* est un morceau de poésie en prose. Ce texte est un hommage sobre et digne, mais rutilant de couleurs et d'impressions, à un personnage emblématique d'une condition: celle d'un homme arraché à la terre de ses origines par l'Histoire. Nous remercions Madame Tielsch pour ses précieuses explications et les informations fournies.

Ilse Tielsch

En souvenir de Grand-Père

Loin d'ici, sur la ligne d'horizon, là où apparemment, le ciel et la terre se rejoignent, je vois marcher le grand-père. Même à cette distance, je le reconnais bien. D'ailleurs, il serait impossible de le confondre avec quelqu'un d'autre. Personne ne marche comme lui; personne ne porte ainsi son fusil de chasse sur l'épaule; personne n'a les cheveux si noirs. Sa moustache aussi est noire, les pointes en sont relevées vers le haut. Ses yeux sont marron foncé. Le nom de Grand-Père commence par ZEM, ça veut dire «terre».

Mon grand-père franchit les collines, traverse les champs, suit un chemin de terre. Mouchetis, le chien de chasse à la fourrure lisse, trotte à côté de lui. C'est le printemps, bientôt les pêchers fleuriront.

---

1   Ilse TIELSCH: *Der August gibt dem Bauer Lust. Wetterregeln und Geschichten aus Südmähren und dem niederösterreichischen Weinviertel*. Krems: Österreichisches Literaturforum, 2000, pp. 96-111.

Mon grand-père est très grand, cela vient du fait que je suis encore petite. Je cours par les collines à sa rencontre; je suis devant lui, lève les yeux; il me soulève, je suis assise sur ses épaules.

Mouchetis, le chien de chasse, cavale et bondit à travers champs. Mon grand-père siffle, le chien revient vers lui. Au-dessus de nous, une alouette monte en vrille dans le ciel, je renverse la tête en arrière, je la vois, un point minuscule; dans un instant, je le sais, elle va se laisser tomber comme une pierre, se rattraper juste au-dessus du sol, ouvrir les ailes et reprendre son manège depuis le début. Mais ça, je ne le vois plus, je dois porter attention à autre chose: mon grand-père chante.

C'est l'été, le maïs a atteint taille d'homme, les épis sont gonflés, les grains commencent déjà à durcir. Les céréales sont toutes dorées dans les champs. Mon grand-père balance sa faux, le blé tombe en andains réguliers, les femmes le ramassent. Les chaumes coupent comme des couteaux, ils trouent bras et jambes. Mon grand-père m'a montré comment marcher pieds nus à travers champs sans se faire mal.

La chaleur vibre au-dessus des champs. Les chemins de terre se transforment en sillons de poussière grise. Maintenant, lorsqu'un souffle de vent se lève, il en pousse des nuages devant lui, qui pénètrent dans les rues de la ville, balayent la place du marché, passent devant les fenêtres, s'immiscent dans tous les interstices.

Automne. Les grappes de raisin ont mûri, nous les coupons une à une, avec couteaux et ciseaux. Les voitures qui transportent les cuveaux remplis à ras bord remontent les allées de la cave en cahotant. Mon grand-père est dans les vignes et sur les voitures, auprès des vendangeurs et auprès des chevaux, à côté des tonneaux et à côté des cuveaux, au pressoir et à la cave. Toute la ville sent le moût.

Quand le vin fermente, dit Grand-Père, personne ne doit descendre à la cave sans bougie allumée. Tant que la bougie est allumée, que la flamme ne s'éteint pas, il n'y a pas de danger.

(Le petit roquet blanc qui appartenait à ma mère a disparu. En hiver, le grand-père le trouvera derrière l'un des tonneaux. Il est mort.)

Maintenant, dans les entrées couvertes des fermes, le maïs est en tas. Nous l'appelons «cucuruz» ou «blé de Turquie». Le soir, les adultes se rassemblent et racontent des histoires tout en retirant leurs feuilles aux épis. Les grandes chasses commenceront bientôt; c'est alors qu'arrivent les messieurs de Brunn et de Vienne.

Mille lièvres, les pattes de derrière ligotées, alignés sur des barres, la fourrure ensanglantée; mille lièvres alignés sur le sol, la fourrure ensanglantée, derrière eux la société de chasse posant pour le photographe, les chasseurs, les rabatteurs et les chiens. Dans les prairies basses, des perdrix, des faisans, des canards sauvages. Des gardes champêtres en chaussettes vertes et lourdes bottes, poussant des jurons horribles, des sons frustes qui ne sont traduisibles par personne.

Mon grand-père remplit de plombs et de poudre les douilles des cartouches, il nettoie les fusils. Il est debout à la fenêtre, ses jumelles de chasseur à la main, il chante: Mit dem Pfeil dem Bogen durch Gebirg und Tal.[2] C'est l'hiver, on ne voit pas la terre, on ne voit pas de ciel, on ne voit que la neige. Les chiens aboient dans leur sommeil, ils grondent et leurs pattes tressautent, ils rêvent encore de la grande chasse.

Dehors, les tracés des chemins ont disparu, les fils télégraphiques chantent, Grand-Père attelle les chevaux devant le traîneau. Les flocons de neige dansent devant les lanternes publiques. Le soir, dans la rue, une lumière jaune s'échappe des portails: le maïs jaune brille, pendu aux barres accrochées dans les entrées couvertes. Nous allons chercher le lait dans des bidons, nous nous saluons les uns les autres et nos pas laissent des empreintes dans la neige.

(Grand-Père trouve le roquet mort dans la cave!)

Réchauffer une pièce de monnaie au poêle et l'appliquer sur les fleurs de glace de la fenêtre: voilà un trou pour regarder à travers la forêt de glace. Les corneilles toutes noires sont posées sur les branches des arbres. Dans les coins des salles de classe, les poêles en fonte sont chauffés à blanc.

Nous allons à la messe de Noël. La place municipale brille au clair de lune, l'horloge de la tour indique minuit. Grand-Père joue de la flûte à la tribune d'orgue. Le papetier et son frère ont calé leurs violons sous le menton; un peu plus bas, leurs mouchoirs blancs comme neige tranchent sur le noir solennel des costumes. Au fond, un jeune garçon avec des taches de rousseur s'affaire à la soufflerie. Le maître d'orgue joue avec

---

2   NdT: chanson de chasse traditionnelle dans les pays de culture germanique.

force et puissance. Le maire a une belle voix et fait partie du chœur. Le prêtre vêtu d'or brille devant l'autel, les enfants de chœur agitent des clochettes d'argent. Les saints à côté du maître-autel s'appellent Wenceslas, Ludmilla, Pierre et Paul. Grand-Père joue de la flûte, nous chantons JESUS IN DEINER GEBURT.[3]

Notre ville est très petite. Quatre mille habitants, y compris les nourrissons. S'y ajoutent les vaches et les bœufs, les chevaux et les taureaux aussi. On tue la plupart des cochons en hiver; vers Noël, le nombre des oies, des canards et des poules diminue de manière radicale.

Le centre de notre ville, c'est la place municipale; elle est grande, en pente, pavée de pierres calcaires blanches que nous appelons des têtes de chat. Deux rues s'y croisent au milieu, le pissenlit fleurit entre les têtes de chat. Le couteau du vendangeur et la grappe de raisin figurent dans les armoiries de notre ville. Nous avons beaucoup de vin, mais l'eau est précieuse. On la ramène sur son dos dans des hottes en bois depuis les quelques fontaines d'eau potable jusque dans les maisons. Les enfants vont la chercher dans des cruches en émail blanc. En août, la coulée d'eau qui sort du tuyau de la fontaine sur la place municipale s'amenuise jusqu'à devenir un mince filet. Tout alors attend la pluie.

Mon grand-père remplit des bouteilles bleues d'eau fraîche et la gazéifie. Il y a des éclats de verre bleus dans la cour, dans le coin sous le mûrier. Quand on les fait jouer dans la lumière, ils étincellent comme des pierres précieuses; quand on regarde au travers, le monde entier s'éclaire de bleu; on imagine la mer, on plonge dedans, on nage avec les poissons magiques.

Quand je veux rendre visite à Grand-Père, j'ai un long chemin à parcourir. J'arrive en peu de temps jusqu'aux collines qui bordent l'horizon. J'ouvre grand les bras, m'élance et en quelques grands bonds, j'y suis. Mais de là jusqu'à la maison de Grand-Père, c'est loin. Je dois dépasser l'ancienne poste, franchir les marches, emprunter l'allée de l'église. L'horloger est devant la porte de son magasin, la pipe à la bouche. Son chien Attrape me suit des yeux. Le boulanger installe des paniers remplis de petits pains sur le rebord de la fenêtre. Par la porte ouverte, l'odeur du

---

3   NdT: vers extrait d'un chant de Noël, *Stille Nacht, heilige Nacht* (en français: *Douce nuit, sainte nuit*).

pain me submerge comme une vague, me soulève, m'emporte plus loin, jusqu'au minuscule magasin du marchand de bicyclettes, m'entraîne de l'autre côté de la rue et me fait échouer devant la vitrine du papetier; là, le parfum du papier blanc tout propre me souffle au visage et m'amène en un doux balancement jusqu'aux tranches colorées des livres, auxquelles je me retiens jusqu'à pouvoir pourtant m'en arracher enfin. Ensuite, je suis sur le pont qui enjambe le ruisseau. Les talus y sont couverts de boutons d'or. Quelqu'un a mis à l'eau peu profonde un petit bateau en papier; il s'est coincé entre deux pierres, il faut que je descende et le libère pour qu'il poursuive son chemin, longe l'allée d'acacias, passe devant la gare et sorte dans la vaste mer des champs.

Je reprends ma course jusqu'à la forge. Il y a un cheval à ferrer, le forgeron martèle le fer sur l'enclume jusqu'à ce qu'il ait la bonne forme, les étincelles volent, la cheminée irradie.

De petits ponts franchissent le ruisseau, d'un côté de la rue à l'autre. Il faut que je les traverse tous, une fois dans un sens, une fois dans l'autre; ils sont en planches et oscillent sous les pas ou quand on les franchit en quelques grands sauts. Des dangers aussi me guettent sur le chemin. Par exemple, la maison des deux sœurs: ce sont des sorcières, je le sais. Même de l'autre côté de la rue, face à elles, je ne suis pas en sécurité; je marche à toute vitesse, cours et arrive à bout de souffle devant la maison de mes grands-parents.

Dans le garde-manger de Grand-Mère, il y a du raisin même l'hiver. Les grappes sont suspendues par des fils; les raisins séchés sont sucrés comme nulle part ailleurs. Il y a là des tonneaux de saindoux, des bocaux de conserves, du miel des abeilles de Grand-Père. Grand-Mère est devant le fourneau, elle pousse et repousse les marmites, ce n'est pas facile pour elle car elle est petite et frêle. Parfois, le feu jaillit du trou du fourneau quand elle pousse une casserole de côté. Du four montent les pépiements de poussins et de canetons tout juste éclos. Nourris d'ortie hachée et d'œuf dur, ils passent là les premiers jours de leur vie. Le domaine de Grand-Mère, c'est la cour avec ses nombreuses poules, une cour large, pavée de brique, toujours balayée de frais, mais toujours pleine de fientes de poule. C'est aussi le potager avec les asters et le jasmin, le fouillis de raifort et de buissons de lilas, le mûrier. Le domaine de Grand-Mère, c'est la pièce commune avec le canapé en cuir, la radio, le coffre à tiroirs et le miroir inclinable, serti de bois, les mouches dont on n'arrive pas à se débarrasser et qui sont sur tous les meubles, leurs yeux saillant sur les côtés, des mouches ordinaires noires qui se frottent les pattes de devant.

(Ma grand-mère attrape une poule et la porte jusqu'au billot. De peur, la poule bat des ailes. La grand-mère l'empoigne d'un geste habile de sa petite main, maintient le cou sur le billot et coupe la tête d'un coup de hachette. La poule sans tête volette encore sur plusieurs mètres dans l'allée couverte blanchie à la chaux et puis s'affaisse là, les ailes tressaillent encore un bon moment. La grand-mère essuie ses doigts ensanglantés à son tablier.

Ma grand-mère tient une oie entre ses cuisses, lui renverse le cou et lui tranche la gorge avec le couteau de cuisine. Le sang coule sur les plumes blanches.

On traîne un cochon dans la cour, il se dégage; le grand-père, le valet et le boucher au tablier blanc comme neige le rattrapent dans les groseilliers à maquereau; le baquet en bois est déjà prêt, le cochon couine, le boucher lève le couteau étincelant; et puis le baquet est plein de sang fumant, le cochon ouvert en deux est pendu au crochet, le tablier du boucher est rouge, tous ont les mains couvertes de sang.

Plus tard, nous sommes assis autour de la table, dans la pièce commune; on amène de grands plats remplis de morceaux de viande. La grand-mère en dépose quelques-uns dans mon assiette et dit: «un morceau d'oreille pour que tu entendes bien, un morceau de cœur pour que ton cœur reste sain, un morceau de foie, un morceau de joue, mange donc, régale-toi», et tous se servent de bon cœur.)

Le domaine de Grand-Père, ce sont les ruches, l'allée couverte chaulée qui dessert les entrées des étables, les colliers de chevaux et toutes sortes de choses en cuir accrochées au mur, l'odeur chaude de la robe des chevaux, le grenier à foin et la grange, le grenier à céréales avec ses monceaux de grain. Son domaine, ce sont les chiens, les bottes lourdes, les fusils.

Mon grand-père connaît toutes les chansons du monde. On dit que le premier qui portait son nom venait de la région de Sloup.

Comme nous aimons les fêtes, mon grand-père et moi! Et les grandes foires, juste après Pâques et au début de l'automne; les marchands y viennent de loin, les attelages de bœufs ou de chevaux sont chargés à bloc, ils viennent même de Slovaquie. Les femmes se sont faites belles, elles portent des jupes de soie colorées et font voler leurs jupons ornés de dentelle; elles ont des joues comme des pommes et les yeux noirs, leurs foulards sont noués proprement sous le menton; en bavardant, en marchandant, elles proposent de la vaisselle en terre cuite, des rubans de tablier, des balles d'étoffe, des cuillères en bois sculpté et des cordes à linge. Toute la place municipale se couvre de baraques, on en construit le long des rues. Il y a des jouets et des sous-vêtements en laine, des aiguilles et du fil, des chemises de nuit, des motifs à appliquer sur les tabliers, des poules et des canards, des œufs et des oies. De la vaisselle émaillée s'empile dans la paille, et au milieu de tout cela, les colporteurs avec leur étalage sur le ventre: des peignes, de petits miroirs, des épingles à cheveux, des barrettes et tout un bric-à-brac; les ménagères avec leurs sacs et leurs paniers, tâtant le poitrail des oies, soupesant, marchandant, se faufilant d'un stand à l'autre.

Ah, pouvoir une fois encore se frayer son chemin dans cette cohue, une pièce de monnaie serrée dans sa main d'enfant, ou bien seulement regarder et humer les odeurs en s'abandonnant complètement, écouter, se planter devant les baraques garnies de trompettes rutilantes, d'harmonicas, de petits animaux en tissu, de poupées, se planter devant les baraques où l'on vend du miel turc, du sucre de patate et de la crotte d'ours, de la noire et de la rouge.[4] Un petit singe en laisse danse, un ours tourne sur lui-même au son du tambourin. Regarder, humer l'air, s'abandonner au bruit, aux odeurs, aux couleurs; être retrouvée tard le soir parmi les papiers déchirés et les débris de baraques, fatiguée et l'estomac gâté, malade ensuite pendant des jours.

Grand-Mère évite les sociétés bruyantes. Mais lorsque le dimanche suivant la Saint Roch, c'est la fête patronale, Grand-Père danse la polka et la valse au son des cuivres, et toute la nuit.

---

4 NdT: Après explications de l'auteur: le miel turc est une sorte de nougat, une pâte collante et dure, faite de sucre et de noisettes, qu'on découpait à la hache; le sucre de patate semble être une spécialité aujourd'hui disparue, fabriquée dans le village natal de l'auteur, faite à base de fécule de pomme de terre et vendue sous forme de bâtons colorés; la crotte d'ours est de la pâte de réglisse, vendue en bâtons ou en rubans.

(Nous grimpons sur une colline par un chemin creux, Grand-Père et moi. Un énorme empilement de petit bois et de paille se dresse dans l'obscurité. Jeunes et vieux, enfants et adultes, se pressent les uns contre les autres. A l'aide de flambeaux, quelques gars allument le petit bois, les flammes progressent et mangent la paille. Le feu grésille et crépite, des étincelles volent, les spectateurs s'écartent. Certains chantent, personne ne rit. Le feu retombe, les jeunes se prennent par la main et sautent par dessus les braises. Le fils du jardinier, qui a quinze ans, saute trop court et tombe. Grand-Père le tire hors des braises. On le roule dans l'herbe, on jette des couvertures sur lui. Je demande: est-ce qu'il va mourir maintenant? Ma mère dit: peut-être.)

Les faux, les faucilles, les râteaux, les houes, les binettes, les fléaux, les fourches, les manches en bois qui tiennent bien dans la main et que l'usage a rendu lisses, les roues en bois cerclées de fer, les timons de voiture, les fouets, les fers à cheval, les clochettes de traîneau. Des montagnes de paille de maïs, de la paille partout, les assiettes pleines de tartines, les casiers à couvercle dans lesquels on transporte les bouteilles, la paille empilée en tas énormes, les granges pleines de céréales jusqu'au toit, le trèfle séché au soleil, l'odeur du fenouil.

Mon grand-père arpente le champ en allongeant ses enjambées. Il a mis trois grains de blé sous sa langue, il lance la semence en un balancement régulier. Grand-Père m'a appris à faire la différence entre un grain de seigle et un grain de blé, à tresser des bordures en paille, à siffler sur les tiges de blé vertes. Grâce à lui, je sais où la perdrix fait son nid, et quand on coupe le maïs vert, et comment on le fait rôtir sur la braise.

Mon grand-père sait tout, entend tout, voit tout. On peut toujours lui demander un conseil, une parole de réconfort. Lorsqu'il m'arrive un petit malheur, que j'ai des raisons d'être triste et affligée, c'est par lui que je me fais consoler. Il me prend dans ses bras, me caresse les cheveux, me chante une chanson et dit: ne t'en fais pas, dans vingt ans, tout sera oublié!

Je m'élance, j'ouvre grand les bras, je vole vers Grand-Père qui parcourt les collines; Mouchetis, le chien de chasse, saute à ma rencontre, Vagabond, le chat gris, est là aussi.

Les abricotiers sont en fleurs, les pêchers, les cerisiers, les amandiers. Les tilleuls de la place municipale sont en fleurs, les acacias aussi dans l'allée qui mène à la gare.

Avant que le petit train n'arrive, on peut mettre des pièces de monnaie sur les rails et les ramasser ensuite tout aplaties. Mais on peut aussi tout simplement s'asseoir sur les barres en métal de la palissade, mâcher des fleurs d'acacia ou un bâton de réglisse, écraser entre ses dents des graines de fenouil et regarder le chef de gare faire l'important, en uniforme et en képi, le sifflet à la bouche.

On peut ramasser les fleurs de tilleul; en hiver, elles donneront une tisane rousse, à l'odeur sucrée. On peut étêter la camomille sauvage et se laver les cheveux avec les fleurs. Les cheveux blonds deviennent alors plus blonds, et les bruns restent bruns. On peut barbouiller les verrues avec le jus blanc de l'euphorbe sauvage; si on a de la chance et si on y croit, ensuite, elles s'en vont. Mais on peut aussi courir derrière le tambourinaire qui passe à travers la ville. Faisant grand bruit et la mine importante, il fait danser ses baguettes sur la peau du tambour. Des fenêtres s'ouvrent, des portails, des portes. Ecoutez, braves gens, écoutez ce que le tambour a à dire: PROCLAMATION, crie-t-il, PROCLAMATION…

Les chariots à ridelles, les traîneaux, la voiture légère à cheval, avec ses sièges de cuir, que le grand-père utilise pour parcourir la campagne, la herse, le rouleau, la charrue. Les chevaux noirs, alezans, blancs. Mon grand-père connaît les noms de tous les animaux, de tous les oiseaux, de toutes les plantes. Il sait quand on taille la vigne, il l'attache; il met les rayons de cire dans la centrifugeuse et en extrait le miel.

Les auges, les cuveaux, les tonneaux, les tabourets à traire, la baratte, les bidons, les paniers et les cruches. Des vantaux de fenêtre claquent au vent, la pluie tambourine sur le toit, l'eau coule dans le réservoir à eau de pluie.

Grand-Père ramène à la maison une rainette vert clair. Il sait où sont les canards sauvages. Il me montre l'autour qui tournoie au-dessus de la basse-cour. Mon grand-père est plus grand que tous les grands-pères du monde.

Les pierres de la cave, les bornes frontières, les pierres des champs, les pavés de granit, les gravillons dans le ruisseau, les briques cuites en terre extraite des fosses d'argile, les têtes de chat blanches comme neige qui viennent des montagnes de Pollau. Entre les marches de pierre de l'église, le pissenlit fleurit.

Mon grand-père traverse l'horizon, franchit les couronnes des arbres, s'élève au-dessus du clocher de l'église et de son horloge aux cadrans noirs, au-dessus de la caisse d'épargne, du bâtiment de la poste.

A midi pile, le directeur quitte la caisse d'épargne; l'horloger est à la porte de son magasin, la pipe à la bouche. Au même moment, monsieur le professeur dissèque une fleur de robinia pseudo acacia. Le coiffeur, avec ses ciseaux bien aiguisés, coupe une petite fille à l'oreille. Mademoiselle Stéphanie regarde par la fenêtre de la tour de la mairie, son pinscher dans les bras. Il va pleuvoir, murmure-t-elle, on peut en croire son expérience.

Et voilà que le vent se lève, fait bruire les forêts de maïs, le blé écume contre les troncs des cerisiers; un gendarme fait naufrage, il n'a pas baissé à temps la voile de son mouchoir bleu à carreaux; la femme de monsieur le professeur retient sa perruque; dans les cours, le vent balaye les poules, et alors, les premières gouttes de pluie s'écrasent sur le pavé.

Je crie contre le vent: mais Grand-Père, on est en avril! Les premières violettes sont déjà en fleurs sous les acacias! Grand-Père me sourit: en avril, en avril, ne te découvre pas d'un fil!

Je crie: Grand-Père, que sont devenus les gardes champêtres? Les formules magiques qui faisaient sortir les cornes des escargots ne fonctionnent plus! Grand-Père, que faire contre le sable charrié par le vent? La dune a déjà enseveli ta maison jusqu'au toit!

Grand-Père ouvre grand les bras, s'élève au-dessus du sol, s'envole dans le ciel. Je m'élance, je suis dans les airs. Je crie: console-moi, Grand-Père, tant de choses me sont arrivées! Mon grand-père vole très vite, je n'arrive plus à le rattraper. Mais je parviens encore à entendre sa réponse: ne t'en fais pas, crie-t-il, dans vingt ans, tout sera oublié!

Post-scriptum

Mon grand-père est enterré dans un petit cimetière de Haute Franconie. Les gens du village l'aimaient bien, les chiens venaient le saluer et les enfants écouter ses chansons. Parmi les quelques objets qu'il avait pu conserver et emmener avec lui, il y avait sa flûte. Parfois, il l'emportait dans la forêt pour en jouer. Lorsque Grand-Mère allait avec lui, elle pleurait. Les enfants qui ont encore connu Grand-Père sont des adultes aujourd'hui et ont déjà oublié le vieil homme qui était venu du lointain pays de Moravie. Mais ils ont transmis ses chansons à leurs enfants. On m'a raconté qu'aujourd'hui encore, on les chante au village.

histoire(s) de s'endormir, friedrich achleitner

Introduit et traduit par Christine AQUATIAS

Friedrich Achleitner est né en 1930 en Autriche, à Schalchen. Il étudia l'architecture à l'Académie des Arts Plastiques, à Vienne, de 1950 à 1953, et exerça pendant quelques années son métier d'architecte. Son intérêt pour l'écriture se manifesta très tôt par ses contacts étroits avec le «Groupe de Vienne» *(Wiener Gruppe)*, composé de jeunes auteurs attachés au renouveau de la langue après les années du national-socialisme, et convaincus du pouvoir d'expression novatrice du dialecte autrichien. En 1959 parut un ouvrage commun de Friedrich Achleitner, Hans Carl Artmann et Gerhard Rühm: *hosn rosn baa*. Par la suite, Friedrich Achleitner publia d'autres textes en dialecte, essentiellement des poèmes (dont un recueil intitulé *kaas* en 1991).

L'architecture et l'écriture sont étroitement liées dans la vie de Friedrich Achleitner. Il écrivit dès les années soixante pour les journaux *Abendzeitung* et *Die Presse*, rédigeant des chroniques qui vitupéraient les aberrations de certains projets architecturaux de l'après-guerre. A Vienne comme dans d'autres capitales, d'anciens bâtiments prestigieux mais endommagés durent en effet céder la place à des tours modernes. Friedrich Achleitner enseigna l'histoire de l'architecture à l'Académie des Arts Plastiques (jusqu'en 1983) ainsi qu'à l'Institut des Arts Appliqués (jusqu'en 1998). Il entreprit du reste de rédiger une histoire de l'architecture autrichienne du XXe siècle, dont le dernier volume, consacré à Vienne et divisé en plusieurs tomes, n'est pas encore entièrement paru.

Aux essais et ouvrages de référence consacrés à l'architecture s'ajoutent tout au long de la vie de Friedrich Achleitner des écrits littéraires: poèmes, essais, études, «histoires», miniatures, récits, articles réunis en plusieurs recueils et même un étonnant «roman carré» (*quadratroman*, réédité en 2007), dont l'auteur nous donna lecture de quelques pages lors d'un colloque organisé en 2000 par Pierre Béhar de l'Université de Sarrebruck et Jeanne Benay de l'Université Paul Verlaine – Metz sur la littérature autrichienne d'après 1945. Deux ans plus tôt, en 1998, Friedrich Achleitner avait également contribué à un colloque de l'Université Paul Verlaine sur «Ecritures et langages satiriques en Autriche de 1914 à 1938», lors duquel il avait montré la force satirique des écrits de l'architecte Adolf Loos.

Le dernier ouvrage de Friedrich Achleitner, un recueil de textes en prose rédigés pour le quotidien *Der Standard*, intitulé *der springende punkt*, est paru en 2009.

histoire(s) de s'endormir,[1] dont nous présentons quelques morceaux, n'est pas écrit en dialecte, mais en allemand dit «standard». Pour autant, la ponctuation du texte d'origine est parfois réduite au minimum possible sans altérer la fluidité de la lecture et la compréhension de la phrase. Les virgules remplacent souvent les points et les majuscules ne sont jamais utilisées. Pour conserver la fluidité du texte français, il était difficile de préserver la parcimonie de la ponctuation, mais nous n'avons pas rétabli les majuscules.

Les quelques éléments biographiques fournis ci-dessus suffiront sans doute à expliquer le choix de traduire certains morceaux plutôt que d'autres. Friedrich Achleitner est un architecte et un écrivain de renom, mais surtout un homme d'une modestie réconfortante, sans illusion sur la valeur des honneurs et la grandeur humaine. Friedrich Achleitner avait en 1998, donné pour titre à sa contribution sur Adolf Loos: «Colère, satire et sarcasme chez Adolf Loos.»[2] La satire est souvent présente dans les écrits de Friedrich Achleitner, mais on y trouve aussi une bonne humeur fondamentale, un plaisir à savourer l'absurde et une gourmandise à faire parler les mots: trois éléments qui se liguent dans ces morceaux pour barrer la route à la colère et au sarcasme.

---

1   friedrich achleitner: *einschlafgeschichten*. Wien: Paul Zsolnay Verlag, 2003. Morceaux extraits des pages 8 à 13, 20 à 24, 40 à 41, 54, 68 à 69.
2   Friedrich ACHLEITNER: «Grimm, Satire und Sarkasmus bei Adolf Loos». In: Jeanne BENAY / Gilbert RAVY: *Ecritures et langages satiriques en Autriche (1914-1938) / Satire in Österreich (1914-1938)*. Bern: Peter Lang, 1999, pp. 249-262.

friedrich achleitner,
histoire(s) de s'endormir

un matin

un matin – et croyez-moi, le réveil quotidien est une entreprise difficile –, un matin donc, j'avais oublié le prénom d'un vieil ami qui m'est proche en tout, oui, que j'aime vraiment beaucoup. saisi de terreur, j'essayai de me remémorer ce nom en égrenant les lettres de l'alphabet. en vain. bien sûr, comme cela devait arriver, mon ami m'appela au téléphone juste après. de toute manière, nous reconnaissions le son de nos voix et il n'était pas pensable qu'il se fît connaître en donnant son nom. il me dit sur un ton que je n'avais jamais entendu chez lui, comme s'il voulait prendre ses distances avec lui-même, qu'il devait me faire part de quelque chose de curieux. il avait reçu tôt ce matin-là un appel anonyme – et là, je l'entendis distinctement avaler sa salive –, on lui dit que son prénom était aboli, effacé de tous les documents légaux et qu'on lui interdisait strictement d'en faire usage dans quelque contexte que ce fût. son interlocuteur parlait de manière si déterminée, dit mon ami, que l'on pouvait exclure l'éventualité d'une mauvaise blague; la personne était, si l'on peut dire, mortellement sérieuse et pleine d'autorité. mon ami – son nom ne me revenait toujours pas – voulait s'en tenir aux ordres et aussi me prier par la même occasion de ne plus l'appeler par son prénom.

histoire(s) de s'endormir

1 charles cochon-tirelire – ce nom était un pseudonyme, qui convenait bien à un employé de caisse d'épargne, cadre moyen –, charles cochon-tirelire donc, pensait s'être choisi un pseudonyme original.
2 charles lejoyeuxéconome était suisse, d'âme un peu simple et pas particulièrement doté d'humour. on lui déconseilla de prendre un pseudonyme, conseil qu'il suivit sans broncher.

3 charles cochon-tirelire utilisait, comme on sait, un nom composé comme pseudonyme. «tirelire» renvoyait à son métier et «cochon» à lui-même.
4 françois feudartifice était suisse de la tête aux pieds, mais ceci ne prouve pas qu'il avait vraiment des pieds.
5 georges lefougueux était un tel tire-au-flanc que même le pseudonyme que lui avait imposé la commune ne servait à rien.
6 rizaulait n'est pas un nom patronymique, déclarait récemment le chercheur ès patronymes bien connu jean-walter viandeauriz. rizaulait, non.
7 charles lesuisse était originaire de transylvanie. il portait ce nom car les saxons appelaient «suisses» les gens qui trayaient les vaches, il n'était jamais allé en suisse. même lorsqu'il était petit, on ne lui permettait jamais de jouer à saute-mouton avec les autres.

il est quatre heures du matin. je suis dans mon lit à l'*hôtel romantique stern* à coire. voilà maintenant sept fois que j'allume la lumière et j'espère ardemment que plus aucune histoire idiote ne va me venir à l'esprit. à peine avais-je éteint la lumière à nouveau que je reçus un appel de la défense du territoire suisse: ils avaient capté mes signaux lumineux en provenance de la chambre 306 (noms et qualités: docteur christian jost, ancien maire, membre du conseil national et pdg de la banque gkb) mais n'avaient pas reçu le code correspondant. un sentiment de puissance grisant me submergea et je m'endormis sur-le-champ. lorsqu'une détonation retentit devant ma fenêtre et que j'allai voir ce qui se passait, je ne vis personne dans la rue, mais je vis qu'il y avait pleine lune.

à son image

pourquoi, demanda le petit feutre fin à son gros père, qui était parvenu jusqu'au rang de marqueur, pourquoi faut-il donc que nous travaillions toujours avec la tête? c'est facile à expliquer, dit le père, c'est l'homme, ce saint homme, qui nous a inventés, et lorsqu'il réfléchit, et donc travaille avec sa tête, il aimerait prendre des notes, et ça justement, il n'y a guère que des gens qui travaillent avec leur tête qui sachent le faire au mieux. ah, ah, dit le petit feutre fin, l'homme nous a donc faits à son image.

freiheit

le mot allemand pour liberté, freiheit, commence par un f et finit par un t. au milieu, il y a deux fois le son ei, tout falot, un r antipathique et un h conciliant. c'est ça, la liberté. le moindre écart entame la liberté, ou bien même la détruit. le libre usage de l'alphabet – comme il siérait à la liberté – enchaîne la liberté. c'est ainsi que déjà la dénomination, le mot, le terme, la succession de sons qui composent liberté illustrent ce qu'il en est. on ne peut transmettre la liberté qu'intacte, sans s'en permettre aucune.

question et réponse

question et réponse se trouvaient à un arrêt de tramway. quand passe le prochain tramway? demanda la question. je m'attendais à celle-là, dit la réponse.

ruelle des danois

j'entrai dans un petit café de la ruelle des danois à kiel. bien que son enseigne indiquât *à la ville de lunebourg*, il avait plutôt l'air d'un café d'allemagne du sud, pour ne pas dire bavarois. à l'extérieur, un drapeau vénitien portant l'inscription café restaurant. à l'intérieur, la décoration était d'assez bon goût, rappelait un peu le milieu alternatif. à mi-mur, un texte courait en boucle autour de la pièce. un tableau d'affichage assez grand, encadré comme une peinture, était accroché au-dessus de l'escalier menant au premier. on y lisait : «chers clients, volker et gaby cherchent un appartement de 4 pièces, d'au moins 100 m2, en avez-vous un? merci.» c'est alors qu'entra un homme plutôt jeune au crâne rasé, apparemment un ami des propriétaires. sans un mot, il fit du bras le salut hitlérien, et la serveuse blonde (était-ce gaby?) leva le bras sans un mot également. les quelques clients ne remarquèrent rien. j'étais bouche bée, au point que lorsque je payai, je ne trouvai même pas une réflexion appropriée. je ne laissai pas de pourboire. c'était déjà ça.

une histoire de terrasse

sur la terrasse panoramique, les tables du premier rang étaient chaque jour l'objet de luttes. non pas que d'une table située plus à l'arrière il eût été impossible d'admirer la magnificence du paysage alpin – les montagnes se déployaient au-dessus des têtes des clients presque plus magnifiquement encore –, mais le sentiment d'être le premier, de n'avoir devant soi rien d'autre que le précipice, justifiait bien qu'on fît la course chaque jour.

un après-midi, alors que les plus rapides, les plus appliqués et les plus persévérants étaient une fois de plus installés tout au bord et savouraient démonstrativement le prestige de leur position, il y eut une déflagration brutale qui ébranla toute la vallée. le bord antérieur de la terrasse se détacha et tomba dans le précipice. la première rangée de tables avait disparu avec lui. ce fut l'instant où les cerveaux se mirent à travailler dans les têtes des philosophes. l'un vit confirmée sa thèse selon laquelle, depuis toujours, la nature contrevient aux valeurs et aux principes sélectifs humains de manière chaotique, incidente, et en tout cas de manière complètement irresponsable, en exterminant justement – et selon le principe de hasard que l'être humain cherche lui à contourner – ceux qui font preuve d'application et s'aventurent trop loin devant. un autre vit derrière tout cela un plan diabolique, ce qui ne fut salué que par un éclat de rire général. en revanche, on applaudit un rouquin qui voyait, sinon dans le tremblement de terre, du moins dans la construction de la terrasse, des insuffisances purement humaines et dans l'auto-décimation de la société sinon un plan, du moins la suite logique de ces insuffisances. selon lui, c'était tout bonnement le lot des gens appliqués, convenables, persévérants et corrects qui occupaient les rangées de devant, que d'être les plus exposés aux dangers, et il fallait considérer de tels malheurs comme les manifestations d'une régulation bienfaisante, car sinon les sociétés ne voudraient plus compter à l'avenir que des premiers rangs, ce qui serait logiquement une aberration et logistiquement irréalisable. vu sous cet angle, le funeste accident de la terrasse panoramique était, selon lui, une vraie source d'enseignement, bien que, pour être honnête, on ne sût pas vraiment quels enseignements il fallût en tirer. si, dit quelqu'un qui était installé à l'une des tables de derrière: *il ne faut pas toujours vouloir être assis au premier rang.* il ne nous manquait plus que ce genre de moralisation idiote, s'exclama l'un des philosophes, excédé, et il quitta la deuxième rangée de tables qui était maintenant la première menacée.

l'habitué

l'habitué annonce sa venue par télégramme, aujourd'hui par télécopie ou par courriel. le véritable habitué vient tout seul. son allure est condescendante. on ne saurait prétendre qu'on l'aime. l'annonce de la venue de l'habitué sème le trouble, même parmi les autres habitués, c'était bien ce type horrible qui, l'année dernière… ce n'était pas ce coléreux qui dans la salle de restaurant ouvrait les fenêtres en grand chaque fois qu'un client allumait une cigarette? le véritable habitué porte son statut d'habitué comme un blason. il revendique des privilèges qui ne lui reviennent pas. l'habitué réclame toujours la même chambre, bien qu'il se soit violemment mis en colère à son propos la première fois. l'habitué écrit dans le livre d'or que la soupe à l'oignon était meilleure l'année dernière, bien qu'alors il eût exigé le renvoi du cuisinier. à la moindre occasion, il menace de partir ou de ne plus revenir, sans s'imaginer que tous espèrent qu'il va partir et ne plus revenir. selon lui, la cuisine est plus mauvaise d'année en année. ne parlons pas du personnel ni du temps. si l'habitué n'était pas habitué, il ne séjournerait plus dans ce taudis. en fait, il ne vient qu'à cause de son amour pour ce pays et ses habitants et parce qu'il est en droit d'espérer que sa fidélité va être récompensée. être un habitué est un rôle ingrat et difficile à tenir, un rôle qui veut qu'on le prenne au sérieux et qu'on se l'approprie, même au prix d'un dur labeur, d'acharnement, oui de brutalité poussée à l'insupportable. être un habitué, c'est essentiellement un état, pas une fonction.

celui qui est devenu un habitué le restera toujours. un aubergiste vit des habitués et ils font son malheur.

les habitués sont d'origines différentes. on n'a pas encore fait de recherches pour savoir quelles origines fournissent les meilleurs habitués. on peut supposer qu'il n'existe pas seulement des habitués, mais aussi des clans d'habitués. la plupart du temps, les habitués sont issus de clans importants. les chefs de clans s'efforcent de n'envoyer aux meilleures tables d'habitués que les meilleurs habitués. le règlement veille même à la répartition des habitués issus des meilleurs clans dans les divers établissements pour habitués et à leurs tables. le titre «habitué d'origine contrôlée» est décerné plus rarement que le titre de «meilleur acteur».

joyeux anniversaire

quand on a 70 ans, dit quelqu'un qui avait 70 ans, il faut se rendre aux fêtes d'anniversaire de ceux qui en ont 80, il faut en tout cas fêter ceux qui en ont 90, et de toute manière fêter les centenaires. on peut prendre les sexagénaires un peu plus à la légère, et oublier les cinquantenaires, mais on ne devrait pas. je hais le rituel de ces fêtes d'anniversaire, particulièrement les discours des collègues, des amis, ou pire encore de la famille. les fausses vérités, les flatteries, voire les mensonges, et toutes les formes d'hypocrisies éhontées et transparentes – tout cela est gênant, mais les vérités qui voient brutalement le jour, ou plutôt la lumière artificielle, à une heure avancée, lorsque le taux d'alcoolémie dépasse 0,8, le sont plus encore. le plus insupportable, ce sont les veuves et les veufs in spe qui répètent leurs rôles futurs devant leurs chers disparus in spe – qui prendront la poudre d'escampette pour redevenir poussière ; ces veuves et ces veufs qui étudient déjà leurs rôles, qui se préoccupent avec abnégation de tous les rituels et veillent avant tout au bon déroulement des choses, à ce que tout s'enchaîne, comme à un enterrement. plus terribles encore, ces questions insignifiantes mais répétées: *te rappelles-tu...?* je ne me rappelle jamais rien, si bien que j'ai parfois le sentiment de me tromper de fête d'anniversaire, de fêter la mauvaise personne avec des amis qui ne seraient pas les bons ou des parents inconnus présents par erreur. je trouve simplement étonnant, lorsque c'est moi qui pose la question «*te rappelles-tu...?*», de toujours recevoir une réponse précise, comme si les collègues, les amis ou la famille n'avaient rien d'autre en tête que de colporter les bêtises accumulées au fil des décennies d'une fête d'anniversaire à l'autre, d'un enterrement à l'autre. et voilà le point essentiel: les enterrements sont le juste contrepoids des fêtes d'anniversaire; la plupart du temps, la question *te rappelles-tu...?* concerne alors le mort, qui n'entend plus rien de tout cela (du moins si tout ce qu'on imagine est vrai). mais les enterrements ne sont pas la solution aux fêtes d'anniversaire car il y a toujours d'autres personnes qui fêtent leurs 50, 60, 70, 80, 90 et 100 ans, avec les mêmes rituels, les mêmes veuves et veufs potentiels et les mêmes discours qui le plus souvent, de toute manière, ne parlent pas de la personne dont on fête l'anniversaire, mais de leurs orateurs. finalement, ceux-ci ont aussi 50, 60, 70, 80, 90 ou 100 ans, et on peut bien comprendre qu'ils préfèrent faire leur propre panégyrique plutôt que d'adresser des flatteries au héros du jour. en effet, il est bien suffisant que l'on fête l'anniversaire d'un ou d'une centenaire comme s'il était encore un enfant.

vue sur – vue depuis

c'était une idée géniale: chaque constructeur d'une tour, qui, automatiquement, force les gens en ville à la voir, devrait être obligé de donner l'occasion à chaque habitant de regarder la ville depuis celle-ci. cela sous-entendrait implicitement que la vue sur la tour est en tout cas plus hideuse que la vue depuis la tour. mais l'inventeur n'a pas pensé qu'à chaque tour construite selon cette loi, on voit plus de tours depuis les tours, et que donc on pourrait en arriver à ce que la vue sur sa propre tour soit plus belle que la vue sur toutes les autres tours depuis la tour, ce qui serait une mauvaise affaire. voilà une fois de plus la preuve qu'il faut penser jusqu'au bout ou, autrement dit, que ce serait mieux en tout cas de construire une belle tour.

«avant-convoi»

il est pourtant logique, dit le poète de haut rang et d'âge encore plus élevé, il serait pourtant logique, lorsqu'on a déjà confié à une bibliothèque ou même à la bibliothèque nationale ses mémoires et inédits d'avant-tombe, de pouvoir imaginer, afin de ne plus devoir fêter ces anniversaires qui ressemblent de plus en plus à des enterrements, – et il jeta à la ronde un regard aussi facétieux que songeur –, d'imaginer transformer ces rituels si pénibles pour beaucoup et peut-être même pour tous, en un rituel plus définitif. en partant de l'idée du «convoi», comme on appelle encore et surtout à vienne un cortège funèbre, on pourrait imaginer une sorte d'«avant-convoi»: la personne concernée, encore en pleine possession de ses moyens et non sans curiosité, pourrait y voir l'émotion, et pas forcément l'ébriété, gagner par contagion toute la corporation, pourrait y entendre les louanges démesurées, puisqu'elles seraient alors sans effet, etc., etc.

quelle bêtise, dit le président d'une société de littérature, et deux présidents et une présidente d'associations littéraires l'approuvèrent en opinant du chef avec force; quelle absurdité, vous ne croyez quand même pas que l'on ment moins dans les discours funèbres que dans les allocutions prononcées aux anniversaires, que l'on y flatte moins les belles veuves.

en écoutant les discours tenus en l'honneur de son anniversaire, la personne concernée peut au moins, à condition d'être douée pour la ruse et le sarcasme, voir d'où vient le vent et comment il souffle, ne pensez-vous pas?

quelle ânerie, dit un troisième, et cette voix-là avait du poids, un «avant-convoi» ne pourrait réussir que si les choses avaient vraiment été réglées à l'avance, et je voudrais bien voir quel poète, homme ou femme, a envie de véritable hypocrisie, superstitieux et hypocondriaques comme sont tous les poètes. je voudrais bien voir qui a envie de sarcasme en habits de deuil, de l'heure de vérité, du passage sans transition à la survie joyeuse des autres, au pré-repas de funérailles lors duquel pour le coup les méchancetés s'épanouissent vraiment.

superstitieux comme je suis, je crois que ce n'était quand même pas une bonne idée, à moins qu'on organise tout ça collectivement, solidairement, qu'on en fasse un show à la télé…?

Liste des contributeurs – Liste der Beiträger/innen

AQUATIAS, Christine : Maître de conférences à l'Université Paul Verlaine – Metz.

BEAUFILS, Eliane : Maître de conférences à l'Université de Strasbourg.

COVINDASSAMY, Mandana : Maître de conférences à l'Université de Nantes.

FEUCHTER-FELER, Anne : Maître de conférences à l'Université Paul Verlaine – Metz.

LUNZER, Heinz : Directeur de la Literaturhaus à Vienne (Autriche).

OESTERLE, Gunther : Professeur émérite de littérature contemporaine allemande et en sciences culturelles à l'Université Justus-Liebig à Gießen (Allemagne).

OTT, Herta-Luise : Maître de conférences à l'Université Stendhal – Grenoble III.

PESCHKEN, Martin : Assistant à la recherche à l'Université de Potsdam.

PESCHINA, Helmut : Écrivain, dramaturge et auteur de pièces radiophoniques.

PESNEL, Stéphane : Maître de conférences à l'Université de Paris – Sorbonne (Paris 4).

PFABIGAN, Alfred : Professeur en littérature et philosophie à l'Université de Vienne (Autriche).

UBERALL, Véronique : Docteur de l'Université de Strasbourg. Professeur Certifié d'Histoire – Géographie retraité.

GENÈSES DE TEXTES. ANNUAIRE DE L'AFIS*
*Association fondée par Jeanne Benay (1947-2005)

Les annales intitulées Genèses de Textes ont été fondées dans le cadre d'un projet de recherche primé par l'ANR (Agence Nationale de la Recherche), portant sur l'étude des processus mémoriels et textuels dans les textes hermétiques après 1945, en particulier chez Erich Arendt, Paul Celan et Ernst Meister. Ces annales renseignent par là à intervalles réguliers sur les travaux du groupe international ainsi constitué . Les réflexions dont elles se font l'écho touchent toutefois également une problématique et un corpus plus larges incluant une réflexion sur les processus culturels et littéraires aux 20e et 21e siècles.

Genèses de Textes présente régulièrement un ensemble d'articles regroupés autour d'un thème ou d'une problématique spécifique ainsi qu'éventuellement un ou deux articles non thématiques, un cahier d'informations sur les activités du groupe de chercheurs regroupés autour de l'édition d'Ernst Meister, ainsi que des traductions et comptes rendus d'ouvrage. Etudiant essentiellement des phénomènes liés à la transitivité de la culture, ces annales se considèrent également comme transitoires – elles accueillent souvent des travaux qui sont en même temps conçus comme des modèles d'études destinés à être perfectionnés.
Elles publient des articles en langue allemande, française et anglaise.

TEXTGENESEN. JAHRBUCH DER AFIS*
* eine von Jeanne Benay (1947-2005) gegründete Vereinigung

Das Jahrbuch Textgenesen ist im Rahmen eines von der ANR (Agence Nationale de la Recherche) geförderten Projekts über Gedächtnis- und Textprozesse in hermetischen Texten nach 1945 entstanden; untersucht werden in diesem Rahmen vor allem Texte von Erich Arendt, Paul Celan und Ernst Meister und das Jahrbuch berichtet in regelmäßigen Abständen über die Arbeiten des internationalen Forscherteams, das sich aus diesem Anlass konstituiert hat. Die im Jahrbuch wiedergegebenen Überlegungen beziehen sich jedoch auch auf eine weiter gefasste Problematik und ein breiteres Korpus und schließen eine Reflexion über Kultur- und Literaturprozesse im 20. und 21. Jahrhundert mit ein.

Es wird regelmäßig ein Themenheft publiziert, das aber auch ein bis zwei nicht thematisch gebundene Aufsätze enthalten kann, sowie einen Beitrag über die vom Team der Ernst-Meister-Ausgabe geleistete Arbeit, Übersetzungen und Rezensionen. Da das Jahrbuch im Wesentlichen Phänomene kultureller Übertragung behandelt, versteht es sich ebenfalls als Ort des Übergangs: Es nimmt gerne Arbeiten auf, die Modellentwürfe darstellen und zur weiteren Ausarbeitung gedacht sind.
Aufsätze in deutscher, französischer und englischer Sprache werden aufgenommen.

Vol. 1   Françoise Lartillot et Dieter Hornig (éds./Hrsg.)
         Jelinek, une répétition? / Jelinek, eine Wiederholung?
         A propos des pièces *In den Alpen* et *Das Werk* / Zu den Theaterstücken *In den Alpen* und *Das Werk*
         ISBN 978-3-03911-762-8. 2009

Vol. 2   Françoise Lartillot (éd./Hrsg.)
         Corps-image-texte chez Deleuze / Körper-Bild-Text bei Deleuze
         ISBN 978-3-0343-0019-3. 2010

Vol. 3   Ton Naaijkens (ed./éd.)
         Event or Incident / Evénement ou Incident.
         On the Role of Translations in the Dynamics of Cultural Exchange /
         Du rôle des traductions dans les processus d'échanges culturels.
         ISBN 978-3-0343-0487-0. 2010.

Vol. 4   Nadia Lapchine, Françoise Lartillot, Martin Peschken & Stefan Wieczorek (Hrsg.)
         Gedächtnis- und Textprozesse im poetischen Werk Erich Arendts.
         ISBN 978-3-0343-0665-2. 2011

Vol. 5   Françoise Lartillot & Alfred Pfabigan (éds.)
         Image, Reproduction, Texte / Bild, Abbild, Text.
         ISBN 978-3-0343-0694-2. 2012